非线性无人系统

协调控制理论与应用

彭钧敏　王晓东　李超勇　著

THEORY AND APPLICATION OF COOPERATIVE CONTROL FOR
NONLINEAR UNMANNED SYSTEMS

ZHEJIANG UNIVERSITY PRESS
浙江大学出版社
·杭州·

图书在版编目（CIP）数据

非线性无人系统协调控制理论与应用 / 彭钧敏，王晓东，李超勇著. -- 杭州 ：浙江大学出版社，2024. 9.

ISBN 978-7-308-25340-6

Ⅰ. O231.2

中国国家版本馆 CIP 数据核字第 2024PL1537 号

非线性无人系统协调控制理论与应用

彭钧敏　王晓东　李超勇　著

责任编辑　金佩雯

责任校对　陈　宇

封面设计　浙信文化

出版发行　浙江大学出版社

（杭州市天目山路 148 号　邮政编码 310007）

（网址：http://www.zjupress.com）

排　　版　杭州星云光电图文制作有限公司

印　　刷　广东虎彩云印刷有限公司绍兴分公司

开　　本　710mm×1000mm　1/16

印　　张　15.5

字　　数　278 千

版 印 次　2024 年 9 月第 1 版　2024 年 9 月第 1 次印刷

书　　号　ISBN 978-7-308-25340-6

定　　价　88.00 元

前　言

近年来，在信息科学和通信技术的推动下，以多智能体系统为代表的先进无人系统在分布式协调控制、编队控制、集群优化、演化博弈、传感器网络、军事智能等领域的研究得到了广泛应用，其在智能制造、生物医学、智能电网、航空航天等领域的典型应用也得到了各领域的充分认可。无人系统的协调控制属于物理学、生物学、控制科学、计算机科学等学科的交叉领域，它的重要性不仅体现在如何从理论上保证行为或队形一致，而且更加关注如何保证无人系统集群的利益最大化，以及各种非线性约束下动力学的协同——这正是本书的重点。

经过近四十年的发展，线性无人系统的协调控制已经基本形成一套完整的理论体系，无论是基于经典图论还是矩阵论的线性系统的协调控制理论已较为成熟。然而，实际应用场景中严格意义的线性系统是不存在的，各种形式的非线性约束和未知参数不可避免地出现在系统的模型中，从而破坏了线性化假设的前提，这导致现有的基于线性系统的协调控制理论无能为力。同时，非线性控制领域出现了许多代表性成果，如反馈线性化、自适应控制、退火控制、神经网络控制、鲁棒控制等，这些成果从不同的角度出发，一定程度上解决了系统非线性和不确定情形下的控制问题。在此基础上，学者们将这些方法迅速引入无人系统的协调控制，取得了优异的控制效果。需要指出的是，已有的研究成果对无人系统集群协调控制多关注其稳态性能（如 $t\to\infty$ 时系统的一致性），但对动态调整过程中系统表现的暂态性能关注较少。自 2008 年希腊学者 Bechlioulis 针对系统动态过程提出预设性能控制的概念以来，此方法经过十余年的发展，已然成为非线性控制领域的重要分支和研究热点。这种在一套控制策略中同时控制系统动态和稳态性能的方法激起了领域内学者的极大兴趣，时至今日，相关研究仍是领域内的研究热点之一，其在非线性系统集群协调控制中的应用将是本书的另一个关注点。

本书是我们对近期部分研究成果的总结：在多智能体系统协调控制的理论架构下，以包含不确定性的非线性无人系统集群为研究对象，以分布式协调控制和优化为主要研究背景，重点总结非线性系统协调控制所面临的不同的控制问题。

在内容编排上，本书按照由浅入深的思路布局。第 1 章介绍研究背景。第 2 章为预备知识，熟练掌握该章内容是学习后续各章的前提。第 3 至 7 章对协调控制、预设性能控制、事件触发机制和分布式优化进行了介绍，各章相互独立，读者可以选择感兴趣的方法进行学习。在学习这些方法时，对理论要求不高的读者可以跳过这些方法的理论证明。与线性系统不同的是，目前尚无针对一般非线性系统的控制器通用设计方法。为增强读者对自适应控制等方法的理解并帮助读者有针对性地掌握一种控制器设计方法，本书主要以严格反馈非线性系统作为多智能体系统中个体的模型，其中不仅包含未知参数、干扰，还包含未知控制方向等不确定因素。第 3 章着重阐述了含不确定性的非线性无人系统协调控制。第 4 章针对系统模型存在未知控制方向的情形，分别采用 Nussbaum 函数和逻辑切换思想，提出了两类协调控制策略，实现了系统输出同步，并保证系统整体有界。考虑到实际应用中对硬件计算能力的要求，第 5 章研究了事件触发机制下的控制器优化，希望在控制效果不变的前提下，尽量减少系统计算负担。第 6 章系统论述了无人系统的分布式优化。第 7 章作为本书的应用部分，给出了无人系统在航空航天领域的应用案例，对全书的研究工作进行了总结，并对将来要做的研究工作进行了展望。

本书相关研究成果对于国内相关领域的科研工作及硕士、博士研究生学习都具有一定的参考价值。本书的读者对象包括但不限于高等院校自动化和航宇专业的教师、研究生及智能电网和航空航天领域的科研工作者。

本书由湖南工业大学彭钧敏、北京电子工程总体研究所王晓东、浙江大学李超勇共同编写完成。对于本书中引用的他人的成果，我们在书中已认真标注，并在此对相关作者表示衷心的感谢，若有疏漏，在此一并致歉。本书的部分研究内容得到了国家自然科学基金（项目号：61903136、61741315、12372050、62088101）、湖南省自然科学基金（项目号：2017JJ4056、2021JJ40182）、浙江省自然科学基金（项目号：LR20F030003）等项目的资助，在此表示衷心的感谢。同时，感谢湖南工业大学彭钧敏教授课题组的王凯宁、李健波、许金龙、姬彦豹、张树泓、邓博瑞等研究生以及浙江大学李超勇教授课题组的陈赛、董航宁、陈张林等研究生对本书部分章节的贡献，在此一并致谢。

由于作者水平有限，书中疏漏和不妥之处在所难免，敬请读者批评指正。

作　者

2023 年 9 月

目　录

第1章 研究背景

1.1 无人系统协调控制研究概况

无人系统协调控制的基本问题包括一致性(consensus)、会合(rendezvous)、聚结(flocking)和编队(formation)等。其中,一致性是指多个个体通过信息的共享和交互,实现某种状态的趋同;会合是指网络中各个个体通过信息交互,最后静止于某一点;聚结要求在相互靠拢的过程中考虑避障和速度匹配;编队是指通过调整个体的行为,使系统实现特定的几何结构。总的来说,会合、聚结、编队问题可被视为一致性问题的特例与推广。

1.1.1 一致性问题及其研究现状

一致性问题是无人系统的一个典型问题,也是一个基本问题。无人系统的其他问题如同步问题、编队问题等,都可被视为一致性问题的特例与推广。近年来,一致性问题的研究直接为多移动机器人系统、卫星群系统、智能交通系统等系统控制问题提供了理论指导。20 世纪 80 年代,Reynolds[1] 针对鸟群、鱼群等系统提出了著名的 Boid 模型(类鸟群模型),并且提出了中心聚结、防撞和速度匹配这三条系统仿真规则。Vicsek 等[2] 对这些规则进行了简化,提出了 Vicsek(维则克)模型。假设无人系统中个体 i 的动态模型如下:

$$\dot{\boldsymbol{x}}_i = \boldsymbol{u}_i \tag{1-1}$$

其中,$\dot{\boldsymbol{x}}_i$ 和 $\boldsymbol{u}_i$ 分别为个体 i 的状态和输入。无人系统一致性的控制目标可以表述为

$$\lim_{t\to\infty}\|\boldsymbol{x}_i(t)-\boldsymbol{x}_j(t)\|=0 \quad (i,j\in V) \tag{1-2}$$

其中,V 为系统中所有个体的集合。早期的相关文献提出了以下形式的控制器:

$$\boldsymbol{u}_i = \sum_{j\in N_i} a_{ij}(t)[\boldsymbol{x}_i(t) - \boldsymbol{x}_j(t)] \tag{1-3}$$

其中，N_i 为个体 i 的邻居的个体集合，$a_{ij}(t)$为时变的通信网络拓扑加权系数。可以看出，该控制器是一种分布式控制器，因为对于 $\boldsymbol{u}_i$ 来说，它只要求邻域内个体的信息。Ren 等[3]证明了对于形如式(1-1)的一阶系统，只要固定的通信拓扑中存在一棵生成树(spanning tree)，式(1-3)型控制器就能够确保网络的一致性。对于离散化之后的个体模型，相关文献也得出了类似结论。近年来，在一阶系统的基础上，个体模型为二阶及高阶线性模型的无人系统逐渐成为研究的重点。以高阶积分器为例：

$$\begin{cases} \dot{x}_{i1} = x_{i2} \\ \dot{x}_{i2} = x_{i3} \\ \vdots \\ \dot{x}_{i,n-1} = x_{in} \\ \dot{x}_{in} = u_i \\ y_i = x_{i1} \end{cases} \tag{1-4}$$

其中，$[x_{i1}, x_{i2}, \cdots, x_{in}]^{\mathrm{T}} \in \mathbf{R}^n$ 和 $u_i \in \mathbf{R}$ 分别为个体 i 的状态和输入。控制器可以设计为

$$u_i = -\alpha_1 \sum_{j\in N_i} a_{ij}(t)[x_{i1}(t) - x_{j1}(t)] - \cdots - \alpha_n \sum_{j\in N_i} a_{ij}(t)[x_{in}(t) - x_{jn}(t)] \tag{1-5}$$

也可以设计为

$$u_i = -c_1 x_{i1}(t) - \cdots - c_{n-1} x_{n-1}(t) - c_n \sum_{j\in N_i} a_{ij}(t)[x_{i1}(t) - x_{j1}(t)] \tag{1-6}$$

其中，$\alpha_1, \cdots, \alpha_n$ 和 $c_1, \cdots, c_n$ 都是正整数，当它们满足一定条件时，整个无人系统中所有个体状态就能够达到一致。通过比较可以看出，式(1-5)型控制器要求测量自身所有状态与邻居之间的相对误差，通信量较大；式(1-6)型控制器由自身输出与周围邻居个体输出的相对误差和自身的状态反馈构成，通信量相对较少。总的来说，二者都属于分布式控制器，因为它们都仅要求局部信息而非全局信息。

考虑到实际系统不可避免地受到噪声干扰和通信时滞的影响，Wang 等[4]研究了由一阶积分器个体组成的无人系统在受到随机干扰情况下实现趋同的条件；Aysal 等[5]研究了二阶积分器在受到外界干扰噪声情况下的一致性问题；Zhang 等[6]研究了一般的高阶系统在输入通道受到未知噪声干扰情况下的一致性问题；Olfati-Saber 等[7]研究了一阶个体存在时不变通信时滞情况下的一致性问题，且给

出了系统能够容忍的通信时滞紧凑上界；Tian 等[8]研究了个体之间通信时滞不一致的情况；Wang 等[9]对时滞的要求放宽到了时变时滞，并且将通信拓扑拓展到有向图；Meng 等[10]研究了同时具有干扰噪声和通信时滞的一致性问题。

通信拓扑的切换也是无人系统中常见的一种现象。Zhang 等[11]研究了在网络拓扑随时间变化的情况下系统达到一致的条件，Cheng 等[12]将个体的模型拓展到一般的线性时不变系统，同样给出了在切换拓扑情况下达到一致的条件。工程应用中还有另外一种一致性的定义，该定义要求系统中所有个体在有限时间内实现一致性，即有限时间一致性(finite time consensus)。Li 等[13]针对多个 Euler-Lagrange(欧拉-拉格朗日)系统，设计了一种依赖局部信息的协调跟踪器，确保在有限时间内完成对目标的跟踪控制。

非线性无人系统的协调控制包括多种情况，其中有一种情况是无人系统的个体具有线性模型，但采用非线性控制器，如针对式(1-1)型的个体，Bauso 等[14]提出了以下控制器：

$$u_i = \sum_{j \in N_i} \varphi_{ij}(x_i - x_j) \tag{1-7}$$

其中，函数 $\varphi_{ij}(\cdot)$满足以下条件：

1) $\varphi_{ij}(x)$为连续函数且满足局部 Lipschitz(利普希茨)条件；

2) $\varphi_{ij}(x)=0 \Leftrightarrow x=0$ 且 $\varphi_{ij}(-x)=-\varphi_{ij}(x)$，$\forall x \in \mathbf{R}$；

3) $(x-y)[\varphi_{ij}(x)-\varphi_{ij}(y)]>0$，$\forall x \neq y$。

针对线性二阶积分个体，Ren 等[3]提出了以下形式的控制器：

$$u_i = \sum_{j \in N_i} a_{ij}[\tanh(x_j - x_i) + r\tanh(v_j - v_i)] \tag{1-8}$$

其中，x_i，v_i 和 x_j，v_j 分别为个体 i 和个体 j 的位置信息与速度信息。

近年来，非线性个体的一致性控制越来越多地吸引了控制领域学者的注意。含有非完整约束的差分驱动独轮小车由于其广泛的应用背景，也成了无人系统研究的一个热点。独轮小车的运动模型如下：

$$\begin{cases} \dot{x}_i = v_i \cos\theta_i \\ \dot{y}_i = v_i \sin\theta_i \\ \dot{\theta}_i = \omega_i \end{cases} \tag{1-9}$$

其中，(x_i, y_i)为小车 i 重心的位置坐标；θ_i，v_i 和 ω_i 分别为小车 i 前进的方向角、重心平移线速度和转动角速度。该小车不仅拥有非线性的系统模型，还受到以纯滚动方式运动和没有切向滑动这两个条件约束。对于式(1-9)型的小车，其控制量分别为线速度 v_i 和角速度 ω_i。Ghabcheloo 等[15]研究了该轮式小车的动力学模型：

$$\begin{cases}\dot{x}_i=v_i\cos\theta_i\\ \dot{y}_i=v_i\sin\theta_i\\ \dot{\theta}_i=\omega_i\\ \dot{v}_i=F_i/m_i\\ \dot{\omega}_i=N_i/I_i\end{cases}\tag{1-10}$$

其中，m_i 和 I_i 分别为小车的质量和转动惯量；F_i 和 N_i 分别为控制力和力矩。Dimarogonas 等[16]提出了针对上述系统的一致性控制器。还有一类小汽车型机器人模型如下：

$$\begin{cases}\dot{x}_i=u_{1i}\cos\theta_i\\ \dot{y}_i=u_{2i}\sin\theta_i\\ \dot{\varphi}_i=u_{2i}\\ \dot{\theta}_i=\dfrac{1}{l_i}u_{1i}\tan\varphi_i\end{cases}\tag{1-11}$$

其中，(x_i,y_i)为小车 i 后轮中心位置；φ_i 和 θ_i 分别为方向轮相对于车体的方向角和小车相对于水平方向的角度；l_i 为驱动轮和转向轮之间的距离；u_{1i}和 u_{2i}分别为驱动轮速度和转向轮速度。

除此之外，Chopra 等[17]运用无源性理论研究了仿射型非线性无人系统的同步问题。作为常见的实际系统，Euler-Lagrange 系统在机械领域广受关注，但早期研究仅局限于对单个 Euler-Lagrange 系统进行稳定性控制或跟踪控制。近年来，网络的飞速发展使得多个 Euler-Lagrange 系统的互联成为可能。与此同时，工业制造领域大规模生产的要求也促使学者们对由多个 Euler-Lagrange 系统互联形成的无人系统进行控制。Ren 等[3]提出了针对个体模型为 Euler-Lagrange 系统的无人系统的一致性控制量。作为物理界和控制界的一个经典问题，多个振荡器(oscillator)组成的网络能否使各个个体达到同步或者怎样达到同步一直是学者们关心的问题。Papachristodoulou 等[18]对这个问题进行了深入的研究，并且考虑了网络中时滞的影响。同样，针对混沌系统的同步问题在小世界网络、复杂网络等研究领域也取得了一些成果。

还有一种非线性无人系统，其非线性特性来源于网络拓扑。Su 等[19]将通信拓扑权重系数设定为复数 $k_{ij}\,\mathrm{e}^{-\mathrm{i}\alpha_{ij}}$ 的形式；Moreau[20]研究了通信拓扑权重时变情况下无人系统的稳定性问题，并给出了充分性条件；在此基础上，Kim 等[21]研究了通信拓扑权重随个体状态改变而改变的情况，这一点很符合实际系统中的一些特性，如鱼群中每条鱼在调整自身运动时，在周围的个体中，离自身距离越近的个体施加的影响也相应更大。

根据系统中智能体个体功能结构的不同，可将无人系统分为同构(homogeneous)系统和异构(heterogeneous)系统。同构系统中每个智能体的动态模型相同，异构系统中每个智能体的动态模型不尽相同，这种差异可以体现为模型中某些参数的差别，甚至可以体现为完全不同阶数的动态模型。在异构系统中，每个智能体的所有状态达到一致往往是不可能的，如智能体 i 的动态模型为

$$\begin{cases} \dot{x}_{i1} = x_{i2} + \boldsymbol{\theta}_i^{\mathrm{T}} \boldsymbol{\varphi}_1(x_{i1}) \\ \dot{x}_{i2} = u_i + \boldsymbol{\theta}_i^{\mathrm{T}} \boldsymbol{\varphi}_2(x_{i2}) \\ y_i = x_{i1} \end{cases} \tag{1-12}$$

其中，$[x_{i1}, x_{i2}]^{\mathrm{T}}$，$y_i$ 和 u_i 分别为智能体 i 的状态、输出和输入；$\boldsymbol{\theta}_i \in \mathbf{R}^p$ 为未知参数；$\boldsymbol{\varphi}_1, \boldsymbol{\varphi}_2 \in \mathbf{R}^p$ 为光滑已知参数。显然，由于模型中参数未知且可能不同($\boldsymbol{\theta}_i \neq \boldsymbol{\theta}_j$)，当 $x_{i1} \to x_{j1}$ 时，仍然有 $x_{i2} \neq x_{j2}$。

这种仅输出达到一致的问题也可以称为输出同步(output synchronization)。Wang 等[22]运用虚拟个体跟踪的方法研究了式(1-12)型无人系统的输出同步问题。冯元珍等[23]研究了领航者(leader)和跟随者(follower)阶数不同时的无人系统的协同跟踪问题，并且针对切换的网络拓扑，构造了通用 Lyapunov(李雅普诺夫)函数，在不使用非平滑分析的情况下确保了控制目标的实现。Qu[24]针对更一般的非线性系统提出了确保实现一致性的两个充分条件：图满足连通性；每个个体满足对角线幅度(amplitude on diagonal)和相对主导对角线幅度(relative amplitude dominant on diagonal)条件。但第二个充分条件未对个体模型类型进行限制。在 Qu[24]给出的例子中，有的个体模型是一阶非线性系统，有的是三阶非线性系统，都可以达到输出一致。

一致性问题常用的分析工具包括矩阵理论、代数图论和控制理论。线性无人系统从本质上来说可以归为一组线性微分方程，因此其分析研究相对简单。从上述针对非线性无人系统的研究成果的分析可以发现，由于非线性系统具有比线性系统更复杂的动力学特性，线性无人系统中常用的非负矩阵分析等手段将不再适用，而应采用更具普适性的方法。Zhang[25]构造 Lyapunov 函数，通过运用不变集原理进行分析以得出结论；Chopra 等[17]采用无源性理论针对仿射系统进行分析。与传统的稳定性分析不同，非线性无人系统的研究通常关注在整个系统中其余状态有界的前提下实现某些状态的趋同，而并不一定要将其稳定至平衡点。正因为如此，分析中经常用到不变集原理、Barbalat(芭芭拉)引理和无源性理论等。众所周知，构造单个非线性个体稳定性分析过程中的 Lyapunov 函数需要一定的技巧，

并且该 Lyapunov 函数往往只能针对特定结构的非线性系统模型进行分析，因此，研究由多个非线性个体组成无人系统时，构造哪种形式的 Lyapunov 函数或分析函数就成为一个富有挑战性的问题。本书将在后续章节详细阐述这个问题。

1.1.2 会合问题及其研究现状

会合问题是指系统中所有个体的位置达到一致、速度渐趋于 0 的系统现象，具体可以描述为

$$\begin{cases} \lim\limits_{t\to\infty}\|x_i(t)-x_j(t)\|=0 \\ \lim\limits_{t\to\infty}\dot{x}_i(t)=0 \end{cases} \quad (i,j\in V) \tag{1-13}$$

其中，V 为节点集合，$x_i(t)$ 和 $\dot{x}_i(t)$ 分别为个体 i 的位置信息和速度信息。

Lin 等[26]将会合问题拓展到同步和异步的"走-停"策略。Dimarogonas 等[16]设计了针对非万向轮小车的分布式控制器，确保系统中所有小车最后在同一地点会合，并且在移动过程中维持网络的连通性。从此可以看出，会合问题可以看成是一致性问题的一种特例。除式(1-13)型之外，工程应用上还包括一种要求更为严格的会合，如航天器的交会要求所有个体在同一时刻达到某一位置。针对会合时间的研究也涌现出许多成果。Hui[27]研究了有限时间的会合问题，并且分别设计了分布式非平滑的静态和动态输出反馈控制器；在此基础上，Wang 等[28]在研究有限时间内实现会合的同时，进一步考虑了最终会合点的决定机制，并提出了使得系统中所有个体会合于几何中心点的控制策略；Martínez 等[29]针对常见的会合问题，进行了时间复杂性的分析。

1.1.3 聚结问题及其研究现状

聚结问题在自然界中十分常见。例如，鱼群或野生动物群体在觅食或者遭遇天敌时，通常表现为一个有机的整体。又如，鹿群在逃避老虎的捕食时，会自动地形成特有的队形，分散在外围的鹿会自觉地向群体中心靠近，并且整个鹿群按照一定的速度奔跑以逃避老虎，且在奔跑过程中不会发生鹿与鹿之间的碰撞或踩踏。在整个群体中，每头鹿不一定都看到了老虎，它们只是根据附近同伴的奔跑来决定自身的行动方式。Reynolds[1]研究了这种现象，并且提出了中心聚结、速度匹配和防止碰撞这三条系统运行规则。Leonard 等[30]首次运用人工势场的方法对聚结行为进行了理论分析；随后，Olfati-Saber 等[7]针对聚结问题建立了基本的理论分析框架——基于各子系统之间的偏差建立一个势能函数，然后对其求导，导数为 0 处正好对应此势能函数的最小值，并且它也是整个无人系统最后形成的

聚结状态。Tanner 等[31]针对二阶积分器个体，分别在固定和切换拓扑下设计了聚结控制器，并且从理论上证明了整个系统的稳定性和切换拓扑的连通性之间的关系。势能函数在给分析带来方便的同时也带来了一个不容忽视的问题，即势能函数局部最小值和全局最小值的问题或者导数值为零多解的问题。基于这一点考虑，现有文献在选择势能函数时，通常考虑二次型函数，或者通过数学上的巧妙构造避免以上问题。Liu 等[32]研究了一阶个体存在通信时滞时整个系统的稳定性和避障性问题。考虑到环境的影响，Gazi 等[33]指出，个体的运动由以下三个因素决定：与远处个体的相互吸引；与近处个体的相互排斥；被感兴趣的区域（如食物）吸引，排斥不感兴趣的区域（如天敌所在区域）。这三条准则可被视为对文献[1]所提出规则的补充和延展。

1.1.4 编队问题及其研究现状

无人系统的编队运动要求多个个体同时到达目标区域，并且在运动过程中保持相应队形。从本质上说，编队控制的目标在于通过调整个体的行为，使系统以特定的几何构型进行整体性移动，其数学描述为

$$\begin{cases}\lim\limits_{t\to\infty}[x_i(t)-x_j(t)]=x_{ij}^d \\ \lim\limits_{t\to\infty}\dot{x}_i(t)=\lim\limits_{t\to\infty}\dot{x}_j(t)\end{cases} \quad (\forall i,j\in V) \tag{1-14}$$

其中，V 为节点集合，x_{ij}^d 为个体 i 与个体 j 之间的期望相对位置。

目前，编队控制已经在很多领域得到应用，如多个自主飞行器被用于编队巡逻搜索、多个移动机器人组成弧形进而包围或捕获入侵者、进行多机器人搬运等。编队控制的主要方法有集中式控制、虚拟结构式控制和分布式控制三种。

在集中式控制中，无人系统中一个或几个个体充当“主体”，其他的个体充当“从体”，从体之间通过相邻个体之间的信息交互以跟随主体，并且维持与主体之间的期望相对位置。然而，这种方法严重依赖主体，一旦主体失效，整个编队系统将失去参考点。此外，由于各个个体是通过与相邻个体通信而形成编队，个体测量相对误差的累加性会使整个编队的稳定性随个体数目的增加而下降。

虚拟结构式控制是一种广为采用的编队控制方法，在该构架下，通过对所有个体状态进行一定的代数运算而生成一个虚拟个体。整个编队被视为一个刚体，虚拟的个体就成为参考点。这样，每个个体的位置和轨迹都可通过该参考点的位置及期望的编队构型明确地计算出来。这一方法易于刻画整个编队的几何构型，并保持准确的编队。但是，由于虚拟结构式控制方法需要集中处理数据，其可扩容性相对较弱，仅适用于小型编队。

分布式控制是一种最常见的编队控制方法，对于式(1-1)型系统，设计以下控制量：

$$u_i = \sum_{j \in n_i} a_{ij}(x_j - x_i - x_{ij}^d) \tag{1-15}$$

式(1-15)是一种带常数偏倚的一致性控制量，该控制方法较多地应用于多车辆、多机器人系统中，并被证实是一种简单、有效的分布式控制方法。但是，这种方法要求每个个体明确自身与周围邻居之间的期望相对位置，在连接度较高的复杂网络中或是网络拓扑存在切换的情况下，此方法存在一定的局限性。

以上这些编队控制方法虽然在理论上相对完美，但没有考虑到环境的复杂性，如在运动过程中的避障和避撞问题。借鉴 Reynolds 模型[1]中的避撞准则，在考虑到环境的复杂性和多个个体之间的避撞时，往往通过设计一个人工势能函数来实现避撞和避障。Leonard 等[30]将人工势能函数和虚拟领航者结合起来，提出了一个通过人工势能函数影响周围个体避撞的编队控制方法。de Campos 等[34]设计了一个导航函数，针对多个个体的导航和避撞问题提出了一个分布式控制方法。考虑到动态环境的障碍物，Loizou 等[35]提出了一种基于非平滑导航函数的运动规划和控制方法，确保了避撞和全局收敛。另外，在维持编队稳定的前提下，从减少信息交互量的角度考虑，Guan 等[36]提出了一种最优持久编队的生成方式。

除以上问题外，无人系统模型也广泛应用于分布式目标的检测、预测、优化，任务分配，以及互联网舆论动力学等研究领域。

经过 30 多年的发展，无人系统的协调控制已经在理论和实践方面取得了很大的发展。一方面，国外圣塔菲研究所、名古屋大学等研究机构设计开发了 SWARM、CEBOT 等多机器人系统仿真和实验平台，美国 Crossbow 公司推出了 Mica 系列传感器网络产品；另一方面，国内中国科学院自动化研究所、中国科学院数学与系统科学研究院、北京大学、清华大学、中国科学技术大学、浙江大学、上海交通大学、西安交通大学、北京航空航天大学、北京理工大学、东南大学、华中科技大学、东北大学、哈尔滨工业大学、西北工业大学、国防科技大学、中南大学等相关单位，也针对无人系统进行了深入研究，并研制了相关实物。

1.2 分布式优化研究概况

在分布式优化方面，网络化系统的分布式优化问题(如协调控制[24,37]、分布式学习[38-39]、同步控制[40]以及资源定位[41]等)已经成为优化领域的关键问题，吸引了不同应用领域的学者。在实际应用中，分布式优化由于具有较好的可拓展性和分布式特性，因而能自然地融入大规模网络化系统以及复杂系统。与集中式算法相比，分布式优化算法具有更好的鲁棒性和灵活性，同时能更好地适应多智能体系统（multi-agent system，MAS）。研究分布式优化问题在协同制导中的应用不仅具有理论价值，而且具有实践意义。

在实际应用中，目标函数的（次）梯度能直接反映其最优值的收敛方向，因此目前大多数的分布式优化算法都是在（次）梯度算法的基础上展开的。Nedic 等[42]针对切换/无向拓扑下的无约束优化问题提出了一种分布式次梯度算法，同时证明该算法能实现渐近的一致性收敛；紧接着，Nedic 等[43]将该算法拓展到更为一般的收敛步长以及不一致/一致的本地约束优化问题中。此外，为了获得更好的收敛速率，可以将该算法的收敛步长进一步拓宽，使其步长仅需满足正递减不可积的约束要求。Nedic 等[44-45]基于分布式次梯度优化算法提出了 Push-sum 算法和 Push-DIGing 算法，以实现网络拓扑为切换有向图时的渐近收敛和几何收敛。除了上述方法，也可以将次梯度算法和均值一致性跟踪算法相结合以求解优化问题，通过加快一致性的过程，提高整个系统的收敛速度[46-47]。Terelius 等[48]将 Lagrangian（拉格朗日）对偶变量引入乘子方向交替法（alternating direction method of multipliers，ADMM），将目标优化问题转换为 Lagrangian 对偶问题进行了求解。Zargham 等[49]和 Zhu 等[50]在原始与对偶分解的基础上提出了分布式原始-对偶梯度算法以求解优化问题。

次梯度算法的收敛特性反映了优化过程的收敛速度，具有十分重要的理论意义，因此大多数的分布式优化算法致力于提升优化过程的收敛速度。Nesterov 等[51]提出了加速协调下降法并证明了其在处理超大规模优化问题时的计算量损耗要优于梯度算法。Hendrikx 等[52]通过本地同步化对加速协调下降法进行了提升，同时证明了该算法在解决分布式均值一致性收敛问题时能达到更好的一致性速度。近年来，多步优化法被逐步应用于次梯度算法。与常规的优化方法相比，多步优化在迭代过程中同时考虑了当前信息和历史信息，能有效加快收敛速度。Ghadimi 等[53]提出了多步加权梯度算法，其主要原理是用于解决带约束的优化问题的重球法[54]。多步加权梯度算法将重球法拓展到具有 Lipschitz 连续梯度的强凸函数上，同时证明了其在大多数场景下具有更快的收敛速度。此外，Ghadimi 等[55]建立了基于重球法的凸优化问题的收敛速率全局上界。Chen 等[56]基于 Nesterov 的梯度算法提出了两个快速分布式梯度算法，实现了更快的收敛速度。Kajiyama 等[57]通过添加梯度过程的动量项设计了分布式多步次梯度算法，用以求解切换/无向拓扑下的分布式带约束优化问题。总而言之，上述算法都通过当前和过去的梯度信息流的组合方式获得了更为有效的收敛结果。

1.3 协调预设性能控制研究现状

对于控制系统而言，暂态性能与稳态性能具有同等重要作用；而对于一些特殊的动态系统，暂态性能有时是比稳态性能更加优先的性能指标。预设性能控制(prescribed performance control，PPC)的概念是由 Bechlioulis[58] 于 2008 年提出的一种新的控制方法，跟踪误差会在一个预先设定的边界内演化并且最终收敛到一个任意预定小的残差集内，如图 1.1 所示。

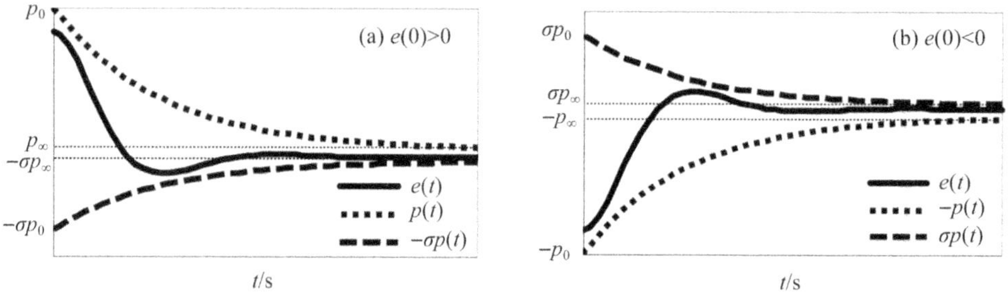

图 1.1 预设性能实现效果

该方法将原始的“约束”转换等效为“无约束”系统，从而便于随后的控制器设计过程。基于误差变换的方法，定义一个新的变换误差，代替原跟踪误差设计反馈控制器。定义 $z=\bar{\omega}(t)F(\varepsilon)$，其中 $F(\varepsilon)$ 为变换函数，能够将希望限制的误差 z 映射到不受限制的变量变换误差 ε 上，从而将系统等效转换为“无约束”系统，其中变换函数的形式定义如下：

$$F(\varepsilon)=\begin{cases}\dfrac{\exp(\varepsilon)-\sigma\exp(-\varepsilon)}{\exp(\varepsilon)+\exp(-\varepsilon)}\\[2ex]\dfrac{\sigma\exp(\varepsilon)-\exp(-\varepsilon)}{\exp(\varepsilon)+\exp(-\varepsilon)}\end{cases}\tag{1-16}$$

而变换误差的有界性足以保证原始跟踪误差具有规定的性能。预设性能控制中最重要的部分是性能函数，表示如下：

$$\tilde{\omega}(t)=(\tilde{\omega}_0-\tilde{\omega}_\infty)\mathrm{e}^{-at}+\tilde{\omega}_\infty\tag{1-17}$$

跟踪误差预计将在以下约束边界内：

$$\begin{cases} -\sigma\bar{\omega}(t)<z(t)<\bar{\omega}(t), & z(0)>0 \\ -\bar{\omega}(t)<z(t)<\sigma\bar{\omega}(t), & z(0)<0 \end{cases} \tag{1-18}$$

如图 1.1 所示，若跟踪误差 $z(t)$ 都落在预先设定的边界内，则通过适当选择 $\bar{\omega}_0$，$\bar{\omega}_\infty$ 和 a，就可以根据需求保证暂态性能，如超调和收敛时间。此外，误差的稳态性能也可以由 $-\sigma\bar{\omega}_\infty<z(\infty)<\bar{\omega}_\infty$ 或 $-\bar{\omega}_\infty<z(\infty)<\sigma\bar{\omega}_\infty$ 保证。

学者们注意到，在 Bechlioulis[58] 提出的传统的预设性能控制的研究中，针对包络线的约束，需要根据误差初值的符号分情况讨论，因此控制器的设计也需要根据情况重复设计，而在实际应用中很难预先知道误差初值，这也极大地限制了其在工程中的实用性。为了便于后续控制器的设计，胡云安等[59] 和 Si 等[60] 提出了几种独立于初始误差的新的性能函数，通过设定一个足够大的性能函数的初值，使得预设性能控制摆脱了对误差初值的依赖，同时也增加了其实用性。这种性能函数的形式为

$$F(\varepsilon)=\frac{\bar{\sigma}(t)\exp(\varepsilon)-\underline{\sigma}(t)\exp(-\varepsilon)}{\exp(\varepsilon)+\exp(-\varepsilon)} \tag{1-19}$$

将传统变换函数中的 σ 更改为时变的光滑函数 $\bar{\sigma}(t)$ 与 $\underline{\sigma}(t)$，其具有以下性质：

1) $\bar{\sigma}(t)>0$，$\underline{\sigma}(t)>0$ 且严格递减；

2) $$\begin{cases} \lim\limits_{t\to 0}\underline{\sigma}(t)=+\infty \\ \lim\limits_{t\to\infty}\underline{\sigma}(t)=C_1 \quad (C_1\in\mathbf{R}^+) \\ \lim\limits_{t\to 0}\bar{\sigma}(t)=+\infty \\ \lim\limits_{t\to\infty}\bar{\sigma}(t)=C_2 \quad (C_2\in\mathbf{R}^+) \end{cases}$$

通过性质 2）设置 $\bar{\sigma}(t)$ 与 $\underline{\sigma}(t)$ 的初值为足够大的常数，从而保证误差最终收敛到如式(1-20)所示的包络线内，此外也不再需要通过误差初值的符号来重复进行控制器的设计。

$$-\underline{\sigma}(t)\bar{\omega}(t)<z(t)<\bar{\sigma}(t)\bar{\omega}(t) \tag{1-20}$$

目前，对单智能体的协调预设性能控制的研究已经相对成熟，但是对无人系统的协调预设性能控制的研究还有待进一步发展。无人系统的研究根据通信拓扑的不同，又可以大致分为两种情况：固定的通信拓扑和切换通信拓扑。

由于协调预设性能控制的方法不仅可以在一定程度上保证最终的收敛精度，并且可以最大程度地显示系统的暂态性能，因此该控制策略被广泛地应用于实际的无人系统的控制。Yang 等[61] 和 Gao 等[62] 通过将协调预设性能控制引入飞行

器的控制，成功地避免了飞行器在运行过程中可能出现过大超调量的情况。Shao 等[63-64]进一步将协调预设性能控制的方法引入航天器的自适应姿态控制。这也表明了协调预设性能控制的方法可以成功地满足飞行器、航天器等实际应用对暂态性能的要求。但是上述研究在控制器的设计阶段需要依赖误差的初始值（误差初值的符号或正负性），需要根据其符号来更改控制器的设计。Zhao 等[65]和 Jiang 等[66]提出了一种改进的协调预设性能控制的方法，该方法的性能边界以及控制器的设计与误差初值无关。因此，在单智能体系统中，协调预设性能控制的研究日渐成熟，同样也吸引了无人系统研究领域的大量学者。Katsoukis 等[67]研究了固定拓扑下的二阶非线性系统的协调预设性能控制问题，但是二阶系统相较于高阶系统来说，其应用有一定的局限性。Zhang 等[68]将动态表面控制技术与协调预设性能控制相结合，不仅解决了输出反馈的网络参数严格反馈系统的实际跟踪问题，还在一定程度上解决了“项爆炸”的问题。当前，固定拓扑下的无人系统的研究主要关注改善系统的暂态性能，而在一定程度上忽略了其稳态精度的问题，以及通过协调预设性能控制处理智能体之间的连接维护和冲突问题，这使得每个智能体建立并且维护预定的编队[69-70]。理论上，上述研究都是在固定拓扑条件下的控制研究，其中一致性控制意味着每个智能体的状态最终是接近相同的。而对于编队控制来说，则可以将其视为一致性控制的特殊情况，即智能体之间的误差保持恒定或者某些预定的动态轨迹。

随着协调预设性能控制的不断发展，关于无人系统中的协调预设性能控制的研究也日趋完善，因此众多学者将研究重点聚焦于更为复杂情况下的无人系统协调预设性能控制的研究。Yang 等[71]构造了一种新的性能函数，开发了一种非奇异近似固定时间的终端滑模规定性能控制方法，证明了位置跟踪误差始终满足规定的性能边界，并在固定时间内全局收敛到以原点为中心的预设小区域，然后渐近收敛到原点。这不仅仅保证了系统的暂态性能，也改善了其最终的收敛精度。Xu 等[72]将障碍李雅普诺夫函数（barrier Lyapunov function，BLF）和规定性能函数相关联，将跟踪误差保持在指定范围内，并始终约束所有系统状态，开发了一种具有状态估计和扰动补偿功能的输出反馈规定性能控制算法，并成功在直流电机的应用中得到验证。近几年来，学者们将协调预设性能控制应用于越来越复杂的各种无人系统的相关研究中，例如开关大规模非线性系统[72]以及全状态约束的非线性系统[73]。

但是，上述大多数研究集中在多无人系统的实际应用或者更为复杂的无人系统的协调预设性能控制，而缺乏对无人系统的协调预设性能控制最终收敛精度的研究。受协调预设性能控制的设计思路所限，其最终只能保证误差在规定的边界内演化并最终收敛到一个小的邻域内,却不能保证其最终趋于0,即实际的同步。针对这一问题,在单智能体系统中也已经有了相关设计解决思路,但是由于单智能体系统和无人系统在本质上是不同的,因此单智能体系统中的设计解决思路不能直接应用于无人系统。

参考文献

[1] Reynolds C W. Flocks, herds and schools: A distributed behavioral model[C]//Proceedings of the 14th Annual Conference on Computer Graphics and Interactive Techniques. ACM,1987: 25-34.

[2] Vicsek T, Zafeiris A. Collective motion[J]. Physics Reports,2012,517(3-4):71-140.

[3] Ren W, Beard R W. Decentralized scheme for spacecraft formation flying via the virtual structure approach[J]. Journal of Guidance, Control, and Dynamics,2004,27(1):73-82.

[4] Wang L, Xiao F. Finite-time consensus problems for networks of dynamic agents[J]. IEEE Transactions on Automatic Control,2010,55(4):950-955.

[5] Aysal T C, Barner K E. Convergence of consensus models with stochastic disturbances[J]. IEEE Transactions on Information Theory,2010,56(8):4101-4113.

[6] Zhang J, Zhang H, Feng T. Distributed optimal consensus control for nonlinear multiagent system with unknown dynamic[J]. IEEE Transactions on Neural Networks and Learning Systems, 2017,29(8):3339-3348.

[7] Olfati-Saber R, Murray R M. Consensus problems in networks of agents with switching topology and time-delays[J]. IEEE Transactions on Automatic Control,2004,49(9):1520-1533.

[8] Tian Y P, Liu C L. Robust consensus of multi-agent systems with diverse input delays and asymmetric interconnection perturbations[J]. Automatica,2009,45(5):1347-1353.

[9] Wang D, Wang Z, Wu Z, et al. Distributed convex optimization for nonlinear multi-agent systems disturbed by a second-order stationary process over a digraph[J]. Science China Information Sciences,2022,65(3):132201.

[10] Meng D, Jia Y, Du J. Robust consensus tracking control for multiagent systems with initial state shifts, disturbances, and switching topologies[J]. IEEE Transactions on Neural Networks and Learning Systems,2014,26(4):809-824.

[11] Zhang J, Gao Y. Average consensus in networks of multi-agent with switching topology and time-varying delay[C]//2016 Chinese Control and Decision Conference (CCDC). IEEE,2016: 71-76.

[12] Cheng Y, Shi B, Ding L. Consensus of a two-agent system with nonlinear dynamics and time-varying delay[J]. Applications of Mathematics,2021,66(3):397-411.

[13] Li H, Liu C L, Zhang Y, et al. Practical fixed-time consensus tracking for multiple Euler-Lagrange systems with stochastic packet losses and input/output constraints[J]. IEEE Systems

Journal,2021,16(4):6185-6196.

[14] Bauso D, Giarré L, Pesenti R. Non-linear protocols for optimal distributed consensus in networks of dynamic agents[J]. Systems & Control Letters,2006,55(11):918-928.

[15] Ghabcheloo R, Pascoal A, Silvestre C, et al. Coordinated path following control of multiple wheeled robots with directed communication links[C]//Proceedings of the 44th IEEE Conference on Decision and Control. IEEE,2005:7084-7089.

[16] Dimarogonas D V, Kyriakopoulos K J. Connectedness preserving distributed swarm aggregation for multiple kinematic robots[J]. IEEE Transactions on Robotics,2008,24(5):1213-1223.

[17] Chopra N, Spong M W. Passivity-based control of multi-agent systems[M]//Kawamura S, Svinin M. Advances in Robot Control: From Everyday Physics to Human-Like Movements. New York: Springer,2006:107-134.

[18] Papachristodoulou A, Jadbabaie A, Münz U. Effects of delay in multi-agent consensus and oscillator synchronization[J]. IEEE Transactions on Automatic Control,2010,55(6):1471-1477.

[19] Su S, Lin Z, Garcia A. Distributed synchronization control of multiagent systems with unknown nonlinearities[J]. IEEE Transactions on Cybernetics,2015,46(1):325-338.

[20] Moreau L. Stability of multiagent systems with time-dependent communication links[J]. IEEE Transactions on Automatic Control,2005,50(2):169-182.

[21] Kim J H, Park J H. Clustering phenomenon of the singular Cucker-Smale model with finite communication weight and variable coupling strength[J]. Chaos, Solitons & Fractals,2022, 164:112573.

[22] Wang J, Xu D, Chen Z, et al. Event based design for cooperative output regulation of a class of multi-agent nonlinear systems[C]//2017 36th Chinese Control Conference (CCC). IEEE, 2017:8627-8631.

[23] 冯元珍,徐胜元,苗国英.带动态领导者的一类多智能体系统跟踪控制[J].南京理工大学学报,2013,37(3):356-359.

[24] Qu Z. Cooperative Control of Dynamical Systems: Applications to Autonomous Vehicles[M]. London: Springer,2009.

[25] Zhang F. Analysis of a Lorenz-like chaotic system by Lyapunov functions[J]. Complexity, 2019:7812769.

[26] Lin J, Morse A S, Anderson B D O. The multi-agent rendezvous problem[C]//42nd IEEE International Conference on Decision and Control. IEEE,2003:1508-1513.

[27] Hui Q. Finite-time rendezvous algorithms for mobile autonomous agents[J]. IEEE Transactions on Automatic Control,2010,56(1):207-211.

[28] Wang J, Qiao J, Wen G, et al. Rendezvous of heterogeneous multiagent systems with nonuniform time-varying information delays: An adaptive approach[J]. IEEE Transactions on Systems, Man, and Cybernetics: Systems,2019,51(8):4848-4857.

[29] Martínez S, Bullo F, Cortés J, et al. On synchronous robotic networks—Part Ⅱ: Time com-

plexity of rendezvous and deployment algorithms[J]. IEEE Transactions on Automatic Control, 2007,52(12):2214-2226.

[30] Leonard N E, Fiorelli E. Virtual leaders, artificial potentials and coordinated control of groups [C]//Proceedings of the 40th IEEE Conference on Decision and Control. IEEE,2001,3:2968-2973.

[31] Tanner H G, Jadbabaie A, Pappas G J. Flocking in fixed and switching networks[J]. IEEE Transactions on Automatic Control,2007,52(5):863-868.

[32] Liu Y, Yu H, Shi P, et al. Formation control and collision avoidance for a class of multi-agent systems[J]. Journal of the Franklin Institute,2019,356(10):5395-5420.

[33] Gazi V, Passino K M. A class of attractions/repulsion functions for stable swarm aggregations [J]. International Journal of Control,2004,77(18):1567-1579.

[34] de Campos G R, Dimarogonas D V, Seuret A, et al. Distributed control of compact formations for multi-robot swarms[J]. IMA Journal of Mathematical Control and Information, 2018, 35(3):805-835.

[35] Loizou S G, Tanner H G, Kumar V, et al. Closed loop navigation for mobile agents in dynamic environments[C]//Proceedings 2003 IEEE/RSJ International Conference on Intelligent Robots and Systems (IROS 2003). IEEE,2003:3769-3774.

[36] Guan J, Zhou W, Kang S, et al. Robot formation control based on internet of things technology platform[J]. IEEE Access,2020,8:96767-96776.

[37] Meng Z, Lin Z, Ren W. Robust cooperative tracking for multiple non-identical second-order nonlinear systems[J]. Automatica,2013,49(8):2363-2372.

[38] Yin D, Pananjady A, Lam M, et al. Gradient diversity: A key ingredient for scalable distributed learning[C]//International Conference on Artificial Intelligence and Statistics. PMLR, 2018:1998-2007.

[39] Yu M, Li C. Robust adaptive iterative learning control for discrete-time nonlinear systems with time-iteration-varying parameters[J]. IEEE Transactions on Systems, Man, and Cybernetics: Systems,2017,47(7):1737-1745.

[40] Meng Z, Yang T, Li G, et al. Synchronization of coupled dynamical systems: Tolerance to weak connectivity and arbitrarily bounded time-varying delays[J]. IEEE Transactions on Automatic Control,2017,63(6):1791-1797.

[41] Yi P, Lei J, Hong Y. Distributed resource allocation over random networks based on stochastic approximation[J]. Systems & Control Letters,2018,114:44-51.

[42] Nedic A, Ozdaglar A. Distributed subgradient methods for multi-agent optimization[J]. IEEE Transactions on Automatic Control,2009,54(1):48-61.

[43] Nedic A, Ozdaglar A, Parrilo P A. Constrained consensus and optimization in multi-agent networks[J]. IEEE Transactions on Automatic Control,2010,55(4):922-938.

[44] Nedic A, Olshevsky A. Distributed optimization over time-varying directed graphs[J]. IEEE

Transactions on Automatic Control,2014,60(3):601-615.

[45] Nedic A, Olshevsky A, Shi W. Achieving geometric convergence for distributed optimization over time-varying graphs[J]. SIAM Journal on Optimization,2017,27(4):2597-2633.

[46] Johansson B, Keviczky T, Johansson M, et al. Subgradient methods and consensus algorithms for solving convex optimization problems[C]//2008 47th IEEE Conference on Decision and Control. IEEE,2008:4185-4190.

[47] Yuan D, Xu S, Zhao H, et al. Distributed dual averaging method for multi-agent optimization with quantized communication[J]. Systems & Control Letters,2012,61(11):1053-1061.

[48] Terelius H, Topcu U, Murray R M. Decentralized multi-agent optimization via dual decomposition[J]. IFAC Proceedings Volumes,2011,44(1):11245-11251.

[49] Zargham M, Ribeiro A, Ozdaglar A, et al. Accelerated dual descent for network flow optimization[J]. IEEE Transactions on Automatic Control,2013,59(4):905-920.

[50] Zhu M, Martínez S. On distributed convex optimization under inequality and equality constraints[J]. IEEE Transactions on Automatic Control,2011,57(1):151-164.

[51] Nesterov Y, Stich S U. Efficiency of the accelerated coordinate descent method on structured optimization problems[J]. SIAM Journal on Optimization,2017,27(1):110-123.

[52] Hendrikx H, Bach F, Massoulié L. Accelerated decentralized optimization with local updates for smooth and strongly convex objectives[C]//The 22nd International Conference on Artificial Intelligence and Statistics. PMLR,2019:897-906.

[53] Ghadimi E, Shames I, Johansson M. Multi-step gradient methods for networked optimization [J]. IEEE Transactions on Signal Processing,2013,61(21):5417-5429.

[54] Polyak B T. Introduction to Optimization[M]. London: Chapman & Hall,1987.

[55] Ghadimi E, Feyzmahdavian H R, Johansson M. Global convergence of the heavy-ball method for convex optimization[C]//2015 European control conference (ECC). IEEE,2015:310-315.

[56] Chen A I, Ozdaglar A. A fast distributed proximal-gradient method[C]//2012 50th Annual Allerton Conference on Communication, Control, and Computing (Allerton). IEEE,2012:601-608.

[57] Kajiyama Y, Hayashi N, Takai S. Distributed multi-step subgradient algorithm for constrained convex optimization with undirected time-varying communications[C]//2017 IEEE 56th annual conference on decision and control (CDC). IEEE,2017:4650-4655.

[58] Bechlioulis C P, Rovithakis G A. Robust adaptive control of feedback linearizable MIMO nonlinear systems with prescribed performance[J]. IEEE Transactions on Automatic Control, 2008,53(9):2090-2099.

[59] 胡云安,耿宝亮,盖俊峰.初始误差未知的不确定系统预设性能反演控制[J].华中科技大学学报(自然科学版),2014,42(8):43-47.

[60] Si W, Dong X, Yang F. Adaptive neural prescribed performance control for a class of strict-feedback stochastic nonlinear systems with hysteresis input[J]. Neurocomputing, 2017, 251:

35-44.

[61] Yang Q, Chen M. Adaptive neural prescribed performance tracking control for near space vehicles with input nonlinearity[J]. Neurocomputing, 2016, 174: 780-789.

[62] Gao G, Wang J, Wang X. Prescribed-performance fault-tolerant control for feedback linearisable systems with an aircraft application[J]. International Journal of Control, 2017, 90(5): 932-949.

[63] Shao X, Hu Q, Shi Y. Adaptive pose control for spacecraft proximity operations with prescribed performance under spatial motion constraints[J]. IEEE Transactions on Control Systems Technology, 2020, 29(4): 1405-1419.

[64] Shao X, Hu Q, Shi Y, et al. Fault-tolerant prescribed performance attitude tracking control for spacecraft under input saturation[J]. IEEE Transactions on Control Systems Technology, 2018, 28(2): 574-582.

[65] Zhao K, Song Y, Chen C L P, et al. Adaptive asymptotic tracking with global performance for nonlinear systems with unknown control directions[J]. IEEE Transactions on Automatic Control, 2021, 67(3): 1566-1573.

[66] Jiang Y, Liu Z, Chen Z. Robust fault-tolerant consensus control for nonlinear multi-agent systems with prescribed transient and steady-state performance[J]. Asian Journal of Control, 2022, 24(2): 642-658.

[67] Katsoukis I, Rovithakis G A. Output feedback leader-follower with prescribed performance guarantees for a class of unknown nonlinear multi-agent systems[C]//2016 24th Mediterranean Conference on Control and Automation (MED). IEEE, 2016: 1077-1082.

[68] Zhang L, Hua C, Guan X. Distributed output feedback consensus tracking prescribed performance control for a class of non-linear multi-agent systems with unknown disturbances[J]. IET Control Theory & Applications, 2016, 10(8): 877-883.

[69] Chen F, Dimarogonas D V. Leader-follower formation control with prescribed performance guarantees[J]. IEEE Transactions on Control of Network Systems, 2020, 8(1): 450-461.

[70] Dai S L, He S, Ma Y, et al. Cooperative learning-based formation control of autonomous marine surface vessels with prescribed performance[J]. IEEE Transactions on Systems, Man, and Cybernetics: Systems, 2021, 52(4): 2565-2577.

[71] Yang P, Su Y. Proximate fixed-time prescribed performance tracking control of uncertain robot manipulators[J]. IEEE/ASME Transactions on Mechatronics, 2021, 27(5): 3275-3285.

[72] Xu Z, Sun C, Liu Q. Output-feedback prescribed performance control for the full-state constrained nonlinear systems and its application to DC motor system[J]. IEEE Transactions on Systems, Man, and Cybernetics: Systems, 2023, 53(7): 3898-3907.

[73] Wu F, Lian J, Wang D, et al. Prescribed performance bumpless transfer control for switched large-scale nonlinear systems[J]. IEEE Transactions on Systems, Man, and Cybernetics: Systems, 2023, 53(8): 5139-5148.

第 2 章　预备知识

2.1　代数图论

一个加权有向图(weighted digraph)$\mathscr{G}(V,\xi,\boldsymbol{A})$ 由一个节点集合 $V=\{v_1,\cdots,v_N\}$、一个边的集合 $\xi\subset V\times V$ 和一个邻接矩阵(adjacency matrix)$\boldsymbol{A}=[a_{ij}]\in\mathbf{R}^{N\times N}$ 构成。节点集合 $V=\{v_1,\cdots,v_N\}$ 中的 $v_1,\cdots,v_N$(有时直接简写为 $1,\cdots,N$) 表示有限的节点,边集合 $\xi\subset V\times V$ 中的元素 $\xi_{ij}=(v_i,v_j)$ 表示从节点 v_i 到节点 v_j 的一条有向边,v_i 和 v_j 分别为边 ξ_{ij} 的头和尾。在本书中,假定拓扑中不存在自身环,即每条边都具有不同的头节点和尾节点。邻接矩阵 $\boldsymbol{A}=[a_{ij}]$ 中,$\forall i=j,a_{ij}=0$;对于 $i\neq j$,如果$(v_i,v_j)\in\xi$,则 $a_{ij}\geqslant 0$,反之 $a_{ij}=0$。为不失一般性,我们约定当 $a_{ij}\geqslant 0$ 时,令$a_{ij}=1$。显然对于无向图,有$(v_i,v_j)\in\xi\Leftrightarrow(v_j,v_i)\in\xi$,因此有 $\boldsymbol{A}=\boldsymbol{A}^{\mathrm{T}}$。与节点 i 有邻接关系的图 $\mathscr{G}$ 的所有节点组成节点 i 的邻接点集合,用 $N_i=\{j\mid(v_j,v_i)\in\xi\}$ 表示,它代表节点 i 能够感知的节点集合。定义节点 v_i 的出度 $d_i^{\mathrm{o}}=\sum\limits_i a_{ij}$,它代表离开节点 v_i 的边数;定义节点 v_i 的入度为 $d_i^{\mathrm{i}}=\sum\limits_j a_{ij}$,它代表进入节点 v_i 的边数。一个节点为平衡点当且仅当它的入度等于它的出度。图 $\mathscr{G}(V,\xi,\boldsymbol{A})$ 为平衡图当且仅当图中所有的节点都是平衡点。

在多智能体系统具有领航者的情况下,跟随者与领航者之间的通信关系用 b_i 表示,当跟随者 i 能够获知领航者的信息时,$b_i\geqslant 0$,反之 $b_i=0$。与上面一样,我们约定当 $b_i\geqslant 0$ 时,令 $b_i=1$。

图 $\mathscr{G}(V,\xi,\boldsymbol{A})$中$\{(v_i,v_k),(v_k,v_m),\cdots,(v_p,v_j)\}$被称为从节点 v_i 到节点 v_j 的一条路径(path),其中 v_i 被称为根节点(root),$v_k,v_m,\cdots,v_p,v_j$ 被称为根节点 v_i 的子点。有向图 $\mathscr{G}(V,\xi,\boldsymbol{A})$中存在一棵生成树,当且仅当 $\mathscr{G}(V,\xi,\boldsymbol{A})$中存在这样一

个节点 v_r，图中其他所有节点都是它的子节点，即存在由 v_r 出发、到达其他所有节点的路径。在如图 2.1 所示的生成树中，节点 2 是图中其他所有节点的一个根节点。有向图 $\mathcal{G}(V,\xi,\boldsymbol{A})$ 为强连通(strongly connected)图，当且仅当图 $\mathcal{G}(V,\xi,\boldsymbol{A})$ 中任意两个不同节点之间存在一条路径。强连通有向图如图 2.2 所示，图中任意两节点之间存在至少一条路径。显然，在无向图中，如果节点 v_i 到节点 v_j 存在一条路径，那么节点 v_j 到节点 v_i 也必然存在一条路径。无向图 $\mathcal{G}(V,\xi,\boldsymbol{A})$ 是连通的，当且仅当图 $\mathcal{G}(V,\xi,\boldsymbol{A})$ 中任意两个不同节点之间存在一条路径。对于无向图，如果图中存在一棵生成树，则此无向图是连通的。连通无向图如图 2.3 所示，图中任意两个节点之间均存在路径。有向图 $\mathcal{G}(V,\xi,\boldsymbol{A})$ 为弱连通(weakly connected)图，当且仅当它是平衡图，并且图中所有边替换为双向边之后得到的无向图是连通的。平衡图如图 2.4 所示，首先，图中所有的节点的入度等于出度；其次，若将图中所有的边都替换成双向边，得到的无向图是连通的，因此图 2.4 是一个弱连通图。

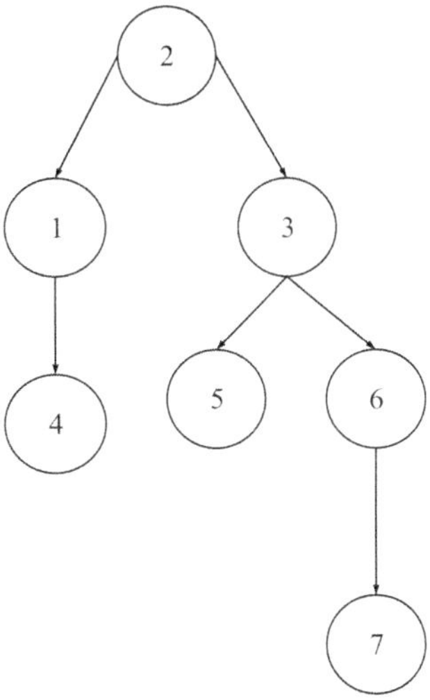

图 2.1 生成树

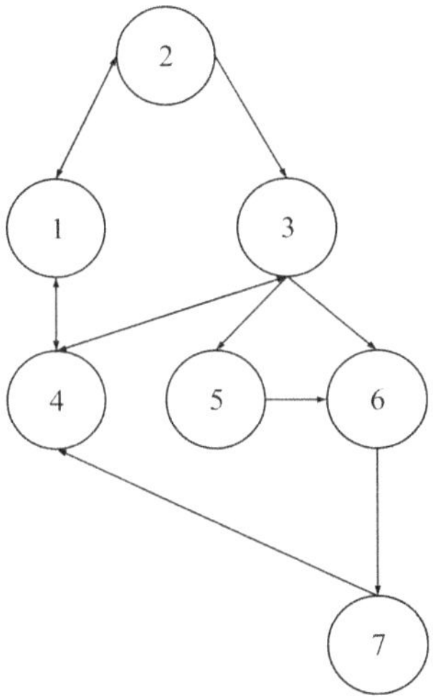

图 2.2 强连通有向图

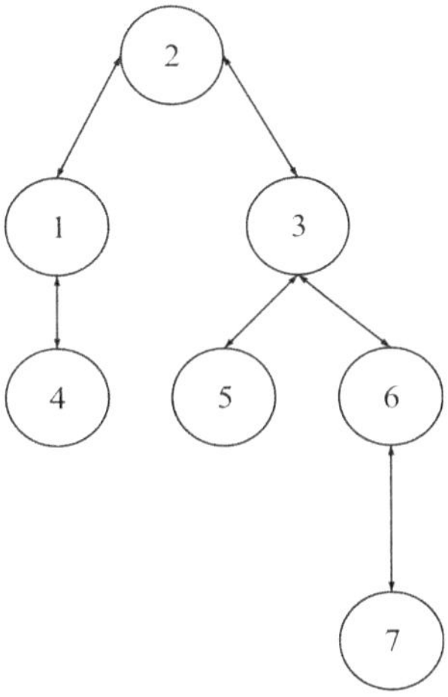

图 2.3 连通无向图

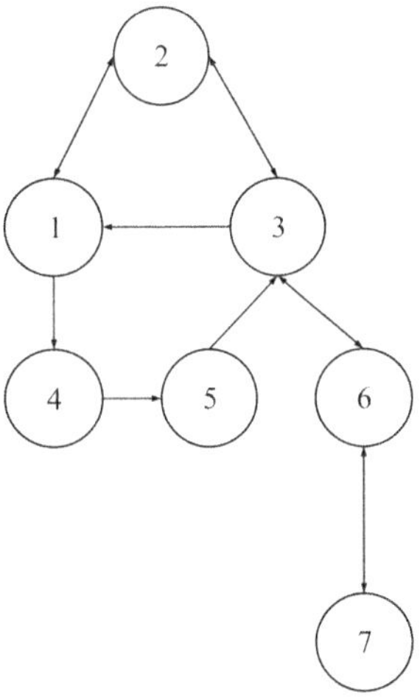

图 2.4 平衡图

对应图 $\mathcal{G}(V,\xi,\boldsymbol{A})$ 的 Laplacian(拉普拉斯)矩阵 $\boldsymbol{L}$ 的定义如下：

$$\boldsymbol{L}=\boldsymbol{D}-\boldsymbol{A}$$

其中，入度对角矩阵 $\boldsymbol{D}=\mathrm{diag}\{d_1,\cdots,d_N\}\in\mathbf{R}^{N\times N}$，$\boldsymbol{A}$ 为图 $\mathcal{G}(V,\xi,\boldsymbol{A})$ 的邻接矩阵。由 Laplacian 矩阵的定义可以看出，该矩阵具有行和为 0 的特性，因此，0 和 $\mathbf{1}_N=[1,\cdots,1]^{\mathrm{T}}\in\mathbf{R}^N$ 是该矩阵的一组对应的特征值和特征向量，并有以下引理。

引理 2.1 图 $\mathcal{G}(V,\xi,\boldsymbol{A})$ 为有向图，$\boldsymbol{L}\in\mathbf{R}^{N\times N}$ 是其 Laplacian 矩阵。如果图中至少存在一棵生成树，则有 $\mathrm{rank}(\boldsymbol{L})=N-1$，且 0 是该 Laplacian 矩阵的一个单重特征值，其对应特征向量为 $\mathbf{1}_N=[1,\cdots,1]^{\mathrm{T}}\in\mathbf{R}^N$。

引理 2.2 图 $\mathcal{G}(V,\xi,\boldsymbol{A})$ 为无向图，$\boldsymbol{L}=\boldsymbol{L}^{\mathrm{T}}\in\mathbf{R}^{N\times N}$ 是其 Laplacian 矩阵。如果该无向图为连通的，则有 $\boldsymbol{L}=\boldsymbol{L}^{\mathrm{T}}\geqslant 0$，且 0 为该 Laplacian 矩阵的一个单重特征值，其对应特征向量为 $\mathbf{1}_N=[1,\cdots,1]^{\mathrm{T}}\in\mathbf{R}^N$。

引理 2.2 说明了无向图 Laplacian 矩阵具有半正定性，但对于有向图，此结论不成立。下面将用例子进行说明。

例 2.1 考虑三个节点的有向图，其邻接矩阵和 Laplacian 矩阵分别为

$$\boldsymbol{A}=\begin{bmatrix}0&1&0\\1&0&0\\1&1&0\end{bmatrix},\quad \boldsymbol{L}=\begin{bmatrix}1&-1&0\\-1&1&0\\-1&-1&2\end{bmatrix}$$

对于 $\boldsymbol{X}=[x_1,x_2,x_3]^{\mathrm{T}}$，有 $\boldsymbol{X}^{\mathrm{T}}\boldsymbol{L}\boldsymbol{X}=(x_1-x_2)^2+2x_3^2-x_1x_3-x_2x_3$，显然不是半正定二次型。而对于无向图 $\mathcal{G}(V,\xi,\boldsymbol{A})$，$\boldsymbol{X}=[x_1,\cdots,x_N]^{\mathrm{T}}\in\mathbf{R}^{N\times N}$，我们有

$$\boldsymbol{X}^{\mathrm{T}}\boldsymbol{L}\boldsymbol{X}=\frac{1}{2}\sum_{i=1}^{N}\sum_{j=1}^{N}a_{ij}\,(x_i-x_j)^2\geqslant 0$$

其中，a_{ij} 为邻接矩阵 $\boldsymbol{A}$ 的元素。显然，这是一个正定的二次型。无向图的这个性质将在后文控制器的设计中得到广泛的应用。

对于领航者-跟随者模式的多智能体系统，用矩阵 $\boldsymbol{H}=\boldsymbol{L}+\boldsymbol{B}\in\mathbf{R}^{N\times N}$ 表示整个多智能体系统的通信关系，其中 $\boldsymbol{B}=\mathrm{diag}\{b_1,\cdots,b_N\}\in\mathbf{R}^{N\times N}$，有以下引理。

引理 2.3 图 $\mathcal{G}(V,\xi,\boldsymbol{A})$ 为有向图，$\boldsymbol{H}=\boldsymbol{L}+\boldsymbol{B}\in\mathbf{R}^{N\times N}$，其中 $\boldsymbol{B}=\mathrm{diag}\{b_1,\cdots,b_N\}\in\mathbf{R}^{N\times N}$，如果图中至少存在一棵生成树且该生成树的根节点能够获知领航者的信息，则有 $\mathrm{Re}\{\lambda_i(\boldsymbol{H})\}>0(\forall i=1,\cdots,N)$，其中 $\lambda_i(\boldsymbol{H})$ 是矩阵 $\boldsymbol{H}$ 的特征值。

引理 2.4 图 $\mathcal{G}(V,\xi,\boldsymbol{A})$ 为无向图，$\boldsymbol{H}=\boldsymbol{L}+\boldsymbol{B}\in\mathbf{R}^{N\times N}$，其中 $\boldsymbol{B}=\mathrm{diag}\{b_1,\cdots,b_N\}\in\mathbf{R}^{N\times N}$。如果该有向图强连通且 $\boldsymbol{B}\neq\mathbf{0}_{N\times N}$，则有 $\mathrm{Re}\{\lambda_i(\boldsymbol{H})\}>0(\forall i=1,\cdots,N)$，其中 $\lambda_i(\boldsymbol{H})$ 是矩阵 $\boldsymbol{H}$ 的特征值。

引理 2.5 图 $\mathcal{G}(V,\xi,\boldsymbol{A})$ 为有向图，$\boldsymbol{H}=\boldsymbol{L}+\boldsymbol{B}\in\mathbf{R}^{N\times N}$，其中 $\boldsymbol{B}=\mathrm{diag}\{b_1,\cdots,b_N\}\in\mathbf{R}^{N\times N}$。如果 $\mathcal{G}$ 对应的无向图是连通的且 $\boldsymbol{B}\neq\mathbf{0}_{N\times N}$，则有 $\boldsymbol{H}=\boldsymbol{H}^{\mathrm{T}}>0$。

2.2　非线性系统稳定性理论

系统的稳定性通常具有两种不同的定义方式，一种是直接定义系统的稳定性，还有一种是定义系统关于平衡点的稳定性[1]。对于非线性系统来说，上述两种定义的稳定性是不同的。Lyapunov 稳定性分析则重点讨论关于平衡点的稳定性。当系统偏离平衡点时，若其能够自动回复到平衡点，则该平衡点是稳定的，否则该平衡点是不稳定的。

2.2.1　稳定性定义

定义 2.1(Lyapunov 稳定)　对于任意时刻 t_0 和任意正常数 $\varepsilon \in \mathbf{R}^+$，如果存在正数 $\delta(\varepsilon, t_0) \in \mathbf{R}^+$，使得当初始条件 $\|\boldsymbol{x}(t_0)\| < \delta$ 时，系统状态 $\|\boldsymbol{x}(t)\| < \varepsilon, \forall t \geq t_0$，则称系统的平衡点 $\boldsymbol{x}_s = \mathbf{0}$ 是稳定的；进一步，如果 δ 的选择不依赖 t_0，即 $\delta = \delta(\varepsilon)$，则称系统的平衡点 $\boldsymbol{x}_s = \mathbf{0}$ 是一致稳定的。

需要注意的是，Lyapunov 稳定性用于描述系统在平衡点附近的稳定性，这其实与平常意义下的系统状态的有界性是不同的，通常某些系统虽然是有界的，但是它并不是 Lyapunov 稳定的。

定义 2.2(渐近稳定)　若系统的平衡点 $\boldsymbol{x}_s = \mathbf{0}$ 是稳定的，并且对于任意时刻 t_0，存在正常数 $\delta(t_0) \in \mathbf{R}^+$，使得当初始条件 $\|\boldsymbol{x}(t_0)\| < \delta$ 时，系统状态收敛到 0，即

$$\lim_{t \to \infty} \|\boldsymbol{x}(t)\| = 0 \tag{2-1}$$

则称平衡点 $\boldsymbol{x}_s = \mathbf{0}$ 是渐近稳定的。

渐近稳定比 Lyapunov 稳定更强。渐近稳定表明平衡点是系统的一个吸引子。需要注意的是，尽管系统状态收敛到 0，但是该稳定对其收敛的速度没有任何限制，因此无法用于分析系统的暂态特性。针对想要得到更为优秀的稳定系统，下面给出了全局渐近稳定和指数稳定的定义[2]。

定义 2.3(全局渐近稳定)　如果系统的平衡点 $\boldsymbol{x}_s = \mathbf{0}$ 是稳定的，且对于任意初始条件 $\boldsymbol{x}(t_0)$，系统状态 $\boldsymbol{x}(t)$ 收敛到 0，即 $\lim_{t \to \infty} \|\boldsymbol{x}(t)\| = 0$，则称平衡点 $\boldsymbol{x}_s = \mathbf{0}$ 是全局渐近稳定的。

定义 2.4(指数稳定)　对于一个系统而言，如果存在正常数 $\alpha, \lambda \in \mathbf{R}^+$，使得当初始状态位于以原点为中心的球域范围之内，即 $\boldsymbol{x}(t_0) \in B_r(0, r)$ 时，系统状态 $\boldsymbol{x}(t)$ 有如下包络线：

$$\|\boldsymbol{x}(t)\| \leqslant \alpha \|\boldsymbol{x}(t_0)\| \mathrm{e}^{-\lambda(t-t_0)} \tag{2-2}$$

则称平衡点 $\boldsymbol{x}_s=\boldsymbol{0}$ 是指数稳定的。进一步,如果对于任意初始条件 $\boldsymbol{x}(t_0)$,式(2-2)成立,则称平衡点 $\boldsymbol{x}_s=\boldsymbol{0}$ 是全局指数稳定的。

2.2.2 Lyapunov 间接分析法

Lyapunov 间接分析法是通过分析系统的状态方程解的特性来判断其稳定性的方法,通常也被称为 Lyapunov 第一方法,或者 Lyapunov 线性化方法。对于线性系统而言,Lyapunov 稳定的充要条件是矩阵 $\boldsymbol{A}$ 的全部特征值位于复平面的左半部[3]。而对于非线性系统,为了判断其在平衡点处的稳定性,先要在平衡点附近对其线性化,即将非线性函数进行 Taylor(泰勒)级数展开,并且仅仅保留其中的一次项,从而将原来的非线性系统转化为一个线性系统。根据 Lyapunov 间接分析法,可以通过分析利用 Taylor 级数展开所得到的线性系统的特征值,判断原非线性系统在该平衡点附近的稳定性。显然,由于这种方法建立在线性近似的基础上,因此只能得到平衡点附近的局部性质。

对于如下非线性多维自治系统:

$$\dot{\boldsymbol{x}}=f(\boldsymbol{x}) \tag{2-3}$$

其中,$\boldsymbol{x}\in\mathbf{R}^n$ 为系统状态,$\boldsymbol{x}_s=\boldsymbol{0}$ 为系统的平衡点。假设非线性函数 $f(\boldsymbol{x})$是连续可微的,利用 Taylor 级数展开将系统线性化,得到

$$\dot{\boldsymbol{x}}=\boldsymbol{A}\boldsymbol{x} \tag{2-4}$$

其中,$\boldsymbol{A}\in\mathbf{R}^{n\times n}$表示如下定义的 Jacobi(雅可比)矩阵:

$$\boldsymbol{A}=\left(\frac{\mathrm{d}f}{\mathrm{d}\boldsymbol{x}}\right)_{\boldsymbol{x}=\boldsymbol{0}} \tag{2-5}$$

上述线性系统(2-4)被称为原非线性系统(2-3)在平衡点处的线性近似。

定义 2.5(Lyapunov 间接分析法) 对于非线性系统(2-3)及其线性近似系统(2-4),它们之间的稳定性存在如下关系:

1) 如果线性系统(2-4)严格稳定,即矩阵 $\boldsymbol{A}$ 的所有特征值都位于复平面的左半平面,则原非线性系统(2-3)关于该平衡点是局部渐近稳定的;

2) 如果线性系统(2-4)不稳定,即矩阵 $\boldsymbol{A}$ 具有位于右半平面的特征值,则原非线性系统(2-3)关于该平衡点是不稳定的。

3) 如果线性系统(2-4)临界稳定,即矩阵 $\boldsymbol{A}$ 没有位于右半平面的特征值,但是至少有一对特征值位于虚轴上,则无法判断原非线性系统(2-3)关于该平衡点的稳定性。

2.2.3　Lyapunov 直接分析法

Lyapunov 直接分析法适用于非线性系统稳定性分析，简称为直接法。该方法通过构造一个类似于系统能量的函数（通常被称为 Lyapunov 候选函数），并根据其随时间变化的性质来判断系统的稳定性。Lyapunov 直接分析法主要包括局部稳定性和全局稳定性两个判断定理。但是这些定理描述的都是关于系统稳定性的充分条件，而不是充要条件，因此只能用于判断系统的稳定性，而不能用于判别系统是否一定不稳定。

定义 2.6（局部稳定性定理）　设 $\boldsymbol{x}=\boldsymbol{0}$ 是系统的平衡点，如果对于球域 B_{R_0}，存在一个标量函数 $V(\boldsymbol{x}):\mathbf{R}^n\rightarrow\mathbf{R}^+$ 满足如下条件，则平衡点 $\boldsymbol{x}=\boldsymbol{0}$ 是局部稳定的。

1）函数 $V(\boldsymbol{x})$ 在球域 B_{R_0} 上是正定的，即 $V(\boldsymbol{x})\geqslant 0$，且 $V(\boldsymbol{x})=0$ 当且仅当 $\boldsymbol{x}=\boldsymbol{0}$ 时成立；

2）函数 $V(\boldsymbol{x})$ 关于时间的导函数 $\dot{V}(\boldsymbol{x})$ 在球域 B_{R_0} 上是半负定的。

进一步，如果函数 $\dot{V}(\boldsymbol{x})$ 在球域 B_{R_0} 上是负定的，则平衡点 $\boldsymbol{x}=\boldsymbol{0}$ 是局部渐近稳定的。其中，满足条件 1）的函数通常被称为 Lyapunov 候选函数，而同时满足条件 1）和 2）的函数则被称为 Lyapunov 函数。

定义 2.7（全局稳定性定理）　设 $\boldsymbol{x}=\boldsymbol{0}$ 是系统的平衡点，如果存在一个标量函数 $V(\boldsymbol{x}):\mathbf{R}^n\rightarrow\mathbf{R}^+$ 满足如下条件，则平衡点 $\boldsymbol{x}=\boldsymbol{0}$ 是全局稳定的。

1）函数 $V(\boldsymbol{x})$ 是正定的，即 $V(\boldsymbol{x})\geqslant 0$，且 $V(\boldsymbol{x})=0$ 当且仅当 $\boldsymbol{x}=\boldsymbol{0}$ 时成立；

2）函数 $V(\boldsymbol{x})$ 关于时间的导函数 $\dot{V}(\boldsymbol{x})$ 在球域 B_{R_0} 上是半负定的；

3）当 $\|\boldsymbol{x}\|\rightarrow\infty$ 时，$V(\boldsymbol{x})\rightarrow\infty$。

进一步，如果函数 $\dot{V}(\boldsymbol{x})$ 是负定的，则平衡点 $\boldsymbol{x}=\boldsymbol{0}$ 是全局渐近稳定的。

Lyapunov 稳定性定理是一个充分非必要条件。因此，即使找不到满足条件 1）和 2）的函数 $V(\boldsymbol{x})$，也不能断定系统是不稳定的。

2.2.4　Lyapunov 候选函数的选择方法

如前几节所述，找到一个合适的 Lyapunov 候选函数是采用该方法进行稳定性分析的关键步骤。遗憾的是，对于一般的非线性系统，尚未找到能够构造出合适的 Lyapunov 候选函数的一般方法。实际上，对于一个稳定的系统而言，尽管理论上存在无穷多个 Lyapunov 函数，但是如何找到其中一个函数则是进行稳定性分析的一个难题。现在一般通过经验方法寻找 Lyapunov 候选函数。本节介绍几个比较常见的构造方法。

2.2.4.1 基于能量分析的构造方法

Lyapunov 方法起源于从系统的能量出发来分析系统的稳定性。因此对于机械系统而言,选择动能与势能之和作为系统的 Lyapunov 候选函数是一个非常自然的选择。

例 2.2 对于一个一阶吊车系统

$$\boldsymbol{M}(\boldsymbol{q})\ddot{\boldsymbol{q}}+\boldsymbol{V}_m(\boldsymbol{q},\dot{\boldsymbol{q}})\dot{\boldsymbol{q}}+\boldsymbol{G}(\boldsymbol{q})=\boldsymbol{u} \tag{2-6}$$

其中,$\boldsymbol{q}(t)\in\mathbf{R}^2$ 为系统状态,$\boldsymbol{q}=[x(t),\theta(t)]^{\mathrm{T}}$;$\boldsymbol{M}(\boldsymbol{q})\in\mathbf{R}^{2\times2}$ 和 $\boldsymbol{V}_m(\boldsymbol{q},\dot{\boldsymbol{q}})\in\mathbf{R}^{2\times2}$ 分别为惯性矩阵和 Coriolis(科里奥利)力矩阵,即

$$\boldsymbol{M}=\begin{bmatrix} m_c+m_p & -m_pl\cos\theta \\ -m_pl\cos\theta & m_pl^2 \end{bmatrix},\quad \boldsymbol{V}_m=\begin{bmatrix} 0 & -m_pl\cos\theta \\ 0 & 0 \end{bmatrix} \tag{2-7}$$

而 $\boldsymbol{G}(\boldsymbol{q})\in\mathbf{R}^2$ 和 $\boldsymbol{u}(t)\in\mathbf{R}^2$ 则分别为重力矢量和控制矢量,即

$$\boldsymbol{G}(q)=[0,m_pgl\sin\theta]^{\mathrm{T}},\quad \boldsymbol{u}(t)=[F,0]^{\mathrm{T}} \tag{2-8}$$

在分析系统的稳定性时,构造基于能量的 Lyapunov 函数

$$V=\frac{1}{2}k_EE^2+\frac{1}{2}k_v\dot{x}^2+\frac{1}{2}k_pe^2 \tag{2-9}$$

其中,e 为本车的定位误差,$e=x-x^d$;$k_E,k_v,k_p\in\mathbf{R}^+$ 为控制增益,而系统的能量 $E(\boldsymbol{q},\dot{\boldsymbol{q}})$ 定义如下:

$$E(\boldsymbol{q},\dot{\boldsymbol{q}})=\frac{1}{2}\dot{\boldsymbol{q}}^{\mathrm{T}}\boldsymbol{M}(\boldsymbol{q})\dot{\boldsymbol{q}}+m_pgl(1-\cos\theta)\geqslant0 \tag{2-10}$$

2.2.4.2 基于控制目标的构造方法

Lyapunov 方法除了可以分析系统的稳定性之外,还可以进行控制系统的设计。对于给定的性能指标,根据 Lyapunov 分析得到的要求来设计合适的控制策略,使得系统达到相应的控制目标。

例 2.3 对于如下一阶非线性系统,试设计控制器,使得系统状态达到设定值 x^d。

$$\dot{x}=\ln(x^2+1)-x^3+u \tag{2-11}$$

根据控制目标,构造 Lyapunov 函数

$$V=\frac{1}{2}e^2 \tag{2-12}$$

其中,e 为控制误差,$e=x-x^d$。对上述函数求导,整理后得到

$$\dot{V}=e[\ln(x^2+1)-x^3+u] \tag{2-13}$$

为了使得$\dot{V}$负定,设计控制器为

$$u = -\ln(x^2+1) + x^3 - ke \tag{2-14}$$

其中，$k \in \mathbf{R}^+$ 为控制增益，则有

$$\dot{V} = -ke^2 \tag{2-15}$$

所以系统状态将以指数形式收敛到设定值 x^d。

2.2.4.3 经验与试探相结合的构造方法

Lyapunov 方法是现代很多非线性控制策略的理论支柱，对于不同的控制方法(如自适应控制、自学习控制等)，需要采用相应的 Lyapunov 候选函数来进行系统设计与分析。因此，采用这些控制方法时，必须根据经验选择 Lyapunov 候选函数中与它们相对应的标准项，然后在进一步分析的基础上，通过试探来完成系统设计与分析。

例 2.4 对于一个二阶系统 $\ddot{x} + b(\dot{x}) + c(x) = 0$；当 $\dot{x} \neq 0$ 时，$\dot{x}b(\dot{x}) > 0$；当 $x \neq 0$ 时，$xc(x) > 0$。试求解系统的平衡点，并且分析平衡点的稳定性。

系统状态为 $x = (x, \dot{x})$，通过分析可以得到

$$\begin{cases} b(\dot{x}) > 0, & \dot{x} > 0 \\ b(0) = 0, & \dot{x} = 0, \\ b(\dot{x}) < 0, & \dot{x} < 0 \end{cases} \quad \begin{cases} c(x) > 0, & x > 0 \\ c(0) = 0, & x = 0 \\ c(x) < 0, & x < 0 \end{cases} \tag{2-16}$$

根据上述结果，可以得到 $(x_s, \dot{x}_s) = (0, 0)$ 是系统的唯一平衡点。

为了分析平衡点的稳定性，选取常规的 Lyapunov 候选函数

$$V(x, \dot{x}) = \frac{1}{2}x^2 + \frac{1}{2}\dot{x}^2 \tag{2-17}$$

其导数为

$$\dot{V}(x, \dot{x}) = x\dot{x} + \dot{x}\ddot{x} = x\dot{x} - \dot{x}b(\dot{x}) - \dot{x}c(x) \tag{2-18}$$

遗憾的是，$\dot{V}(x, \dot{x})$ 是一个不定函数，因此无法利用 Lyapunov 候选函数 V 来判断系统的稳定性。仔细分析 V 和 $\dot{V}$ 的表达式可以发现，V 的第二项 $\frac{1}{2}\dot{x}^2$ 可以在表达式中贡献一个非正项 $-\dot{x}b(\dot{x})$，而 V 的第一项则没有起到任何作用。因此，保持第二项不变，假设第一项为待定非负函数 $g(x): \mathbf{R} \to \mathbf{R}^+$，则修改后的 Lyapunov 函数为

$$V = g(x) + \frac{1}{2}\dot{x}^2 \tag{2-19}$$

对上式关于时间求导，得到

$$\dot{V} = -\dot{x}b(\dot{x}) + \dot{x}\left[\frac{\mathrm{d}g}{\mathrm{d}x} - c(x)\right] \tag{2-20}$$

显然，如果能够选择函数 $g(x):\mathbf{R}\to\mathbf{R}^+$，使得 $\frac{\mathrm{d}g}{\mathrm{d}x}-c(x)=0$，则 $\dot{V}$ 就可以转换为半负定函数 $\dot{V}=-\dot{x}b(\dot{x})$。对 $\frac{\mathrm{d}g}{\mathrm{d}x}-c(x)=0$ 两端进行积分，可以得到

$$g(x)=\int_0^x c(y)\mathrm{d}y \tag{2-21}$$

进一步，根据积分中值定理可以证明

$$g(x)=c(\xi)x,\quad \xi\in(0,x)\text{或}\ \xi\in(x,0) \tag{2-22}$$

由 $c(x)$ 的性质，从上式中可以看出 $g(x)$ 是正定函数。根据上述分析，对于原系统，选择如下 Lyapunov 候选函数：

$$V(x,\dot{x})=c(x)\dot{x}+\dot{x}\ddot{x}=-\dot{x}b(\dot{x}) \tag{2-23}$$

因此，$\dot{V}(x,\dot{x})$ 为半负定函数。经进一步分析，可以证明：当 $\|x\|\to\infty$ 时，$V(x)\to\infty$，故平衡点 $(x_s,\dot{x}_s)=(0,0)$ 是全局稳定的。

2.2.5 LaSalle 不变性原理

在利用 Lyapunov 定理进行稳定性分析时，为了得到渐近稳定的特性，Lyapunov 候选函数的导函数 $\dot{V}(\boldsymbol{x})$ 必须是负定的，这是一个比较苛刻的条件。在很多情况下，只能得到 $\dot{V}(\boldsymbol{x})$ 是半负定的结论。这时，根据 Lyapunov 定理，只能得到系统 Lyapunov 稳定的结论。在某些情况下，可以利用本节介绍的 LaSalle（拉塞尔）不变性原理对系统进一步分析，并最终得到渐近稳定的结论。

定义 2.8（不变集） 对于定义在集合 Ω 上的动态系统，如果存在集合 $\Lambda\subseteq\Omega$，对于任意初始状态 $\boldsymbol{x}(t_0)\in\Lambda$，$\forall t\geqslant t_0$，则集合 Λ 被称为该动态系统的不变集。

定理 2.1（局部不变集原理） 对于定义在 $\mathbf{R}^n$ 上的动态系统 $\dot{\boldsymbol{x}}=f(\boldsymbol{x})$，其中 $f(\boldsymbol{x})$ 为连续函数，设 $V(\boldsymbol{x}):\mathbf{R}^n\to\mathbf{R}$ 是一阶光滑函数，且满足如下条件：

1）存在正常数 $c\in\mathbf{R}^+$，使得集合 $\Omega_c=\{\boldsymbol{x}\in\mathbf{R}^n:V(\boldsymbol{x})\leqslant c\}$ 有界；

2）$\forall\boldsymbol{x}\in\Omega_c$，$\dot{V}(\boldsymbol{x})\leqslant 0$。

定义集合 $S=\{\boldsymbol{x}\in\Omega_c:\dot{V}(\boldsymbol{x})=0\}$，$M$ 为 S 中最大的不变集，则 $\forall\boldsymbol{x}_0\in\Omega_c$：当 $t\to\infty$ 时，$\boldsymbol{x}(t)$ 趋于不变集 M。

定理 2.2（局部不变集原理） 对于定义在 $\mathbf{R}^n$ 上的动态系统 $\dot{\boldsymbol{x}}=f(\boldsymbol{x})$，其中，$f(\boldsymbol{x})$ 为连续函数，设 $V(\boldsymbol{x}):\mathbf{R}^n\to\mathbf{R}$ 是一阶光滑函数，且满足如下条件：

1）$\|\boldsymbol{x}\|\to\infty$ 时，$V(\boldsymbol{x})\to\infty$；

2）$\forall\boldsymbol{x}\in\mathbf{R}^n$，$\dot{V}(\boldsymbol{x})\leqslant 0$。

定义集合 $S=\{\boldsymbol{x}\in\mathbf{R}^n:\dot{V}(\boldsymbol{x})=0\}$，$M$ 为 S 中最大的不变集，则 $\forall\,\boldsymbol{x}_0\in\mathbf{R}^n$；当 $t\to\infty$ 时，$\boldsymbol{x}(t)$ 趋于不变集 M。

2.3 预设性能控制

性能函数是预设性能控制中至关重要的函数，系统的跟踪误差和稳态性能都是通过性能函数设定的，性能函数的定义如下。

定义 2.9 将一个连续的函数 $\bar{\omega}:\mathbf{R}^+\to\mathbf{R}^+$ 称为性能函数，其满足以下性质：

1) $\bar{\omega}(t)$ 是正的并且严格递减；

2) $\lim\limits_{t\to\infty}\bar{\omega}(t)=\bar{\omega}_\infty>0$。

传统的预设性能函数是在误差的初始值 $z(0)$ 未知的前提之下，给出如下形式的不等式约束[4]：

$$\begin{cases}-\sigma\bar{\omega}(t)<z(t)<\bar{\omega}(t), & z(0)>0\\ -\bar{\omega}(t)<z(t)<\sigma\bar{\omega}(t), & z(0)<0\end{cases}\tag{2-24}$$

其中，$\sigma>0$ 为设计常数，$\bar{\omega}(t)$ 为选择的性能函数，$z(t)$ 为误差。然而假设误差的初始值是已知的，在实际应用中具有较大的限制，并且在控制器的设计中也具有较大的困难。因此我们采用如下方案。

定义误差变换函数 $F_{\text{tran}}(\cdot)$，有

$$z(t)=\bar{\omega}(t)F_{\text{tran}}(\varepsilon(t),l(t))\tag{2-25}$$

其中，$\varepsilon(t)$ 为变换误差，并且变换函数 $F_{\text{tran}}(\varepsilon(t),l(t))$ 具有以下性质：

1) $F_{\text{tran}}(\varepsilon(t),l(t))$ 光滑且严格递增；

2) $-l(t)<F_{\text{tran}}(\varepsilon(t),l(t))<l(t)$；

3) $\lim\limits_{\varepsilon(t)\to-\infty}F_{\text{tran}}(\varepsilon(t),l(t))=-l(t)$；

4) $\lim\limits_{\varepsilon(t)\to\infty}F_{\text{tran}}(\varepsilon(t),l(t))=l(t)$。

通常，$F_{\text{tran}}(\varepsilon(t),l(t))=\dfrac{l(t)\mathrm{e}^{\varepsilon(t)}-l(t)\mathrm{e}^{-\varepsilon(t)}}{\mathrm{e}^{\varepsilon(t)}+\mathrm{e}^{-\varepsilon(t)}}$，$\varepsilon(t)=F_{\text{tran}}^{-1}(z(t)/\bar{\omega}(t),l(t))$，那么可以得到 $-l(t)\bar{\omega}(t)<z(t)<l(t)\bar{\omega}(t)$。其中，光滑函数 $l(t)$ 满足下列性质：

1) $l(t)>0$ 是严格递减的；

2) $\lim\limits_{t\to\infty}l(t)=C$，$C\in\mathbf{R}^+$，$l(0)>0$ 是选择的一个足够大的常数。

$l(t)$ 的性质 2) 用于保证控制器的初值独立于误差的初始值。在本书中选择 $l(t)$ 的更新式为

$$\dot{l}(t)=-\lambda l(t)+h \quad (\lambda, h>0) \tag{2-26}$$

选择性能函数 $\tilde{\omega}(t)$ 为

$$\tilde{\omega}(t)=(\tilde{\omega}_0-\tilde{\omega}_\infty)\mathrm{e}^{-\bar{a}t}+\tilde{\omega}_\infty \tag{2-27}$$

其中，$\tilde{\omega}_0$，$\tilde{\omega}_\infty$，$\bar{a}>0$ 都是预先设定的常数。

如果能够满足 $\varepsilon(t)\in L_\infty$，$\forall t\in[0,\infty)$，则有

$$-l(t)\tilde{\omega}(t)<z(t)<l(t)\tilde{\omega}(t) \tag{2-28}$$

并且误差最终将会收敛到以下区域：

$$\begin{cases}\lim\limits_{t\to\infty}\sup(z(t))=\dfrac{h}{\lambda}\tilde{\omega}_\infty \\ \lim\limits_{t\to\infty}\inf(z(t))=-\dfrac{h}{\lambda}\tilde{\omega}_\infty\end{cases} \tag{2-29}$$

上述过程可以通过图 2.5 说明。

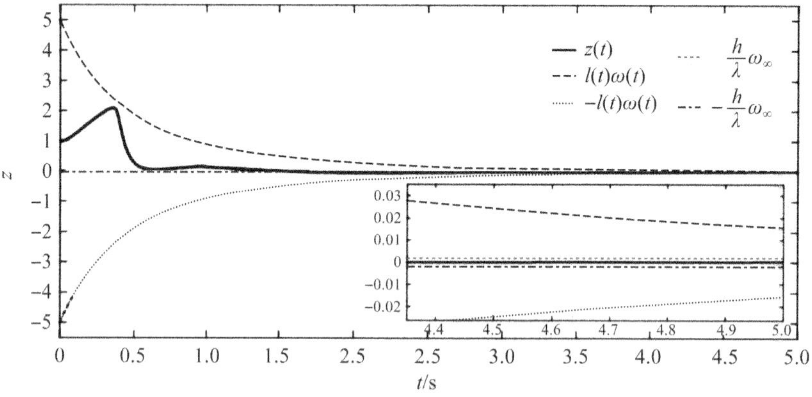

图 2.5　误差 $z(t)$ 与规定边界的关系

参考文献

[1] 廖晓昕. 稳定性的理论、方法和应用[M]. 武汉：华中理工大学出版社，2002.

[2] Krstic M, Kokotovic P V, Kanellakopoulos I. Nonlinear and Adaptive Control Design[M]. New York: John Wiley & Sons, Inc., 1995.

[3] 王枞. 控制系统理论及应用[M]. 北京：北京邮电大学出版社，2005.

[4] Bechlioulis C P, Rovithakis G A. Robust adaptive control of feedback linearizable MIMO nonlinear systems with prescribed performance[J]. IEEE Transactions on Automatic Control, 2008, 53(9): 2090-2099.

第 3 章　含不确定性的非线性无人系统协调控制

"控制方向未知"是指与系统模型中控制量相乘的参数的符号不确定的情况，又称为"高频增益符号未知"，这个名称源于将系统转换为传递函数模型后与控制量相乘的参数对应的高频部分。控制方向决定着系统在任何控制输入下的运动方向，因此在控制设计中起着非常重要的作用。在某些实际应用中，控制方向可能不能由物理模型所决定，或者无法进行检测。如果只按照控制方向为正而设计控制器的话，极有可能导致系统不稳定，或者系统变量超出应有的物理范围，甚至造成控制系统的损坏。因此，对含有未知控制方向的动态系统进行研究和控制不仅具有一定的理论研究意义，还具备实际应用的背景，如在视觉伺服系统、船舶系统及导弹系统中均存在控制方向未知的情况。

3.1　预备知识

3.1.1　符号释义

在本节中，$\mathbf{R}^{m\times n}$ 和 $\mathbf{Z}^{+}$ 分别表示 $m\times n$ 实数矩阵族和非负整数集合，$\boldsymbol{I}_n$ 是 $n\times n$ 单位矩阵，$\boldsymbol{M}\geqslant 0(\leqslant 0)$表示 $\boldsymbol{M}$ 是半正(半负)定矩阵，$\boldsymbol{M}>0(<0)$表示 $\boldsymbol{M}$ 是正(负)定矩阵，Null($\boldsymbol{M}$)表示矩阵 $\boldsymbol{M}$ 的零空间，sup(·)和 inf(·)表示最小上界和最大下界，sign(·)是经典的符号函数。对于连续可微函数 $f:\mathbf{R}^n\rightarrow\mathbf{R}$，行向量$\partial \boldsymbol{f}/\partial \boldsymbol{x}$ 为$[\partial \boldsymbol{f}/\partial \boldsymbol{x}_1,\cdots,\partial \boldsymbol{f}/\partial \boldsymbol{x}_n]$。

3.1.2　Nussbaum 函数

Nussbaum(努斯鲍姆)函数 $N(\cdot)$是一类满足下列特性的函数：

$$
\begin{aligned}
&\lim_{k\to\infty}\ \sup\left(\frac{1}{k}\int_0^k N(\tau)\mathrm{d}\tau\right)=+\infty \\
&\lim_{k\to\infty}\ \inf\left(\frac{1}{k}\int_0^k N(\tau)\mathrm{d}\tau\right)=-\infty
\end{aligned}
\tag{3-1}
$$

常见的 Nussbaum 函数包括 $\mathrm{e}^{k^2}\cos k$，$k^2\sin k$ 和 $k^2\cos k$ 等。

可以看出，Nussbaum 函数的取值具备可正可负的特性，这为自动匹配控制方向提供了前提条件。

引理 3.1[1] 对于连通的无向图 $\mathcal{G}$，其 Laplacian 矩阵 $\boldsymbol{L}\in\mathbf{R}^{N\times N}$ 为半正定矩阵且零空间为 $\mathrm{span}\{\mathbf{1}_N\}$，即 $\boldsymbol{L}=\boldsymbol{L}^{\mathrm{T}}\geqslant 0$ 且 $\mathrm{Null}(\boldsymbol{L})=\mathrm{span}\{\mathbf{1}_N\}$。

引理 3.2[2] 对于弱连通的有向平衡图 $\mathcal{G}$，其 Laplacian 矩阵 $\boldsymbol{L}\in\mathbf{R}^{N\times N}$，有 $\hat{\boldsymbol{L}}=\boldsymbol{L}+\boldsymbol{L}^{\mathrm{T}}\geqslant 0$ 且 $\mathrm{Null}(\hat{\boldsymbol{L}})=\mathrm{span}\{\mathbf{1}_N\}$。

如文献[1]所述，当 $\boldsymbol{L}$ 是有向平衡图 $\mathcal{G}$ 的 Laplacian 矩阵时，$\boldsymbol{L}=\boldsymbol{L}+\boldsymbol{L}^{\mathrm{T}}$ 是其对应的镜像图 $\hat{\mathcal{G}}$ 的一个 Laplacian 矩阵，其中 $\hat{\mathcal{G}}$ 是将图 $\mathcal{G}$ 中全部有向边替换为无向边后得到的无向图。

引理 3.3[3] 对于矩阵 $\boldsymbol{Q}=\boldsymbol{Q}^{\mathrm{T}}\in\mathbf{R}^{N\times N}$ 和 $\boldsymbol{Q}\geqslant 0$（或 $\boldsymbol{Q}\leqslant 0$），有 $\mathrm{Null}(\boldsymbol{Q})=\{\boldsymbol{x}\,|\,\boldsymbol{x}^{\mathrm{T}}\boldsymbol{Q}\boldsymbol{x}=0\}$。

引理 3.4[4] 对于连通的无向图 $\mathcal{G}$，其 Laplacian 矩阵 $\boldsymbol{L}\in\mathbf{R}^{N\times N}$，对角矩阵 $\boldsymbol{G}=\mathrm{diag}\{g_1,\cdots,g_N\}\neq\mathbf{0}_{N\times N}$，则矩阵 $\boldsymbol{H}=\boldsymbol{H}^{\mathrm{T}}=\boldsymbol{L}+\boldsymbol{G}\in\mathbf{R}^{N\times N}$ 是一个正定矩阵。

引理 3.5 对于连通的无向图 $\mathcal{G}$，其 Laplacian 矩阵 $\boldsymbol{L}\in\mathbf{R}^{N\times N}$ 为半正定矩阵且零空间为 $\mathrm{span}\{\mathbf{1}_N\}$，即 $\boldsymbol{L}=\boldsymbol{L}^{\mathrm{T}}\geqslant 0$ 且 $\mathrm{Null}(\boldsymbol{L})=\mathrm{span}\{\mathbf{1}_N\}$。

3.2 含不确定性的非线性无人系统一致性控制

在前文中，我们在考虑个体模型时假设个体模型中位于控制量 u_i 前面的系数 $b_i>0$，或者为不失一般性，直接默认 $b_i=1$。但在实际中，有一些系统的控制方向是未知的，如 Jiang 等[5]和 Du 等[6]分别指出无定标的视觉伺服控制系统和船舶系统中存在这种控制方向未知的现象。众所周知，在控制方向未知的情况下，控制器的选择需十分谨慎，否则按照负反馈原则设计出来的控制器很有可能会变成正反馈，从而导致系统发散。针对这种情况，Nussbaum[7]（努斯鲍姆）首次提出了 Nussbaum 函数并将它纳入原先的控制策略中，从而与系统未知的控制方向匹配，产生一个负反馈的控制效果，以实现系统的稳定。由于 Nussbaum 函数应具有自动调整正负方向的功能，因此对 Nussbaum 函数的在线调整一般采用自适应更新率。基于这种思路，Ye 等[8]、Mudgett 等[9]和 Jiang 等[10]提出了针对系统模型控制方向未知情况的稳定性控制器和跟踪控制器。值得一提的是，目前针对控制方向未知系统的控制主要停留在对单个个体的控制上。当控制对象是单个个体时，分析过程相对较简单；当控制对象是多个个体时，整个闭环系统中将会出现多个 Nussbaum 函数，甚至多个 Nussbaum 函数会出现相互耦合的情况，此时分析将十分困难。Ye 等[11-13]提出了一种 sub-Lyapunov 函数的构造方式，避免了分析过程中出现多个 Nussbaum 函数相互耦合的情况，在简化分析证明过程的同时解决了多个控制方向未知系统的稳定性控制问题。

随着网络系统的普及程度越来越高，研究由多个控制方向未知的个体组成的网络系统的协调控制问题具有很大的实际意义，如由多个视觉伺服系统构成的网络系统的一致性问题[5]和由多个船舶系统构成的网络系统的编队航行问题[6]等。基于此，本章重点考虑由多个控制方向未知的个体组成的网络系统的一致性问题：基于与文献[11-13]完全不同的设计思路，构造了针对多个控制方向未知系统的分布式控制器，解决了此类网络系统的一致性问题；进一步，设计了一种使个体状态不仅达到一致，而且都趋于平衡点的分布式控制器。

3.2.1　问题描述

考虑由 N 个个体组成的一个网络系统，个体 i 的模型如下：

$$\dot{x}_i = b_i u_i \quad (i=1,\cdots,N) \tag{3-2}$$

其中，$x_i, u_i \in \mathbf{R}$ 分别为系统状态和输入，控制增益 b_i 是一个符号和幅值均未知的常数。

控制目标：针对式(3-2)型个体设计分布式控制器 u_i，使得网络系统中所有个体状态 x_i 达到一致，即 $\lim\limits_{t\to\infty} x_i(t) = \lim\limits_{t\to\infty} x_j(t)\ (\forall i, j \in V)$，同时保证网络系统中所有状态量有界。

注：控制增益 b_i 在文献[11-13]中也被称为高频增益(high-frequency-gain)，这源于将系统转换为传递函数模型后 b_i 对应的高频部分。其中 b_i 的符号决定了控制的方向。在无人系统协调控制中，个体模型 $\dot{x}_i = b_i u_i$ 的情况十分常见，但绝大多数文献假定 b_i 的符号已知，为不失一般性，通常认为 $b_i = 1$。近年来，也有文献假设 b_i 的符号已知但幅值未知[14]，或所有 b_i 的符号未知但相同[15]，进而研究其一致性问题。

本章假设 b_i 的符号和幅值均为未知，也就是说，网络系统中可能是不同个体具有不同符号的控制增益(如一部分个体的控制增益为正而另一部分个体的控制增益为负），也可能是所有个体的控制增益符号都一致但是具体正负性未知。无论哪种情况，现有文献中的线性控制器 $u_i=-\sum_{j\in N_i}a_{ij}(x_i-x_j)$ 不仅无法有效解决问题，还会导致整个网络系统发散。因此，在个体控制方向未知的情况下研究此类网络系统的一致性问题极具现实意义和挑战性。

3.2.2 控制器设计

3.2.2.1 一致性控制器

定理 3.1 考虑由 N 个式(3-2)型个体构成的一个网络系统，对其中个体 i 施加以下形式的控制量：

$$u_i=-N_0(k_i)\xi_i \tag{3-3}$$

其中，$\xi_i=\sum_{j\in N_i}a_{ij}(x_i-x_j)$，Nussbaum 函数 $N_0(k_i)=k_i^2\sin k_i$，k_i 的更新率为

$$\dot{k}_i=-cx_i\xi_i \tag{3-4}$$

其中，$c>0$。当双向图连通时，有 $\lim\limits_{t\to\infty}x_i(t)=\lim\limits_{t\to\infty}x_j(t)(\forall i,j\in V)$ 且 $k_i(t),\xi_i(t),u_i(t)(\forall i\in V)$保持有界。

证明：证明过程分为三步：证明施加控制量(3-3)时，$x_i(t),k_i(t),\xi_i(t),u_i(t)$保持有界；证明 $\dot{\bar{k}}(t)=\dot{k}_1(t)+\cdots+\dot{k}_N(t)$ 对于时间 t 是一致连续的；证明 $\lim\limits_{t\to\infty}x_i(t)=\lim\limits_{t\to\infty}x_j(t)(\forall i,j\in V)$。

第 1 步：通过反证法证明 $x_i(t),k_i(t),\xi_i(t),u_i(t)$的有界性。

首先假设 $k_i(t)$是无界的，定义 sub-Lyapunov 函数

$$V_i=\frac{1}{2}x_i^2 \tag{3-5}$$

对 V_i 沿式(3-3)求导，结合式(3-4)，可得

$$\dot{V}_i=x_i\dot{x}_i=-b_iN_0(k_i)x_i\xi_i=\eta_iN_0(k_i)\dot{k}_i \tag{3-6}$$

其中，$\eta_i=b_i/c$ 是一个未知常数，对式(3-6)积分，得到

$$\begin{aligned}V_i(t)&=\eta_i\int_{k_i(0)}^{k_i(t)}N_0(s)\mathrm{d}s+V_i(0)\\&=\eta_i[-k_i^2(t)\cos(k_i(t))+2\cos(k_i(t))+2k_i(t)\sin(k_i(t))]+\bar{\varepsilon}_i\end{aligned} \tag{3-7}$$

其中，$\bar{\varepsilon}_i=V_i(0)\eta_i[k_i^2(0)\cos(k_i(0))-2\cos(k_i(0))-2k_i(0)\sin(k_i(0))]$。由于假设 $k_i(t)$是无界的，在时间域$[0,t_f)$中可以找到一组时间序列$\{t_n^i\}(n\in\mathbf{Z}^+)$，其中，

$$k_i\{t_n^i\}=\begin{cases}2(n+n_0^i)\pi+\pi, & \text{sign}(\eta_i)=-1\\ 2(n+n_0^i)\pi+2\pi, & \text{sign}(\eta_i)=1\end{cases} \tag{3-8}$$

$n_0^i>\dfrac{1}{2\pi}\max\{\sqrt{|2-\bar{\varepsilon}_i/\eta_i|},\sqrt{|2+\bar{\varepsilon}_i/\eta_i|}\}$是一个正整数，并且可以看出$\lim\limits_{n\to\infty}t_n^i=t_f(\forall i)$。将式(3-8)代入式(3-7)，有

$$V(t_n^i)=\begin{cases}\eta_i\{[2(n+n_0^i)+1]^2\pi^2-2\}+\bar{\varepsilon}_i\leqslant 0, & \text{sign}(\eta_i)=-1\\ -\eta_i\{[2(n+n_0^i)+1]^2\pi^2-2\}+\bar{\varepsilon}_i\leqslant 0, & \text{sign}(\eta_i)=1\end{cases} \tag{3-9}$$

显然，上式与$V_i=\dfrac{1}{2}x_i^2\geqslant 0$矛盾。因此，所有的$k_i(t)$有界。根据式(3-7)，当$k_i(t)$有界时，$V_i(t)$和$x_i(t)$也有界，进一步可以得出$\xi_i=\sum\limits_{j\in N_i}a_{ij}(x_i-x_j)$的有界性。最后，由上述状态的有界性可以推出$\dot{x}_i(t)$和$\dot{k}_i(t)$的有界性。

第 2 步：证明$\dot{\bar{k}}(t)=\dot{k}_1(t)+\cdots+\dot{k}_N(t)$对于时间$t$一致连续。

注意到

$$\begin{aligned}\dot{\bar{k}}(t)&=\sum_{i=1}^{N}\ddot{k}_i(t)=-c\sum_{i=1}^{N}\frac{\mathrm{d}}{\mathrm{d}t}[x_i(t)\xi_i(t)]\\&=-c\sum_{i=1}^{N}\frac{\mathrm{d}}{\mathrm{d}t}[\dot{x}_i(t)\xi_i(t)+x_i(t)\dot{\xi}_i(t)]\end{aligned} \tag{3-10}$$

由于$x_i(t)$，$\xi_i(t)$，$\dot{x}_i(t)$，$\dot{\xi}_i(t)$的有界性可以从第 1 步中得出，因此$\ddot{\bar{k}}(t)$是有限的，所以$\dot{\bar{k}}(t)=\dot{k}_1(t)+\cdots+\dot{k}_N(t)$对于时间$t$一致连续。

第 3 步：证明当$t\to\infty$时，$x_i(t)\to x_j(t)$。

注意到

$$\int_0^{\infty}\dot{\bar{k}}(\tau)\mathrm{d}\tau=\sum_{i=1}^{N}[k_i(\infty)-k_i(0)]\leqslant k^* \tag{3-11}$$

其中，k^*是一个常数，它的存在性可由$k_i(t)$的有界性得到，因此，$\dot{\bar{k}}(t)$在时域$[0,\infty)$上是可积的。$\dot{\bar{k}}(t)=\dot{k}_1(t)+\cdots+\dot{k}_N(t)$对于时间$t$一致连续，应用 Barbalat 引理，有

$$\begin{aligned}\lim_{t\to\infty}\dot{\bar{k}}(t)&=\lim_{t\to\infty}\sum_{i=1}^{N}\dot{k}_i(t)=\lim_{t\to\infty}-c\sum_{i=1}^{N}x_i(t)\xi_i(t)\\&=\lim_{t\to\infty}\frac{-c}{2}\boldsymbol{X}^{\mathrm{T}}(t)(\boldsymbol{L}+\boldsymbol{L}^{\mathrm{T}})\boldsymbol{X}(t)\end{aligned} \tag{3-12}$$

其中，$\boldsymbol{X}(t)=[x_1(t),\cdots,x_N(t)]^{\mathrm{T}}$，$\boldsymbol{L}$ 是通信图对应的 Laplacian 矩阵。由引理 3.1 可知，当双向图连通时，$\boldsymbol{L}=\boldsymbol{L}^{\mathrm{T}}$，$\mathrm{Null}(\boldsymbol{L})=\mathrm{span}\{\mathbf{1}_N\}$。根据引理 3.3，从式(3-12)可得：当 $t\to\infty$ 时，$\boldsymbol{X}(t)\to\mathrm{span}\{\mathbf{1}_N\}$。证明完成。

注： 从式(3-3)可以看出，u_i 由邻域相对误差 $\sum\limits_{j\in N_i}a_{ij}(x_i-x_j)$ 和自动匹配控制方向的 Nussbaum 函数 $k_i^2\sin k_i$ 两部分构成。其中，$k_i(t)$ 的更新率(3-4)由自身状态 x_i 和邻域相对误差 $\sum\limits_{j\in N_i}a_{ij}(x_i-x_j)$ 构成，因此，从本质上说，在定理 3.1 中，控制器属于自适应的分布式控制器。

常见的 Nussbaum 函数 $\mathrm{e}^{k^2}\cos k$，$k^2\sin k$ 和 $k^2\cos k$ 等，以及定理 3.1 中的 Nussbaum 函数 $k^2\sin k$，同样也可以替换成 $k^2\sin k$，$\mathrm{e}^{k^2}\cos k$ 或其他形式。同样可以证明这些 Nussbaum 函数能推出第 1 步关于有界性的结论。

下面我们考虑通信图是有向图的情况。

定理 3.2 考虑由 N 个式(3-2)型个体构成的一个网络系统，对其中个体 i 施加以下形式的控制量：

$$u_i=-N_0(k_i)\xi_i \tag{3-13}$$

其中，$\xi_i=\sum\limits_{j\in N_i}a_{ij}(x_i-x_j)$，Nussbaum 函数 $N_0(k_i)=k_i^2\sin k_i$，k_i 的更新率为

$$\dot{k}_i=-cx_i\xi_i \tag{3-14}$$

其中，$c>0$。当有向图是平衡图且弱连通时，有 $\lim\limits_{t\to\infty}x_i(t)=\lim\limits_{t\to\infty}x_j(t)(\forall i,j\in V)$ 且 $k_i(t)$，$\xi_i(t)$，$u_i(t)(\forall i\in V)$ 保持有界。

证明： 与定理 3.1 的证明类似，可以证明 $x_i(t)$，$k_i(t)$，$\xi_i(t)$，$\dot{x}_i(t)$，$\dot{\xi}_i(t)$ 是有界的，且 $\dot{\bar{k}}(t)=\sum\limits_{i=1}^{N}\dot{k}_i(t)$ 对时间 t 一致连续并且在时域$[0,\infty)$上可积。当有向平衡图弱连通时，$\hat{\boldsymbol{L}}=\boldsymbol{L}+\boldsymbol{L}^{\mathrm{T}}$，类似地，

$$\begin{aligned}\lim_{t\to\infty}\dot{\bar{k}}(t)&=\lim_{t\to\infty}\sum_{i=1}^{N}\dot{k}_i(t)=\lim_{t\to\infty}\frac{-c}{2}\boldsymbol{X}^{\mathrm{T}}(t)(\boldsymbol{L}+\boldsymbol{L}^{\mathrm{T}})\boldsymbol{X}(t)\\&=\lim_{t\to\infty}\frac{-c}{2}\boldsymbol{X}^{\mathrm{T}}(t)\hat{\boldsymbol{L}}\boldsymbol{X}(t)=0\end{aligned} \tag{3-15}$$

其中，$\boldsymbol{X}(t)=[x_1(t),\cdots,x_N(t)]^{\mathrm{T}}$，与之前的证明类似，同样可以得到：当 $t\to\infty$ 时，$\boldsymbol{X}(t)\to\mathrm{Null}(\hat{\boldsymbol{L}})=\mathrm{span}\{\mathbf{1}_N\}$。证明完成。

3.2.2.2 一致性且趋于平衡点控制器

以上的一致性控制器能够使得网络系统中所有个体的状态 x_i 趋于一致，但是

在实际中，往往对最终的轨迹有所要求，如要求所有个体的状态都趋于平衡点等。接下来，我们将考虑这种情况。

定理 3.3　考虑由 N 个式(3-2)型个体构成的一个网络系统，对其中个体 i 施加以下形式的控制量：

$$u_i = -N_0(k_{i2})\zeta_i \tag{3-16}$$

其中，$\zeta_i = \sum_{j\in N_i} a_{ij}(x_i - x_j) + g_i(x_i - x_0)$，Nussbaum 函数 $N_0(k_{i2}) = k_{i2}^2\sin(k_{i2})$，$k_{i2}$ 的更新率为

$$\dot{k}_{i2} = -cx_i\zeta_i \tag{3-17}$$

其中，$c>0$，$x_0(t)=0$，在双向图连通且 $\boldsymbol{G}=\mathrm{diag}\{g_i\}\neq\boldsymbol{0}_{N\times N}$ 的条件下，有 $\lim\limits_{t\to\infty}x_i(t)=\lim\limits_{t\to\infty}x_j(t)=x_0(t)(\forall i,j\in V)$ 且 $k_{i2}(t)$，$\zeta_i(t)$，$u_i(t)(\forall i\in V)$ 保持有界。

证明： 与定理 3.1 的证明类似，同样可以通过反证法证明 $x_i(t)$，$k_{i2}(t)$，$\zeta_i(t)$，$\dot{x}_i(t)$，$\dot{\zeta}_i(t)$ 是有界的，且 $\dot{\bar{k}}_2(t) = \sum_{i=1}^{N}\dot{k}_{i2}(t)$ 对时间 t 一致连续。注意到

$$\int_0^\infty \dot{\bar{k}}_2(\tau)\mathrm{d}\tau = \sum_{i=1}^{N}[k_{i2}(\infty) - k_{i2}(0)] \leqslant k_2^* \tag{3-18}$$

其中，k_2^* 是一个常数，它的存在性可由 $k_{i2}(t)$ 的有界性保证，因此，$\dot{\bar{k}}_2(t)$ 在时域 $[0,\infty)$ 上是可积的。$\dot{\bar{k}}_2(t) = \sum_{i=1}^{N}\dot{\bar{k}}_{i2}(t)$ 对于时间 t 一致连续，应用 Barbalat 引理，有

$$\begin{aligned}\lim_{t\to\infty}\dot{\bar{k}}_2(t) &= \lim_{t\to\infty}\sum_{i=1}^{N}\dot{k}_{i2}(t) = \lim_{t\to\infty} -c\sum_{i=1}^{N}x_i(t)\zeta_i(t)\\ &= \lim_{t\to\infty}\frac{-c}{2}\widetilde{\boldsymbol{X}}^{\mathrm{T}}(t)(\boldsymbol{H}+\boldsymbol{H}^{\mathrm{T}})\widetilde{\boldsymbol{X}}(t) = 0\end{aligned} \tag{3-19}$$

其中，$\widetilde{\boldsymbol{X}}(t)=[x_1(t)-x_0(t),\cdots,x_N(t)-x_0(t)]^{\mathrm{T}}=[x_1(t),\cdots,x_N(t)]^{\mathrm{T}}$。根据引理 3.4，在双向图连通且 $\boldsymbol{G}=\mathrm{diag}\{g_i\}\neq\boldsymbol{0}_{N\times N}$ 的条件下，有 $\boldsymbol{H}=\boldsymbol{H}^{\mathrm{T}}>0$。应用引理 3.3，有 $\lim\limits_{t\to\infty}[x_1(t),\cdots,x_N(t)]^{\mathrm{T}}=0*\boldsymbol{1}_N$。证明完成。

同样，对于有向平衡图，有以下定理。

定理 3.4　考虑由 N 个式(3-2)型个体构成的一个网络系统，对其中个体 i 施加形如式(3-16)的控制，其中，Nussbaum 函数 $N_0(k_{i2})=k_{i2}^2=k_{i2}^2\sin k_{i2}$，$k_{i2}$ 的更新率如式(3-17)所示，在有向平衡图弱连通且 $\boldsymbol{G}=\mathrm{diag}\{g_i\}\neq\boldsymbol{0}_{N\times N}$ 的条件下，有 $\lim\limits_{t\to\infty}x_i(t)=\lim\limits_{t\to\infty}x_j(t)=x_0(t)=0(\forall i,j\in V)$ 且保持有界。

证明过程参见定理 3.2 和定理 3.3 的证明，在此不再赘述。

相比于 Ye 等[11]提出的使所有 x_i 都趋于平衡点的控制器，本章定理 3.3 和定理 3.4 提出的控制器主要有以下两点区别。

1）控制器的构成元素不同。文献[11]中的控制器由 Nussbaum 函数和自身状态 x_i 构成，而本章的控制器 u_i 由 Nussbaum 函数和邻域相对误差 $\zeta_i=\sum_{j\in N_i}a_{ij}(x_i-x_j)+g_i(x_i-x_0)$ 构成。

2）控制器设计思路完全不同。文献[11]中的控制器将周围个体的状态视为对自身的干扰，致力于排除周围个体对自身的影响从而使自身状态趋于平衡点，而不是与周围个体状态协调一致。本章的控制器以减少与周围个体之间的相对误差 $\zeta_i=\sum_{j\in N_i}a_{ij}(x_i-x_j)+g_i(x_i-x_0)$ 为手段，基于此，实现网络系统中所有个体趋于一致；同时，只要有一个个体获知平衡点的信息（$g_i\neq 0$），则整个网络系统中所有个体状态便能够趋于平衡点。

3.2.3 仿真实例

本节将给出两个计算机仿真实例，分别验证定理 3.1 和定理 3.3 所提出控制器的有效性。

3.2.3.1 所有状态达到一致

考虑由四个形如式(3-2)的个体组成的一个网络系统，通信拓扑如图 3.1 所示。在计算机仿真中，选择 $b_1=1, b_2=-0.8, b_3=1.2, b_4=0.8$（这些参数对于控制器设计来说是未知的），$c=0.5$，个体初始值 $[x_1(0), x_2(0), x_3(0), x_4(0)]=[4, 2.5, -5, -6]$，$k_i(t)$ 的初始值为 0。运用定理 3.1，对每个个体施加形如式(3-3)的控制，仿真效果如图 3.2 至图 3.4 所示。从图 3.2 可以看出，所有个体的状态 x_i 趋于一致，即 $\lim_{t\to\infty}x_i(t)=\lim_{t\to\infty}x_j(t)\,(\forall i,j\in V)$，图 3.3 和 3.4 说明变量 $k_i(t)$ 和控制量 $u_i(t)$ 保持有界。

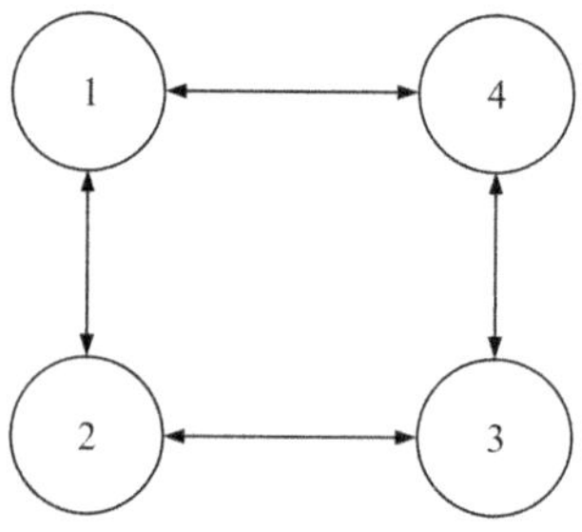

图 3.1 通信拓扑（双向连通图）

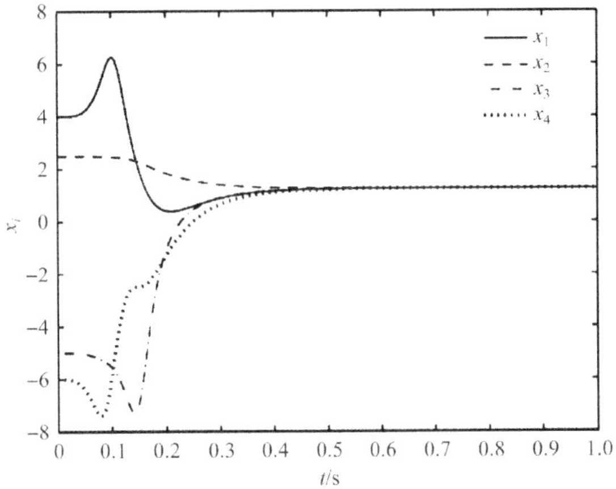

图 3.2　控制器(3-3)作用下的 $x_i(t)$

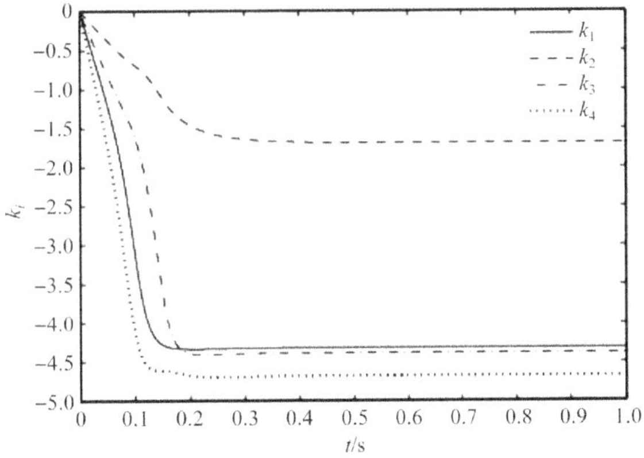

图 3.3　更新率(3-4)作用下的 $k_i(t)$

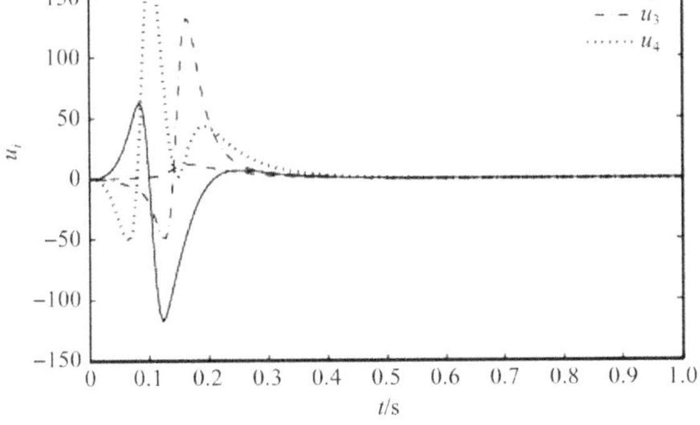

图 3.4　定理 3.1 中的控制量 $u_i(t)$

3.2.3.2 所有个体状态达到一致且趋于平衡点

对于要求网络系统中所有个体状态趋于平衡点的情况，考虑对每个个体施加定理 3.3 中形如式(3-16)的控制，个体初始状态$[x_1(0),x_2(0),x_3(0),x_4(0)]=[1,2,-3,-1]$，$g_1=1$，$g_2=g_3=g_4=0$，$k_{i2}(t)$的初始值为 0，其余参数如上例所示。仿真结果如图 3.5 至图 3.7 所示。从图 3.5 可以看出，所有个体状态 $x_i(t)$不仅达到了一致，并且最终趋于平衡点，即$\lim\limits_{t\to\infty}x_i(t)=\lim\limits_{t\to\infty}x_j(t)(\forall i,j\in V)$，图 3.6 和图 3.7 说明在 $x_i(t)$趋于平衡点的过程中，变量 $k_{i2}(t)$和控制量 $u_i(t)$均保持有界。

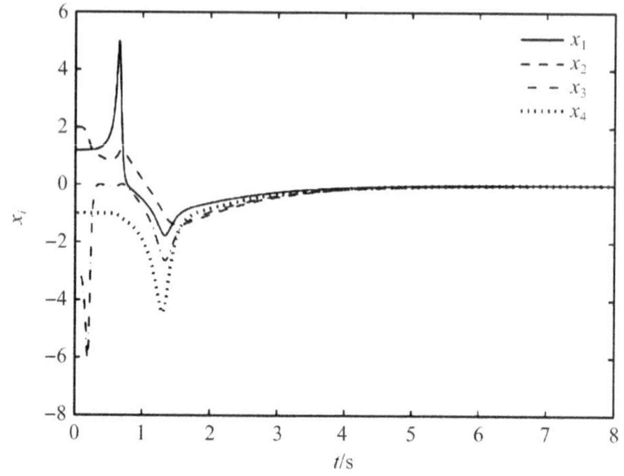

图 3.5 控制器(3-16)作用下的 $x_i(t)$

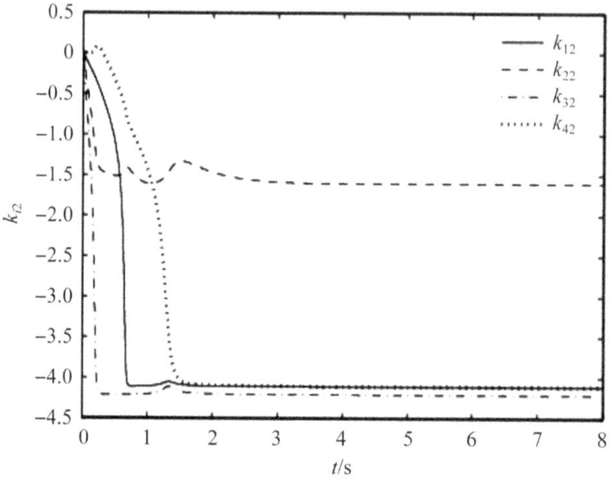

图 3.6 更新率(3-17)作用下的 $k_{i2}(t)$

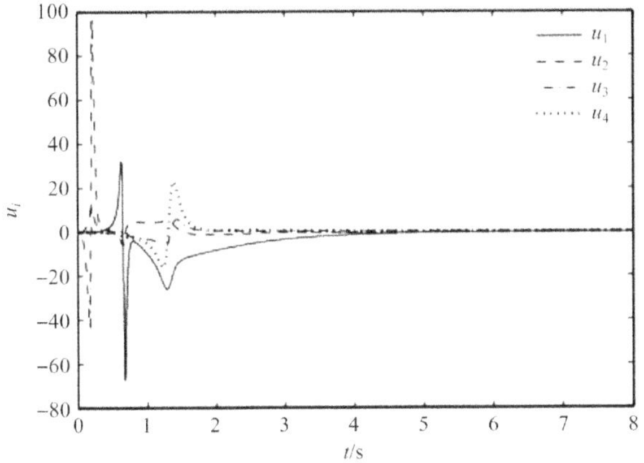

图 3.7 定理 3.3 中的控制量 $u_i(t)$

本节对由多个控制方向未知个体构成的网络系统的一致性问题进行了研究，其中所述四个定理分别讨论了拓扑结构是无向图和有向图情况下所有个体趋于一致及达到一致且趋于平衡点的情况。针对个体模型中控制系数的符号和幅值都未知的情况，本节引入 Nussbaum 函数自动匹配控制方向，通过构造 sub-Lyapunov 函数进行有界性和一致连续性分析，并结合图论相关知识，在保证整个网络系统有界的同时实现了各个个体状态趋于一致的控制目标。本节采用的 sub-Lyapunov 函数方法巧妙地避开了多个 Nussbaum 函数耦合的情况，简化了分析证明过程。与此同时，本节还提出了一种使所有个体的状态不仅达到一致，而且都趋于平衡点的分布式控制策略。与之前的一致性控制器一样，它们利用局部的邻域信息进行控制器设计，并结合 Nussbaum 函数项自动匹配控制方向，因此都属于分布式控制器的范畴。

3.3 控制方向未知的高阶非线性系统的协调控制

在过去的十年中，网络系统的协作控制引起了控制界的高度关注。由于其结构简单，该领域的早期工作主要集中于具有线性动力学的网络智能体，例如一阶积分器系统和双积分器系统。然而，在实际应用中，不确定性是不可避免的，这主要是模型不精确、状态不可测量以及主体动态中出现外部干扰所致。学者们提出了各种控制器，在存在不确定性的情况下对网络系统进行协调控制，例如在速度无法测量的情况下进行引导控制，使用神经网络来近似输入通道中具有不确定性的同步控制器，以及实现严格反馈形式的网络 SISO（即单输入单输出）非线性系统的一致性控制。注意到，当智能体具有异构或不确定的动态时，同步全部状态成为一项挑战不可能完成的任务，可实现输出同步。

从本质上讲，控制方向或高频增益的符号在控制系统的发展中起着关键作用。在现有的工作中，通常的做法是假设控制方向已知且为正，以概括和简化问题。然而，在控制方向不可预测的情况下，这种假设变得不切实际，例如未校准视觉伺服控制和时变船舶的自动驾驶仪设计。虽然在控制方向未知的网络非线性系统中所做的工作很少，但 Nussbaum 型增益方法经常用于处理控制方向未知的系统的稳定性问题。此外，众所周知，自适应控制已被证明在克服参数不确定性方面是有效的，特别是当不确定性以严格反馈形式线性参数化时。因此，将 Nussbaum 型方法与自适应控制相结合对于未知控制方向问题来说是有效的，该方法的突破包括高阶非线性系统的自适应控制以及高阶系统的稳定或跟踪。

将 Nussbaum 型方法应用于单个系统相对简单，然而，对控制方向未知的网络高阶非线性系统的研究，特别是如何在不牺牲分布性的情况下确保稳定性方面的研究很少，因为整个系统可能具有多个 Nussbaum 函数(可以相互作用)，分析变得更加困难。我们研究了具有未知高频增益的多个智能体的一致性问题，其中每个智能体都有一阶积分器动态，且智能体模型已扩展到二阶，但不确定性仅出现在输入通道中。

受上述讨论的启发，本节旨在解决存在不确定性的高阶非线性系统的同步问题，为每个智能体设计一个 Nussbaum 型自适应分布式控制器。在存在参数不确定性和未知控制系数的情况下，其模型可以转化为严格的参数反馈形式，使得网络中所有智能体的输出可以同步到相同的输出，而其他状态则保持有界。

Nussbaum 型自适应分布式控制器的主要贡献有两方面：解决了参数不确定、控制方向未知但相同的严格反馈形式的网络非线性系统的输出同步问题；提出了一种将反步过程与图论相结合来构造增强 Laplacian 势函数的新策略，从而为每个智能体设计局部自适应参数更新器估计未知参数。

3.3.1 问题描述

考虑由 N 个智能体组成的一个网络系统，其中智能体 i 的动态方程如下：

$$\begin{cases}\dot{x}_{i1}=x_{i2}+\boldsymbol{\theta}_i^{\mathrm{T}}\boldsymbol{\varphi}_{i1}(x_{i1})\\ \dot{x}_{i2}=x_{i3}+\boldsymbol{\theta}_i^{\mathrm{T}}\boldsymbol{\varphi}_{i2}(\bar{\boldsymbol{x}}_{i2})\\ \vdots\\ \dot{x}_{in}=b_iu_i+\boldsymbol{\theta}_i^{\mathrm{T}}\boldsymbol{\varphi}_{in}(\bar{\boldsymbol{x}}_{in})+h_i\\ y_i=x_{i1}\end{cases}\quad (i=1,\cdots,N) \tag{3-20}$$

其中，$\boldsymbol{x}_i=[x_{i1},x_{i2},\cdots,x_{in}]^{\mathrm{T}}\in\mathbf{R}^n$，$u_i\in\mathbf{R}$ 和 $y_i\in\mathbf{R}$ 分别为智能体 i 的状态、输入和输出；$\boldsymbol{\theta}_i\in\mathbf{R}^p$ 为未知的参数向量；$\boldsymbol{\varphi}_{i\bar{l}}(\bar{\boldsymbol{x}}_{i\bar{l}}):\mathbf{R}^{\bar{l}}\rightarrow\mathbf{R}^p$ 为已知的光滑并且有界的函数，$\bar{\boldsymbol{x}}_{i\bar{l}}=[x_{i1},\cdots,x_{i\bar{l}}]^{\mathrm{T}}(\bar{l}=1,\cdots,n)$；未知常数 h_i 为输入通道中的干扰；b_i 为未知控制系数。上述系统满足以下假设。

假设 3.1 未知常数 $b_i(i=1,\cdots,N)$ 具有相同的符号且 $0<b_{\min}\leqslant|b_i|\leqslant b_{\max}$。

本节选择 Nussbaum 函数 $N_0(\cdot)$，使其在区间 $[0,k]$ 上的积分 $M(k)=\int_0^k N_0(\sigma)\mathrm{d}\sigma$ 满足以下假设。

假设 3.2 $M(k)=\int_0^k N_0(\sigma)\mathrm{d}\sigma$ 具有以下性质：

1) $M(k)$ 是偶函数，即 $M(k)=M(-k)$。

2) 存在 $0<\kappa_1<\kappa_2<\cdots<\kappa_{2n}$，$n\in\mathbf{Z}^+$，使得

$$\begin{aligned}\max_{k\in[0,k_{2n}]}\{M(k)\}&=M(\kappa_{2n-1})>0\\ \min_{k\in[0,k_{2n}]}\{M(k)\}&=M(\kappa_{2n})<0\end{aligned}\tag{3-21}$$

且

$$\begin{aligned}\max_{k\in[0,k_{2n-1}]}\{M(k)\}&=M(\kappa_{2n-1})>0\\ \min_{k\in[0,k_{2n-1}]}\{M(k)\}&=M(\kappa_{2n-2})<0\end{aligned}\tag{3-22}$$

3) 局部最大值和最小值的增长率满足

$$\left|\frac{M(\kappa_{2n})}{M(\kappa_{2n-1})}\right|>\kappa^*>0\tag{3-23}$$

且

$$\left|\frac{M(\kappa_{2n-1})}{M(\kappa_{2n-2})}\right|>\kappa^*>0\tag{3-24}$$

其中，κ^* 是正常数。

找到合适的 Nussbaum 函数对于控制方向未知的系统至关重要。假设 3.2 提供了一种简单的方法来构造适当的 Nussbaum 函数：$\forall\ \bar{m}>0$，用余弦曲线连接 $(0,0)$，$(1,(\kappa^*+1)\bar{m})$，$(2,-(\kappa^*+1)^2\bar{m})$，$\cdots$，$(n,(-1)^{n-1}(\kappa^*+1)^n\bar{m})$ 以获得 $M(k)$，其中，$M(k)=\int_0^k N_0(\sigma)\mathrm{d}\sigma$，则其导数为 $N_0(k)$。

在本节中，我们尝试为图 $\mathcal{G}$ 中的每个智能体设计 u_i，使得所有智能体的输出达成同步，而所有其他状态保持有界。与该方向的现有工作相比，本节中的控制系数(其符号和幅值)被假定为未知。

3.3.2 控制器设计

3.3.2.1 分布式自适应控制器

接下来为每个智能体递归地引入分布式自适应控制器以实现控制目标。下面用$\overleftarrow{\boldsymbol{x}}_{ik}$来表示$x_{jk}(\forall j\in N_i)$的信息，即$\overleftarrow{\boldsymbol{x}}_{ik}$是所有$x_{jk}(j\in N_i)$组成的向量。

定理 3.5 考虑由式(3-20)给出的N个智能体网络，存在以下形式的分布式自适应控制器，使得如果无向图是连通的，则$\lim\limits_{t\to\infty}[y_i(t)-y_j(t)]=0(\forall i,j\in V)$而$x_{i2},\cdots,x_{in},\hat{\boldsymbol{\theta}}_{i1},\cdots,\hat{\boldsymbol{\theta}}_{in},\hat{\boldsymbol{\theta}}_{i1}(i),\cdots,\hat{\boldsymbol{\theta}}_{in}(i),\hat{h}_i$和$k_i(\forall i\in V,j\in N_i)$是有界的。

$$\xi_{il}=\begin{cases}\sum\limits_{j\in N_i}a_{ij}(x_{il}-x_{jl}), & l=1\\ x_{il}-x_{il}^*, & \text{其他}\end{cases}\tag{3-25}$$

对$k=1,\cdots,n$，有

$$\begin{aligned}&\xi_{i1}=\sum_{j\in N_i}a_{ij}(x_{i1}-x_{j1}), && x_{i2}^*=-\xi_{i1}-f_{i1}-\hat{\boldsymbol{\theta}}_{i1}^{\mathrm{T}}\tilde{\boldsymbol{\omega}}_{i1}-\sum_{j\in N_i}a_{ij}\hat{\boldsymbol{\theta}}_{j1}^{(i)\mathrm{T}}\boldsymbol{z}_{j1}^{(i)}\\ &\xi_{i2}=x_{i2}-x_{i2}^*, && x_{i3}^*=-\xi_{i1}-\xi_{i2}-f_{i2}-\hat{\boldsymbol{\theta}}_{i2}^{\mathrm{T}}\tilde{\boldsymbol{\omega}}_{i2}-\sum_{j\in N_i}a_{ij}\hat{\boldsymbol{\theta}}_{j2}^{(i)\mathrm{T}}\boldsymbol{z}_{j2}^{(i)}\\ &\xi_{in}=x_{in}-x_{in}^*, && x_{i,n+1}^*=-\xi_{i,n-1}-\xi_{in}-f_{in}-\hat{\boldsymbol{\theta}}_{in}^{\mathrm{T}}\tilde{\boldsymbol{\omega}}_{in}-\sum_{j\in N_i}a_{ij}\hat{\boldsymbol{\theta}}_{jn}^{(i)\mathrm{T}}\boldsymbol{z}_{jn}^{(i)}\end{aligned}\tag{3-26}$$

$$u_i=N_0(k_i)(x_{i,n+1}^*-\hat{h}_i)\tag{3-27}$$

其中，$x_{i2}^*(\hat{\boldsymbol{\theta}}_{i1},\hat{\boldsymbol{\theta}}_{j1}^{(i)},x_{i1},\overleftarrow{\boldsymbol{x}}_{i1}),\cdots,x_{i,m+1}^*(\hat{\boldsymbol{\theta}}_{i1},\cdots,\hat{\boldsymbol{\theta}}_{im},\hat{\boldsymbol{\theta}}_{j1}^{(i)},\cdots,\hat{\boldsymbol{\theta}}_{jm}^{(i)},x_{i1},\cdots,x_{im},\overleftarrow{\boldsymbol{x}}_{i1},\cdots,\overleftarrow{\boldsymbol{x}}_{im}),\cdots,x_{i,n+1}^*(\hat{\boldsymbol{\theta}}_{i1},\cdots,\hat{\boldsymbol{\theta}}_{in},\hat{\boldsymbol{\theta}}_{j1}^{(i)},\cdots,\hat{\boldsymbol{\theta}}_{jn}^{(i)},x_{i1},\cdots,x_{in},\overleftarrow{\boldsymbol{x}}_{i1},\cdots,\overleftarrow{\boldsymbol{x}}_{in})$为“虚拟控制”变量，$N_0(k_i)$为一个 Nussbaum 函数，满足假设 3.2 和$\kappa^*=\max\limits_{1\leqslant i\leqslant N}\{c_i\}(N-1)b_{\max}/(b_{\min}\min\limits_{1\leqslant i\leqslant N}\{c_i\})$。$\hat{\boldsymbol{\theta}}_{i1},\cdots,\hat{\boldsymbol{\theta}}_{in},\boldsymbol{\theta}_{j1}^{(i)},\cdots,\boldsymbol{\theta}_{jn}^{(i)}$以及$k_i$和$\hat{h}_i$的更新率为

$$\begin{aligned}&\dot{\hat{\boldsymbol{\theta}}}_{is}=\gamma_1\tilde{\boldsymbol{\omega}}_{is}\xi_{is}\quad(s=1,\cdots,n)\\ &\dot{\hat{\boldsymbol{\theta}}}_{jl}^{(i)}=\gamma_2\boldsymbol{z}_{jl}^{(i)}\xi_{il}\quad(l=1,\cdots,n;j\in N_i;i\in V_{in})\end{aligned}\tag{3-28}$$

$$\dot{k}_i=-c_i\xi_{in}(x_{i,n+1}^*-\hat{h}_i)\tag{3-29}$$

$$\dot{\hat{h}}_i=\gamma_3\xi_{in}\tag{3-30}$$

其中，$\gamma_1,\gamma_2,\gamma_3,c_i$为增益，$f_{i1},\cdots,f_{in},\tilde{\boldsymbol{\omega}}_{i1},\cdots,\tilde{\boldsymbol{\omega}}_{in},\boldsymbol{z}_{j1}^{(i)},\cdots,\boldsymbol{z}_{jn}^{(i)}$由下式给出：

$$
\begin{aligned}
f_{i1} &= 0 \\
f_{i2} &= \sum_{j\in N_i} a_{ij}(x_{i2}-x_{j2}) + \dot{\hat{\boldsymbol{\theta}}}_{i1}^{\mathrm{T}}\boldsymbol{\varphi}_1(x_{i1}) + \hat{\boldsymbol{\theta}}_{i1}^{\mathrm{T}}\frac{\partial \boldsymbol{\varphi}_1(x_{i1})}{\partial x_{i1}}x_{i2} \\
f_{im} &= f_{im}(\hat{\boldsymbol{\theta}}_{i1},\cdots,\hat{\boldsymbol{\theta}}_{i,m-1},\hat{\boldsymbol{\theta}}_{j1}^{(i)},\cdots,\hat{\boldsymbol{\theta}}_{j,m-1}^{(i)},x_{i1},\cdots,x_{im},\overleftarrow{\boldsymbol{x}}_{i1},\cdots,\overleftarrow{\boldsymbol{x}}_{im}) \\
&= -\sum_{k=1}^{m-1}\frac{\partial x_{im}^{*}}{\partial x_{ik}}x_{i,k+1} - \sum_{k=1}^{m-1}\frac{\partial x_{im}^{*}}{\partial \hat{\boldsymbol{\theta}}_{ik}}\dot{\hat{\boldsymbol{\theta}}}_{ik} - \sum_{j\in N_i}a_{ij}\sum_{k=1}^{m-1}\frac{\partial x_{im}^{*}}{\partial x_{jk}}x_{j,k+1} \\
&\quad - \sum_{j\in N_i}a_{ij}\sum_{k=1}^{m-1}\frac{\partial x_{im}^{*}}{\partial \hat{\boldsymbol{\theta}}_{jk}^{(i)}}\dot{\hat{\boldsymbol{\theta}}}_{jk}^{(i)} \quad (m=3,\cdots,n;i\in V)
\end{aligned} \tag{3-31}
$$

$$
\begin{aligned}
\tilde{\boldsymbol{\omega}}_{i1} &= \boldsymbol{\varphi}_1(x_{i1}) \\
\tilde{\boldsymbol{\omega}}_{i2} &= \left[d_i + \hat{\boldsymbol{\theta}}_{i1}^{\mathrm{T}}\frac{\partial \boldsymbol{\varphi}_1(x_{i1})}{\partial x_{i1}}\right]\boldsymbol{\varphi}_1(x_{i1}) + \boldsymbol{\varphi}_2(\bar{\boldsymbol{x}}_{i2}) \\
\tilde{\boldsymbol{\omega}}_{im} &= \tilde{\boldsymbol{\omega}}_{im}(\hat{\boldsymbol{\theta}}_{i1},\cdots,\hat{\boldsymbol{\theta}}_{i,m-1},x_{i1},\cdots,x_{im}) \\
&= \boldsymbol{\varphi}_m(\bar{\boldsymbol{x}}_{im}) - \sum_{k=1}^{m-1}\frac{\partial x_{im}^{*}}{\partial x_{ik}}\boldsymbol{\varphi}_k(\bar{\boldsymbol{x}}_{ik}) \quad (m=3,\cdots,n;i\in V)
\end{aligned} \tag{3-32}
$$

$$
\begin{aligned}
\boldsymbol{z}_{j1}^{(i)} &= 0 \\
\boldsymbol{z}_{j2}^{(i)} &= -\boldsymbol{\varphi}_1(x_{j1}) \\
\boldsymbol{z}_{jm}^{(i)} &= \boldsymbol{z}_{jm}^{(i)}(\hat{\boldsymbol{\theta}}_{j1}^{(i)},\cdots,\hat{\boldsymbol{\theta}}_{j,m-1}^{(i)}) \\
&= -\sum_{k=1}^{m-1}\frac{\partial x_{im}^{*}}{\partial x_{jk}}\boldsymbol{\varphi}_k(\bar{\boldsymbol{x}}_{jk}) \quad (m=3,\cdots,n;i\in V;j\in N_i)
\end{aligned} \tag{3-33}
$$

证明：

第 1 步：定义

$$
W_1 = \frac{1}{2}\boldsymbol{X}_1^{\mathrm{T}}\boldsymbol{L}\boldsymbol{X}_1 = \frac{1}{4}\sum_{i,j=1}^{N}a_{ij}(x_{i1}-x_{j1})^2 \tag{3-34}
$$

其中，$\boldsymbol{X}_1=[x_{11},\cdots,x_{N1}]^{\mathrm{T}}$。注意到 $\boldsymbol{L}=\boldsymbol{L}^{\mathrm{T}}\geqslant 0$，因此 $W_1\geqslant 0$。对时间求导，得

$$
\dot{W}_1 = \sum_{i=1}^{N}\xi_{i1}[x_{i2}^{*} + \boldsymbol{\theta}_i^{\mathrm{T}}\boldsymbol{\varphi}_1(x_{i1})] + \sum_{i=1}^{N}\xi_{i1}(x_{i2}-x_{i2}^{*}) \tag{3-35}
$$

其中，$x_{i2}^{*}(\hat{\boldsymbol{\theta}}_{i1},\hat{\boldsymbol{\theta}}_{j1}^{(i)},x_{i1},\overleftarrow{\boldsymbol{x}}_{i1}) = -\xi_{i1} - f_{i1} - \hat{\boldsymbol{\theta}}_{i1}^{\mathrm{T}}\tilde{\boldsymbol{\omega}}_{i1} - \sum_j a_{ij}\hat{\boldsymbol{\theta}}_{j1}^{(i)\mathrm{T}}\boldsymbol{z}_{j1}^{(i)} = -\xi_{i1} - \hat{\boldsymbol{\theta}}_{i1}^{\mathrm{T}}\tilde{\boldsymbol{\omega}}_{i1}$，$\xi_{i2}=x_{i2}-x_{i2}^{*}$ 和 $\xi_{i1}=\sum_j a_{ij}(x_{i1}-x_{j1})$。

定义

$$
V_1 = W_1 + \frac{1}{2\gamma_1}\sum_{i=1}^{N}\widetilde{\boldsymbol{\theta}}_{i1}^{\mathrm{T}}\widetilde{\boldsymbol{\theta}}_{i1} + \frac{1}{2\gamma_2}\sum_{i=1}^{N}\sum_{j\in N_i}a_{ij}\widetilde{\boldsymbol{\theta}}_{j1}^{(i)\mathrm{T}}\widetilde{\boldsymbol{\theta}}_{j1}^{(i)} \tag{3-36}
$$

其中，$\widetilde{\boldsymbol{\theta}}_{i1}=\boldsymbol{\theta}_i-\hat{\boldsymbol{\theta}}_{i1}$，$\widetilde{\boldsymbol{\theta}}_{j1}^{(i)}=\boldsymbol{\theta}_j-\hat{\boldsymbol{\theta}}_{j1}^{(i)}$（$\forall i\in V,j\in N_i$）。

对上式求导，可得

$$\begin{aligned}\dot{V}_1 = &-\sum_{i=1}^{N}\xi_{i1}^2+\sum_{i=1}^{N}\xi_{i1}\xi_{i2}+\sum_{i=1}^{N}\tilde{\boldsymbol{\theta}}_{i1}^{\mathrm{T}}(\xi_{i1}\tilde{\boldsymbol{\omega}}_{i1}-\frac{1}{\gamma_1}\dot{\hat{\boldsymbol{\theta}}}_{i1})\\&+\sum_{i=1}^{N}\sum_{j\in N_i}a_{ij}\tilde{\boldsymbol{\theta}}_{j1}^{(i)\mathrm{T}}(\xi_{i1}\boldsymbol{z}_{j1}^{(i)}-\frac{1}{\gamma_2}\dot{\hat{\boldsymbol{\theta}}}_{j1}^{(i)})\end{aligned}\tag{3-37}$$

其中，$\hat{\boldsymbol{\theta}}_{i1}$和$\hat{\boldsymbol{\theta}}_{j1}^{(i)}$的更新率为

$$\begin{aligned}&\dot{\hat{\boldsymbol{\theta}}}_{i1}=\gamma_1\tilde{\boldsymbol{\omega}}_{i1}\xi_{i1}\\&\dot{\hat{\boldsymbol{\theta}}}_{j1}^{(i)}=\gamma_2\boldsymbol{z}_{j1}^{(i)}\xi_{i1}\end{aligned}\quad(i\in V,j\in N_i)\tag{3-38}$$

式(3-37)可以改写为

$$\dot{V}_1=-\sum_{i=1}^{N}\xi_{i1}^2+\sum_{i=1}^{N}\xi_{i1}\xi_{i2}\tag{3-39}$$

第 m 步($2\leqslant m<n$)：注意到 $\xi_{im}=x_{im}-x_{im}^*$，ξ_{im} 对时间的导数为

$$\begin{aligned}\dot{\xi}_{im}&=\dot{x}_{im}-\dot{x}_{im}^*\\&=x_{i,m+1}+f_{im}(\hat{\boldsymbol{\theta}}_{i1},\cdots,\hat{\boldsymbol{\theta}}_{i,m-1},\hat{\boldsymbol{\theta}}_{j1}^{(i)},\cdots,\hat{\boldsymbol{\theta}}_{j,m-1}^{(i)},x_{i1},\cdots,x_{im},\overleftarrow{\boldsymbol{x}}_{i1},\cdots,\overleftarrow{\boldsymbol{x}}_{im})\\&\quad+\boldsymbol{\theta}_i^{\mathrm{T}}\tilde{\boldsymbol{\omega}}_{im}(\hat{\boldsymbol{\theta}}_{i1},\cdots,\hat{\boldsymbol{\theta}}_{i,m-1},x_{i1},\cdots,x_{im})\\&\quad+\sum_{j\in N_i}a_{ij}\boldsymbol{\theta}_{jm}^{(i)\mathrm{T}}\boldsymbol{z}_{jm}^{(i)}(\hat{\boldsymbol{\theta}}_{j1}^{(i)},\cdots,\hat{\boldsymbol{\theta}}_{j,m-1}^{(i)},\overleftarrow{\boldsymbol{x}}_{i1},\cdots,\overleftarrow{\boldsymbol{x}}_{i,m-1})\end{aligned}\tag{3-40}$$

$x_{i,m+1}^*(\hat{\boldsymbol{\theta}}_{i1},\cdots,\hat{\boldsymbol{\theta}}_{i,m-1},\hat{\boldsymbol{\theta}}_{j1}^{(i)},\cdots,\hat{\boldsymbol{\theta}}_{j,m-1}^{(i)},x_{i1},\cdots,x_{im},\overleftarrow{\boldsymbol{x}}_{i1},\cdots,\overleftarrow{\boldsymbol{x}}_{im})=-\xi_{i,m-1}-\xi_{im}-f_{im}-\hat{\boldsymbol{\theta}}_{im}^{\mathrm{T}}\tilde{\boldsymbol{\omega}}_{im}-\sum_{j\in N_i}a_{ij}\hat{\boldsymbol{\theta}}_{jm}^{(i)\mathrm{T}}\boldsymbol{z}_{jm}^{(i)}$ 且 $a_{ij}>0$ 时，有 $\boldsymbol{\theta}_{jm}^{(i)}=\boldsymbol{\theta}_j$，

$$\begin{aligned}f_{im}=&-\sum_{k=1}^{m-1}\frac{\partial x_{im}^*}{\partial x_{ik}}x_{i,k+1}-\sum_{k=1}^{m-1}\frac{\partial x_{im}^*}{\partial\hat{\boldsymbol{\theta}}_{ik}}\dot{\hat{\boldsymbol{\theta}}}_{ik}\\&-\sum_{j\in N_i}a_{ij}\sum_{k=1}^{m-1}\frac{\partial x_{im}^*}{\partial x_{jk}}x_{j,k+1}-\sum_{j\in N_i}a_{ij}\sum_{k=1}^{m-1}\frac{\partial x_{im}^*}{\partial\hat{\boldsymbol{\theta}}_{jk}^{(i)}}\dot{\hat{\boldsymbol{\theta}}}_{jk}^{(i)}\end{aligned}\tag{3-41}$$

$$\tilde{\boldsymbol{\omega}}_{im}=\boldsymbol{\varphi}_m(\bar{\boldsymbol{x}}_{im})-\sum_{k=1}^{m-1}\frac{\partial x_{im}^*}{\partial x_{ik}}\boldsymbol{\varphi}_k(\bar{\boldsymbol{x}}_{ik})\tag{3-42}$$

$$\boldsymbol{z}_{jm}^{(i)}=-\sum_{l=1}^{m-1}\frac{\partial x_{im}^*}{\partial x_{jl}}\boldsymbol{\varphi}_l(\bar{\boldsymbol{x}}_{jl})\quad(j\in N_i)\tag{3-43}$$

定义

$$\begin{aligned}&W_m=\frac{1}{2}\sum_{i=1}^{N}\xi_{im}^2+\frac{1}{2\gamma_1}\sum_{i=1}^{N}\tilde{\boldsymbol{\theta}}_{im}^{\mathrm{T}}\tilde{\boldsymbol{\theta}}_{im}+\frac{1}{2\gamma_2}\sum_{i=1}^{N}\sum_{j\in N_i}a_{ij}\tilde{\boldsymbol{\theta}}_{jm}^{(i)\mathrm{T}}\tilde{\boldsymbol{\theta}}_{jm}^{(i)}\\&V_m=V_{m-1}+W_m\end{aligned}\tag{3-44}$$

其中，$\tilde{\boldsymbol{\theta}}_{im}=\boldsymbol{\theta}_i-\hat{\boldsymbol{\theta}}_{im}$，$\tilde{\boldsymbol{\theta}}_{jm}^{(i)}=\boldsymbol{\theta}_{jm}^{(i)}-\hat{\boldsymbol{\theta}}_{jm}^{(i)}=\boldsymbol{\theta}_j-\hat{\boldsymbol{\theta}}_{jm}^{(i)}$（$\forall i\in V,j\in N_i$）。

注意到 $\xi_{m+1}=x_{i,m+1}-x_{i,m+1}^*$，$V_m$ 对时间的导数为

$$\begin{aligned}\dot{V}_m &= \dot{V}_{m-1}+\dot{W}_m \\ &= -\sum_{i=1}^N \xi_{i1}^2-\sum_{i=1}^N \xi_{i2}^2-\cdots-\sum_{i=1}^N \xi_{im}^2+\sum_{i=1}^N \xi_{im}\xi_{i,m+1} \\ &\quad +\sum_{i=1}^N \tilde{\boldsymbol{\theta}}_{im}^{\mathrm{T}}\left(\tilde{\boldsymbol{\omega}}_{im}\xi_{im}-\frac{1}{\gamma_1}\dot{\hat{\boldsymbol{\theta}}}_{im}\right)+\sum_{i=1}^N\sum_{j\in N_i}a_{ij}\,\tilde{\boldsymbol{\theta}}_{jm}^{(i)\mathrm{T}}\left(\boldsymbol{z}_{jm}^{(i)}\xi_{im}-\frac{1}{\gamma_2}\dot{\hat{\boldsymbol{\theta}}}_{jm}^{(i)}\right)\end{aligned} \tag{3-45}$$

其中，$\hat{\boldsymbol{\theta}}_{im}$ 和 $\hat{\boldsymbol{\theta}}_{jm}^{(i)}$ 的更新率为

$$\begin{aligned}\dot{\hat{\boldsymbol{\theta}}}_{im} &= \gamma_1\tilde{\boldsymbol{\omega}}_{im}\xi_{im} \\ \dot{\hat{\boldsymbol{\theta}}}_{jm}^{(i)} &= \gamma_2\boldsymbol{z}_{jm}^{(i)}\xi_{im}\end{aligned}\quad (i\in V,j\in N_i) \tag{3-46}$$

式(3-45)可以改写为

$$\dot{V}_m=-\sum_{i=1}^N \xi_{i1}^2-\sum_{i=1}^N \xi_{i2}^2-\cdots-\sum_{i=1}^N \xi_{im}^2+\sum_{i=1}^N \xi_{im}\xi_{i,m+1} \tag{3-47}$$

第 n 步：注意到 $\xi_{in}=x_{in}-x_{in}^*$，它对时间的导数为

$$\begin{aligned}\dot{\xi}_{in} &= \dot{x}_{in}-\dot{x}_{in}^* \\ &= b_iu_i+h_i+f_{in}(\hat{\boldsymbol{\theta}}_{i1},\cdots,\hat{\boldsymbol{\theta}}_{i,n-1},\hat{\boldsymbol{\theta}}_{j1}^{(i)},\cdots,\hat{\boldsymbol{\theta}}_{j,n-1}^{(i)},x_{i1},\cdots,x_{in},\overleftarrow{\boldsymbol{x}}_{i1},\cdots,\overleftarrow{\boldsymbol{x}}_{in}) \\ &\quad +\boldsymbol{\theta}_i^{\mathrm{T}}\tilde{\boldsymbol{\omega}}_{in}(\hat{\boldsymbol{\theta}}_{i1},\cdots,\hat{\boldsymbol{\theta}}_{i,n-1},x_{i1},\cdots,x_{in}) \\ &\quad +\sum_{j\in N_i}a_{ij}\boldsymbol{\theta}_{jn}^{(i)\mathrm{T}}\boldsymbol{z}_{jn}^{(i)}(\hat{\boldsymbol{\theta}}_{j1}^{(i)},\cdots,\hat{\boldsymbol{\theta}}_{j,n-1}^{(i)},\overleftarrow{\boldsymbol{x}}_{i1},\cdots,\overleftarrow{\boldsymbol{x}}_{i,n-1})\end{aligned} \tag{3-48}$$

其中，当 $a_{ij}>0$ 时，$\boldsymbol{\theta}_{jn}^{(i)}=\boldsymbol{\theta}_j$，$f_{in}$，$\tilde{\boldsymbol{\omega}}_{in}$，$\boldsymbol{z}_{jn}^{(i)}$ 的形式同式(3-31)至式(3-33)。

定义

$$\begin{aligned}W_n &= \frac{1}{2}\sum_{i=1}^N \xi_{in}^2+\frac{1}{2\gamma_1}\sum_{i=1}^N \tilde{\boldsymbol{\theta}}_{in}^{\mathrm{T}}\tilde{\boldsymbol{\theta}}_{in}+\frac{1}{2\gamma_2}\sum_{i=1}^N\sum_{j\in N_i}a_{ij}\,\tilde{\boldsymbol{\theta}}_{jn}^{(i)\mathrm{T}}\tilde{\boldsymbol{\theta}}_{jn}^{(i)}+\frac{1}{2\gamma_3}\sum_{i=1}^N \tilde{h}_i^2 \\ V &= V_n=V_{n-1}+W_n\end{aligned} \tag{3-49}$$

其中，$\tilde{\boldsymbol{\theta}}_{in}=\boldsymbol{\theta}_i-\hat{\boldsymbol{\theta}}_{in}$，$\tilde{\boldsymbol{\theta}}_{jn}^{(i)}=\boldsymbol{\theta}_j-\hat{\boldsymbol{\theta}}_{jn}^{(i)}$，$\tilde{h}_i=h_i-\hat{h}_i$（$\forall i\in V,j\in N_i$）。$u_i$ 被选为

$$\begin{aligned}x_{i,n+1}^* &= -\xi_{i,n-1}-\xi_{in}-f_{in}-\hat{\boldsymbol{\theta}}_{in}^{\mathrm{T}}\tilde{\boldsymbol{\omega}}_{in}-\sum_{j\in N_i}a_{ij}\,\hat{\boldsymbol{\theta}}_{jn}^{(i)\mathrm{T}}\boldsymbol{z}_{jn}^{(i)} \\ u_i &= N_0(k_i)(x_{i,n+1}^*-\hat{h}_i)\end{aligned} \tag{3-50}$$

其中，$\hat{\boldsymbol{\theta}}_{in}$ 和 $\hat{\boldsymbol{\theta}}_{jn}^{(i)}$ 的更新率为

$$\begin{aligned}\dot{\hat{\boldsymbol{\theta}}}_{in} &= \gamma_1\tilde{\boldsymbol{\omega}}_{in}\xi_{in} \\ \dot{\hat{\boldsymbol{\theta}}}_{jn}^{(i)} &= \gamma_2\boldsymbol{z}_{jn}^{(i)}\xi_{in}\end{aligned}\quad (j\in N_i) \tag{3-51}$$

其中，k_i 和 $\hat{h}_i$ 的更新率为

$$\begin{aligned}\dot{k}_i&=-c_i\xi_{in}x^*_{i,n+1}\\ \dot{\hat{h}}_i&=\gamma_3\xi_{in}\end{aligned}\tag{3-52}$$

对 $V(t)$ 求导，可得

$$\dot{V}(t)=-\sum_{i=1}^{N}\xi_{i1}^2(t)\cdots-\sum_{i=1}^{N}\xi_{in}^2(t)-\sum_{i=1}^{N}\frac{b_i}{c_i}N_0(k_i(t))\,\dot{k}_i(t)+\sum_{i=1}^{N}\frac{1}{c_i}\dot{k}_i(t)\tag{3-53}$$

对式(3-53)进行积分，可得

$$V(t)\leqslant-\sum_{i=1}^{N}\frac{b_i}{c_i}\int_0^t N_0(k_i(\sigma))\,\dot{k}_i(\sigma)\mathrm{d}\sigma+\sum_{i=1}^{N}\frac{1}{c_i}\int_0^t\dot{k}_i(\sigma)\mathrm{d}\sigma+V(0)\tag{3-54}$$

由本章附录中的引理 3.6 可得，$V(t)$ 和 $k_i(t)$ 有界，因此 $\xi_{i1},\xi_{i2},\cdots,\xi_{in},\hat{\boldsymbol{\theta}}_{i1},\cdots,\hat{\boldsymbol{\theta}}_{in},\hat{\boldsymbol{\theta}}_{j1}^{(i)},\cdots,\hat{\boldsymbol{\theta}}_{jn}^{(i)},\hat{h}_i$ 都是有界的，这再次证实了 $x_{i2},\cdots,x_{in}$ 的有界性。接下来，继续证明 $\xi_{i1}^2(t),\cdots,\xi_{in}^2(t)$ 一致连续。注意到 $\xi_{i1}^2(t),\cdots,\xi_{in}^2(t)$ 的导数由 $\xi_{i1},\cdots,\xi_{in}$，$x_{i2},\cdots,x_{in},\boldsymbol{\varphi}_1(x_{i1}),\cdots,\boldsymbol{\varphi}_n(\bar{\boldsymbol{x}}_{in}),\boldsymbol{\theta}_i,\hat{\boldsymbol{\theta}}_{i1},\cdots,\hat{\boldsymbol{\theta}}_{in}$ 和 $\boldsymbol{\theta}_j,\hat{\boldsymbol{\theta}}_{j1}^{(i)},\cdots,\hat{\boldsymbol{\theta}}_{jn}^{(i)}$ 组成，它们都是有界的，因此，$\xi_{i1}^2(t),\cdots,\xi_{in}^2(t)$ 由于其导数有限而一致连续。由式(3-53)和式(3-54)可知，ξ_{i1}^2 在 $[0,\infty)$ 上可积且一致连续。因此，根据 Barbalat 引理，$\lim\limits_{t\to\infty}\xi_{i1}^2(t)=0(\forall i\in V)$。注意到，如果无向图是连通的，则 $\boldsymbol{\xi}_1=[\xi_{11},\cdots,\xi_{N1}]^{\mathrm{T}}=\boldsymbol{L}\boldsymbol{X}_1$ 且 $\mathrm{Null}(\boldsymbol{L})=\mathrm{span}\{\boldsymbol{1}_N\}$。因此，当 $t\to\infty$ 时，$\lim\limits_{t\to\infty}\xi_{i1}^2(t)=0\Rightarrow\boldsymbol{X}_1(t)=[x_{11},\cdots,x_{N1}]^{\mathrm{T}}\in\mathrm{span}\{\boldsymbol{1}_N\}$。证明完成。

由于 $W_1=\dfrac{1}{2}\boldsymbol{X}_1^{\mathrm{T}}\boldsymbol{L}\boldsymbol{X}_1=\dfrac{1}{4}\sum\limits_{i,j=1}^{N}a_{ij}(x_{i1}-x_{j1})^2$ 的半正定性质，定理 3.5 中的 V 不能被称为 Lyapunov 函数，而可以被视为增强 Laplacian 势函数，因为 Laplacian 势项 W_1 具有明确的物理含义(例如由弹簧连接的网络系统中总弹簧势能)。展开式(3-27) 中的 u_i，可以得出，分布式自适应控制器具有其自身及其邻居的状态反馈、动态不确定性的参数更新器以及扰动消除器和自适应控制方向搜索项。

显然，参数估计器数量的增加可能是一个不友好的现象，因为它会迅速增加参数更新器的阶次。在下面的小节中，我们将通过应用调节函数来解决这个问题。

3.3.2.2 调节函数

本节设计调整函数以最小化参数更新器的阶数，主要结果总结为以下定理。

定理 3.6 考虑由式(3-20)给出的 N 个智能体网络系统，存在以下形式的分布式自适应控制器：

$$
\begin{aligned}
\zeta_{i1} &= \sum_{j\in N_i} a_{ij}(x_{i1}-x_{j1}), & x_{i2}^d &= -\zeta_{i1}-\phi_{i1}-\hat{\boldsymbol{\vartheta}}_i^{\mathrm{T}}\boldsymbol{\omega}_{i1}-\sum_{j\in N_i} a_{ij}\,\hat{\boldsymbol{\vartheta}}_j^{(i)\mathrm{T}}\boldsymbol{\psi}_{j1}^{(i)} \\
\zeta_{i2} &= x_{i2}-x_{i2}^d, & x_{i3}^d &= -\zeta_{i1}-\zeta_{i2}-\phi_{i2}-\hat{\boldsymbol{\vartheta}}_i^{\mathrm{T}}\boldsymbol{\omega}_{i2}-\sum_{j\in N_i} a_{ij}\,\hat{\boldsymbol{\vartheta}}_j^{(i)\mathrm{T}}\boldsymbol{\psi}_{j2}^{(i)} \\
\zeta_{in} &= x_{in}-x_{in}^d, & x_{i,n+1}^d &= -\zeta_{i,n-1}-\zeta_{in}-\phi_{in}-\hat{\boldsymbol{\vartheta}}_i^{\mathrm{T}}\boldsymbol{\omega}_{in}-\sum_{j\in N_i} a_{ij}\,\hat{\boldsymbol{\vartheta}}_j^{(i)\mathrm{T}}\boldsymbol{\psi}_{jn}^{(i)}
\end{aligned}
\tag{3-55}
$$

$$
u_i = N_0(k_i)(x_{i,n+1}^d-\hat{\bar{h}}_i) \tag{3-56}
$$

其中，$x_{i2}^d(\hat{\boldsymbol{\vartheta}}_i,\hat{\boldsymbol{\vartheta}}_j^{(i)},x_{i1},\overleftarrow{\boldsymbol{x}}_{i1}),\cdots,x_{i,m+1}^d(\hat{\boldsymbol{\vartheta}}_i,\hat{\boldsymbol{\vartheta}}_j^{(i)},x_{i1},\cdots,x_{im},\overleftarrow{\boldsymbol{x}}_{i1},\cdots,\overleftarrow{\boldsymbol{x}}_{im}),\cdots,x_{i,n+1}^d(\hat{\boldsymbol{\vartheta}}_i,\hat{\boldsymbol{\vartheta}}_j^{(i)},x_{i1},\cdots,x_{in},\overleftarrow{\boldsymbol{x}}_{i1},\cdots,\overleftarrow{\boldsymbol{x}}_{in})$ 是"虚拟控制"变量，$N_0(k_i)$ 是满足假设 3.2 的 Nussbaum 函数，$\boldsymbol{\kappa}^*=\max\limits_{1\leqslant i\leqslant N}\{c_i\}(N-1)b_{\max}/(b_{\min}\min\limits_{1\leqslant i\leqslant N}\{c_i\})$，$\hat{\boldsymbol{\vartheta}}_i$，$\hat{\boldsymbol{\vartheta}}_j^{(i)}$，$\hat{\bar{h}}_i$ 和 k_i 的更新率为

$$
\left.
\begin{aligned}
\dot{\hat{\boldsymbol{\vartheta}}}_i &= \gamma_1\boldsymbol{\tau}_{in} \\
\dot{\hat{\boldsymbol{\vartheta}}}_j^{(i)} &= \gamma_2\boldsymbol{\zeta}_{jn}^{(i)}
\end{aligned}
\right.\quad (i\in V, j\in N_i) \tag{3-57}
$$

$$
\dot{k}_i = -c_i\zeta_{in}x_{i,n+1}^d \tag{3-58}
$$

$$
\dot{\hat{\bar{h}}}_i = \gamma_3\zeta_{in} \tag{3-59}
$$

其中，$\gamma_1,\gamma_2,\gamma_3,c_i$ 为正增益，$\boldsymbol{\omega}_{i1},\cdots,\boldsymbol{\omega}_{in},\phi_{i1},\cdots,\phi_{in},\boldsymbol{\psi}_{i1},\cdots,\boldsymbol{\psi}_{in}$ 计算如下：

$$
\begin{aligned}
\boldsymbol{\omega}_{i1} &= \boldsymbol{\varphi}_1(x_{i1}) \\
\boldsymbol{\omega}_{i2} &= \left[d_i+\hat{\boldsymbol{\vartheta}}_i^{\mathrm{T}}\frac{\partial\boldsymbol{\varphi}_1(x_{i1})}{\partial x_{i1}}\right]\boldsymbol{\varphi}_1(x_{i1})+\boldsymbol{\varphi}_2(\bar{\boldsymbol{x}}_{i2}) \\
\boldsymbol{\omega}_{im} &= \boldsymbol{\omega}_{im}(\hat{\boldsymbol{\vartheta}}_i,x_{i1},\cdots,x_{im}) \\
&= \boldsymbol{\varphi}_m(\bar{\boldsymbol{x}}_{im})-\sum_{k=1}^{m-1}\frac{\partial x_{im}^d}{\partial x_{ik}}\boldsymbol{\varphi}_k(\bar{\boldsymbol{x}}_{ik})\quad (m=3,\cdots,n;i\in V)
\end{aligned}
\tag{3-60}
$$

$$
\begin{aligned}
\phi_{i1} &= 0 \\
\phi_{i2} &= \sum_{j\in N_i} a_{ij}(x_{i2}-x_{j2})+\hat{\boldsymbol{\vartheta}}_i^{\mathrm{T}}\frac{\partial\boldsymbol{\varphi}_1(x_{i1})}{\partial x_{i1}}x_{i2}+\gamma_1\boldsymbol{\omega}_{i1}^{\mathrm{T}}\boldsymbol{\tau}_{i2}+\gamma_2\sum_{j\in N_i} a_{ij}\boldsymbol{\psi}_{j1}^{(i)\mathrm{T}}\boldsymbol{\zeta}_{j2}^{(i)} \\
\phi_{im} &= \phi_{im}(\hat{\boldsymbol{\vartheta}}_i,\hat{\boldsymbol{\vartheta}}_j^{(i)},x_{i1},\cdots,x_{im},\overleftarrow{\boldsymbol{x}}_{i1},\cdots,\overleftarrow{\boldsymbol{x}}_{im}) \\
&= -\sum_{k=1}^{m-1}\frac{\partial x_{im}^d}{\partial x_{ik}}x_{i,k+1}-\sum_{j\in N_i} a_{ij}\sum_{l=1}^{m-1}\frac{\partial x_{im}^d}{\partial x_{jl}}x_{j,l+1} \\
&\quad -\gamma_1\sum_{k=2}^{m-1}\frac{\partial x_{ik}^d}{\partial\hat{\boldsymbol{\vartheta}}_i}\zeta_{ik}\boldsymbol{\omega}_{im}-\gamma_2\sum_{j\in N_i} a_{ij}\sum_{l=2}^{m-1}\frac{\partial x_{il}^d}{\partial\hat{\boldsymbol{\vartheta}}_j^{(i)}}\zeta_{il}\boldsymbol{\psi}_{jm}^{(i)} \\
&\quad -\frac{\partial x_{im}^d}{\partial\hat{\boldsymbol{\vartheta}}_i}\gamma_1\boldsymbol{\tau}_{im}-\sum_{j\in N_i} a_{ij}\frac{\partial x_{im}^d}{\partial\hat{\boldsymbol{\vartheta}}_j^{(i)}}\gamma_2\boldsymbol{\zeta}_{jm}^{(i)}\quad (m=3,\cdots,n;i\in V)
\end{aligned}
\tag{3-61}
$$

$$\begin{aligned}
\boldsymbol{\psi}_{j1}^{(i)} &= 0 \\
\boldsymbol{\psi}_{j2}^{(i)} &= -\boldsymbol{\varphi}_1(x_{j1}) \\
\boldsymbol{\psi}_{jm}^{(i)} &= \boldsymbol{\psi}_{jm}^{(i)}(\hat{\boldsymbol{\vartheta}}_j^{(i)}, \overleftarrow{\boldsymbol{x}}_{i1}, \cdots, \overleftarrow{\boldsymbol{x}}_{i,m-1}) \\
&\quad - \sum_{l=1}^{m-1} \frac{\partial x_{im}^d}{\partial x_{jl}} \boldsymbol{\varphi}_l(\bar{\boldsymbol{x}}_{jl}) \quad (m=3,\cdots,n; i \in V; j \in N_i)
\end{aligned} \tag{3-62}$$

对于 $m=2,\cdots,n$ 以及 $i\in V, j\in N_i$，调节函数 $\boldsymbol{\tau}_{i1},\cdots,\boldsymbol{\tau}_{in},\boldsymbol{\zeta}_{j1}^{(i)},\cdots,\boldsymbol{\zeta}_{jn}^{(i)}$ 为

$$\begin{aligned}
\boldsymbol{\tau}_{i1} &= \boldsymbol{\varphi}_1(x_{i1})\zeta_{i1} \\
\boldsymbol{\tau}_{im} &= \boldsymbol{\tau}_{i,m-1} + \boldsymbol{\omega}_{im}\zeta_{im}
\end{aligned} \tag{3-63}$$

$$\begin{aligned}
\boldsymbol{\zeta}_{j1}^{(i)} &= 0 \\
\boldsymbol{\zeta}_{jm}^{(i)} &= \boldsymbol{\zeta}_{j,m-1}^{(i)} + \boldsymbol{\psi}_{jm}^{(i)}\zeta_{im}
\end{aligned} \tag{3-64}$$

使得 $\lim\limits_{t\to\infty}[y_i(t)-y_j(t)]=0(\forall i,j\in V)$ 而 $x_{i2},\cdots,x_{in},\hat{\boldsymbol{\vartheta}}_i,\hat{\boldsymbol{\vartheta}}_j^{(i)},\hat{\bar{h}}_i$ 和 $k_i(\forall i\in V, j\in N_i)$ 保持有界，前提是无向图为连通的。

证明: 将式(3-55)和式(3-56)代入 $\zeta_{i2},\cdots,\zeta_{in}$ 的导数，得到

$$\begin{aligned}
\dot{\zeta}_{i2} &= -\zeta_{i1} - \zeta_{i2} + \zeta_{i3} + \tilde{\boldsymbol{\vartheta}}_i^{\mathrm{T}}\boldsymbol{\omega}_{i2} + \sum_{j\in N_i} a_{ij}\tilde{\boldsymbol{\vartheta}}_j^{(i)\mathrm{T}}\boldsymbol{\psi}_{j2}^{(i)} \\
&\quad + \frac{\partial x_{i2}^d}{\partial \hat{\boldsymbol{\vartheta}}_i}(\gamma_1\boldsymbol{\tau}_{i2} - \dot{\hat{\boldsymbol{\vartheta}}}_i) + \sum_{j\in N_i} a_{ij}\frac{\partial x_{i2}^d}{\partial \hat{\boldsymbol{\vartheta}}_j^{(i)}}(\gamma_2\boldsymbol{\zeta}_{j2}^{(i)} - \dot{\hat{\boldsymbol{\vartheta}}}_j^{(i)}) \\
\dot{\zeta}_{i3} &= -\zeta_{i2} - \zeta_{i3} + \zeta_{i4} + \tilde{\boldsymbol{\vartheta}}_i^{\mathrm{T}}\boldsymbol{\omega}_{i3} + \sum_{j\in N_i} a_{ij}\tilde{\boldsymbol{\vartheta}}_j^{(i)\mathrm{T}}\boldsymbol{\psi}_{j3}^{(i)} + \frac{\partial x_{i3}^d}{\partial \hat{\boldsymbol{\vartheta}}_i}(\gamma_1\boldsymbol{\tau}_{i3} - \dot{\hat{\boldsymbol{\vartheta}}}_i) \\
&\quad + \sum_{j\in N_i} a_{ij}\frac{\partial x_{i3}^d}{\partial \hat{\boldsymbol{\vartheta}}_j^{(i)}}(\gamma_2\boldsymbol{\zeta}_{j3}^{(i)} - \dot{\hat{\boldsymbol{\vartheta}}}_j^{(i)}) + \gamma_1\frac{\partial x_{i2}^d}{\partial \hat{\boldsymbol{\vartheta}}_i}\zeta_{i2}\boldsymbol{\omega}_{i3} + \gamma_2\sum_{j\in N_i} a_{ij}\frac{\partial x_{i2}^d}{\partial \hat{\boldsymbol{\vartheta}}_j^{(i)}}\zeta_{i2}\boldsymbol{\psi}_{j3}^{(i)}
\end{aligned} \tag{3-65}$$

$$\begin{aligned}
\dot{\zeta}_{in} &= -\zeta_{i,n-1} - \zeta_{in} + \tilde{\boldsymbol{\vartheta}}_i^{\mathrm{T}}\boldsymbol{\omega}_{in} + \sum_{j\in N_i} a_{ij}\tilde{\boldsymbol{\vartheta}}_j^{(i)\mathrm{T}}\boldsymbol{\psi}_{jn}^{(i)} + \frac{\partial x_{in}^d}{\partial \hat{\boldsymbol{\vartheta}}_i}(\gamma_1\boldsymbol{\tau}_{in} - \dot{\hat{\boldsymbol{\vartheta}}}_i) \\
&\quad + \sum_{j\in N_i} a_{ij}\frac{\partial x_{in}^d}{\partial \hat{\boldsymbol{\vartheta}}_j^{(i)}}(\gamma_2\boldsymbol{\zeta}_{jn}^{(i)} - \dot{\hat{\boldsymbol{\vartheta}}}_j^{(i)}) + \gamma_1\sum_{k=2}^{n-1}\frac{\partial x_{ik}^d}{\partial \hat{\boldsymbol{\vartheta}}_i}\zeta_{ik}\boldsymbol{\omega}_{in} + \gamma_2\sum_{j\in N_i} a_{ij}\sum_{l=2}^{n-1}\frac{\partial x_{il}^d}{\partial \hat{\boldsymbol{\vartheta}}_j^{(i)}}\zeta_{il}\boldsymbol{\psi}_{jn}^{(i)} \\
&\quad + [b_i N_0(k_i) - 1](x_{i,n+1}^d - \hat{\bar{h}}_i) + \tilde{\bar{h}}_i
\end{aligned} \tag{3-66}$$

其中，$\tilde{\boldsymbol{\vartheta}}_i = \boldsymbol{\theta}_i - \hat{\boldsymbol{\vartheta}}_i$，$\tilde{\boldsymbol{\vartheta}}_j^{(i)} = \boldsymbol{\theta}_j - \hat{\boldsymbol{\vartheta}}_j^{(i)}$，$\tilde{\bar{h}}_i = h_i - \hat{\bar{h}}_i(\forall i\in V, j\in N_i)$。注意 Laplacian 矩阵 $\boldsymbol{L}=\boldsymbol{L}^{\mathrm{T}}\geqslant 0$，我们定义一个半正定函数 $\mathbb{V}$，并且

$$\mathbb{V}=\frac{1}{2}\boldsymbol{X}_1^{\mathrm{T}}\boldsymbol{L}\boldsymbol{X}_1+\frac{1}{2}\sum_{i=1}^{N}\zeta_{i2}^2+\cdots+\frac{1}{2}\sum_{i=1}^{N}\zeta_{in}^2+\frac{1}{2\gamma_1}\sum_{i=1}^{N}\tilde{\boldsymbol{\vartheta}}_i^{\mathrm{T}}\tilde{\boldsymbol{\vartheta}}_i$$
$$+\frac{1}{2\gamma_2}\sum_{i=1}^{N}\sum_{j\in N_i}a_{ij}\tilde{\boldsymbol{\vartheta}}_j^{(i)\mathrm{T}}\tilde{\boldsymbol{\vartheta}}_j^{(i)}+\frac{1}{2\gamma_3}\sum_{i=1}^{N}\tilde{\bar{h}}_i^2 \tag{3-67}$$

其中，$\boldsymbol{X}_1=[x_{11},\cdots,x_{N1}]^{\mathrm{T}}\in\mathbf{R}^N$。注意，对于 $m=3,\cdots,n$ 以及 $i\in V$，

$$\gamma_1\frac{\partial x_{i,m-1}^d}{\partial\hat{\boldsymbol{\vartheta}}_i}\zeta_{i,m-1}\boldsymbol{\omega}_{im}\zeta_{im}+\frac{\partial x_{i,m-1}^d}{\partial\hat{\boldsymbol{\vartheta}}_i}(\gamma_1\boldsymbol{\tau}_{i,m-1}-\dot{\hat{\boldsymbol{\vartheta}}}_i)\zeta_{i,m-1}=\frac{\partial x_{i,m-1}^d}{\partial\hat{\boldsymbol{\vartheta}}_i}\zeta_{i,m-1}(\gamma_1\boldsymbol{\tau}_{im}-\dot{\hat{\boldsymbol{\vartheta}}}_i) \tag{3-68}$$

$$\gamma_2\sum_{j\in N_i}a_{ij}\frac{\partial x_{i,m-1}^d}{\partial\hat{\boldsymbol{\vartheta}}_j^{(i)}}\zeta_{i,m-1}\boldsymbol{\psi}_{jm}^{(i)}\zeta_{im}+\sum_{j\in N_i}a_{ij}\frac{\partial x_{i,m-1}^d}{\partial\hat{\boldsymbol{\vartheta}}_j^{(i)}}(\gamma_2\boldsymbol{\tau}_{i,m-1}-\dot{\hat{\boldsymbol{\vartheta}}}_j^{(i)})\zeta_{i,m-1}$$
$$=\sum_{j\in N_i}a_{ij}\frac{\partial x_{i,m-1}^d}{\partial\hat{\vartheta}_j^{(i)}}\zeta_{i,m-1}(\gamma_2\zeta_{jm}^{(i)}-\dot{\hat{\vartheta}}_j^{(i)}) \tag{3-69}$$

那么，$\mathbb{V}$的导数为

$$\dot{\mathbb{V}}=-\sum_{i=1}^{N}\zeta_{i1}^2-\cdots-\sum_{i=1}^{N}\zeta_{in}^2+\sum_{i=1}^{N}\tilde{\boldsymbol{\vartheta}}_i^{\mathrm{T}}\left(\boldsymbol{\tau}_{in}-\frac{1}{\gamma_1}\dot{\hat{\boldsymbol{\vartheta}}}_i\right)+\sum_{i=1}^{N}\sum_{j\in N_i}a_{ij}\tilde{\boldsymbol{\vartheta}}_j^{(i)\mathrm{T}}(\boldsymbol{\zeta}_{jn}^{(i)}-\frac{1}{\gamma_2}\dot{\hat{\boldsymbol{\vartheta}}}_j^{(i)})$$
$$+\sum_{i=1}^{N}\sum_{k=2}^{n}\frac{\partial x_{ik}^d}{\partial\hat{\boldsymbol{\vartheta}}_i}\zeta_{ik}(\gamma_1\boldsymbol{\tau}_{in}-\dot{\hat{\boldsymbol{\vartheta}}}_i)+\sum_{i=1}^{N}\sum_{j\in N_i}a_{ij}\sum_{k=2}^{n}\frac{\partial x_{ik}^d}{\partial\hat{\boldsymbol{\vartheta}}_j^{(i)}}\zeta_{ik}(\gamma_2\boldsymbol{\zeta}_{jn}^{(i)}-\dot{\hat{\boldsymbol{\vartheta}}}_j^{(i)})$$
$$+\sum_{i=1}^{N}\xi_{in}[b_iN_0(k_i)-1](x_{i,n+1}^d-\hat{\bar{h}}_i)+\sum_{i=1}^{N}\tilde{\bar{h}}_i(\zeta_{in}-\frac{1}{\gamma_3}\dot{\hat{\bar{h}}}_i) \tag{3-70}$$

当$\hat{\boldsymbol{\vartheta}}_i$，$\hat{\boldsymbol{\vartheta}}_j^{(i)}$，$\hat{\bar{h}}_i$ 和 k_i 被式(3-57)至式(3-59)更新时，我们有

$$\dot{\mathbb{V}}(t)=-\sum_{i=1}^{N}\zeta_{i1}^2-\sum_{i=1}^{N}\zeta_{i2}^2-\cdots-\sum_{i=1}^{N}\zeta_{i,n-1}^2-\sum_{i=1}^{N}\zeta_{in}^2-\sum_{i=1}^{N}\frac{b_i}{c_i}N_0(k_i(t))\dot{k}_i(t)$$
$$+\sum_{i=1}^{N}\frac{1}{c_i}\dot{k}_i(t)\leqslant-\sum_{i=1}^{N}\frac{b_i}{c_i}N_0(k_i(t))\dot{k}_i(t)+\sum_{i=1}^{N}\frac{1}{c_i}\dot{k}_i(t) \tag{3-71}$$

对式(3-71)进行积分，我们有

$$\mathbb{V}(t)=-\sum_{i=1}^{N}\int_0^t\zeta_{i1}^2(\sigma)\mathrm{d}\sigma\cdots-\sum_{i=1}^{N}\int_0^t\zeta_{in}^2(\sigma)\mathrm{d}\sigma-\sum_{i=1}^{N}\frac{b_i}{c_i}\int_0^tN_0(k_i(\sigma))\dot{k}_i(\sigma)\mathrm{d}\sigma$$
$$+\sum_{i=1}^{N}\frac{1}{c_i}\int_0^t\dot{k}_i(\sigma)\mathrm{d}\sigma+\mathbb{V}(0)$$
$$\leqslant-\sum_{i=1}^{N}\frac{b_i}{c_i}\int_0^tN_0(k_i(\sigma))\dot{k}_i(\sigma)\mathrm{d}\sigma+\sum_{i=1}^{N}\frac{1}{c_i}\int_0^t\dot{k}_i(\sigma)\mathrm{d}\sigma+\mathbb{V}(0) \tag{3-72}$$

由本章附录中的引理 3.6 可知，$\mathbb{V}(t)$和 $k_i(t)$有界。这样，ζ_{i1}，ζ_{i2}，$\cdots$，ζ_{in}，$\hat{\boldsymbol{\vartheta}}_i$，$\hat{\boldsymbol{\vartheta}}_j^{(i)}$，$\hat{\bar{h}}_i$ 都是有界的，由此可进一步推断 x_{i2}，$\cdots$，x_{in} 有界。与定理 3.5 的证明类似，

由式(3.72)可得，$\zeta_{i1}^2(t)$在$[0,\infty)$上一致连续可积。因此，应用 Barbalat 引理，我们有$\lim\limits_{t\to\infty}\zeta_{i1}^2(t)=0(\forall i\in V)$。注意到，如果无向图是连通的，则 $\boldsymbol{\zeta}_1=[\zeta_{11},\cdots,\zeta_{N1}]^{\mathrm{T}}=\boldsymbol{L}\boldsymbol{X}_1$ 且 $\mathrm{Null}(\boldsymbol{L})=\mathrm{span}\{\mathbf{1}_N\}$，因此，当 $t\to\infty$ 时，$\lim\limits_{t\to\infty}\zeta_{i1}^2(t)=0(\forall i\in V)\Rightarrow \boldsymbol{X}_1(t)=[x_{11},\cdots,x_{N1}]^{\mathrm{T}}\in\mathrm{span}\{\mathbf{1}_N\}$。证明完成。

$x_{i2}^d,\cdots,x_{i,n+1}^d$的递归设计过程与定理 3.5 类似，并且与定理 3.5 相比，参数更新器的阶数大大降低。此外，由 $\boldsymbol{\tau}_{in}$ 和 $\boldsymbol{\zeta}_{jn}^{(i)}$ 可以看出，调节函数本质上是分布式的，因为它们都包含自身和邻居的信息项，并且参数更新器依赖图拓扑指示的信息交换，这使得所提出的策略在网络系统中可扩展，并且适合实时实施。

3.3.3 仿真实例

本节将提供两个实例来验证定理 3.5 和定理 3.6 所提出的控制器的有效性。

考虑一组五个智能体的输出同步问题，在例中用"1"—"5"表示智能体(图 3.8)，智能体 i 的动态为

$$\begin{cases}\dot{x}_{i1}=x_{i2}+\theta_i\sin x_{i1}\\ \dot{x}_{i2}=b_iu_i+h_i\\ y_i=x_{i1}\end{cases}\quad(i=1,\cdots,5)\tag{3-73}$$

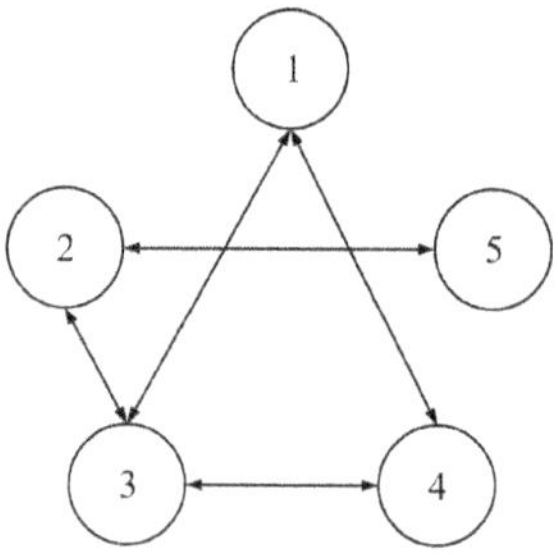

图 3.8 通信拓扑

其中，$\boldsymbol{x}_i=[x_{i1},x_{i2}]^{\mathrm{T}}$，$y_i$ 和 u_i 分别为智能体 i 的状态、输出和输入；θ_i 和 h_i 为未知参数和扰动。具体来说，设控制增益为 $c_i=15$，$\gamma_1=0.015$，$\gamma_2=0.015$，$\gamma_3=0.05$；系统参数为 $b_1=1$，$b_2=-1$，$b_3=-1.2$，$b_4=1$，$b_5=1$，$h_1=0.2$，$h_2=-0.1$，$h_3=0.05$，$h_4=0.1$，$h_5=0.15$，$\theta_1=0.5$，$\theta_2=0.25$，$\theta_3=0.35$，$\theta_4=0.3$，$\theta_5=0.35$；智能体的初始值为$[x_{11}(0),x_{21}(0),x_{31}(0),x_{41}(0),x_{51}(0)]=[3,1.5,0.5,0.3,-0.5]$，所有初始值$x_{i2}$及更新器的初值为 0。这里选择 $N_0(k)=\cosh(2k)\sin k$ 作为我们所需的 Nussbaum 函数。

验证图 3.8 中图 $\mathcal{G}$ 的连通性很简单，因此满足定理 3.5 中的拓扑条件。根据定理 3.5，综合分布式控制器(3-27)以及参数更新器(3-28)和(3-29)用于解决协作输出同步问题。仿真结果如图 3.9 所示。由图 3.9(a)可以看出，网络中所有智能体的输出最终收敛到相同，即$\lim\limits_{t\to\infty}x_{i1}(t)=\lim\limits_{t\to\infty}x_{j1}(t)(\forall i,j\in V)$。图 3.9(b)显示，$x_{i2}(\forall i\in V)$有界。由图 3.9(c)可以看出，仿真过程中所有 k_i 都是有界的，因此引理 3.6 得到验证。图 3.9(d)至图 3.9(f)显示，$\hat{h}_i$，$\hat{\theta}_{i1}$，$\hat{\theta}_{i2}$，$\hat{\theta}_{j2}^i(\forall i\in V,j\in N_i)$在模拟过程中保持有界(为简便起见，显示智能体 3 的更新器)。

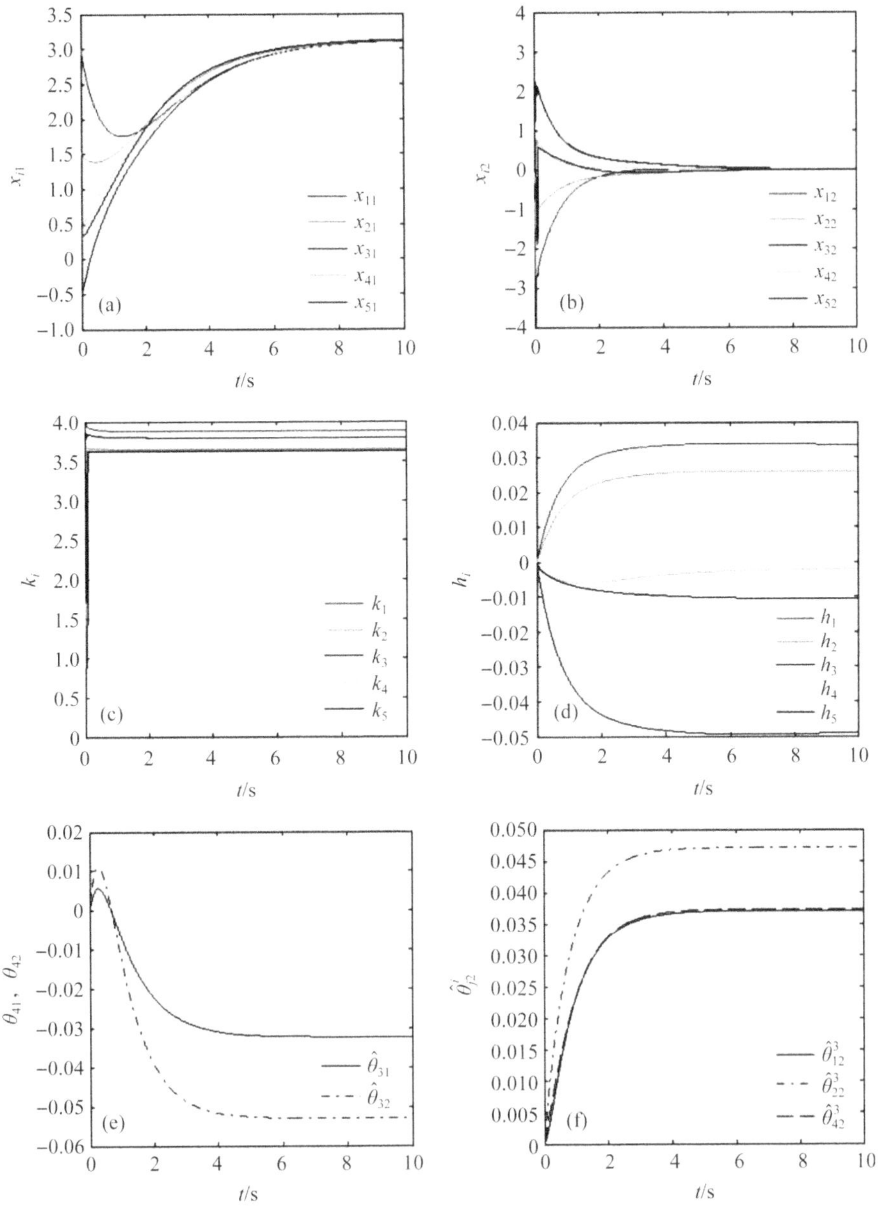

图 3.9　系统状态

本节研究了网络非线性系统的协同输出同步问题，将该系统转化为具有参数不确定性、输入通道扰动和未知控制方向的严格反馈形式。结合反推法（backstepping）、图论和 Nussbaum 函数的性质，构造了图相关的增广 Laplacian 势函数。

为每个智能体递归引入定理 3.5 中的自适应分布式控制器，这样，如果连接无向图并选择合适的 Nussbaum 函数，就可以实现输出同步。分布式控制器被设计为五个项的组合：自身的状态反馈、邻域信息、自身及其邻域的参数估计器、扰动补偿器、用于自适应地寻求控制方向的 Nussbaum 项。特别地，定理 3.6 设计了分布式调节函数来最小化参数更新器的阶数。

3.4 控制方向未知的多参数严格反馈系统的逻辑切换控制策略

本节针对具有未知控制方向和不确定参数的多参数严格反馈(multiple parametric strict-feedback，PSF)系统的协调控制，提出了一种逻辑切换控制策略。该策略依赖两个连续切换时刻之间的分析函数的误差增量，可以匹配未知的控制方向；然后，通过递归设计的控制器实现渐近输出同步，在控制器中融合了智能体 i 及其邻居的状态，同时通过参数估计器补偿参数不确定性(参数估计器以分布式方式在线调整)。与之前的工作相比，本节提出的算法具有更少的潜在切换次数和更好的暂态性能。仿真结果验证了该算法的有效性。

3.4.1 问题描述

考虑由 N 个智能体组成的网络系统，智能体 i 的动态由如下 PSF 系统描述：

$$\begin{cases} \dot{x}_{i1}=x_{i2}+\boldsymbol{\varphi}_{i1}^{\mathrm{T}}(x_{i1})\boldsymbol{\theta}_i \\ \dot{x}_{i2}=x_{i3}+\boldsymbol{\varphi}_{i2}^{\mathrm{T}}(x_{i1},x_{i2})\boldsymbol{\theta}_i \\ \vdots \\ \dot{x}_{i,n-1}=x_{in}+\boldsymbol{\varphi}_{i,n-1}^{\mathrm{T}}(\bar{\boldsymbol{x}}_{i,n-1})\boldsymbol{\theta}_i \\ \dot{x}_{in}=b_iu_i+\boldsymbol{\varphi}_{in}^{\mathrm{T}}(\bar{\boldsymbol{x}}_{in})\boldsymbol{\theta}_i \\ y_i=x_{i1} \end{cases} \quad (i=1,2,\cdots,N) \tag{3-74}$$

其中，$\boldsymbol{x}_i=[x_{i1},x_{i2},\cdots,x_{in}]^{\mathrm{T}}\in\mathbf{R}^n$，$u_i\in\mathbf{R}$ 和 $y_i\in\mathbf{R}$ 分别为智能体 i 的状态、输入和输出；$b_i\neq 0$ 为未知的控制系数，特别地，其表示控制方向的符号是未知的；$\boldsymbol{\theta}_i\in\mathbf{R}^p$ 为未知的参数向量；$\boldsymbol{\varphi}_{i1}(x_{i1}),\cdots,\boldsymbol{\varphi}_{im}(\bar{\boldsymbol{x}}_{im}),\cdots,\boldsymbol{\varphi}_{in}(\bar{\boldsymbol{x}}_{in})\in\mathbf{R}^p$ 为足够光滑的已知函数，$\bar{\boldsymbol{x}}_{im}=[x_{i1},\cdots,x_{im}]^{\mathrm{T}}$，$m=1,\cdots,n$。

控制目标： 为图 $\mathcal{G}$ 中的每个智能体设计控制器 u_i，使得它们的输出实现同步，即 $\lim\limits_{t\to\infty}[y_i(t)-y_j(t)]=0(\forall i,j\in V)$，同时保证闭环系统所有信号有界。

我们重新讨论具有未知控制方向的多个非线性系统的输出同步问题，未知系数 b_i 的符号与 Nussbaum 型增益相匹配，从而可以在线调整控制方向，使同步控制器发挥正确的作用。由于 Nussbaum 函数的特性，大的超调经常出现，不良的暂态性能随之而来。众所周知，切换机制是处理未知控制方向的有效方法。

最近，研究人员使用切换机制来匹配无人系统中的未知控制方向，其中智能体具有一阶积分器动态。b_i 的符号与在线更新的开关参数相匹配。但是在某种意义上，转换规则是复杂的，潜在的切换值太多，有 2^{N-i} 次，其中 N 是智能体的数量。而且控制器不是完全分布式的，因为智能体 i 需要全局信息 N。智能体的动力学模型已经扩展到高阶非线性系统。受上述工作和我们以前对单个 PSF 系统的渐近跟踪的研究的启发，我们通过逻辑切换来解决具有未知控制方向的多个 PSF 系统的输出同步问题。

3.4.2　控制器设计

为简便起见，下文用 $\overleftarrow{\boldsymbol{x}}_{ik}$ 来表示 $x_{jk}(\forall j\in N_i)$ 的信息，即 $\overleftarrow{\boldsymbol{x}}_{ik}$ 是所有 $x_{jk}(j\in N_i)$ 组成的向量。

定理 3.7　对于由式(3-74)描述的智能体 i，有一个分布式控制器

$$u_i=-K_i(t)\rho_i x_{i,n+1}^d \tag{3-75}$$

其中，ρ_i 的更新率为

$$\dot{\rho}_i=x_{i,n+1}^d\xi_{in} \tag{3-76}$$

$K_i(t)=1$ 或 $K_i(t)=-1$ 为切换信号，用作对 b_i 符号的估计。对于智能体 i，当第 k 次切换发生在 $t=T_k^{(i)}$ 时，$K_i(T_k^{(i)})=(-1)^k$，并且对于所有 $t\in[T_k^{(i)},T_{k+1}^{(i)})$ 保持恒定，直到下一个切换时刻 $T_{k+1}^{(i)}$。最初，设置 $t_0=0,K_i(t_0)=1$。定义

$$M_1^{(i)}(t,T_k^{(i)},h_k^{(i)})=\frac{1}{2}[x_{i1}^2(T_k^{(i)})-x_{i1}^2(t)]+\frac{1}{2}\sum_{k=2}^{n}[\xi_{ik}^2(T_k^{(i)})-\xi_{ik}^2(t)]$$

$$\begin{aligned}M_2^{(i)}(t,T_k^{(i)},h_k^{(i)})=&\frac{1}{2\gamma_1}[\hat{\boldsymbol{\theta}}_i^{\mathrm{T}}(T_k^{(i)})\hat{\boldsymbol{\theta}}_i(T_k^{(i)})-\hat{\boldsymbol{\theta}}_i^{\mathrm{T}}(t)\hat{\boldsymbol{\theta}}_i(t)]\\&+\frac{1}{2\gamma_2}\sum_{j\in N_i}a_{ij}[\hat{\boldsymbol{\theta}}_j^{(i)\mathrm{T}}(T_k^{(i)})\hat{\boldsymbol{\theta}}_j^{(i)}(T_k^{(i)})-\hat{\boldsymbol{\theta}}_j^{(i)\mathrm{T}}(t)\hat{\boldsymbol{\theta}}_j^{(i)}(t)]\\&+h_k^{(i)}[\|\hat{\boldsymbol{\theta}}_i(t)-\hat{\boldsymbol{\theta}}_i(T_k^{(i)})\|+\sum_{j\in N_i}a_{ij}\|\hat{\boldsymbol{\theta}}_j^{(i)}(t)-\hat{\boldsymbol{\theta}}_j^{(i)}(T_k^{(i)})\|]\end{aligned}$$

$$M_3^{(i)}(t,T_k^{(i)},h_k^{(i)})=\frac{1}{2}\lambda_i(t,k)[\rho_i^2(T_k^{(i)})-\rho_i^2(t)]+[\rho_i(T_k^{(i)})-\rho_i(t)]$$

其中，$h_k^{(i)}>0$ 是一个非减数列，$\lim\limits_{k\to\infty}h_k^{(i)}=\infty$，并且

$$\lambda_i(t,k)=\begin{cases}(h_k^{(i)})^{-1}, & \rho_i^2(t)\geqslant\rho_i^2(T_k)\\ h_k, & \rho_i^2(t)<\rho_i^2(T_k)\end{cases}$$

第 $k+1$ 次切换发生在

$$\int_{T_k^{(i)}}^{t}\left[x_{i1}^2(\sigma)\xi_{i1}^2(\sigma)+\sum_{k=2}^{n}a_k\xi_{ik}^2(\sigma)\right]\mathrm{d}\sigma>M_1^{(i)}+M_2^{(i)}+M_3^{(i)}+c \tag{3-77}$$

其中，$c>0$，且

$$\begin{aligned}
&\xi_{i1}=\sum_{j\in N_i}a_{ij}(x_{i1}-x_{j1}), && x_{i2}^d=-x_{i1}\xi_{i1}^2-\boldsymbol{\varphi}_{i1}^{\mathrm{T}}\hat{\boldsymbol{\theta}}_i\\
&\xi_{i2}=x_{i2}-x_{i2}^d, && x_{i3}^d=-a_2\xi_{i2}-\phi_{i2}-\boldsymbol{\omega}_{i2}^{\mathrm{T}}\hat{\boldsymbol{\theta}}_i-\sum_{j\in N_i}a_{ij}\boldsymbol{\psi}_{j2}^{(i)\mathrm{T}}\hat{\boldsymbol{\theta}}_j^{(i)}\\
&\xi_{i,m+1}=x_{i,m+1}-x_{i,m+1}^d, && x_{i,m+1}^d=-\xi_{i,m-1}-a_m\xi_{im}-\phi_{im}-\boldsymbol{\omega}_{im}^{\mathrm{T}}\hat{\boldsymbol{\theta}}_i-\sum_{j\in N_i}a_{ij}\boldsymbol{\psi}_{jm}^{(i)\mathrm{T}}\hat{\boldsymbol{\theta}}_j^{(i)}\\
&\xi_{in}=x_{in}-x_{in}^d, && x_{i,n+1}^d=-\xi_{i,n-1}-a_n\xi_{in}-\phi_{in}-\boldsymbol{\omega}_{in}^{\mathrm{T}}\hat{\boldsymbol{\theta}}_i-\sum_{j\in N_i}a_{ij}\boldsymbol{\psi}_{jn}^{(i)\mathrm{T}}\hat{\boldsymbol{\theta}}_j^{(i)}
\end{aligned} \tag{3-78}$$

其中，$a_2,\cdots,a_n>0$，ϕ_{im}，$\boldsymbol{\omega}_{im}$，$\boldsymbol{\psi}_{jm}$ 计算如下：

$$\begin{aligned}
\phi_{i2}&=-\frac{\partial x_{i2}^d}{\partial x_{i1}}x_{i2}-\sum_{j\in N_i}a_{ij}\frac{\partial x_{i2}^d}{\partial x_{j1}}x_{j2}+x_{i1}-\gamma_1\frac{\partial x_{i2}^d}{\partial\hat{\boldsymbol{\theta}}_i}\boldsymbol{\tau}_{i2}\\
\phi_{im}&=-\sum_{k=1}^{m-1}\frac{\partial x_{im}^d}{\partial x_{ik}}x_{i,k+1}-\sum_{j\in N_i}a_{ij}\sum_{l=1}^{m-1}\frac{\partial x_{im}^d}{\partial x_{jl}}x_{j,l+1}+\xi_{i,m-1}\\
&\quad-\gamma_1\sum_{k=2}^{m-1}\frac{\partial x_{ik}^d}{\partial\hat{\boldsymbol{\theta}}_i}\boldsymbol{\omega}_{im}\xi_{ik}-\gamma_2\sum_{j\in N_i}a_{ij}\sum_{l=2}^{m-1}\frac{\partial x_{il}^d}{\partial\hat{\boldsymbol{\theta}}_j^{(i)}}\boldsymbol{\psi}_{jm}^{(i)}\xi_{il}\\
&\quad-\gamma_1\frac{\partial x_{im}^d}{\partial\hat{\boldsymbol{\theta}}_i}\boldsymbol{\tau}_{im}-\gamma_2\sum_{j\in N_i}a_{ij}\frac{\partial x_{im}^d}{\partial\hat{\boldsymbol{\theta}}_j^{(i)}}\boldsymbol{\zeta}_{jm}^{(i)}\\
\boldsymbol{\omega}_{i2}^{\mathrm{T}}&=\boldsymbol{\varphi}_{i2}^{\mathrm{T}}-\frac{\partial x_{i2}^d}{\partial x_{i1}}\boldsymbol{\varphi}_{i1}^{\mathrm{T}}\\
\boldsymbol{\omega}_{im}^{\mathrm{T}}&=\boldsymbol{\varphi}_{im}^{\mathrm{T}}-\sum_{k=1}^{m-1}\frac{\partial x_{im}^d}{\partial x_{ik}}\boldsymbol{\varphi}_{ik}^{\mathrm{T}}\\
\boldsymbol{\psi}_{j2}^{(i)\mathrm{T}}&=-\boldsymbol{\varphi}_{j1}^{\mathrm{T}}\frac{\partial x_{i2}^d}{\partial x_{j1}}\\
\boldsymbol{\psi}_{jm}^{(i)\mathrm{T}}&=-\sum_{l=1}^{m-1}\frac{\partial x_{im}^d}{\partial x_{jl}}\boldsymbol{\varphi}_{jl}^{\mathrm{T}}\quad(m=3,\cdots,n;j\in N_i)
\end{aligned} \tag{3-79}$$

参数估计器 $\hat{\boldsymbol{\theta}}_i$ 和 $\hat{\boldsymbol{\theta}}_j^{(i)}$ 的更新率为

$$\begin{aligned}\dot{\hat{\boldsymbol{\theta}}}_i&=\gamma_1\boldsymbol{\tau}_{in}\\ \dot{\hat{\boldsymbol{\theta}}}_j^{(i)}&=\gamma_2\boldsymbol{\xi}_{jn}^{(i)}\quad(j\in N_i)\end{aligned}\tag{3-80}$$

对于 $\gamma_1,\gamma_2>0$，调节函数 $\boldsymbol{\tau}_{i2},\cdots,\boldsymbol{\tau}_{im},\boldsymbol{\tau}_{j2}^{(i)},\cdots,,\boldsymbol{\tau}_{jm}^{(i)}$ 为

$$\begin{aligned}\boldsymbol{\tau}_{i2}&=\boldsymbol{\varphi}_{i1}x_{i1}+\boldsymbol{\omega}_{i2}\xi_{i2},\quad \boldsymbol{\tau}_{j2}^{(i)}=\boldsymbol{\psi}_{j2}^{(i)}\xi_{i2}\\ \boldsymbol{\tau}_{im}&=\boldsymbol{\tau}_{i,m-1}+\boldsymbol{\omega}_{im}\xi_{im},\quad \boldsymbol{\tau}_{jm}^{(i)}=\boldsymbol{\zeta}_{j,m-1}^{(i)}+\boldsymbol{\psi}_{jm}^{(i)}\xi_{im}\end{aligned}\quad(m=3,\cdots,n;j\in N_i)\tag{3-81}$$

使得可以实现网络系统中各个智能体输出同步，即 $\lim\limits_{t\to\infty}[y_i(t)-y_j(t)]=0(\forall i,j\in V)$，并且闭环系统中的其他信号有界，前提是有向图具有生成树。

证明：逐步设计程序并进行证明。

第 1 步：定义

$$V_{i1}=\frac{1}{2}x_{i1}^2\tag{3-82}$$

V_{i1} 对时间的导数为

$$\dot{V}_{i1}=x_{i1}[x_{i2}+\boldsymbol{\varphi}_{i1}^{\mathrm{T}}(x_{i1})\boldsymbol{\theta}_i]\tag{3-83}$$

将式(3-83)改写为

$$\dot{V}_{i1}=x_{i1}[x_{i2}^d+\boldsymbol{\varphi}_{i1}^{\mathrm{T}}(x_{i1})\boldsymbol{\theta}_i]+x_{i1}(x_{i2}-x_{i2}^d)\tag{3-84}$$

其中，$x_{i2}^d=-x_{i1}\xi_{i1}^2-\boldsymbol{\varphi}_{i1}^{\mathrm{T}}(x_{i1})\hat{\boldsymbol{\theta}}_i$，$\xi_{i1}=\sum\limits_{j\in N_i}a_{ij}(y_i-y_j)$ 是智能体 i 的邻域误差。定义 $\widetilde{\boldsymbol{\theta}}_i=\boldsymbol{\theta}_i-\hat{\boldsymbol{\theta}}_i$ 且 $\xi_{i2}=x_{i2}-x_{i2}^d$，则

$$\dot{V}_{i1}=-x_{i1}^2\xi_{i1}^2+\boldsymbol{\varphi}_{i1}^{\mathrm{T}}\widetilde{\boldsymbol{\theta}}_i x_{i1}+x_{i1}\xi_{i2}\tag{3-85}$$

第 2 步：注意到 $\xi_{i2}=x_{i2}-x_{i2}^d$，有

$$\begin{aligned}\dot{\xi}_{i2}&=\dot{x}_{i2}-\dot{x}_{i2}^d=x_{i3}+\boldsymbol{\varphi}_{i2}^{\mathrm{T}}\boldsymbol{\theta}_i-\frac{\partial x_{i2}^d}{\partial\hat{\boldsymbol{\theta}}_i}\dot{\hat{\boldsymbol{\theta}}}_i-\frac{\partial x_{i2}^d}{\partial x_{i1}}(x_{i2}+\boldsymbol{\varphi}_{i1}^{\mathrm{T}}\boldsymbol{\theta}_i)-\sum_{j\in N_i}a_{ij}\frac{\partial x_{i2}^d}{\partial x_{j1}}(x_{j2}+\boldsymbol{\varphi}_{j1}^{\mathrm{T}}\boldsymbol{\theta}_j)\\ &=x_{i3}+\phi_{i2}+\boldsymbol{\omega}_{i2}^{\mathrm{T}}\boldsymbol{\theta}_i+\sum_{j\in N_i}a_{ij}\boldsymbol{\psi}_{jn}^{(i)\mathrm{T}}\boldsymbol{\theta}_j-\frac{\partial x_{i2}^d}{\partial\hat{\boldsymbol{\theta}}_i}\dot{\hat{\boldsymbol{\theta}}}_i\end{aligned}\tag{3-86}$$

$\phi_{i2},\boldsymbol{\omega}_{i2}^{\mathrm{T}},\boldsymbol{\psi}_{j2}^{(i)\mathrm{T}}$ 的计算同式(3-79)，且 $x_{i3}^d=-a_2\xi_{i2}-\phi_{i2}-\boldsymbol{\omega}_{i2}^{\mathrm{T}}\hat{\boldsymbol{\theta}}_i-\sum\limits_{j\in N_i}a_{ij}\boldsymbol{\psi}_{j2}^{(i)\mathrm{T}}\hat{\boldsymbol{\theta}}_j^{(i)}$。$\boldsymbol{\tau}_{i2}$ 和 $\boldsymbol{\zeta}_{j2}^{(i)}$ 同式(3-81)。那么式(3-86)就简化为

$$\begin{aligned}\dot{\xi}_{i2}=&-x_{i1}-a_2\xi_{i2}+\xi_{i3}+\boldsymbol{\omega}_{i2}^{\mathrm{T}}\widetilde{\boldsymbol{\theta}}_i+\sum_{j\in N_i}a_{ij}\boldsymbol{\psi}_{j2}^{(i)\mathrm{T}}\widetilde{\boldsymbol{\theta}}_j^{(i)}\\ &+\frac{\partial x_{i2}^d}{\partial\hat{\boldsymbol{\theta}}_i}(\gamma_1\boldsymbol{\tau}_{i2}-\dot{\hat{\boldsymbol{\theta}}}_i)+\sum_{j\in N_i}a_{ij}\frac{\partial x_{i2}^d}{\partial\hat{\boldsymbol{\theta}}_j^{(i)}}(\gamma_2\boldsymbol{\zeta}_{j2}^{(i)}-\dot{\hat{\boldsymbol{\theta}}}_j^{(i)})\end{aligned}\tag{3-87}$$

其中，$\xi_{i3}=x_{i3}-x_{i3}^d$，$\widetilde{\boldsymbol{\theta}}_i=\boldsymbol{\theta}_i-\hat{\boldsymbol{\theta}}_i$ 和$\widetilde{\boldsymbol{\theta}}_j^{(i)}=\boldsymbol{\theta}_j-\hat{\boldsymbol{\theta}}_j^{(i)}$。定义

$$V_{i2}=V_{i1}+\frac{1}{2}\xi_{i2}^2 \tag{3-88}$$

由式(3-87)和式(3-85)可知

$$\begin{aligned}\dot{V}_{i2}=&-x_{i1}^2\xi_{i1}^2-a_2\xi_{i2}^2+\xi_{i2}\xi_{i3}+(\boldsymbol{\varphi}_{i1}^{\mathrm{T}}x_{i1}+\boldsymbol{\omega}_{i2}^{\mathrm{T}}\xi_{i2})\widetilde{\boldsymbol{\theta}}_i+\sum_{j\in N_i}a_{ij}\boldsymbol{\psi}_{j2}^{(i)\mathrm{T}}\xi_{i2}\widetilde{\boldsymbol{\theta}}_j^{(i)}\\&+\frac{\partial x_{i2}^d}{\partial\hat{\boldsymbol{\theta}}_i}(\gamma_1\boldsymbol{\tau}_{i2}-\dot{\hat{\boldsymbol{\theta}}}_i)\xi_{i2}+\sum_{j\in N_i}a_{ij}\frac{\partial x_{i2}^d}{\partial\hat{\boldsymbol{\theta}}_j^{(i)}}(\gamma_2\boldsymbol{\zeta}_{j2}^{(i)}-\dot{\hat{\boldsymbol{\theta}}}_j^{(i)})\xi_{i2}\end{aligned} \tag{3-89}$$

第 m 步：注意到 $\xi_{im}=x_{im}-x_{im}^d$，因此

$$\begin{aligned}\dot{\xi}_{im}=&\dot{x}_{im}-\dot{x}_{im}^d=x_{i,m+1}+\boldsymbol{\varphi}_{im}^{\mathrm{T}}\boldsymbol{\theta}_i-\sum_{k=1}^{m-1}\frac{\partial x_{im}^d}{\partial x_{ik}}(x_{i,k+1}+\boldsymbol{\varphi}_{ik}^{\mathrm{T}}\boldsymbol{\theta}_i)\\&-\sum_{j\in N_i}a_{ij}\sum_{l=1}^{m-1}\frac{\partial x_{im}^d}{\partial x_{jl}}(x_{j,l+1}+\boldsymbol{\varphi}_{jl}^{\mathrm{T}}\boldsymbol{\theta}_j)-\frac{\partial x_{im}^d}{\partial\hat{\boldsymbol{\theta}}_i}\dot{\hat{\boldsymbol{\theta}}}_i-\sum_{j\in N_i}a_{ij}\frac{\partial x_{im}^d}{\partial\hat{\boldsymbol{\theta}}_j^{(i)}}\dot{\hat{\boldsymbol{\theta}}}_j^{(i)}\end{aligned} \tag{3-90}$$

其中，ϕ_{im}，$\boldsymbol{\omega}_{im}^{\mathrm{T}}$，$\boldsymbol{\psi}_{jm}^{(i)\mathrm{T}}$，$\boldsymbol{\tau}_{im}$，$\boldsymbol{\zeta}_{jm}^{(i)}$ 如式(3-79)和式(3-81)所示，$x_{im}^d=-\xi_{i,m-1}-a_m\xi_{im}-\phi_{im}-\boldsymbol{\omega}_{im}^{\mathrm{T}}\hat{\boldsymbol{\theta}}_i-\sum_{j\in N_i}a_{ij}\boldsymbol{\psi}_{jm}^{(i)\mathrm{T}}\hat{\boldsymbol{\theta}}_j^{(i)}$，使得式(3-90)可写为

$$\begin{aligned}\dot{\xi}_{im}=&-\xi_{i,m-1}-a_m\xi_{im}+\xi_{i,m+1}+\boldsymbol{\omega}_{im}^{\mathrm{T}}\widetilde{\boldsymbol{\theta}}_i+\sum_{j\in N_i}a_{ij}\boldsymbol{\psi}_{jm}^{(i)\mathrm{T}}\widetilde{\boldsymbol{\theta}}_j^{(i)}+\frac{\partial x_{im}^d}{\partial\hat{\boldsymbol{\theta}}_i}(\gamma_1\boldsymbol{\tau}_{im}-\dot{\hat{\boldsymbol{\theta}}}_i)\\&+\sum_{j\in N_i}a_{ij}\frac{\partial x_{im}^d}{\partial\hat{\boldsymbol{\theta}}_j^{(i)}}(\gamma_2\boldsymbol{\zeta}_{jm}^{(i)}-\dot{\hat{\boldsymbol{\theta}}}_j^{(i)})+\gamma_1\sum_{k=2}^{m-1}\frac{\partial x_{ik}^d}{\partial\hat{\boldsymbol{\theta}}_i}\xi_{ik}\boldsymbol{\omega}_{im}+\gamma_2\sum_{j\in N_i}a_{ij}\sum_{l=2}^{m-1}\frac{\partial x_{il}^d}{\partial\hat{\boldsymbol{\theta}}_j^{(i)}}\xi_{il}\boldsymbol{\psi}_{jm}^{(i)}\end{aligned} \tag{3-91}$$

其中，$\xi_{i,m+1}=x_{i,m+1}-x_{i,m+1}^d$。定义

$$V_{im}=V_{i,m-1}+\frac{1}{2}\xi_{im}^2 \tag{3-92}$$

V_{im} 对时间求导，有

$$\begin{aligned}\dot{V}_{im}=&\dot{V}_{i,m-1}+\xi_{im}\dot{\xi}_{im}=-x_{i1}^2\xi_{i1}^2-\sum_{k=2}^{m}a_k\xi_{ik}^2+\xi_{im}\xi_{i,m+1}+\boldsymbol{\tau}_{im}^{\mathrm{T}}\widetilde{\boldsymbol{\theta}}_i+\sum_{j\in N_i}a_{ij}\boldsymbol{\zeta}_{jm}^{(i)\mathrm{T}}\widetilde{\boldsymbol{\theta}}_j^{(i)}\\&+\sum_{k=2}^{m}\frac{\partial x_{ik}^d}{\partial\hat{\boldsymbol{\theta}}_i}(\gamma_1\boldsymbol{\tau}_{ik}-\dot{\hat{\boldsymbol{\theta}}}_i)\xi_{ik}+\sum_{l=2}^{m}\sum_{j\in N_i}a_{ij}\frac{\partial x_{il}^d}{\partial\hat{\boldsymbol{\theta}}_j^{(i)}}(\gamma_2\boldsymbol{\zeta}_{jl}^{(i)}-\dot{\hat{\boldsymbol{\theta}}}_j^{(i)})\xi_{il}\\&+\gamma_1\sum_{k=2}^{m-1}\frac{\partial x_{ik}^d}{\partial\hat{\boldsymbol{\theta}}_i}\xi_{ik}\boldsymbol{\omega}_{im}\xi_{im}+\gamma_2\sum_{j\in N_i}a_{ij}\sum_{l=2}^{m-1}\frac{\partial x_{il}^d}{\partial\hat{\boldsymbol{\theta}}_j^{(i)}}\xi_{il}\boldsymbol{\psi}_{jm}^{(i)}\xi_{im}\end{aligned} \tag{3-93}$$

第 n 步：同样，通过 $\xi_{in}=x_{in}-x_{in}^d$，可以得到

$$\begin{aligned}
\dot{\xi}_{in} &= \dot{x}_{in} - \dot{x}_{in}^{d} = b_i u_i + \boldsymbol{\varphi}_{in}^{\mathrm{T}}\boldsymbol{\theta}_i - \sum_{k=1}^{n-1}\frac{\partial x_{in}^{d}}{\partial x_{ik}}(x_{i,k+1} + \boldsymbol{\varphi}_{ik}^{\mathrm{T}}\boldsymbol{\theta}_i) \\
&\quad - \sum_{j\in N_i} a_{ij}\sum_{l=1}^{n-1}\frac{\partial x_{im}^{d}}{\partial x_{jl}}(x_{j,l+1} + \boldsymbol{\varphi}_{jl}^{\mathrm{T}}\boldsymbol{\theta}_j) - \frac{\partial x_{in}^{d}}{\partial \hat{\boldsymbol{\theta}}_i}\dot{\hat{\boldsymbol{\theta}}}_i - \sum_{j\in N_i} a_{ij}\frac{\partial x_{in}^{d}}{\partial \hat{\boldsymbol{\theta}}_j^{(i)}}\dot{\hat{\boldsymbol{\theta}}}_j^{(i)} \\
&= \frac{\partial x_{in}^{d}}{\partial \hat{\boldsymbol{\theta}}_i}(\gamma_1\boldsymbol{\tau}_{in} - \dot{\hat{\boldsymbol{\theta}}}_i) + \sum_{j\in N_i} a_{ij}\frac{\partial x_{in}^{d}}{\partial \hat{\boldsymbol{\theta}}_j^{(i)}}(\gamma_2\boldsymbol{\zeta}_{jn}^{(i)} - \dot{\hat{\boldsymbol{\theta}}}_j^{(i)}) + \gamma_1\sum_{k=2}^{n-1}\frac{\partial x_{ik}^{d}}{\partial \hat{\boldsymbol{\theta}}_i}\xi_{ik}\boldsymbol{\omega}_{in} \\
&\quad + \gamma_2\sum_{l=2}^{n-1}\sum_{j\in N_i} a_{ij}\frac{\partial x_{il}^{d}}{\partial \hat{\boldsymbol{\theta}}_j^{(i)}}\xi_{il}\boldsymbol{\psi}_{jn}^{(i)} - x_{i,n+1}^{d} + b_i u_i + \boldsymbol{\omega}_{in}^{\mathrm{T}}\tilde{\boldsymbol{\theta}}_i + \sum_{j\in N_i} a_{ij}\boldsymbol{\psi}_{jn}^{(i)\mathrm{T}}\tilde{\boldsymbol{\theta}}_j^{(i)}
\end{aligned} \tag{3-94}$$

定义

$$V_{in} = V_{i,n-1} + \frac{1}{2}\xi_{in}^{2} + \frac{1}{2}b_i K_i\left(\rho_i + \frac{K_i}{b_i}\right)^2 + \frac{1}{2\gamma_1}\tilde{\boldsymbol{\theta}}_i^{\mathrm{T}}\tilde{\boldsymbol{\theta}}_i + \frac{1}{2\gamma_2}\sum_{j\in N_i} a_{ij}\tilde{\boldsymbol{\theta}}_j^{(i)\mathrm{T}}\tilde{\boldsymbol{\theta}}_j^{(i)} \tag{3-95}$$

因此，除切换时刻外，V_{in} 对时间的导数可描述为

$$\begin{aligned}
\dot{V}_{in} &= \dot{V}_{i,n-1} + \xi_{in}\dot{\xi}_{in} + b_i K_i\rho_i\dot{\rho}_i + \dot{\rho}_i - \frac{1}{\gamma_1}\tilde{\boldsymbol{\theta}}_i^{\mathrm{T}}\dot{\hat{\boldsymbol{\theta}}}_i - \frac{1}{\gamma_2}\sum_{j\in N_i} a_{ij}\tilde{\boldsymbol{\theta}}_j^{(i)\mathrm{T}}\dot{\hat{\boldsymbol{\theta}}}_j^{(i)} \\
&= -x_{i1}^{2}\xi_{i1}^{2} - \sum_{k=2}^{n} a_k\xi_{ik}^{2} + \sum_{k=2}^{n}\frac{\partial x_{ik}^{d}}{\partial \hat{\boldsymbol{\theta}}_i}\xi_{ik}(\gamma_1\boldsymbol{\tau}_{in} - \dot{\hat{\boldsymbol{\theta}}}_i) + \tilde{\boldsymbol{\theta}}_i^{\mathrm{T}}(\gamma_1\boldsymbol{\tau}_{in} - \dot{\hat{\boldsymbol{\theta}}}_i) \\
&\quad + \sum_{j\in N_i} a_{ij}\tilde{\boldsymbol{\theta}}_j^{(i)\mathrm{T}}(\gamma_2\boldsymbol{\zeta}_{jn}^{(i)} - \dot{\hat{\boldsymbol{\theta}}}_j^{(i)}) + \sum_{j\in N_i} a_{ij}\sum_{k=2}^{n}\frac{\partial x_{ik}^{d}}{\partial \hat{\boldsymbol{\theta}}_j^{(i)}}\boldsymbol{\psi}_{jk}^{(i)}(\gamma_2\boldsymbol{\zeta}_{jn}^{(i)} - \dot{\hat{\boldsymbol{\theta}}}_j^{(i)}) \\
&\quad - x_{i,n+1}^{d}\xi_{in} + b_i u_i\xi_{in} + b_i K_i\rho_i\dot{\rho}_i + \dot{\rho}_i
\end{aligned} \tag{3-96}$$

$\dot{\rho}_i$ 和 u_i 如式(3-76)和式(3-75)所示。注意到

$$\begin{aligned}
&\gamma_1\frac{\partial x_{i,m-2}^{d}}{\partial \hat{\boldsymbol{\theta}}_i}\xi_{i,m-2}\boldsymbol{\omega}_{i,m-1}\xi_{i,m-1} + \frac{\partial x_{i,m-2}^{d}}{\partial \hat{\boldsymbol{\theta}}_i}\gamma_1\boldsymbol{\tau}_{i,m-2}\xi_{i,m-2} - \frac{\partial x_{i,m-2}^{d}}{\partial \hat{\boldsymbol{\theta}}_i}\dot{\hat{\boldsymbol{\theta}}}_i\xi_{i,m-2} \\
&\quad = \frac{\partial x_{i,m-2}^{d}}{\partial \hat{\boldsymbol{\theta}}_i}\xi_{i,m-2}(\gamma_1\boldsymbol{\tau}_{i,m-1} - \dot{\hat{\boldsymbol{\theta}}}_i) \\
&\gamma_2\sum_{j\in N_i} a_{ij}\frac{\partial x_{i,m-2}^{d}}{\partial \hat{\boldsymbol{\theta}}_j^{(i)}}\zeta_{i,m-2}\boldsymbol{\psi}_{j,m-1}^{(i)} + \sum_{j\in N_i} a_{ij}\frac{\partial x_{i,m-2}^{d}}{\partial \hat{\boldsymbol{\theta}}_j^{(i)}}\gamma_2\tau_{i,m-2}\boldsymbol{\psi}_{j,m-2}^{(i)} - \sum_{j\in N_i} a_{ij}\frac{\partial x_{i,m-2}^{d}}{\partial \hat{\boldsymbol{\theta}}_j^{(i)}}\dot{\hat{\boldsymbol{\theta}}}_j^{(i)}\boldsymbol{\psi}_{j,m-2}^{(i)} \\
&\quad = \sum_{j\in N_i} a_{ij}\frac{\partial x_{i,m-2}^{d}}{\partial \hat{\boldsymbol{\theta}}_j^{(i)}}\xi_{i,m-2}(\gamma_2\boldsymbol{\zeta}_{j,m-1}^{(i)} - \dot{\hat{\boldsymbol{\theta}}}_j^{(i)})
\end{aligned} \tag{3-97}$$

上式可简化为

$$\dot{V}_{in} = -x_{i1}^{2}\xi_{i1}^{2} - \sum_{k=2}^{n} a_k\xi_{ik}^{2} \leqslant 0 \tag{3-98}$$

剩余的证明部分将分为两部分：先证明如果仅有有限次切换次数，那么 $y_i(t)\to y_j(t)(\forall i,j,t\to\infty)$，且闭环系统保证有界；再证明确实只存在有限的切换次数。

对于智能体 i，令$[0,t_f^{(i)})$为闭环解存在的最大区间，$k_f^{(i)}$ 为最终的切换索引，$T_k^{(i)}$ 为相应的切换时刻。为不失一般性，假设所有闭环信号都以$[0,T_k^{(i)}]$为界。由于假设切换时间是有限的，根据式(3-77)，有

$$M_1^{(i)}+M_2^{(i)}+M_3^{(i)}>\int_{T_k^{(i)}}^{t}\left[x_{i1}^2(\sigma)\xi_{i1}^2(\sigma)+\sum_{k=2}^{n}a_k\xi_{ik}^2(\sigma)\right]\mathrm{d}\sigma-c \tag{3-99}$$

对于所有 $t\in[T_k^{(i)},t_f^{(i)})$，$T_k^{(i)}$ 是最后一次切换时间，故 $M_1^{(i)}+M_2^{(i)}+M_3^{(i)}$ 在下方有界。由 $M_1^{(i)}$，$M_2^{(i)}$ 和 $M_3^{(i)}$ 的结构可知，$M_1^{(i)}+M_2^{(i)}+M_3^{(i)}$ 在上方有界，因为假定 $T_k^{(i)}$ 在这里有界。因此，$M_1^{(i)}$，$M_2^{(i)}$，$M_3^{(i)}$，$x_{i1}\xi_{i1}$，ξ_{i2}，$\cdots$，ξ_{in}，$\hat{\boldsymbol{\theta}}_i$，$\hat{\boldsymbol{\theta}}_j^{(i)}$ 和 ρ_i 均在上方有界。由于最终切换发生后闭环系统是平滑的，可由 $\xi_{i2},\cdots,\xi_{in}$ 的有界性推导出 $x_{i2},\cdots,x_{in}$ 的有界性，因此，闭环信号在$[T_k^{(i)},t_f)$ 有界。由于 $M_1^{(i)}$，$M_2^{(i)}$，$M_3^{(i)}$ 均以式(3-99) 为上界，因此 $\int_{T_k^{(i)}}^{\infty}\left[x_{i1}^2(\sigma)\xi_{i1}^2(\sigma)+\sum_{k=2}^{n}a_k\xi_{ik}^2(\sigma)\right]\mathrm{d}\sigma<\infty$，即 $x_{i1}^2\xi_{i1}^2$ 和 $\xi_{i2}^2,\cdots,\xi_{in}^2$ 在$[0,\infty)$ 上可积。

根据 Barbalat 引理，$\lim\limits_{t\to\infty}x_{i1}^2(t)\xi_{i1}^2(t)=0$，即$\lim\limits_{t\to\infty}x_{i1}(t)=0$ 或$\lim\limits_{t\to\infty}\xi_{i1}(t)=0$。无论哪种情况，当有向通信图有一棵生成树时，$\lim\limits_{t\to\infty}\xi_{i1}(t)=0\Rightarrow\lim\limits_{t\to\infty}[y_i(t)-y_j(t)]=0$ $(\forall i,j\in V)$。

应用反证法假设存在无限多个切换时刻。那么，存在一个整数 σ_i 使得对于 $t\in[T_{\sigma_i}^{(i)},T_{\sigma_i+1}^{(i)})$，有 $K_i(t)=(-1)\sigma_i=\mathrm{sign}(b_i)$，$h_{\sigma_i}\geqslant\max\{\|\boldsymbol{\theta}_i\|,\|\boldsymbol{\theta}_j^{(i)}\|,|b_i|,|b_i|-1\}$。然后有

$$\begin{aligned}
&\frac{1}{2\gamma_1}[\|\widetilde{\boldsymbol{\theta}}_i(t)\|^2-\|\widetilde{\boldsymbol{\theta}}_i(T_{\sigma_i}^{(i)})\|^2]+\frac{1}{2\gamma_2}\sum_{j\in N_i}a_{ij}[\|\widetilde{\boldsymbol{\theta}}_j^{(i)}(t)\|^2-\|\widetilde{\boldsymbol{\theta}}_j^{(i)}(T_{\sigma_i}^{(i)})\|^2]\\
&\quad=\frac{1}{2\gamma_1}[\|\hat{\boldsymbol{\theta}}_i(t)\|^2-\|\hat{\boldsymbol{\theta}}_i(T_{\sigma_i}^{(i)})\|^2]-\frac{1}{\gamma_1}\boldsymbol{\theta}_i^{\mathrm{T}}[\hat{\boldsymbol{\theta}}_i(t)-\hat{\boldsymbol{\theta}}_i(T_{\sigma_i}^{(i)})]\\
&\qquad+\frac{1}{2\gamma_2}\sum_{j\in N_i}a_{ij}[\|\hat{\boldsymbol{\theta}}_j^{(i)}(t)\|^2-\|\hat{\boldsymbol{\theta}}_j^{(i)}(T_{\sigma_i}^{(i)})\|^2]-\frac{1}{\gamma_2}\sum_{j\in N_i}a_{ij}\boldsymbol{\theta}_j^{(i)\mathrm{T}}[\hat{\boldsymbol{\theta}}_j^{(i)}(t)-\hat{\boldsymbol{\theta}}_j^{(i)}(T_{\sigma_i}^{(i)})]\\
&\quad\geqslant\frac{1}{2\gamma_1}[\|\hat{\boldsymbol{\theta}}_i(t)\|^2-\|\hat{\boldsymbol{\theta}}_i(T_{\sigma_i}^{(i)})\|^2]-h_{\sigma_i}\|\hat{\boldsymbol{\theta}}_i(t)-\hat{\boldsymbol{\theta}}_i(T_{\sigma_i}^{(i)})\|\\
&\qquad+\frac{1}{2\gamma_2}\sum_{j\in N_i}a_{ij}[\|\hat{\boldsymbol{\theta}}_j^{(i)}(t)\|^2-\|\hat{\boldsymbol{\theta}}_j^{(i)}(T_{\sigma_i}^{(i)})\|^2]+h_{\sigma_i}\|\hat{\boldsymbol{\theta}}_j^{(i)}(t)-\hat{\boldsymbol{\theta}}_j^{(i)}(T_{\sigma_i}^{(i)})\|\\
&\quad=-M_2^i(t,T_{\sigma_i}^{(i)},h_{\sigma_i})
\end{aligned}\tag{3-100}$$

类似地，可以得到

$$\frac{1}{2}|b_i|\left[\left(\rho_i(t)+\frac{1}{|b_i|}\right)^2-(\rho_i(T_{\sigma_i}^{(i)})+\frac{1}{|b_i|})^2\right]$$
$$=\frac{1}{2}|b_i|[\rho_i^2(t)-\rho_i^2(T_{\sigma_i}^{(i)})]+[\rho_i(t)-\rho_i(T_{\sigma_i}^{(i)})]$$
$$\geqslant\frac{1}{2}\lambda_i(t,\sigma_i)[\rho_i^2(t)-\rho_i^2(T_{\sigma_i}^{(i)})]+[\rho_i(t)-\rho_i(T_{\sigma_i}^{(i)})]$$
$$=-M_3^i(t,T_{\sigma_i}^{(i)},K_{\sigma_i}) \tag{3-101}$$

在$[T_{\sigma_i},T_{\sigma_i+1})$上，有

$$-\int_{T_{\sigma_i}^{(i)}}^{t}\left[x_{i1}^2(s)\xi_{i1}^2(s)+\sum_{k=2}^{n}a_k\xi_{ik}^2(s)\right]\mathrm{d}s=V_{in}(t)-V_{in}(T_{\sigma_i}^{(i)})$$
$$=\frac{1}{2}[x_{i1}^2(t)-x_{i1}^2(T_{\sigma_i}^{(i)})]+\frac{1}{2}\sum_{k=2}^{n}[\xi_{ik}^2(t)-\xi_{ik}^2(T_{\sigma_i}^{(i)})]$$
$$+\frac{1}{2}|b_i|\left[\left(\rho_i(t)+\frac{1}{|b_i|}\right)^2-\left(\rho_i(T_{\sigma_i}^{(i)})+\frac{1}{|b_i|}\right)^2\right]$$
$$+\frac{1}{2\gamma_1}[\|\widetilde{\boldsymbol{\theta}}_i(t)\|^2-\|\widetilde{\boldsymbol{\theta}}_i(T_{\sigma_i}^{(i)})\|^2]+\frac{1}{2\gamma_2}\sum_{j\in N_i}a_{ij}[\|\widetilde{\boldsymbol{\theta}}_j^{(i)}(t)\|^2-\|\widetilde{\boldsymbol{\theta}}_j^{(i)}(T_{\sigma_i}^{(i)})\|^2]$$
$$\geqslant-M_1^i(t,T_{\sigma_i}^{(i)},K_{\sigma_i})-M_2^i(t,T_{\sigma_i}^{(i)},K_{\sigma_i})-M_3^i(t,T_{\sigma_i}^{(i)},K_{\sigma_i}) \tag{3-102}$$

因此，$T_{\sigma_i}^{(i)}=\infty$。因为在重新排列式(3-102)的项之后，很明显可以看出，对于所有$t>T_{\sigma_i}^{(i)}$，永远不可能满足式(3-77)。因此，切换时刻的数量是有限的。证明完成。

在本节中，K_i 的潜在选择值较少，一个智能体只有两个潜在选择(1 或 −1)。此外，切换机制(3-77)取决于增量误差而不是总误差，即积分是在$[t_k,t_{k+1})$上而不是$[t_0,t_{k+1})$上进行的，从而减轻了计算负担。在之前的研究中，控制器将所有 x_{i1} 驱动到 0，从而实现同步，而在本节中，理论上 x_{i1} 可能会收敛到其他轨迹。

注意到，式(3-77)中的 $M_1^{(i)},M_2^{(i)},M_3^{(i)}$ 可以通过某个足够大的常数$\overline{M}$统一，从而简化切换机制，但这可能导致收敛速度减慢。因为切换变得不那么频繁，K_i 和 b_i 的一些“错误匹配”可能会持续更长时间。

3.4.3　仿真结果

本节给出一个例子来验证定理 3.7 提出的控制器的有效性，并将该机制与 Nussbaum 增益方法进行比较。考虑一组三个智能体的输出同步问题，在图 3.10 中用“1”—“3”表示。为简便起见，当 $a_{ij}>0$ 时，将 a_{ij} 设置为 1。与第 3.3.3 节研究的问题一样，智能体 i 的动态为

$$\begin{cases}\dot{x}_{i1}=x_{i2}+\theta_i\sin x_{i1}\\ \dot{x}_{i2}=b_iu_i\\ y_i=x_{i1}\end{cases}\quad(i=1,2,3) \tag{3-103}$$

其中，$\boldsymbol{x}_i=[x_{i1},x_{i2}]^{\mathrm{T}}$，$y_i$ 和 u_i 分别为智能体 i 的状态、输出和输入；θ_i 为未知参数。智能体的初始值与之前的研究相同，即 $\boldsymbol{x}_1=[1\quad 0]^{\mathrm{T}}$，$\boldsymbol{x}_2=[-3\quad 0]^{\mathrm{T}}$，$\boldsymbol{x}_3=[3\quad 0]^{\mathrm{T}}$，并且所有估计器的初始值设置为 0。然后，设置控制增益 $a_2=2$，$\gamma_1=0.2$，$\gamma_2=0.2$ 和系统参数 $b_1=1$，$b_2=-1$，$b_3=2$，$\theta_1=0.5$，$\theta_2=0.25$，$\theta_3=0.75$。

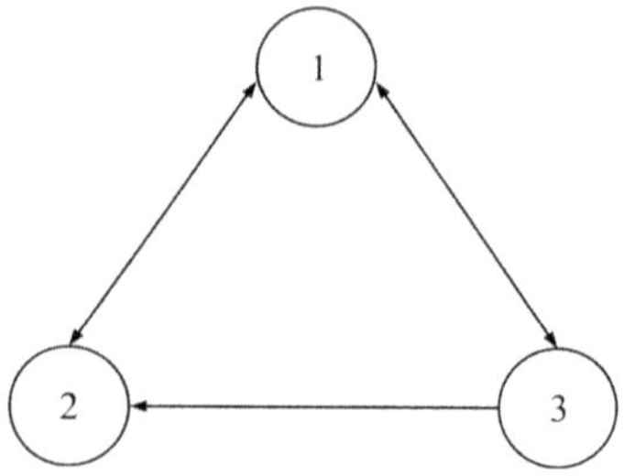

图 3.10　通信拓扑

根据定理 3.7，提出分布式控制器(3-75)，更新器(3-76)、(3-80)，以及切换机制(3-77)。

仿真结果如图 3.11 至图 3.15 所示。由图 3.11 可以看出，网络中所有智能体的输出是渐近同步的，即 $\lim_{t\to\infty}[y_i(t)-y_j(t)]=0(\forall i,j\in V)$。图 3.12 显示 $x_{i2}(\forall i\in V)$有界，图 3.13 显示所有 ρ_i 有界。由图 3.14 和图 3.15 可以看出，两个参数估计器$\hat{\theta}_i$ 和$\hat{\theta}_j^{(i)}$ 也是有界的。闭环系统是有界的。仿真结果很好地验证了定理 3.7 的有效性。

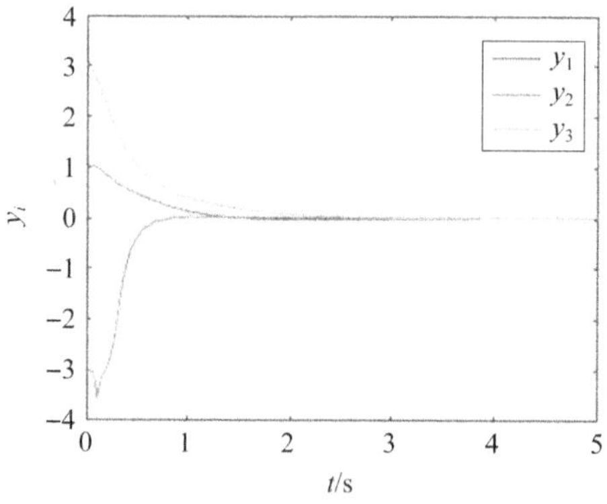

图 3.11　系统输出 $y_i(t)$

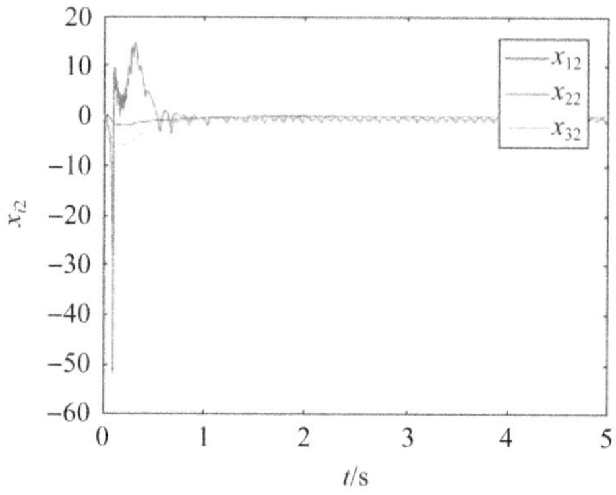

图 3.12　系统状态 $x_{i2}(t)$

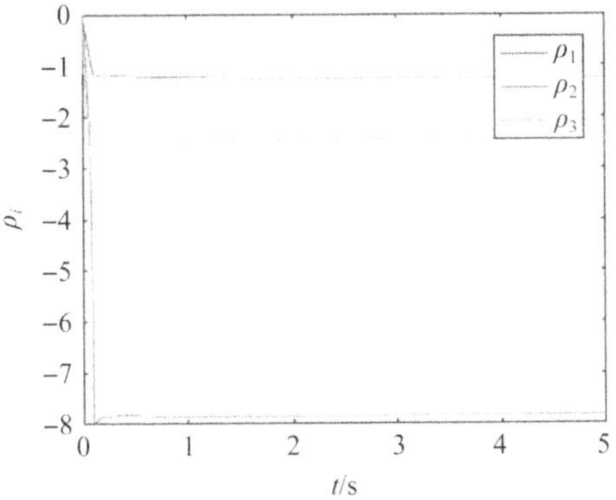

图 3.13　$\rho_i(t)$

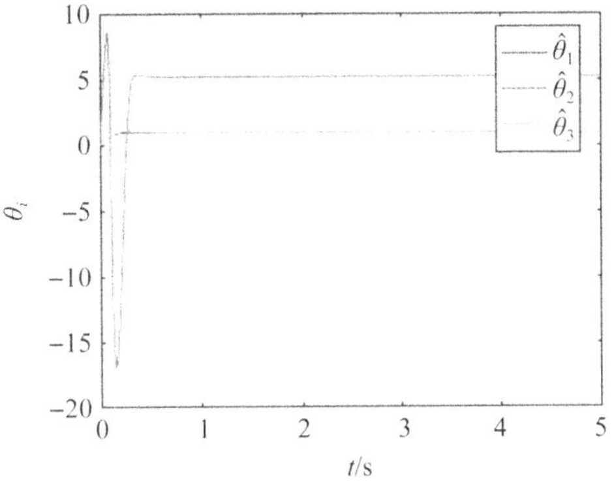

图 3.14　参数估计器$\hat{\theta}_i(t)$

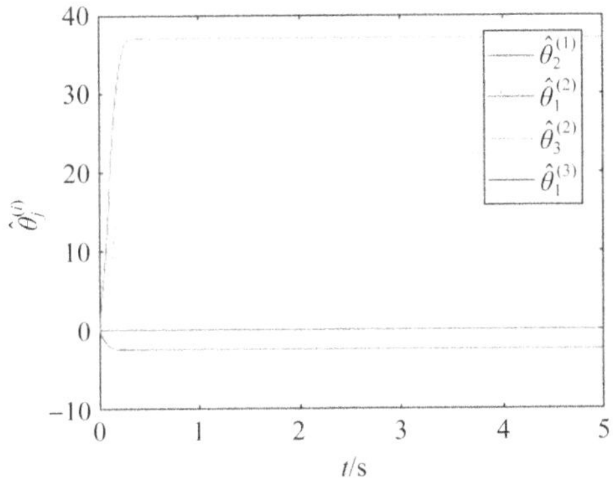

图 3.15　参数估计器$\hat{\theta}_j^{(i)}(t)$

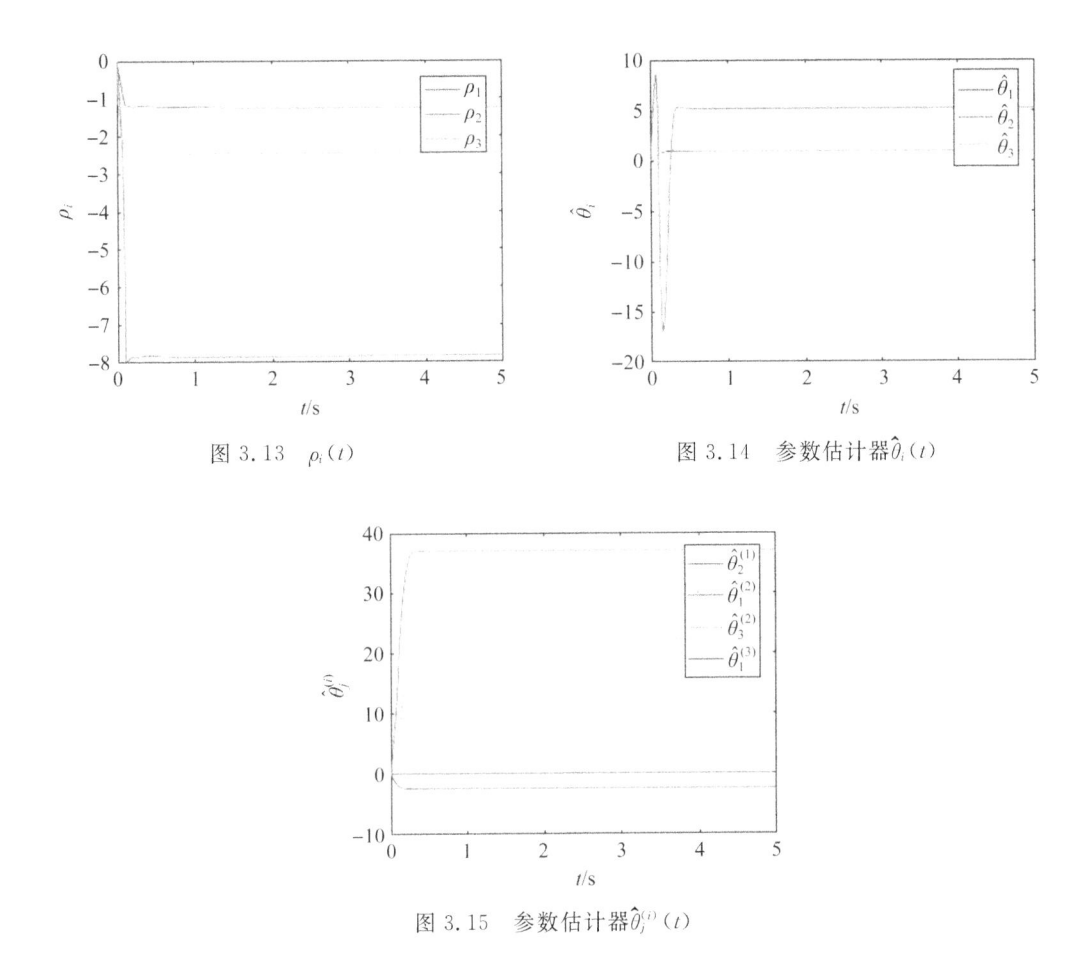

通过相同的仿真例子，将本节的研究与之前的研究进行比较，如图 3.16 所示。图 3.16(a)和图 3.16(c)分别是定理 3.7 中控制器的 x_{i1} 和 x_{i2}，图 3.16(c)和图 3.16(d)分别是采用 Nussbaum 方法得到的 x_{i1} 和 x_{i2}。首先，可以看出它们的有效性，即通过这些不同的方法实现了输出同步和有界性保持。其次，可以看出图 3.16(a)的暂态性能优于图 3.16(b)。具体来说，可以看出图 3.16(a)中 2s 时就实现了输出同步。但在图 3.16(b)中，3s 后才实现输出同步。也就是说，基于逻辑切换机制的控制具有更快的收敛速度。但这种方法也存在缺陷，即切换会导致微小的抖动，如图 3.16(c)所示。

本节研究了有向图下具有未知控制方向和参数不确定性的多个 PSF 系统的输出同步问题。基于反步设计和逻辑切换机制，为每个智能体递归设计分布式控制器，从而实现渐近输出同步，同时，使闭环系统保持有界。仿真实例验证了本节所提出方案的有效性。

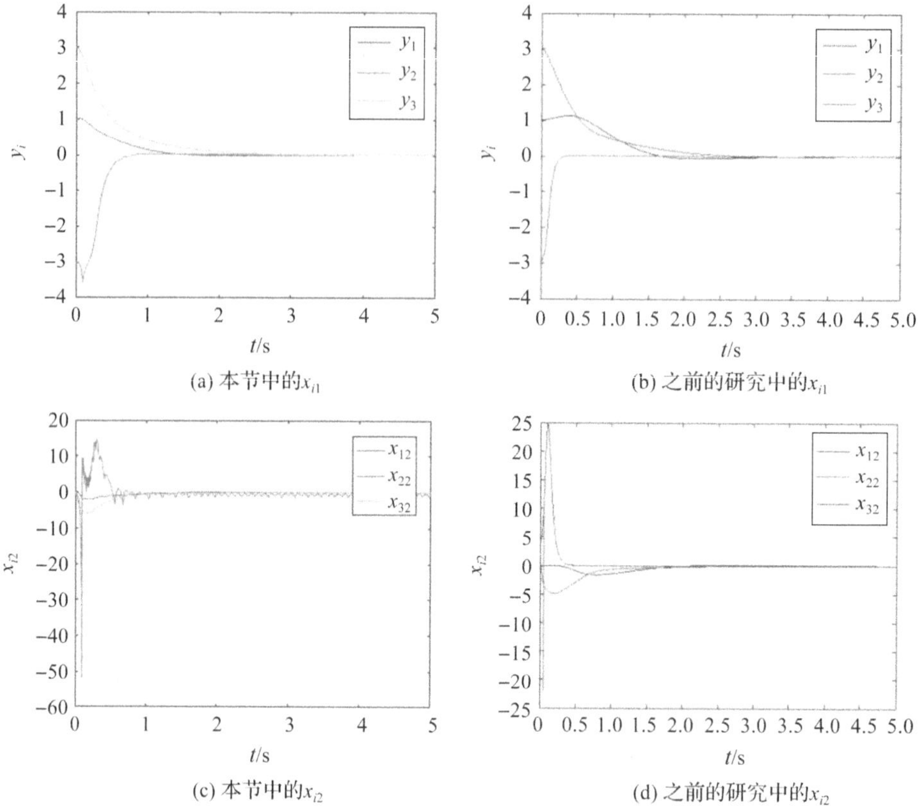

(a) 本节中的x_{i1} (b) 之前的研究中的x_{i1}

(c) 本节中的x_{i2} (d) 之前的研究中的x_{i2}

图 3.16 逻辑切换控制与 Nussbaum 方法的比较

3.5 本章小结

本章对于控制方向未知个体的情形，分别采用 Nussbaum 函数和逻辑切换技术进行自适应控制方向匹配，均实现了无人系统输出同步和闭环系统有界的控制目标。两种方法各有利弊，但均存在暂态性能不佳这一共性问题，在下一章，我们将运用预设性能控制这一工具，对暂态过程进行约束。

附 录

引理 3.6 设 $V(t)$ 和 $k_i(t)(\forall i\in V)$ 是定义在 $[0,t_f)$ 上的平滑函数，其中 $V(0)\geqslant 0$ 且 $k_i(0)=0$，如果以下不等式成立，则 $V(t)$，$k_i(t)$ 和 $\sum_{i=1}^{N}\eta_i\int_0^t N_0(k_i(\sigma))\dot{k}_i(\sigma)\mathrm{d}\sigma(\forall i\in V)$ 在 $[0,t_f)$ 上均有界。

$$V(t)\leqslant\sum_{i=1}^{N}\eta_i\int_0^t N_0(k_i(\sigma))\dot{k}_i(\sigma)\mathrm{d}\sigma+\sum_{i=1}^{N}\mu_i\int_0^t\dot{k}_i(\sigma)\mathrm{d}\sigma+\bar{\varepsilon}\tag{3-104}$$

其中，η_i，μ_i，$\bar{\varepsilon}$ 为常数，$\mu_i>0$，$\eta_{\min}\leqslant|\eta_i|\leqslant\eta_{\max}$，$N_0(\cdot)$ 是 Nussbaum 函数，其在区间 $[0,k]$ 上的积分 $M(k)=\int_0^k N_0(\sigma)\mathrm{d}\sigma$ 满足假设 3.2，其中，$\kappa^*=(N-1)\eta_{\max}/\eta_{\min}$。

证明：由式(3-104)可得

$$V(t)\leqslant\sum_{i=1}^{N}\eta_i\int_0^{k_i(t)}N_0(k_i(\sigma))\mathrm{d}\sigma+\sum_{i=1}^{N}\mu_i k_i(t)+\bar{\varepsilon}_1\tag{3-105}$$

其中，$\bar{\varepsilon}_1$ 为常数。该引理的证明是通过反证法进行的。为不失一般性，我们假设 $k_1(t),\cdots,k_l(t)$ 是无界的，而 $k_{l+1}(t),\cdots,k_N(t)$ 是有界的($1\leqslant l\leqslant N$)。根据 $\eta_1,\cdots,\eta_l$ 的符号，可分两种情况进行分析。

情况 1：$\eta_1,\cdots,\eta_l$ 符号为正。

在时间区间 $[0,t_f)$ 上定义如下时间序列 $t_n(n\in\mathbf{Z}^+)$：

$$t_n=\min_{1\leqslant i\leqslant l}\{t:|k_i(t_n)|=\kappa_{2n}\}\quad(\kappa_{2n}>0)\tag{3-106}$$

在时间 t_n 处，定义 i_n' 使得 $|k_{i_n'}(t_n)|=\kappa_{2n}$，则对于 $i\neq i_n'$，有 $|k_i(t_n)|\leqslant\kappa_{2n}$。根据式(3-104)，有

$$\begin{aligned}V(t_n)\leqslant&\sum_{i=1,i\neq i_n'}^{l}\eta_i\int_0^{k_i(t_n)}N_0(k_i(\sigma))\mathrm{d}\sigma+\eta_{i_n'}M(k_{i_n'}(t_n))\\&+\sum_{i=1}^{l}\mu_i k_i(t_n)+\sum_{i=l+1}^{N}\eta_i\int_0^{k_i(t_n)}N_0(k_i(\sigma))\mathrm{d}\sigma+\sum_{i=l+1}^{N}\mu_i k_i(t_n)+\bar{\varepsilon}_1\end{aligned}\tag{3-107}$$

注意到 $\bar{\varepsilon}_2=\sum_{i=1}^{l}\mu_i k_i(t_n)+\sum_{i=l+1}^{N}\eta_i\int_0^{k_i(t_n)}N_0(k_i(\sigma))\mathrm{d}\sigma+\sum_{i=l+1}^{N}\mu_i k_i(t_n)+\bar{\varepsilon}_1$ 有界，因为 $|k_i(t_n)|\leqslant\kappa_{2n}$ 对于所有 $1\leqslant i\leqslant l$ 且对于所有 $l+1\leqslant i\leqslant N$ 有界。因此，

$$\begin{aligned}V(t_n)\leqslant&\sum_{i=1,i=i_n'}^{l}\eta_i M(\kappa_{2n-1})+\eta_{i_n'}M(\kappa_{2n})+\sum_{i=1}^{l}\mu_i k_i(t_n)\\&+\sum_{i=l+1}^{N}\eta_i\int_0^{k_i(t_n)}N_0(k_i(\sigma))\mathrm{d}\sigma+\sum_{i=l+1}^{N}\mu_i k_i(t_n)+\bar{\varepsilon}_1\\\leqslant&|M(\kappa_{2n-1})|\left[(N-1)\eta_{\max}-\frac{|M(\kappa_{2n})|}{|M(\kappa_{2n-1})|}\eta_{\min}\right]+\bar{\varepsilon}_2\end{aligned}\tag{3-108}$$

当式(3-21)成立时,有

$$(N-1)\eta_{\max}-\frac{|M(\kappa_{2n})|}{|M(\kappa_{2n-1})|}\eta_{\min}<0 \tag{3-109}$$

根据式(3-108),有

$$\lim_{t_n\to\infty}V(t_n)\leqslant|M(\kappa_{2n-1})|\left[(N-1)\eta_{\max}-\frac{|M(\kappa_{2n})|}{|M(\kappa_{2n-1})|}\eta_{\min}\right]+\bar{\varepsilon}_2<0 \tag{3-110}$$

这与 $V(t_n)\geqslant 0$ 的事实相矛盾。因此,$k_i(t)(1\leqslant i\leqslant N)$ 在 $[0,t_f)$ 上有界,进而 $V(t)$ 和 $\sum_{i=1}^{N}\eta_i\int_0^{k_i(t)}N_0(k_i(\sigma))\mathrm{d}\sigma+\sum_{i=1}^{N}\mu_ik_i(t)$ 有界。

情况 2:$\eta_1,\cdots,\eta_l$ 符号为负。

在时间区间 $[0,t_f)$ 上定义如下时间序列 $t_n'(n\in\mathbf{Z}^+)$:

$$t_n'=\min_{1\leqslant i\leqslant l}\{t:|k_i(t_n')|=\kappa_{2n-1}\}\quad(\kappa_{2n-1}>0) \tag{3-111}$$

在时间 t_n' 处,定义 i_n'' 使得 $|k_{i_n''}(t_n')|=\kappa_{2n-1}$,则对于 $i_n\neq i_n''$,有 $|k_i(t_n')|\leqslant\kappa_{2n-1}$。根据式(3-104),有

$$\begin{aligned}V(t_n')\leqslant&\sum_{i=1,i\neq i_n''}^{l}\eta_i\int_0^{k_i(t_n')}N_0(k_i(\sigma))\mathrm{d}\sigma+\eta_{i_n''}M(k_{i_n''}(t_n'))+\sum_{i=1}^{l}\mu_ik_i(t_n')\\&+\sum_{i=l+1}^{N}\eta_i\int_0^{k_i(t_n')}N_0(k_i(\sigma))\mathrm{d}\sigma+\sum_{i=l+1}^{N}\mu_ik_i(t_n')+\bar{\varepsilon}_1\end{aligned} \tag{3-112}$$

注意到 $\bar{\varepsilon}_4=\sum_{i=1}^{l}\mu_ik_i(t_n')+\sum_{i=l+1}^{N}\eta_i\int_0^{k_i(t_n')}N_0(k_i(\sigma))\mathrm{d}\sigma+\sum_{i=l+1}^{N}\mu_ik_i(t_n')+\bar{\varepsilon}_1$ 有界,因为 $|k_i(t_n')|\leqslant\kappa_{2n-1}$ 对于所有 $1\leqslant i\leqslant l$ 且 $k_i(t_n')$ 对于所有 $l+1\leqslant i\leqslant N$ 有界。因此

$$\begin{aligned}V(t_n')\leqslant&\sum_{i=1,i\neq i_n''}^{l}\eta_iM(\kappa_{2n-2})+\eta_{i_n''}M(\kappa_{2n-1})+\sum_{i=1}^{l}\mu_ik_i(t_n')\\&+\sum_{i=l+1}^{N}\eta_i\int_0^{k_i(t_n')}N_0(k_i(\sigma))\mathrm{d}\sigma+\sum_{i=l+1}^{N}\mu_ik_i(t_n')+\bar{\varepsilon}_1\\\leqslant&|M(\kappa_{2n-2})|\left[(N-1)\eta_{\max}-\frac{|M(\kappa_{2n-1})|}{|M(\kappa_{2n-2})|}\eta_{\min}\right]+\bar{\varepsilon}_4\end{aligned} \tag{3-113}$$

当式(3-24)成立时,有

$$(N-1)\eta_{\max}-\frac{|M(\kappa_{2n-1})|}{|M(\kappa_{2n-2})|}\eta_{\min}<0 \tag{3-114}$$

$$\lim_{t_n'\to\infty}V(t_n')\leqslant|M(\kappa_{2n-2})|\left[(N-1)\eta_{\max}-\frac{|M(\kappa_{2n-1})|}{|M(\kappa_{2n-2})|}\eta_{\min}\right]+\bar{\varepsilon}_4<0 \tag{3-115}$$

这也与 $V(t_n')\geqslant 0$ 的事实相矛盾。

结合情况1和情况2可以得到，无论 $b_1,\cdots,b_N$ 的符号是什么，$k_i(t)(\forall i\in V)$ 都在 $[0,t_f)$ 上有界，所以 $V(t)$ 和 $\sum_{i=1}^{N}\eta_i\int_0^{k_i(t)}N_0(k_i(\sigma))\mathrm{d}\sigma+\sum_{i=1}^{N}\mu_i k_i(t)$ 有界。证明完成。

参考文献

[1] Olfati-Saber R, Murray R M. Consensus problems in networks of agents with switching topology and time-delays[J]. IEEE Transactions on Automatic Control,2004,49(9):1520-1533.

[2] Zhang H, Lewis F L, Qu Z. Lyapunov, adaptive, and optimal design techniques for cooperative systems on directed communication graphs[J]. IEEE Transactions on Industrial Electronics, 2011,59(7):3026-3041.

[3] Bernstein D S. Matrix Mathematics: Theory, Facts, and Formulas[M]. 2nd ed. Princeton, NJ: Princeton University Press,2009.

[4] Hong Y, Hu J, Gao L. Tracking control for multi-agent consensus with an active leader and variable topology[J]. Automatica,2006,42(7):1177-1182.

[5] Jiang P, Woo P Y, Unbehauen R. Iterative learning control for manipulator trajectory tracking without any control singularity[J]. Robotica,2002,20(2):149-158.

[6] Du J, Guo C, Yu S, et al. Adaptive autopilot design of time-varying uncertain ships with completely unknown control coefficient[J]. IEEE Journal of Oceanic Engineering,2007,32(2):346-352.

[7] Nussbaum R D. Some remarks on a conjecture in parameter adaptive control[J]. Systems & Control Letters,1983,3(5):243-246.

[8] Ye X, Jiang J. Adaptive nonlinear design without a priori knowledge of control directions[J]. IEEE Transactions on Automatic Control,1998,43(11):1617-1621.

[9] Mudgett D, Morse A. Adaptive stabilization of linear systems with unknown high-frequency gains[J]. IEEE Transactions on Automatic Control,1985,30(6):549-554.

[10] Jiang Z P, Mareels I, Hill D J, et al. A unifying framework for global regulation via nonlinear output feedback: From ISS to IISS[J]. IEEE Transactions on Automatic Control,2004,49(4): 549-562.

[11] Ye X, Chen P, Li D. Decentralised adaptive control for large-scale non-linear systems with unknown high-frequency-gain signs[J]. IEE Proceedings-Control Theory and Applications,2005, 152(4):387-391.

[12] Ye X. Decentralized adaptive stabilization of large-scale nonlinear time-delay systems with unknown high-frequency-gain signs[J]. IEEE Transactions on Automatic Control,2011,56(6): 1473-1478.

[13] Ye X. Decentralized adaptive regulation with unknown high-frequency-gain signs[J]. IEEE

Transactions on Automatic Control,1999,44(11):2072-2076.

[14] Wang W, Wen C, Huang J. Adaptive consensus tracking control of uncertain nonlinear systems: A first-order example[C]//2012 12th International Conference on Control Automation Robotics & Vision (ICARCV). IEEE,2012:1256-1261.

[15] Chen W, Li X, Ren W, et al. Adaptive consensus of multi-agent systems with unknown identical control directions based on a novel Nussbaum-type function[J]. IEEE Transactions on Automatic Control,2013,59(7):1887-1892.

第 4 章　考虑预设性能的非线性无人系统协调控制

4.1　研究现状

4.1.1　切换拓扑一致性问题研究现状

无人系统的协调控制在实际应用中具有鲁棒性和低成本性，例如无人机编队飞行[1]、自主水下航行器[2]、卫星群[3]等，因此，在过去的几十年里，涌现了无人系统协调控制的许多研究成果[4-9]。通信网络根据不同性质，可以分为两类：固定网络[4-7]，其中所有智能体的通信拓扑都是时不变的；交换网络[8-9]，其中所有智能体的通信拓扑是交换的。目前已有的无人系统相关研究结果大多建立在固定通信拓扑下。在实际系统中，每个智能体之间的通信网络极容易受环境影响，比如某个智能体在运行过程中与其他智能体相距过远甚至超过最大通信距离，智能体在运行过程中被障碍物阻碍通信，某两个直接通信的相邻智能体在运行过程中相距过远并且和不直接通信的智能体在运动过程中距离较近，等等，这些情况都有可能使得无人系统的通信拓扑结构随外部环境的影响而变化，而通信拓扑结构的变化将使得原有的控制算法失效。因此，许多学者从不同角度研究了交换网络下的问题[10-14]。其实早在很久以前就有学者考虑到智能体之间的通信拓扑动态变化而领航者静态固定的情况。Jadbabaie 等[15]和 Hong 等[16]分别讨论了一阶和二阶两种不同系统控制模型下的一致性跟踪问题。随后，Notarstefano 等[17]假设系统的通信拓扑是无向连接且随时间切换的，利用 Lyapunov 函数分析了连续时间下实现包围控制目标的充分条件。当每个智能体仅能获得相对邻居信息时，Lin 等[18]对固定、切换和时延三种不同场景下的拓扑状态进行了研究。在很多实际控制网络中，不可避免地要考虑环境的不确定性因素，通信拓扑也可能随着时间而改变，因此这种拓扑变化的因素主要包括系统组件的变化、智能体之间链路的突然故障或恢复、随机网络环境变化等。为解决此类问题，Zhang 等[19]和 Xue 等[20]将网络拓扑的切换过程用 Markov（马尔可夫）模型来描述。Zhao 等[21]在采样数据环境中对领航者-跟随者一致性问题进行了研究（该系统的通信拓扑切换过程符合 Markov 模型），最后给出了使得跟踪误差系统有界的充要条件。Ding 等[22]为了避免无人系统中通信延迟所带来的影响，提出了一种随机交换网络拓扑下对采样数据进行领航者一致性分析的证明方法。最近，一些关于切换拓扑的研究已经完成，涉及时变延迟的无人系统的共识[23-25]、多个 Lagrangian 系统的共识[26-27]以及具有未知高频增益符号的智能体的共识[28]。Wang 等[29]将约束控制应用于限制智能体的状态，其中智能体的状态被限制在两个固定的边界内。

4.1.2 未知控制方向问题研究现状

近年来，无人系统的控制方法取得了很多研究成果，但大多数工作是在智能体动态模型已知的前提下推进的，然而，在实际应用中，不确定性是不可避免的，这主要是外部环境的干扰、建模不精确以及未知状态量的影响所致。特别是与控制器 u 相乘的系数的符号至关重要，表示控制方向。在许多实际物理模型中，控制系数的符号可能无法提前知道，例如机器人系统[29]、燃烧系统[30]和船舶航向控制系统[31]。因此，未知的控制方向渐渐成为一个研究热点，众学者围绕这个问题进行了研究，并提出了一系列有意义的控制策略。非线性控制、有限时间控制以及鲁棒控制等领域的学者也对这一问题进行了深入研究。其实自适应控制领域的学者们很早就对控制方向未知的系统表现出浓厚兴趣。1997 年，Morse[32]提出一个假设：如果我们放宽对控制方向的假设条件，那么对于一维线性系统而言，自适应控制就很难甚至不能实现全局稳定。然而，Nussbaum 证明了引入适当的自适应控制增益（即 Nussbaum 增益函数）后，即便是具有未知控制方向的线性系统也能达到稳定状态[33]。之后，随着系统辨识的发展，众学者在含有未知参数和外部扰动的系统控制问题上取得了进一步突破，研究出一系列有效的控制方案[34-36]。值得强调的是，将 Nussbaum 函数应用于单个系统是相当简单的，然而，据我们所知，对于控制方向未知的无人系统，存在多个 Nussbaum 函数，而且这些 Nussbaum 函数可以相互作用。在不牺牲分布性的情况下，系统的稳定性分析将变得更加困难。为此，Yang 等[37]为仅出现一个 Nussbaum 函数的每个子系统构建了一个子 Lyapunov 函数。通过采用 Nussbaum 函数，Chen 等[38]为一阶和二阶无人系统设计了自适应一致性控制器，Wang 等[39]研究了高阶无人系统并且智能体的动态已在文献[40]中扩展到多参数严格反馈系统。此外，为了处理系统中未知的控制方向，Ao 等[41]提出了逻辑切换机制技术，Wang 等[42]提出了基于非线性比例微分(PI)的技术，并且在其他领域取得了许多研究成果。但是对于切换拓扑具有未知控制方向的系统，还有待进一步深入研究。

4.1.3　预设性能控制问题研究现状

为满足系统性能要求，目前广泛采用的控制方法主要有模型预测控制[43]、参考设定法[44]、不变集法[45]、BLF[46-47]和预设性能控制等。在处理非线性系统控制问题时，预设性能控制方法备受青睐。预设性能控制的核心思想是在满足预先设定条件(如快速收敛速率和限制超调等)的前提下，设计控制器和性能函数，以确保受控系统的误差保持在预定的范围内。性能函数的选择是关键一环。可以根据具体性能需求选取光滑函数，并对其与实际系统误差进行函数逆变换操作。这一过程将受约束的控制问题转化为无约束的问题，为后续的控制器设计和稳定性分析提供了更为灵活的空间。通过引入预设性能函数，我们能够更好地掌控系统的性能，适应不同的应用场景。这种方法使得在控制系统中更容易实现所需的性能指标，提高了控制系统的可调性和适用性。因此，预设性能控制方法在处理复杂的非线性系统控制问题方面具有广泛的应用前景，为实现系统的优越性能提供了强大的工具。它可以追溯到漏斗控制的情况，首次由 Lozada-Castillo 等[48]提出。此后，预设性能控制方法被应用于具有多个输入和输出的系统[49]。针对输入通道中具有死区非线性的非线性系统，Na[50]提出了一种自适应控制器。此外，众多学者还研究了各种系统的暂态性能问题。例如，He 等[51]开发了一种自触发模型预测控制(MPC)策略来实现离散时间半马尔可夫(semi-Markov)跳变线性系统所需的有限时间性能。对于切换非线性系统，Sun 等[52]基于规定性能控制方法，提出了一种自适应模糊有限时间控制协议。对于严格反馈系统，Song 等[53]提出了事件驱动的一种神经网络自适应固定时间控制策略，以维持规定性能。近年来随着无人系统的发展，预设性能控制引起了多智能体领域学者的关注[54-55]。未知扰动非线性无人系统中预设性能控制的研究包括领航跟随控制[55]、事件触发有限时间控制[56]和遏制控制[57]等情况。最近，也有关于具有规定性能控制的非线性智能体共识的一些结果，例如具有状态延迟的纯反馈智能体的共识[58-59]、严格反馈形式的智能体的分布式神经自适应共识控制[60]以及非线性无人系统的全局共识跟踪控制[61]等。

通过对控制方向未知的系统采用预设性能控制方法，Wang 等[62]、Bechlioulis 等[63]和 Liang 等[64]改善了暂态性能。然而当前的大多数结果仅限于时不变的通信拓扑条件。Liu 等[65]首次采用基于预设性能控制的方法研究交换网络下控制方向未知的多个 PSF 系统的同步，但仍然存在一些缺陷，例如稳态精度（即最终误差）收敛到原点的随机适度区域，而不是精确地收敛到原点。Li 等[61]实现了精确的输出同步，但是，智能体的动态中只出现一个未知的控制系数并且结果只在固定拓扑下成立。

4.2 基础知识

4.2.1 预设性能函数

选取性能函数

$$\tilde{\omega}_{i1}(t)=(\tilde{\omega}_{i0}-\tilde{\omega}_{i\infty})\mathrm{e}^{-\bar{a}t}+\tilde{\omega}_{i\infty} \tag{4-1}$$

其中，$\tilde{\omega}_{i0}$，$\tilde{\omega}_{i\infty}$ 和 $\bar{a}>0$ 是可以预先设定的常数；并且性能函数是一个严格递减的光滑正定函数，满足 $\lim\limits_{t\to\infty}\tilde{\omega}_{i1}(t)=\tilde{\omega}_{i\infty}$。

定义误差变换为

$$s_{i1}(t)=\tilde{\omega}_{i1}(t)F_{\mathrm{tran}}(\xi_{i1}(t),\phi_{i1}(t)) \tag{4-2}$$

其中，$F_{\mathrm{tran}}(\cdot)$ 为误差变换函数，它是一个严格递减的光滑函数，满足 $-\phi_{i1}(t)<F_{\mathrm{tran}}(\cdot)<\phi_{i1}(t)$；$\xi_{i1}(t)$ 为变换误差；$\phi_{i1}(t)$ 为一个严格递减的光滑正定函数，满足 $\lim\limits_{t\to\infty}\phi_{i1}(t)=C$，$C$ 为正实数。

定义

$$F_{\mathrm{tran}}(\xi_{i1}(t),\phi_{i1}(t))=\frac{\phi_{i1}(t)\mathrm{e}^{\xi_{i1}}-\phi_{i1}(t)\mathrm{e}^{-\xi_{i1}}}{\mathrm{e}^{\xi_{i1}}+\mathrm{e}^{-\xi_{i1}}} \tag{4-3}$$

$$\dot{\phi}_{i1}(t)=-m\phi_{i1}(t)+l \tag{4-4}$$

其中，m 和 l 为正实数。

通过调整系数 $m,l,\tilde{\omega}_{i0},\tilde{\omega}_{i\infty}$ 和 $\bar{a}$，可以调整规定的边界。由于轨迹在规定区域内，因此收敛速度和最大跟踪误差是可调的。然后我们知道

$$-\phi_{i1}(t)\tilde{\omega}_{i1}(t)<s_{i1}(t)<\phi_{i1}(t)\tilde{\omega}_{i1}(t) \tag{4-5}$$

$$\xi_{i1}(t)=F_{\mathrm{tran}}^{-1}\left(\frac{s_{i1}(t)}{\tilde{\omega}_{i1}(t)},\phi_{i1}(t)\right)=\frac{1}{2}\ln\frac{F_{\mathrm{tran}}+\phi_{i1}(t)}{\phi_{i1}(t)-F_{\mathrm{tran}}} \tag{4-6}$$

4.2.2 命令滤波器

与文献[66]类似，本节应用如下的一阶命令过滤器来解决“项爆炸”问题：

$$\dot{\pi}_{ik}=-\rho_{ik}(\pi_{ik}-\alpha_{i,k-1}) \tag{4-7}$$

其中，ρ_{ik}为正常数。将滤波器的初值选取为 $\pi_{ik}(0)=\alpha_{i,k-1}(0)$。由此，可以得出 $\dot{\pi}_{ik}(0)=0$。

本质上，命令滤波器技术和动态表面控制是在控制设计的每一步中使用一阶滤波器的输出来逼近虚拟控制信号的微分系数，因此，复杂性爆炸的问题将被消除。可以看出，若在由规定性能函数界限组成的集合内，定义一些严格紧凑的子集，适当地设置初始值，将存在一个 ρ_{ik}，使得命令过滤器被保留在子集中。因此，结果是半全局的。根据文献[67]，存在 $T_2>T_1>0$，可以通过调整命令过滤器使得 $|\pi_{ik}-\alpha_{i,k-1}|<\varrho_{ik}$，$\forall t\in[0,T_1]$。此外，还可以得到 $|\pi_{ik}-\alpha_{i,k-1}|<\varrho_{ik}$，$\forall t\in(T_1,T_2)$，其中$\varrho_{ik}$是一个大于0的有限常数。根据文献[66]中定理2和定理3的证明，T_2 可以扩展到无穷大。

4.2.3　引　理

引理 4.1[68]　对于函数 $\mathrm{sg}(\delta,\hbar(t))=\dfrac{\delta}{\sqrt{\delta^2+\hbar(t)^2}}$，其中，$\delta$ 是一个标量，$\hbar(t)>0,\int_0^t\hbar(s)\mathrm{d}s<\infty,\forall t\geqslant 0$，具有以下性质：

$$|\delta|<\hbar(t)+\delta\mathrm{sg}(\delta,\hbar(t)) \tag{4-8}$$

引理 4.2[69]　对于任意变量 χ，以下不等式成立：

$$|\chi|-\chi\tanh\left(\frac{\chi}{\varepsilon}\right)\leqslant\tau\varepsilon \tag{4-9}$$

其中，函数 $\varepsilon(t)>0,\tau=0.2785$。

引理 4.3[34]　令 $V(t)$ 和 $\tau(t)$ 为定义在$[0,t_f)$上的光滑函数，其中，$V(t)\geqslant 0$，$\forall t\in[0,t_f)$，$N(\cdot)$为光滑的 Nussbaum 函数。如果以下不等式成立：

$$V(t)\leqslant\int_0^t[bN(\tau(\sigma))+1]\dot{\tau}(\sigma)\mathrm{d}\sigma+g_0 \tag{4-10}$$

其中，$b\neq 0$ 和 g_0 为有限的常数，那么 $V(t)$，$\tau(t)$ 和$\int_0^t[bN(\tau(\sigma))+1]\dot{\tau}(\sigma)\mathrm{d}\sigma$ 在 $[0,t_f)$ 上是有界的。

4.3　固定拓扑下的协调预设性能控制

众所周知，由于多参数严格反馈(PSF)系统的普遍性，其协调控制的相关研究已取得了许多研究成果，包括且不局限于不确定的非线性情形，如未知参数、状态约束以及输入饱和等。用得最多的研究方法为反推法(backstepping)。应用反推法时，虚拟控制量的偏导数的解析计算是不可避免的；此外，随着系统阶数的不断增加，这些导数的计算也将变得越来越困难，从而引发“项爆炸”问题。特别是在面对一个非常复杂的无人系统时，这种思路很难应用。

本节主要研究具有多个未知时变参数的PSF系统的系统控制问题，为每个智能体递归地设计了分布式控制器，通过应用命令滤波技术避免了对虚拟控制量的求导，也就避免了“项爆炸”问题，此外最小化了构造智能体 i 所需要的邻域信息，显著降低了通信负载。

4.3.1 问题描述

考虑固定拓扑下由 N 个智能体组成的网络系统。其中，智能体 i 的动态方程如下：

$$\begin{cases}\dot{x}_{i1}=g_{i1}(x_{i1})x_{i2}+\boldsymbol{\theta}_i^{\mathrm{T}}(t)\boldsymbol{\varphi}_{i1}(x_{i1})+\Delta_{i1}(x_{i1},t)\\ \dot{x}_{i2}=g_{i2}(x_{i1},x_{i2})x_{i3}+\boldsymbol{\theta}_i^{\mathrm{T}}(t)\boldsymbol{\varphi}_{i2}(\bar{\boldsymbol{x}}_{i2})+\Delta_{i2}(\bar{\boldsymbol{x}}_{i2},t)\\ \vdots\\ \dot{x}_{in}=g_{in}(\bar{\boldsymbol{x}}_{in})u_i+\boldsymbol{\theta}_i^{\mathrm{T}}(t)\boldsymbol{\varphi}_{in}(\bar{\boldsymbol{x}}_{in})+\Delta_{in}(\bar{\boldsymbol{x}}_{in},t)\\ y_i=x_{i1}\end{cases}\quad(i=1,\cdots,N)\tag{4-11}$$

其中，$\boldsymbol{x}_i=[x_{i1},x_{i2},\cdots,x_{in}]^{\mathrm{T}}\in\mathbf{R}^n$，$u_i\in\mathbf{R}$ 和 $y_i\in\mathbf{R}$ 分别为智能体 i 的状态、输入和输出；$\boldsymbol{\theta}_i(t)\in\mathbf{R}^p$ 为由未知的时变参数组成的向量；$g_{ik}:\mathbf{R}^k\to\mathbf{R}$ 和 $\boldsymbol{\varphi}_{ik}:\mathbf{R}^k\to\mathbf{R}^p(k=1,\cdots,n)$ 为已知的光滑的函数；$\Delta_{i1}(x_{i1},t),\cdots,\Delta_{i1}(\bar{\boldsymbol{x}}_{in},t)\in\mathbf{R}$ 表示系统的外部扰动，$\bar{\boldsymbol{x}}_{ik}=[x_{i1},\cdots,x_{ik}]^{\mathrm{T}}(k=1,\cdots,n)$。

上述系统满足以下假设。

假设 4.1 未知的时变参数 $\boldsymbol{\theta}_i(t)$ 是有界的，其上界是 M，即 $\|\boldsymbol{\theta}_i(t)\|\leqslant M$。

假设 4.2 未知的非线性扰动 $\Delta_{ik}(\bar{\boldsymbol{x}}_{ik},t)$ 满足 $|\Delta_{ik}(\bar{\boldsymbol{x}}_{ik},t)|\leqslant p_{ik}^*\delta_{ik}(\bar{\boldsymbol{x}}_{ik})$，其中 p_{ij}^* 是一组正的未知常数并且 $\delta_{ik}(\bar{\boldsymbol{x}}_{ik})$ 是已知的非负光滑函数。

假设 4.3 原点以及系统的初始状态 $\boldsymbol{x}_i(0)$ 都包含在一个开集 $\Omega_d\in\mathbf{R}^n$ 中，对于系统(4-11)，$\boldsymbol{\varphi}_{ik}^{(l)}$ 和 $g_{ik}^{(l)}$ 均在 $\overline{\Omega}_d$ 上有界，且存在正常数 κ 和 ρ，使得 $\kappa<|g_{ik}|<\rho$。其中，$\boldsymbol{\varphi}_{ik}^{(l)}$ 和 $g_{ik}^{(l)}$ 分别表示 $\boldsymbol{\varphi}_{ik}$ 和 g_{ik}($\forall i\in V;k=1,\cdots,n;l=1,\cdots,n-1$)的 l 阶导数。

注：在本章中，与边界相关的常数 M 以及 p_{ik}^* 的存在是有必要的，但它们不需要已知。因此上述假设并不严苛。

控制目标:为有向图 $\mathcal{G}$ 中的每个智能体设计分布式控制器 u_i,使得输出实现同步,同时保证误差有界且最终收敛到一个小的邻域内。

4.3.2 控制器设计与稳定性分析

第1步:定义 $x_{i1}^d = \frac{1}{d_i}\sum_{j\in N_i} a_{ij}x_{j1}$,其中 $d_i = \sum_j a_{ij}$ 表示智能体 i 的入度,邻域误差为 $\xi_{i1} = x_{i1} - x_{i1}^d$,对邻域误差求导,可得

$$\begin{aligned}\dot{\xi}_{i1} &= \dot{x}_{i1} - \dot{x}_{i1}^d = g_{i1}x_{i2} + \boldsymbol{\varphi}_{i1}^{\mathrm{T}}(x_{i1})\boldsymbol{\theta}_i(t) + \Delta_{i1}(x_{i1},t) \\ &\quad - \frac{1}{d_i}\sum_{j\in N_i} a_{ij}[g_{j1}x_{j2} + \boldsymbol{\varphi}_{j1}^{\mathrm{T}}(x_{j1})\boldsymbol{\theta}_j(t) + \Delta_{j1}(x_{j1},t)] \\ &= g_{i1}x_{i2} + f_{i1}(\overleftarrow{\boldsymbol{x}}_{i2}) + \boldsymbol{\varphi}_{i1}^{\mathrm{T}}(x_{i1})\boldsymbol{\theta}_i(t) + \bar{\Delta}_{i1}(x_{i1},\overleftarrow{\boldsymbol{x}}_{i1},t)\end{aligned} \tag{4-12}$$

从上式可以看出 $f_{i1} = -\frac{1}{d_i}\sum_{j\in N_i} a_{ij}g_{j1}x_{j2}$。由于 x_{j2} 可以在网络中传输,因此其相对于智能体 i 是已知的。可以将 $\bar{\Delta}_{i1}(x_{i1},\overleftarrow{\boldsymbol{x}}_{i1},t) = \Delta_{i1}(x_{i1},t) - \frac{1}{d_i}\sum_{j\in N_i} a_{ij}\Delta_{j1}(x_{j1},t) - \frac{1}{d_i}\sum_{j\in N_i} a_{ij}\boldsymbol{\varphi}_{j1}^{\mathrm{T}}(x_{j1})\boldsymbol{\theta}_j(t)$ 整体视作一个扰动并进行处理。根据假设4.1和假设4.2,将会存在一个未知的常数 $\bar{p}_{i1}$ 和已知的函数 $\bar{\delta}_{i1}(x_{i1},\overleftarrow{\boldsymbol{x}}_{i1})$,使得 $|\bar{\Delta}_{i1}(x_{i1},\overleftarrow{\boldsymbol{x}}_{i1},t)| \leqslant \bar{p}_{i1}\bar{\delta}_{i1}(x_{i1},\overleftarrow{\boldsymbol{x}}_{i1})$,其中 $\overleftarrow{\boldsymbol{x}}_{i1}$ 表示由智能体 i 可以接收到的 $x_{j1}(j\in N_i)$ 构成的一组向量。

定义如下虚拟控制量:

$$\begin{aligned}\alpha_{i1} &= \alpha_{i1}^e + \alpha_{i1}^f\frac{\partial^2\Omega}{\partial u\partial v} \\ \alpha_{i1}^e &= \frac{1}{g_{i1}}(-k_1\xi_{i1} - f_{i1} - \boldsymbol{\varphi}_{i1}^{\mathrm{T}}\hat{\boldsymbol{\theta}}_i) \\ \alpha_{i1}^f &= -\frac{1}{g_{i1}}A_{i1}\tanh\left(\frac{0.2785A_{i1}\xi_{i1}}{\varepsilon_{i1}}\right)\end{aligned} \tag{4-13}$$

其中,$k_1>0$,$A_{i1} = \hat{c}_{i1}^0\bar{\delta}_{i1}(x_{i1},\overleftarrow{\boldsymbol{x}}_{i1}) + \hat{c}_{i1}^1\|\boldsymbol{\varphi}_{i1}\|$,$\varepsilon_{i1}$ 为正常数,$\hat{\boldsymbol{\theta}}_i$ 为 $\boldsymbol{\theta}_i$ 的参数估计器。定义 Lyapunov 函数

$$V_{i1} = \frac{1}{2}\xi_{i1}^2 + \frac{1}{2r_{10}}(\tilde{c}_{i1}^0)^2 + \frac{1}{2r_{11}}(\tilde{c}_{i1}^1)^2 \tag{4-14}$$

其中,$\tilde{c}_{i1}^0 = c_{i1}^0 - \hat{c}_{i1}^0$,$\tilde{c}_{i1}^1 = c_{i1}^1 - \hat{c}_{i1}^1$。对 V_{i1} 求导,得到

$$\dot{V}_{i1}=\xi_{i1}\dot{\xi}_{i1}-\frac{1}{r_{10}}\tilde{c}_{i1}^{0}\dot{\hat{c}}_{i1}^{0}-\frac{1}{r_{11}}\tilde{c}_{i1}^{1}\dot{\hat{c}}_{i1}^{1}$$
$$=\xi_{i1}[g_{i1}(\xi_{i2}+x_{i2}^{d}+\alpha_{i1})+f_{i1}+\boldsymbol{\varphi}_{i1}^{\mathrm{T}}\boldsymbol{\theta}_{i}+\bar{\Delta}_{i1}]-\alpha_{i1}g_{i1}\xi_{i1}-\frac{1}{r_{10}}\tilde{c}_{i1}^{0}\dot{\hat{c}}_{i1}^{0}-\frac{1}{r_{11}}\tilde{c}_{i1}^{1}\dot{\hat{c}}_{i1}^{1}$$
$$\leqslant -k_{1}\xi_{i1}^{2}+g_{i1}\xi_{i1}\xi_{i2}+(\boldsymbol{\varphi}_{i1}^{\mathrm{T}}\tilde{\boldsymbol{\theta}}_{i}+\bar{\Delta}_{i1})\xi_{i1}+g_{i1}(x_{i2}^{d}-\alpha_{i1})\xi_{i1}-A_{i1}\xi_{i1}\tanh\left(\frac{0.2785A_{i1}\xi_{i1}}{\varepsilon_{i1}}\right)$$
$$-\tilde{c}_{i1}^{0}(\bar{\delta}_{i1}|\xi_{i1}|-h_{10}\hat{c}_{i1}^{0})-\tilde{c}_{i1}^{1}(\|\boldsymbol{\varphi}_{i1}\||\xi_{i1}|-h_{11}\hat{c}_{i1}^{1}) \tag{4-15}$$

其中，$\tilde{\boldsymbol{\theta}}_{i}=\boldsymbol{\theta}_{i}-\hat{\boldsymbol{\theta}}_{i}$。$\hat{\boldsymbol{\theta}}_{i}$ 的更新率为

$$\dot{\hat{\boldsymbol{\theta}}}_{i}(t)=\mathbf{Proj}(\xi_{i2}\boldsymbol{\varphi}_{i2},\hat{\boldsymbol{\theta}}_{i}) \tag{4-16}$$

其中，$\mathbf{Proj}(\xi_{i2}\boldsymbol{\varphi}_{i2},\hat{\boldsymbol{\theta}}_{i})$是投影函数。值得注意的是，可以根据投影函数的性质得到 $\hat{\boldsymbol{\theta}}_{i}$ 是有界的，因此$\tilde{\boldsymbol{\theta}}_{i}=\boldsymbol{\theta}_{i}-\hat{\boldsymbol{\theta}}_{i}$ 也是有界的。A_{i1} 中的系数$\hat{c}_{i1}^{0}$和$\hat{c}_{i1}^{1}$分别是 c_{i1}^{0} 和 c_{i1}^{1} 的更新率，可以由下式给出：

$$\begin{aligned}\dot{\hat{c}}_{i1}^{0}&=r_{10}(\bar{\delta}_{i1}|\xi_{i1}|-h_{10}\hat{c}_{i1}^{0})\\ \dot{\hat{c}}_{i1}^{1}&=r_{11}(\|\boldsymbol{\varphi}_{i1}\||\xi_{i1}|-h_{11}\hat{c}_{i1}^{1})\end{aligned} \tag{4-17}$$

其中，$r_{10},r_{11},h_{10},h_{11}>0$。并且注意到$(\boldsymbol{\varphi}_{i1}^{\mathrm{T}}\tilde{\boldsymbol{\theta}}_{i}+\bar{\Delta}_{i1})\xi_{i1}\leqslant[(\hat{c}_{i1}^{0}+\tilde{c}_{i1}^{0})\bar{\delta}_{i1}+(\hat{c}_{i1}^{1}+\tilde{c}_{i1}^{1})\|\boldsymbol{\varphi}_{i1}\|]|\xi_{i1}|$，那么 V_{i1} 的导数可以重新写为

$$\dot{V}_{i1}\leqslant -k_{1}\xi_{i1}^{2}+g_{i1}\xi_{i1}\xi_{i2}+g_{i1}(x_{i2}^{d}-\alpha_{i1})\xi_{i1}+A_{i1}|\xi_{i1}|-A_{i1}\xi_{i1}\tanh\left(\frac{0.2785A_{i1}\xi_{i1}}{\varepsilon_{i1}}\right)$$
$$+h_{10}\tilde{c}_{i1}^{0}\hat{c}_{i1}^{0}+h_{11}\tilde{c}_{i1}^{1}\hat{c}_{i1}^{1}$$
$$\leqslant -k_{1}\xi_{i1}^{2}-\frac{1}{2}h_{10}(\tilde{c}_{i1}^{0})^{2}-\frac{1}{2}h_{11}(\tilde{c}_{i1}^{1})^{2}+g_{i1}\xi_{i1}\xi_{i2}+g_{i1}(x_{i2}^{d}-\alpha_{i1})\xi_{i1}+\tau_{i1} \tag{4-18}$$

其中，τ_{i1}为常数。在标准的反推法的设计过程中，下一步需要对虚拟控制量 x_{i2}^{d} 进行求导。这是一项非常复杂并且困难的工作，本节在下一步中采用命令滤波技术逼近其导数。

第 m 步：定义误差 $\xi_{im}=x_{im}-x_{im}^{d}$，其导数为

$$\dot{\xi}_{im}=\dot{x}_{im}-\dot{x}_{im}^{d}$$
$$=g_{im}(x_{i,m+1}+\alpha_{im})+\boldsymbol{\varphi}_{im}^{\mathrm{T}}(\bar{\boldsymbol{x}}_{im})\boldsymbol{\theta}_{i}(t)+\Delta_{im}(\bar{\boldsymbol{x}}_{im},t)-\dot{x}_{im}^{d}-g_{im}\alpha_{im}$$
$$=g_{im}(\xi_{i,m+1}+x_{i,m+1}^{d}+\alpha_{im})+\boldsymbol{\varphi}_{im}^{\mathrm{T}}(\bar{\boldsymbol{x}}_{im})\boldsymbol{\theta}_{i}(t)+\Delta_{im}(\bar{\boldsymbol{x}}_{im},t)-\dot{x}_{im}^{d}-g_{im}\alpha_{im} \tag{4-19}$$

其中，

$$\alpha_{im}=\alpha_{im}^{e}+\alpha_{im}^{f}$$

$$\alpha_{im}^{e}=\frac{1}{g_{im}}(-k_m\xi_{im}-f_{im}+\boldsymbol{\varphi}_{im}^{\mathrm{T}}\hat{\boldsymbol{\theta}}_i+\dot{x}_{im}^{d}) \tag{4-20}$$

$$\alpha_{im}^{f}=-\frac{1}{g_{im}}A_{im}\tanh\left(\frac{0.2785A_{im}\xi_{im}}{\varepsilon_{im}}\right)$$

其中，$A_{im}=\hat{c}_{im}^{0}\bar{\delta}_{im}+\hat{c}_{im}^{1}\|\boldsymbol{\varphi}_{im}\|$，$f_{im}=g_{i,m-1}\xi_{i,m-1}$，$\varepsilon_{im}$ 为任意正常数，并且 $\dot{x}_{im}^{d}=-w_{im}(x_{im}^{d}-\alpha_{i,m-1})$。$\hat{c}_{im}^{0}$ 和 $\hat{c}_{im}^{1}$ 的更新率为

$$\begin{aligned}\dot{\hat{c}}_{im}^{0}&=r_{1m}(\bar{\delta}_{im}|\xi_{im}|-h_{m0}\hat{c}_{im}^{0})\\ \dot{\hat{c}}_{im}^{1}&=r_{1m}(\|\boldsymbol{\varphi}_{im}\||\xi_{im}|-h_{m1}\hat{c}_{im}^{1})\end{aligned} \tag{4-21}$$

其中，$r_{1m},h_{m0},h_{m1}>0$。定义第 m 个 Lyapunov 函数

$$V_{im}=V_{i,m-1}+\frac{1}{2}\xi_{im}^{2}+\frac{1}{2r_{m0}}(\tilde{c}_{im}^{0})^2+\frac{1}{2r_{m1}}(\tilde{c}_{im}^{1})^2 \tag{4-22}$$

其中，$\tilde{c}_{im}^{0}=c_{im}^{0}-\hat{c}_{im}^{0}$，$\tilde{c}_{im}^{1}=c_{im}^{1}-\hat{c}_{im}^{1}$。$V_{im}$ 的导数为

$$\begin{aligned}\dot{V}_{im}&=\dot{V}_{i,m-1}+\xi_{im}\dot{\xi}_{im}-\frac{1}{r_{m0}}\tilde{c}_{im}^{0}\dot{\hat{c}}_{im}^{0}-\frac{1}{r_{m1}}\tilde{c}_{im}^{1}\dot{\hat{c}}_{im}^{1}\\
&=\dot{V}_{i,m-1}-k_m\xi_{im}^{2}+[g_{im}\xi_{i,m+1}+\boldsymbol{\varphi}_{im}^{\mathrm{T}}\tilde{\boldsymbol{\theta}}_i+\Delta_{im}+g_{im}(x_{i,m+1}^{d}-\alpha_{im})]\xi_{im}\\
&\quad-\frac{1}{r_{m0}}\tilde{c}_{im}^{0}\dot{\hat{c}}_{im}^{0}-\frac{1}{r_{m1}}\tilde{c}_{im}^{1}\dot{\hat{c}}_{im}^{1}\\
&\leqslant\dot{V}_{i,m-1}+|\boldsymbol{\varphi}_{im}^{\mathrm{T}}\tilde{\boldsymbol{\theta}}_i+\Delta_{im}||\xi_{im}|+g_{im}(x_{i,m+1}^{d}-\alpha_{im})\xi_{im}\\
&\quad-\tilde{c}_{im}^{0}(\bar{\delta}_{im}|\xi_{im}|+h_{m0}\hat{c}_{im}^{0})-\tilde{c}_{im}^{1}(\|\boldsymbol{\varphi}_{im}\||\xi_{im}|+h_{m1}\hat{c}_{im}^{0})-k_m\xi_{im}^{2}+g_{im}\xi_{im}\xi_{i,m+1}\\
&\leqslant-k_m\xi_{im}^{2}+g_{im}\xi_{im}\xi_{i,m+1}+g_{im}(x_{i,m+1}^{d}-\alpha_{im})\xi_{im}+\dot{V}_{i,m-1}\\
&\quad+A_{im}|\xi_{im}|-A_{im}\xi_{im}\tanh\left(\frac{0.2785A_{im}\xi_{im}}{\varepsilon_{im}}\right)\\
&\leqslant-\sum_{l=1}^{m}k_l\xi_{il}^{2}-\frac{1}{2}\sum_{l=1}^{m}[h_{l0}(\tilde{c}_{il}^{0}]^2+h_{l1}(\tilde{c}_{il}^{1})^2)+\sum_{l=1}^{m}\tau_{il}\\
&\quad+\sum_{l=2}^{m}g_{il}(x_{i,l+1}^{d}-\alpha_{i,l-1})\xi_{il}+g_{im}\xi_{im}\xi_{i,m+1}\end{aligned} \tag{4-23}$$

第 n 步：定义最后一个误差为 $\xi_{in}=x_{in}-x_{in}^{d}$，其导数为

$$\dot{\xi}_{in}=\dot{x}_{in}-\dot{x}_{in}^{d}=g_{in}(u_i-\alpha_{in})+\boldsymbol{\varphi}_{in}^{\mathrm{T}}(\bar{\boldsymbol{x}}_{in})\boldsymbol{\theta}_i(t)+\Delta_{in}(\bar{\boldsymbol{x}}_{in},t)-\dot{x}_{in}^{d}+g_{in}\alpha_{in} \tag{4-24}$$

其中，

$$
\begin{aligned}
&\alpha_{in}=\alpha_{in}^{e}+\alpha_{in}^{f}\\
&\alpha_{in}^{e}=\frac{1}{g_{in}}(-k_{n}\xi_{in}-f_{in}-\boldsymbol{\varphi}_{in}^{\mathrm{T}}\hat{\boldsymbol{\theta}}_{i}+\dot{x}_{in}^{d})\\
&\alpha_{in}^{f}=-\frac{1}{g_{in}}A_{in}\tanh\left(\frac{0.2785A_{in}\xi_{in}}{\varepsilon_{in}}\right)\\
&u_{i}=\alpha_{in}
\end{aligned}
\tag{4-25}
$$

其中，$A_{in}=\hat{c}_{in}^{0}\bar{\delta}_{in}+\hat{c}_{in}^{1}\|\boldsymbol{\varphi}_{in}\|$，$f_{in}=g_{i,n-1}\xi_{i,n-1}$，$\varepsilon_{in}$ 为任意正常数，并且 $\dot{x}_{in}^{d}=-w_{in}(x_{in}^{d}-\alpha_{i,n-1})$。$\hat{c}_{in}^{0}$ 和 $\hat{c}_{in}^{1}$ 的更新率为

$$
\begin{aligned}
&\dot{\hat{c}}_{in}^{0}=r_{1n}(\bar{\delta}_{in}|\xi_{in}|-h_{n0}\hat{c}_{in}^{0})\\
&\dot{\hat{c}}_{in}^{1}=r_{1n}(\|\boldsymbol{\varphi}_{in}\||\xi_{in}|-h_{n1}\hat{c}_{in}^{1})
\end{aligned}
\tag{4-26}
$$

其中，$r_{1n},h_{n0},h_{n1}>0$。定义最后一个 Lyapunov 函数

$$
V_{in}=V_{i,n-1}+\frac{1}{2}\xi_{in}^{2}+\frac{1}{2r_{n0}}(\tilde{c}_{in}^{0})^{2}+\frac{1}{2r_{n1}}(\tilde{c}_{in}^{1})^{2}
\tag{4-27}
$$

其中，$\tilde{c}_{in}^{0}=c_{in}^{0}-\hat{c}_{in}^{0}$，$\tilde{c}_{in}^{1}=c_{in}^{1}-\hat{c}_{in}^{1}$，取 $u_{i}=\alpha_{in}$，那么有

$$
\begin{aligned}
\dot{V}_{in}&=\dot{V}_{i,n-1}+\xi_{in}\dot{\xi}_{in}-\frac{1}{r_{n0}}\tilde{c}_{in}^{0}\dot{\hat{c}}_{in}^{0}-\frac{1}{r_{n1}}\tilde{c}_{in}^{1}\dot{\hat{c}}_{in}^{1}\\
&\leqslant-\sum_{l=1}^{n}k_{l}\xi_{il}^{2}+\sum_{l=2}^{n}g_{il}(x_{i,l+1}^{d}-\alpha_{i,l-1})\xi_{il}-\frac{1}{2}\sum_{l=1}^{n}[h_{l0}(\tilde{c}_{il}^{0})^{2}+h_{il}(\tilde{c}_{il}^{1})^{2}]+\sum_{l=1}^{n}\tau_{il}\\
&=-\bar{c}V_{in}+\tau_{i}
\end{aligned}
\tag{4-28}
$$

其中，$\bar{c}$ 和 τ_{i} 为正常数。给出一个小的常数 $o>0$，由命令滤波器性质可知，将会存在 $w_{il}>0$，$T_{1}^{i}>0$，使得 $|x_{il}^{d}(t)-\alpha_{i,l-1}(t)|<o$，$t\in[T_{1}^{i},T_{2}^{i})$。因此，$V_{in}$ 在 $t\in[T_{1}^{i},T_{2}^{i})$ 上是有界的。当 $t>T_{1}^{i}$ 时，V_{in} 的导数形式如式(4-28)所示。因此，$\xi_{i1},\cdots,\xi_{in}$ 和 $\tilde{c}_{i0}$，$\tilde{c}_{i1}$ 都是有界的，那么在 $t\in[0,\infty)$ 上解是存在的，即 $T_{2}^{i}=\infty$。

可以看出，V_{in} 将会收敛到一个小的邻域 τ_{i}，即 $V_{in}(t)\leqslant V_{in}(0)\mathrm{e}^{-\bar{c}t}+\frac{\tau_{i}}{\bar{c}}$。因此，$V_{in}$ 中的所有元素都是有界的，即 $|d_{i1}\xi_{i1}|=\left|\sum_{j\in N_{i}}a_{ij}(x_{i1}-x_{j1})\right|\leqslant\sqrt{V_{in}(0)\mathrm{e}^{-\bar{c}t}+\frac{\tau_{i}}{\bar{c}}}$，$\forall i$。

根据上述分析，针对系统(4-11)，应用前文所提出的控制器与参数估计器的更新率，可以总结出如下定理。

定理 4.1 考虑由动态方程如式(4-11)所示的 N 个智能体组成的网络系统，

在控制器和参数估计器的作用下，满足假设 4.1 至假设 4.3 并且通信拓扑是有向图的条件，可以保证：①实现有残差的输出同步；②需要传输的邻域信息仅有 x_{j1} 和 x_{j2}。

证明：该定理的证明可以分为两种情况。

情况 1：对于有邻居的智能体来说，$d_i=\sum_j a_{ij}\neq 0$。根据上述控制器设计的分析，当拓扑图具有生成树时，可以得到 $\boldsymbol{LX}_1=\boldsymbol{L}[x_{11},\cdots,x_{N1}]^{\mathrm{T}}$ 是有界的，即每个智能体的领域误差都是有界的。由公式(4-28)可以得到 V_{in} 是有界的，因此，$\xi_{i1},\cdots,\xi_{in}$ 是有界的。此外，$\hat{c}_{i1}^0,\hat{c}_{i1}^1,\cdots,\hat{c}_{in}^0,\hat{c}_{in}^1$ 的有界性可以通过 $\tilde{c}_{i1}^0,\tilde{c}_{i1}^1,\cdots,\tilde{c}_{in}^0,\tilde{c}_{in}^1$ 的有界性得到，参数更新器 $\hat{\boldsymbol{\theta}}_i$ 的有界性可以通过投影函数的性质得到保证。

情况 2：对于不能接收到邻居信息的智能体来说，$d_i=\sum_j a_{ij}=0$。如果智能体 i 没有邻居，那么 $x_{i1}^d=0$，控制器将会驱动 $x_{i1}(t)$ 运动至原点。当 $t\to\infty$ 时，$x_{j1}(t)$ 与 $x_{i1}(t)$ 将实现实际的输出同步，每个智能体的输出都将运动至原点附近的小邻域内。

证明完成。定理 4.1 提出的控制策略框图如图 4.1 所示。

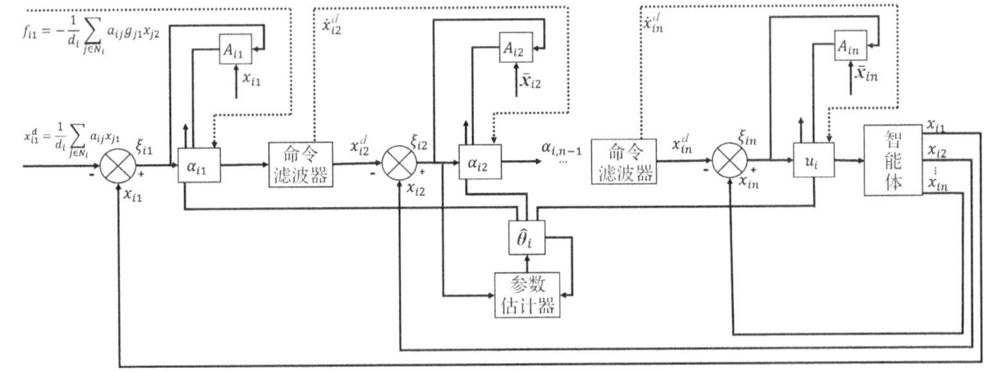

图 4.1　定理 4.1 提出的控制策略框图

注：参数估计器的有界性可以通过投影函数的性质得到保证，因此上述证明可以推广至一个更为实际的情况，即当参数估计器失效时，只要其是有界的，那么系统依然可以实现实际的输出同步。

4.3.3　仿真实例

本节给出由四个伺服电机组成的动态网络系统。电机的动态方程如下：

$$\begin{gathered} M\ddot{q}=u-F \\ F=F_f+F_r-F_d \end{gathered} \tag{4-29}$$

其中，q，M，u，F 分别表示电机惯性负荷的位置、有效负荷加上线圈组件的惯性、输入电压以及不确定非线性的集总效应。F_f，F_r，F_d 分别表示摩擦力、电机的推力波动以及外部扰动力。通过变换 $\dot{x}_{i1}=\dot{q}$，$\dot{x}_{i2}=\ddot{q}$，可将电机 i 的模型转化为如下 PSF 系统：

$$\begin{cases} \dot{x}_{i1}=g_{i1}x_{i2} \\ \dot{x}_{i2}=-\theta_{i1}(t)x_{i2}-\theta_{i2}(t)S_f(x_{i2})+g_{i2}u_i+\Delta_{i2}(t) \\ y_i=x_{i1} \end{cases} \tag{4-30}$$

其中，$\boldsymbol{\theta}_i(t)=[\theta_{i1}(t),\theta_{i2}(t)]^{\mathrm{T}}$ 是未知的时变参数向量。在该仿真例子中，$\theta_{i1}(t)=2+\sin t$，$\theta_{i2}(t)=3+\cos(0.5\pi t)$。通信拓扑如图 4.2 所示。应用定理 4.1 提出的控制器，可得系统状态变量演化轨迹如图 4.3 至图 4.7 所示。

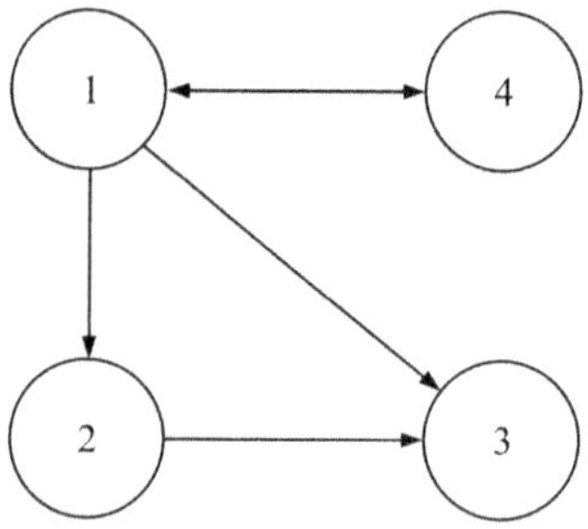

图 4.2　通信拓扑

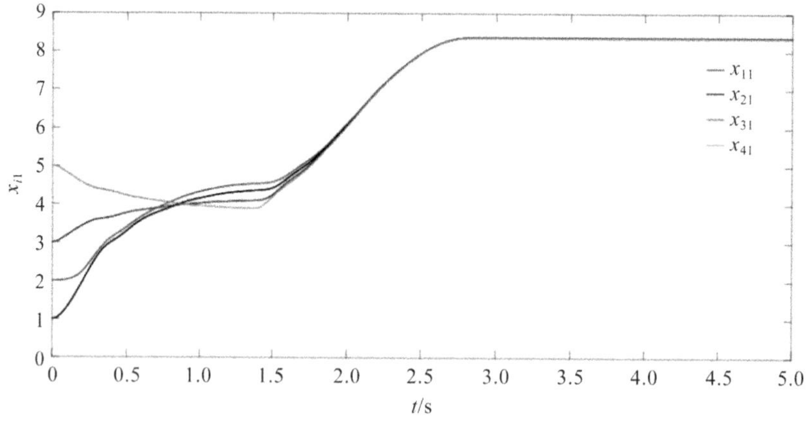

图 4.3　个体输出 $y_i=x_{i1}(t)$

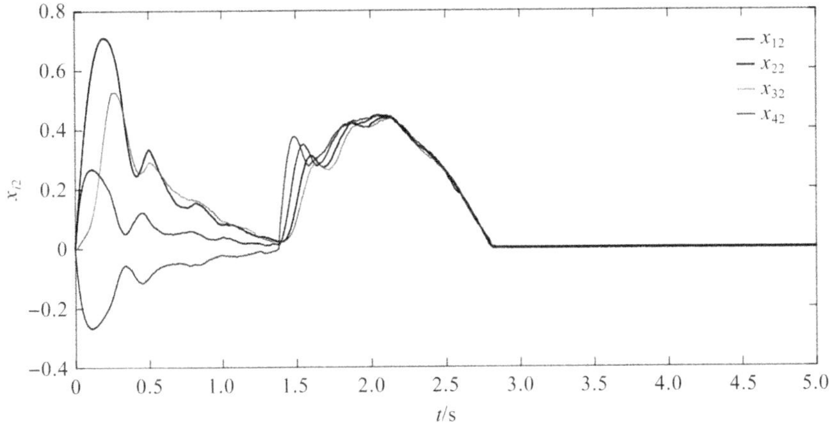

图 4.4　个体状态 $x_{i2}(t)$

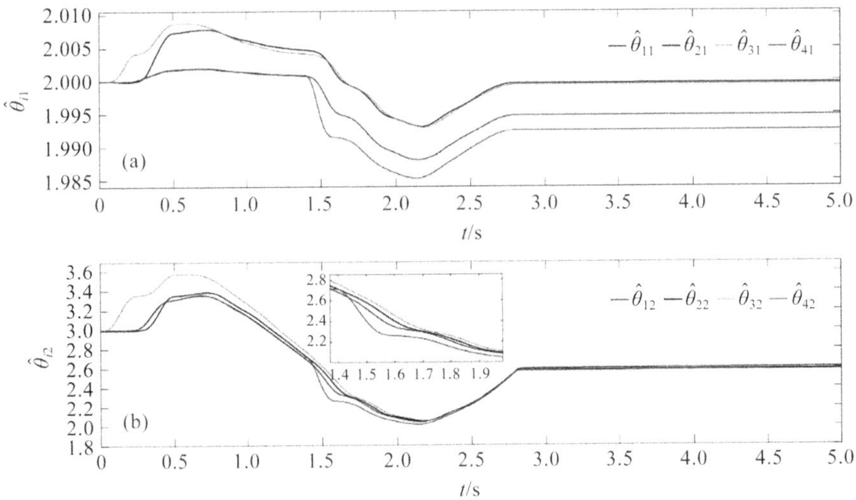

图 4.5　参数估计器 $\hat{\theta}_{i1}(t)$ 和 $\hat{\theta}_{i2}(t)$

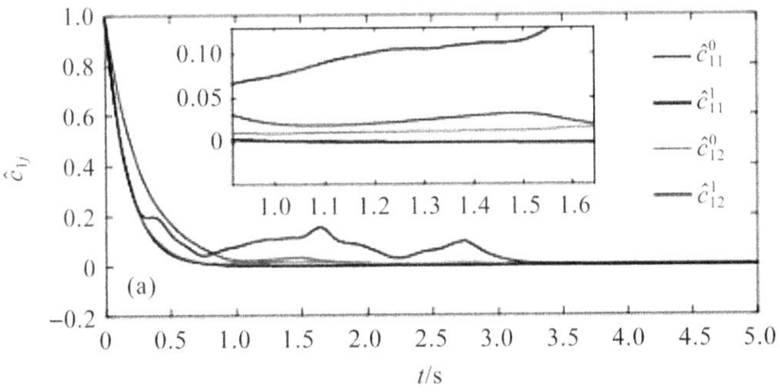

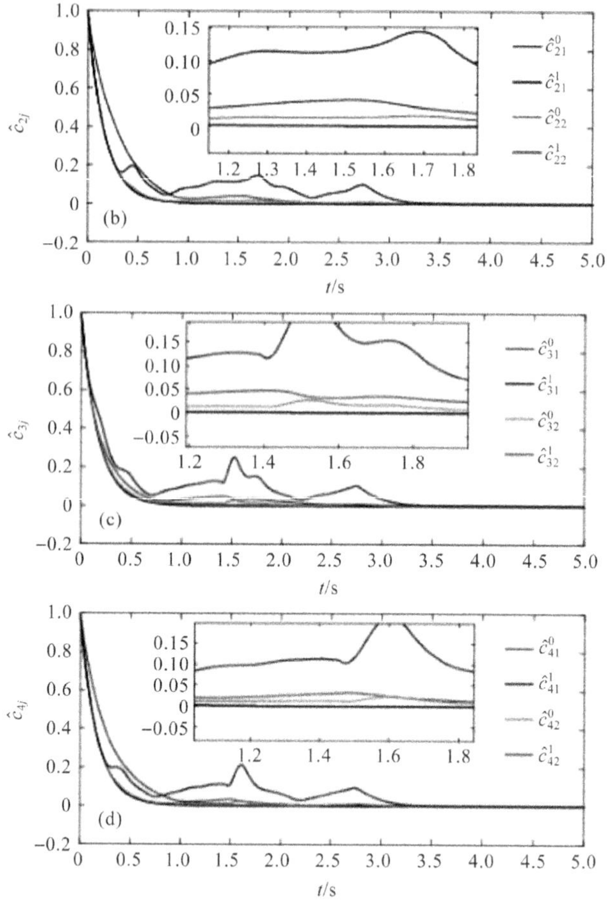

图 4.6 参数估计器$\hat{c}_{i1}^0(t)$和$\hat{c}_{i2}^1(t)$

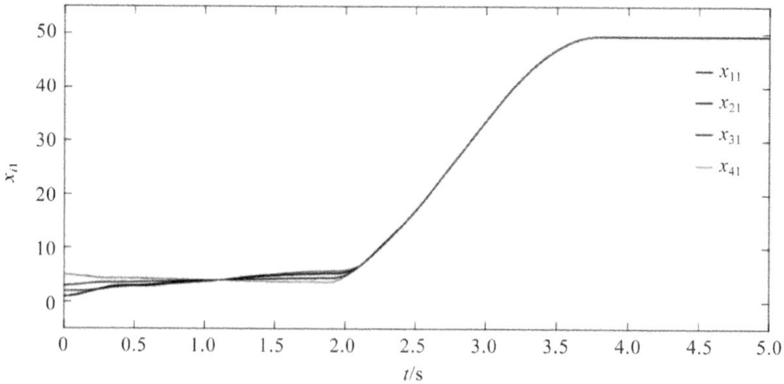

图 4.7 估计器失效情况下的个体输出 $y_i = x_{i1}(t)$

4.4 基于命令滤波器的领航者-跟随者的预设性能控制

现有的大多数无人系统控制的研究中，最常用的设计方法为反推法，不可避免地要计算虚拟控制量的导数。此外，随着系统阶数的增加，这些导数的计算变得越来越困难，从而导致"项爆炸"问题的出现。预设性能控制的核心思想则是对已有的误差进行转换，对转换之后的误差进行分析，这在一定程度上会进一步增加虚拟控制量导数的计算量，也会进一步加大控制器设计的难度与复杂性。

针对上述几个问题，本节考虑了具有领航者的无人系统协调预设性能控制问题，通过命令滤波器以及一种新的证明思想，将复杂系统的分析转化为对每个子系统有界性的证明。这不仅仅在一定程度上简化了设计步骤，而且避免了对虚拟控制量导数的计算，此外，最大限度降低了控制器的复杂性和通信负载。最终，设计结果满足预设性能控制的相关要求。

为了克服反推技术中因频繁求导而产生的"微分爆炸"问题，我们在本节中通过命令滤波反推法，由如下低通滤波器生成虚拟控制量的导数：

$$\dot{x}_{id} = -w_i(x_{id} - \alpha_{i-1}) \tag{4-31}$$

其中，$w_i > 0$ 为常数。设滤波器的初值为 $x_{id}(0) = \alpha_{i-1}(0)$，使得 $\dot{x}_{id}(0) = 0$。

4.4.1 问题描述

考虑由一个领航者和多个跟随者组成的非线性无人系统，其中跟随者 i 的动态方程如下：

$$\begin{cases} \dot{x}_{i1} = g_{i1}(x_{i1})x_{i2} + \boldsymbol{\theta}_i^{\mathrm{T}}(t)\boldsymbol{\varphi}_{i1}(x_{i1}) + \Delta_{i1}(t) \\ \dot{x}_{i2} = g_{i2}(x_{i1}, x_{i2})x_{i3} + \boldsymbol{\theta}_i^{\mathrm{T}}(t)\boldsymbol{\varphi}_{i2}(\bar{\boldsymbol{x}}_{i2}) + \Delta_{i2}(t) \\ \vdots \\ \dot{x}_{in} = g_{in}(\bar{x}_{in})u_i + \boldsymbol{\theta}_i^{\mathrm{T}}(t)\boldsymbol{\varphi}_{in}(\bar{\boldsymbol{x}}_{in}) + \Delta_{in}(t) \\ y_i = x_{i1} \end{cases} \quad (i = 1, \cdots, N) \tag{4-32}$$

其中，$\boldsymbol{x}_i = [x_{i1}, x_{i2}, \cdots, x_{in}]^{\mathrm{T}} \in \mathbf{R}^n$，$u_i \in \mathbf{R}$ 和 $y_i \in \mathbf{R}$ 分别为系统状态、输入和输出；$\boldsymbol{\theta}_i(t) \in \mathbf{R}^{\bar{p}}$ 为未知的参数向量；$g_{i\bar{l}}: \mathbf{R}^{\bar{l}} \to \mathbf{R}$ 为连续的并且未知的时变函数，它的符号即控制方向也是未知的；$\boldsymbol{\varphi}_{i\bar{l}}: \mathbf{R}^{\bar{l}} \to \mathbf{R}^{\bar{p}}$ $(\bar{l} = 1, \cdots, n)$ 为已知的光滑并且有界的函数；$\Delta_{i1}(t), \cdots, \Delta_{i1}(t)$ 表示外部扰动，$\bar{\boldsymbol{x}}_{il} = [x_{i1}, \cdots, x_{il}]^{\mathrm{T}}$ $(l = 1, \cdots, n)$。

上述系统满足以下假设。

假设 4.4 存在一个包含原点、领航者 x_0 以及每个跟随者的初始状态 $x(0)$ 的开集 $\Omega_d \subset \mathbf{R}^n$，使得系统(4-32)满足以下条件：

1) $\boldsymbol{\varphi}_{ip}^{(j)}$ 和 $g_{ip}^{(j)}(i,p=1,\cdots,n;j=1,\cdots,n-i)$ 在 $\overline{\Omega}_d$ 上是有界的；

2) g_{ik} 和它的符号都是未知的，并且存在未知的常数 $\underline{g}_{ik}$ 和 $\overline{g}_{ik}$ 使得在 $\overline{\Omega}_d$ 上满足 $0<\underline{g}_{ik}<|g_{ik}|<\overline{g}_{ik}$。

假设 4.5 未知的时变参数 $\boldsymbol{\theta}_i(t)$ 是有界的，即 $\|\boldsymbol{\theta}_i(t)\| \leqslant M$。

假设 4.6 存在一个未知的正常数 $\overline{p}_{ik}$ 和一个已知的非负函数 $B_{ik}(\overline{\boldsymbol{x}}_{ik})$，使得 $|\Delta_{ik}(\overline{\boldsymbol{x}}_{ik},t)| \leqslant \overline{p}_{ik} B_{ik}(\overline{\boldsymbol{x}}_{ik})$。

假设 4.7 领航者的轨迹及其导数都是有界的。

引理 4.4 $V(\cdot)$ 和 $N(\cdot)$ 是定义在 $[0,t_f)$ 上的连续函数，$V(t)\geqslant 0$，$\forall t\in[0,t_f)$，$N(\cdot)$ 是 Nussbaum 函数，如果下列不等式成立：

$$V(t) \leqslant q + \int_0^t g(x(\mu)) N(\xi)\, \dot{\xi} \mathrm{e}^{b(\mu-t)}\, \mathrm{d}\mu + \int_0^t \dot{\xi} \mathrm{e}^{b(\mu-t)}\, \mathrm{d}\mu \tag{4-33}$$

其中，$b,q>0$ 为适当的常数，$g(x(\mu))$ 严格递增或严格递减，那么 $V(t)$，$\xi(t)$ 以及 $\int_0^t g(x(\mu))N(\xi)\,\dot{\xi}\mathrm{d}\mu$ 在 $[0,t_f)$ 上是有界的。

控制目标：为有向图中的每个跟随者设计控制器 u_i，使得每个个体的邻域误差 $\sum_{j=1}^{N} a_{ij}[x_{i1}(t)-x_{j1}(t)]+\overline{b}_i[x_{i1}(t)-x_0(t)]$ 以及同步误差 $x_{i1}(t)-x_0(t)$ 在规定的边界内演化。

4.4.2 协调预设性能控制器设计

为了简化设计过程，下文采用行向量 $\mathbf{vec}^i\{x_{jk}\}$ 来表示智能体 i 可以获得的 $x_{jk}(\forall j\in N_i)$ 的信息。此外，将 $\boldsymbol{\theta}_i(t)$ 统一简写为 $\boldsymbol{\theta}_i$。

第 1 步：定义邻域误差为

$$z_{i1} = \sum_{j=1}^{N} a_{ij}(x_{i1}-x_{j1}) + \overline{b}_i(x_{i1}-x_0) \tag{4-34}$$

其中，a_{ij} 和 $\overline{b}_i$ 在上一小节中已经提到过。对其做误差变换，得到 $\varepsilon_{i1}=F_{\mathrm{tran},1}^{-1}(z_{i1}/\tilde{\omega}_i(t),l_i(t))$，其导数为

$$\dot{\varepsilon}_{i1} = \frac{\partial F_{\mathrm{tran},1}^{-1}}{\partial[z_{i1}/\tilde{\omega}_i(t)]}\frac{\dot{z}_{i1}}{\tilde{\omega}_i(t)} - \frac{\partial F_{\mathrm{tran},1}^{-1}}{\partial[z_{i1}/\tilde{\omega}_i(t)]}\frac{\dot{\tilde{\omega}}_i(t)z_{i1}}{\tilde{\omega}_i^2(t)} + \frac{\partial F_{\mathrm{tran},1}^{-1}}{\partial l_i(t)}\dot{l}_i(t) = r_{i1}\dot{z}_{i1}+v_{i1} \tag{4-35}$$

其中，$r_{i1}=\dfrac{\partial F_{\mathrm{tran},1}^{-1}}{\partial[z_{i1}/\tilde{\omega}_i(t)]}\dfrac{1}{\tilde{\omega}_i(t)}$，$v_{i1}=-\dfrac{\partial F_{\mathrm{tran},1}^{-1}}{\partial[z_{i1}/\tilde{\omega}_i(t)]}\dfrac{\dot{\tilde{\omega}}_i(t)z_{i1}}{\tilde{\omega}_i^2(t)}+\dfrac{\partial F_{\mathrm{tran},1}^{-1}}{\partial l_i(t)}\dot{l}_i(t)$，邻域误差

的导数为

$$\dot{z}_{i1}=(\sum_{j=1}^{N}a_{ij}+\bar{b}_i)(g_{i1}x_{i2}+\boldsymbol{\theta}_i^{\mathrm{T}}\boldsymbol{\varphi}_{i1}+\Delta_{i1})-\sum_{j=1}^{N}a_{ij}(g_{j1}x_{j2}+\boldsymbol{\theta}_j^{\mathrm{T}}\boldsymbol{\varphi}_{j1}+\Delta_{j1})-\bar{b}_i\dot{x}_0 \tag{4-36}$$

那么上式可以重新写为 $\dot{z}_{i1}=G_{i1}x_{i2}+\boldsymbol{\Theta}_i^{\mathrm{T}}\boldsymbol{\Phi}_{i1}+\bar{\Delta}_{i1}$，其中

$$\begin{aligned}
G_{i1}&=(\sum_{j=1}^{N}a_{ij}+\bar{b}_i)g_{i1}\\
\bar{\Delta}_{i1}&=(\sum_{j=1}^{N}a_{ij}+\bar{b}_i)\Delta_{i1}-\sum_{j=1}^{N}a_{ij}\boldsymbol{\theta}_j^{\mathrm{T}}\boldsymbol{\varphi}_{j1}-\sum_{j=1}^{N}a_{ij}\Delta_{j1}-\bar{b}_i\dot{x}_0\\
\boldsymbol{\Theta}_i&=[\mathbf{vec}^i\{g_{j1}\},(\sum_{j=1}^{N}a_{ij}+\bar{b}_i)\boldsymbol{\theta}_i^{\mathrm{T}}]^{\mathrm{T}}\\
\boldsymbol{\Phi}_{i1}&=[-\mathbf{vec}^i\{x_{j2}\},\boldsymbol{\varphi}_{i1}^{\mathrm{T}}]^{\mathrm{T}}\quad(j\in N_i)
\end{aligned}\tag{4-37}$$

$\mathbf{vec}^i\{x_{j2}\}$ 为由智能体 i 接收到的 x_{j2} 组成的一个向量，那么式(4-35)可以写为

$$\dot{\varepsilon}_{i1}=r_{i1}(G_{i1}x_{i2}+\boldsymbol{\Theta}_i^{\mathrm{T}}\boldsymbol{\Phi}_{i1}+\bar{\Delta}_{i1})+v_{i1} \tag{4-38}$$

定义函数

$$V_{i1}=\frac{1}{2}\varepsilon_{i1}^2+\frac{1}{2\gamma_{10}}(\tilde{c}_{i1}^0)^2+\frac{1}{2\gamma_{11}}(\tilde{c}_{i1}^1)^2 \tag{4-39}$$

其中，$\gamma_{10}>0,\gamma_{11}>0,\tilde{c}_{i1}^0=c_{i1}^0-\hat{c}_{i1}^0,\tilde{c}_{i1}^1=c_{i1}^1-\hat{c}_{i1}^1$，在 A_{i1} 中的 $\hat{c}_{i1}^0$ 和 $\hat{c}_{i1}^1$ 分别为 c_{i1}^0 和 c_{i1}^1 的估计器，将在后续进行设计。

$$\begin{aligned}
\dot{V}_{i1}&=\varepsilon_{i1}\dot{\varepsilon}_{i1}-\frac{1}{\gamma_{10}}\tilde{c}_{i1}^0\dot{\hat{c}}_{i1}^0-\frac{1}{\gamma_{11}}\tilde{c}_{i1}^1\dot{\hat{c}}_{i1}^1\\
&=\varepsilon_{i1}[r_{i1}(G_{i1}x_{i2}+\boldsymbol{\Theta}_i^{\mathrm{T}}\boldsymbol{\Phi}_{i1}+\bar{\Delta}_{i1})+v_{i1}]-\frac{1}{\gamma_{10}}\tilde{c}_{i1}^0\dot{\hat{c}}_{i1}^0-\frac{1}{\gamma_{11}}\tilde{c}_{i1}^1\dot{\hat{c}}_{i1}^1
\end{aligned}\tag{4-40}$$

其中，$\hat{\boldsymbol{\Theta}}_i$ 为 $\boldsymbol{\Theta}_i$ 的参数估计器，那么有 $\tilde{\boldsymbol{\Theta}}_i=\boldsymbol{\Theta}_i-\hat{\boldsymbol{\Theta}}_i$，上式可以重新写为

$$\begin{aligned}
\dot{V}_{i1}=&\varepsilon_{i1}r_{i1}G_{i1}(z_{i2}+\alpha_{i1})+\varepsilon_{i1}r_{i1}G_{i1}(x_{i2}^d-\alpha_{i1})+\varepsilon_{i1}r_{i1}\hat{\boldsymbol{\Theta}}_i^{\mathrm{T}}\boldsymbol{\Phi}_{i1}\\
&+\varepsilon_{i1}r_{i1}\tilde{\boldsymbol{\Theta}}_i^{\mathrm{T}}\boldsymbol{\Phi}_{i1}+\varepsilon_{i1}r_{i1}\bar{\Delta}_{i1}+\varepsilon_{i1}v_{i1}-\frac{1}{\gamma_{10}}\tilde{c}_{i1}^0\dot{\hat{c}}_{i1}^0-\frac{1}{\gamma_{11}}\tilde{c}_{i1}^1\dot{\hat{c}}_{i1}^1
\end{aligned}\tag{4-41}$$

取

$$\begin{aligned}
\alpha_{i1}&=N(\xi_{i1})\eta_{i1}\\
\dot{\xi}_{i1}&=\varepsilon_{i1}r_{i1}\eta_{i1}
\end{aligned}\tag{4-42}$$

根据假设 4.6 和假设 4.7，存在某些未知的常数 p_{i1}^* 和已知的函数 $\bar{B}_{i1}$，使得 $|\bar{\Delta}_{i1}|\leqslant p_{i1}^*\bar{B}_{i1}$。定义

$$\begin{aligned}
&\eta_{i1}=\eta_{i1}^{e}+\eta_{i1}^{f}\\
&\eta_{i1}^{e}=\frac{k_1}{2r_{i1}}\varepsilon_{i1}+\frac{v_{i1}}{r_{i1}}+\hat{\boldsymbol{\Theta}}_i^{\mathrm{T}}\boldsymbol{\Phi}_{i1}+n_{g,1}\varepsilon_{i1}r_{i1}+k_1\varepsilon_{i1}r_{i1}\\
&\eta_{i1}^{f}=A_{i1}\tanh\left(\frac{0.2785A_{i1}\varepsilon_{i1}r_{i1}}{m_1}\right)\\
&A_{i1}=\hat{c}_{i1}^{0}\bar{B}_{i1}+\hat{c}_{i1}^{1}\|\boldsymbol{\Phi}_{i1}\|
\end{aligned}\tag{4-43}$$

其中，$k_1>0$，$n_{g,1}>0$，$m_1>0$ 为设计常数。A_{i1} 中的$\hat{c}_{i1}^{0}$和$\hat{c}_{i1}^{1}$的更新率为

$$\begin{aligned}
&\dot{\hat{c}}_{i1}^{0}=\gamma_{10}(\bar{B}_{i1}|\varepsilon_{i1}r_{i1}|-h_{10}\hat{c}_{i1}^{0})\\
&\dot{\hat{c}}_{i1}^{1}=\gamma_{11}(\|\boldsymbol{\Phi}_{i1}\||r_{i1}\varepsilon_{i1}|-h_{11}\hat{c}_{i1}^{1})
\end{aligned}\tag{4-44}$$

其中，$\gamma_{10},\gamma_{11},h_{10},h_{11}>0$，$\hat{\boldsymbol{\Theta}}_i$ 通过投影参数进行更新：

$$\dot{\hat{\boldsymbol{\Theta}}}_i=[\mathbf{vec}^{i}\{\dot{\hat{g}}_{j1}\},\dot{\hat{\boldsymbol{\theta}}}_i]^{\mathrm{T}}=[\dot{\hat{\boldsymbol{\Theta}}}_{i1},\dot{\hat{\boldsymbol{\Theta}}}_{i2}]^{\mathrm{T}}=\mathbf{Proj}(\bar{\varepsilon}_i,\hat{\boldsymbol{\Theta}}_i)\tag{4-45}$$

其中，$\bar{\varepsilon}_i=[\varepsilon_{i1}\mathbf{vec}\{x_{j2}\},\varepsilon_{i2}\boldsymbol{\varphi}_{i2}^{\mathrm{T}}]^{\mathrm{T}}(j\in N_i)$。将式(4-42)至式(4-45)代入式(4-41)，可以得到

$$\begin{aligned}
\dot{V}_{i1}=&\varepsilon_{i1}r_{i1}G_{i1}z_{i2}-n_{g,1}\varepsilon_{i1}^{2}r_{i1}^{2}-k_1\varepsilon_{i1}^{2}r_{i1}^{2}-\frac{k_1}{2}\varepsilon_{i1}^{2}+\varepsilon_{i1}r_{i1}G_{i1}(x_{i2}^{d}-\alpha_{i1})+G_{i1}N(\xi_{i1})\dot{\xi}_{i1}\\
&+\dot{\xi}_{i1}+(\tilde{\boldsymbol{\Theta}}_i^{\mathrm{T}}\boldsymbol{\Phi}_{i1}+\bar{\Delta}_{i1})\varepsilon_{i1}r_{i1}-\varepsilon_{i1}r_{i1}A_{i1}\tanh\left(\frac{0.2785A_{i1}\varepsilon_{i1}r_{i1}}{m_1}\right)\\
&-\tilde{c}_{i1}^{0}(\bar{B}_{i1}|\varepsilon_{i1}r_{i1}|-h_{10}\hat{c}_{i1}^{0})-\tilde{c}_{i1}^{1}(\|\boldsymbol{\Phi}_{i1}\||r_{i1}\varepsilon_{i1}|-h_{11}\hat{c}_{i1}^{1})
\end{aligned}\tag{4-46}$$

根据假设 4.4，可得$|x_{i2}^{d}-\alpha_{i1}|<o$，$|G_{i1}|<\bar{G}_{i1}$，其中$\bar{G}_{i1}$为常数，因此上式可以重新写为

$$\begin{aligned}
\dot{V}_{i1}\leqslant&G_{i1}N(\xi_{i1})\dot{\xi}_{i1}+\dot{\xi}_{i1}-\frac{(n_{g,1}r_{i1}\varepsilon_{i1}-G_{i1}z_{i2}/2)^{2}}{n_{g,1}}+\frac{\bar{G}_{i1}^{2}z_{i2}^{2}}{4n_{g,1}}-b_1\left(|\varepsilon_{i1}r_{i1}|-\frac{o\bar{G}}{2b_1}\right)^{2}+\frac{o^{2}\bar{G}^{2}}{4b_1}\\
&+[(\hat{c}_{i1}^{0}+\tilde{c}_{i1}^{0})\bar{B}_{i1}+(\hat{c}_{i1}^{1}+\tilde{c}_{i1}^{1})\|\boldsymbol{\Phi}_{i1}\|]|\varepsilon_{i1}r_{i1}|-\varepsilon_{i1}r_{i1}A_{i1}\tanh\left(\frac{0.2785A_{i1}\varepsilon_{i1}r_{i1}}{m_1}\right)\\
&-\tilde{c}_{i1}^{0}(\bar{B}_{i1}|\varepsilon_{i1}r_{i1}|-h_{10}\hat{c}_{i1}^{0})-b_1\varepsilon_{i1}^{2}-\tilde{c}_{i1}^{1}(\|\boldsymbol{\Phi}_{i1}\||r_{i1}\varepsilon_{i1}|-h_{11}\hat{c}_{i1}^{1})\\
\leqslant&G_{i1}N(\xi_{i1})\dot{\xi}_{i1}+\dot{\xi}_{i1}-\frac{(n_{g,1}r_{i1}\varepsilon_{i1}-G_{i1}z_{i2}/2)^{2}}{n_{g,1}}+\frac{\bar{G}_{i1}^{2}z_{i2}^{2}}{4n_{g,1}}-b_1\left(|\varepsilon_{i1}r_{i1}|-\frac{o\bar{G}}{2b_1}\right)^{2}+\frac{o^{2}\bar{G}^{2}}{4b_1}\\
&+A_{i1}|\varepsilon_{i1}r_{i1}|-\varepsilon_{i1}r_{i1}A_{i1}\tanh\left(\frac{0.2785A_{i1}\varepsilon_{i1}r_{i1}}{m_1}\right)+h_{10}\tilde{c}_{i1}^{0}\hat{c}_{i1}^{0}+h_{11}\tilde{c}_{i1}^{1}\hat{c}_{i1}^{1}
\end{aligned}\tag{4-47}$$

注意到

$$h_{10}\widetilde{c}_{i1}^{0}\hat{c}_{i1}^{0}+h_{11}\widetilde{c}_{i1}^{1}\hat{c}_{i1}^{1}\leqslant-\frac{1}{2}h_{10}(\widetilde{c}_{i1}^{0})^{2}-\frac{1}{2}h_{11}(\widetilde{c}_{i1}^{1})^{2}+\frac{1}{2}h_{10}(c_{i1}^{0})^{2}+\frac{1}{2}h_{11}(c_{i1}^{1})^{2} \tag{4-48}$$

因此式(4-47)可以重新写为

$$\begin{aligned}\dot{V}_{i1}&\leqslant-b_1\varepsilon_{i1}^{2}-\frac{1}{2}h_{10}(\widetilde{c}_{i1}^{0})^{2}-\frac{1}{2}h_{11}(\widetilde{c}_{i1}^{1})^{2}+G_{i1}N(\xi_{i1})\dot{\xi}_{i1}+\dot{\xi}_{i1}+q_{i1}\\&\leqslant-b_1V_{i1}+G_{i1}N(\xi_{i1})\dot{\xi}_{i1}+\dot{\xi}_{i1}+q_{i1}\end{aligned} \tag{4-49}$$

其中，$h_{10}=\dfrac{2b_1}{\gamma_{10}}$，$h_{11}=\dfrac{2b_1}{\gamma_{11}}$，$\tau_{i1}=\dfrac{o^2\bar{G}_{i1}^{2}}{4b_1}+m_1+\dfrac{1}{2}h_{10}(c_{i1}^{0})^{2}+\dfrac{1}{2}h_{11}(c_{i1}^{1})^{2}$ 为常数，$q_{i1}=\dfrac{\bar{G}_{i1}^{2}z_{i2}^{2}}{4n_{g,1}}+\tau_{i1}$。对式(4-49)两边进行积分，得到

$$V_{i1}\leqslant\frac{q_{i1}}{b_1}+V_1(0)+\int_0^t G_{i1}N(\xi_{i1})\dot{\xi}_{i1}\mathrm{e}^{b_1(\mu-t)}\mathrm{d}\mu+\int_0^t\dot{\xi}_{i1}\mathrm{e}^{b_1(\mu-t)}\mathrm{d}\mu \tag{4-50}$$

由引理4.4可知，只要 z_{i2} 是有界的，ε_{i1} 就是有界的。

第 p 步($2\leqslant p\leqslant n-1$)：定义误差 $z_{ip}=x_{ip}-x_{ip}^{d}$，做误差变换

$$\varepsilon_{ip}=F_{\mathrm{tran},p}^{-1}(z_{ip}/\bar{\omega}_i(t),l_i(t)) \tag{4-51}$$

对变换后的误差求导，可得

$$\dot{\varepsilon}_{ip}=\frac{\partial F_{\mathrm{tran},p}^{-1}}{\partial[z_{ip}/\bar{\omega}_i(t)]}\frac{\dot{z}_{ip}}{\bar{\omega}_i(t)}-\frac{\partial F_{\mathrm{tran},p}^{-1}}{\partial[z_{ip}/\bar{\omega}_i(t)]}\frac{\dot{\bar{\omega}}_i(t)}{\bar{\omega}_i^{2}(t)}z_{ip}+\frac{\partial F_{\mathrm{tran},p}^{-1}}{\partial l_{\mathrm{lown},p}}\dot{l}_i(t)=r_{ip}\dot{z}_{ip}+v_{ip} \tag{4-52}$$

其中，$r_{ip}=\dfrac{\partial F_{\mathrm{tran},p}^{-1}}{\partial[z_{ip}/\bar{\omega}_i(t)]}\dfrac{1}{\bar{\omega}_i(t)}$，$v_{ip}=-\dfrac{\partial F_{\mathrm{tran},p}^{-1}}{\partial[z_{ip}\bar{\omega}_i(t)]}\dfrac{\dot{\bar{\omega}}_i(t)}{\bar{\omega}_i^{2}(t)}z_{ip}+\dfrac{\partial F_{\mathrm{tran},p}^{-1}}{\partial l_i(t)}\dot{l}_i(t)$。原误差的导数为

$$\dot{z}_{ip}=\dot{x}_{ip}-\dot{x}_{ip}^{d}=g_{ip}x_{i,p+1}+\boldsymbol{\theta}_i^{\mathrm{T}}\boldsymbol{\varphi}_{ip}+\Delta_{ip}-\dot{x}_{ip}^{d} \tag{4-53}$$

那么，式(4-52)可以重新写为

$$\dot{\varepsilon}_{ip}=r_{ip}(g_{ip}x_{i,p+1}+\boldsymbol{\theta}_i^{\mathrm{T}}\boldsymbol{\varphi}_{ip}+\Delta_{ip}-\dot{x}_{ip}^{d})+v_{ip} \tag{4-54}$$

定义分析函数为

$$V_{ip}=\frac{1}{2}\varepsilon_{ip}^{2}+\frac{1}{2\gamma_{p0}}(\widetilde{c}_{ip}^{0})^{2}+\frac{1}{2\gamma_{p1}}(\widetilde{c}_{ip}^{1})^{2} \tag{4-55}$$

其中，$\gamma_{p0}>0$，$\gamma_{p1}>0$，$\widetilde{c}_{ip}^{0}=c_{ip}^{0}-\hat{c}_{ip}^{0}$，$\widetilde{c}_{ip}^{1}=c_{ip}^{1}-\hat{c}_{ip}^{1}$。$A_{ip}$ 中的$\hat{c}_{ip}^{0}$和$\hat{c}_{ip}^{1}$分别为 c_{ip}^{0} 和 c_{ip}^{1} 的估计器，将在后续进行设计。对式(4-55)求导，得到

$$\begin{aligned}\dot{V}_{ip}&=\varepsilon_{ip}[r_{ip}(g_{ip}x_{ip}+\boldsymbol{\theta}_i^{\mathrm{T}}\boldsymbol{\varphi}_{ip}+\Delta_{ip}-\dot{x}_{ip}^{d})+v_{ip}]-\frac{1}{r_{p0}}\tilde{c}_{ip}^{0}\dot{\hat{c}}_{ip}^{0}-\frac{1}{r_{p1}}\tilde{c}_{ip}^{1}\dot{\hat{c}}_{ip}^{1}\\&=\varepsilon_{ip}\{r_{ip}[g_{ip}(z_{i,p+1}+\alpha_{ip})-\dot{x}_{ip}^{d}]+v_{ip}\}+(\tilde{\boldsymbol{\theta}}_i^{\mathrm{T}}\boldsymbol{\varphi}_{ip}+\Delta_{ip})\varepsilon_{ip}r_{ip}\\&\quad+\varepsilon_{ip}r_{ip}g_{ip}(x_{i,p+1}^{d}-\alpha_{ip})+\varepsilon_{ip}r_{ip}\hat{\boldsymbol{\theta}}_i^{\mathrm{T}}\boldsymbol{\varphi}_{ip}-\frac{1}{\gamma_{p0}}\tilde{c}_{ip}^{0}\dot{\hat{c}}_{ip}^{0}-\frac{1}{\gamma_{p1}}\tilde{c}_{ip}^{1}\dot{\hat{c}}_{ip}^{1}\end{aligned}\tag{4-56}$$

其中，$\tilde{\boldsymbol{\theta}}_i=\boldsymbol{\theta}_i-\hat{\boldsymbol{\theta}}_i$，取

$$\begin{aligned}\alpha_{ip}&=N(\xi_{ip})\eta_{ip}\\\dot{\xi}_{ip}&=\varepsilon_{ip}r_{ip}\eta_{ip}\end{aligned}\tag{4-57}$$

类似地，存在某些未知常数 p_{ip}^{*} 和已知的函数$\bar{B}_{ip}$，使得$|\Delta_{ip}|\leqslant p_{ip}^{*}\bar{B}_{ip}$。定义

$$\begin{aligned}\eta_{ip}&=\eta_{ip}^{e}+\eta_{ip}^{f}\\\eta_{ip}^{e}&=k_p r_{ip}\varepsilon_{ip}+\frac{v_{ip}}{r_{ip}}+\hat{\boldsymbol{\theta}}_i^{\mathrm{T}}\boldsymbol{\varphi}_{ip}+n_{g,p}\varepsilon_{ip}r_{ip}-\dot{x}_{ip}^{d}+\frac{k_p}{2r_{ip}}\varepsilon_{ip}\\\eta_{ip}^{f}&=A_{ip}\tanh\left(\frac{0.2785A_{ip}\varepsilon_{ip}r_{ip}}{m_p}\right)\\A_{ip}&=\hat{c}_{ip}^{0}\bar{B}_{ip}+\hat{c}_{ip}^{1}\|\boldsymbol{\varphi}_{ip}\|\end{aligned}\tag{4-58}$$

其中，$w_{ip}>0$，$\dot{x}_{ip}^{d}=-w_{ip}(x_{ip}^{d}-\alpha_{i,p-1})$是通过命令滤波反推技术获得的。$k_p>0$，$n_{g,p}>0$，$m_1>0$ 为设计常数。$\hat{c}_{ip}^{0}$和$\hat{c}_{ip}^{1}$的更新率为

$$\begin{aligned}\dot{\hat{c}}_{ip}^{0}&=\gamma_{p0}(\bar{B}_{ip}|\varepsilon_{ip}r_{ip}|-h_{p0}\hat{c}_{ip}^{0})\\\dot{\hat{c}}_{ip}^{1}&=\gamma_{p1}(\|\boldsymbol{\varphi}_{ip}\||r_{ip}\varepsilon_{ip}|-h_{p1}\hat{c}_{ip}^{1})\end{aligned}\tag{4-59}$$

其中，h_{p0}，$h_{p1}>0$。与第 1 步类似，将会存在常数 b_p，使得式(4-56)可以重新写为

$$\dot{V}_{ip}\leqslant-b_pV_{ip}+g_{ip}N(\xi_{ip})\dot{\xi}_{ip}+\dot{\xi}_{ip}+q_{ip}\tag{4-60}$$

对式(4-60)进行积分，得到

$$V_{ip}\leqslant\frac{q_{ip}}{b_p}+V_p(0)+\int_0^t g_{ip}N(\xi_{ip})\dot{\xi}_{ip}\mathrm{e}^{b_p(\tau-t)}\mathrm{d}\tau+\int_0^t\dot{\xi}_{ip}\mathrm{e}^{b_p(\tau-t)}\mathrm{d}\tau\tag{4-61}$$

其中，$q_{ip}=\frac{\bar{g}_{ip}^{2}z_{i,p+1}^{2}}{4n_{g,p}}+\tau_{ip}$，$\tau_{ip}=\frac{o^2\bar{g}_{ip}^{2}}{4b_p}+m_p+\frac{1}{2}h_{p0}(c_{ip}^{0})^2+\frac{1}{2}h_{p1}(c_{ip}^{1})^2$。类似地，问题转换为证明 $z_{i,p+1}$ 的有界性。

第 n 步：定义误差 $z_{in}=x_{in}-x_{in}^{d}$，做误差变换 $\varepsilon_{in}=F_{\mathrm{tran},n}^{-1}(z_{in}/\tilde{\omega}_i(t),l_i(t))$，对变换后的误差求导，可得

$$\dot{\varepsilon}_{in}=\frac{\partial F_{\mathrm{tran},n}^{-1}}{\partial[z_{in}/\tilde{\omega}_i(t)]}\frac{\dot{z}_{in}}{\tilde{\omega}_i(t)}-\frac{\partial F_{\mathrm{tran},p}^{-1}}{\partial[z_{ip}/\tilde{\omega}_i(t)]}\frac{\dot{\tilde{\omega}}_i(t)}{\tilde{\omega}_i^{2}(t)}z_{in}+\frac{\partial F_{\mathrm{tran},n}^{-1}}{\partial l_{\mathrm{lown},n}}\dot{l}_i(t)=r_{in}\dot{z}_{in}+v_{in}\tag{4-62}$$

其中，$r_{in}=\frac{\partial F_{\mathrm{tran},n}^{-1}}{\partial[z_{in}/\bar{\omega}_i(t)]}\frac{1}{\bar{\omega}_i(t)}$，$v_{in}=-\frac{\partial F_{\mathrm{tran},n}^{-1}}{\partial[z_{in}\bar{\omega}_i(t)]}\frac{\dot{\bar{\omega}}_i(t)}{\bar{\omega}_i^2(t)}z_{in}+\frac{\partial F_{\mathrm{tran},n}^{-1}}{\partial l_i(t)}\dot{l}_i(t)$。原误差的导数为

$$\dot{z}_{in}=\dot{x}_{in}-\dot{x}_{in}^d=g_{in}x_{i,n+1}+\boldsymbol{\theta}_i^{\mathrm{T}}\boldsymbol{\varphi}_{in}+\Delta_{in}-\dot{x}_{in}^d \tag{4-63}$$

那么，式(4-62)可以重新写为

$$\dot{\varepsilon}_{in}=r_{in}(g_{in}x_{i,n+1}+\boldsymbol{\theta}_i^{\mathrm{T}}\boldsymbol{\varphi}_{in}+\Delta_{in}-\dot{x}_{in}^d)+v_{in} \tag{4-64}$$

定义分析函数为

$$V_{in}=\frac{1}{2}\varepsilon_{in}^2+\frac{1}{2\gamma_{n0}}(\tilde{c}_{in}^0)^2+\frac{1}{2\gamma_{n1}}(\tilde{c}_{in}^1)^2 \tag{4-65}$$

其中，$\gamma_{n0}>0$，$\gamma_{n1}>0$，$\tilde{c}_{in}^0=c_{in}^0-\hat{c}_{in}^0$，$\tilde{c}_{in}^1=c_{in}^1-\hat{c}_{in}^1$。$A_{in}$中的$\hat{c}_{in}^0$和$\hat{c}_{in}^1$分别为$c_{in}^0$和$c_{in}^1$的估计器，将在后续进行设计。对式(4-65)求导，得到

$$\begin{aligned}\dot{V}_{in}&=\varepsilon_{in}[r_{in}(g_{in}x_{in}+\boldsymbol{\theta}_i^{\mathrm{T}}\boldsymbol{\varphi}_{in}+\Delta_{in}-\dot{x}_{in}^d)+v_{in}]-\frac{1}{r_{n0}}\tilde{c}_{in}^0\dot{\hat{c}}_{in}^0-\frac{1}{r_{n1}}\tilde{c}_{in}^1\dot{\hat{c}}_{in}^1\\&=\varepsilon_{in}\{r_{in}[g_{in}(z_{i,n+1}+\alpha_{in})-\dot{x}_{in}^d]+v_{in}\}+(\tilde{\boldsymbol{\theta}}_i^{\mathrm{T}}\boldsymbol{\varphi}_{in}+\Delta_{in})\varepsilon_{in}r_{in}\\&\quad+\varepsilon_{in}r_{in}g_{in}(x_{i,n+1}^d-\alpha_{in})+\varepsilon_{in}r_{in}\hat{\boldsymbol{\theta}}_i^{\mathrm{T}}\boldsymbol{\varphi}_{in}-\frac{1}{\gamma_{n0}}\tilde{c}_{in}^0\dot{\hat{c}}_{in}^0-\frac{1}{\gamma_{n1}}\tilde{c}_{in}^1\dot{\hat{c}}_{in}^1\end{aligned} \tag{4-66}$$

取

$$\begin{aligned}&\dot{\xi}_{in}=\varepsilon_{in}r_{in}\eta_{in}\\&\eta_{in}=\eta_{in}^e+\eta_{in}^f\\&\eta_{in}^e=\frac{k_n\varepsilon_{in}}{2r_{in}}+\frac{v_{in}}{r_{in}}-\dot{x}_{in}^d+\hat{\boldsymbol{\theta}}_i^{\mathrm{T}}\boldsymbol{\varphi}_{in}\\&\eta_{in}^f=A_{in}\tanh\left(\frac{0.2785A_{in}\varepsilon_{in}r_{in}}{m_n}\right)\\&A_{in}=\hat{c}_{in}^0\bar{B}_{in}+\hat{c}_{in}^1\|\boldsymbol{\varphi}_{in}\|\\&u_i=\alpha_{in}=N(\xi_{in})\eta_{in}\end{aligned} \tag{4-67}$$

其中，

$$\begin{aligned}&\dot{\hat{c}}_{in}^0=\gamma_{n0}(\bar{B}_{in}|\varepsilon_{in}r_{in}|-h_{n0}\hat{c}_{in}^0)\\&\dot{\hat{c}}_{in}^1=\gamma_{n1}(\|\boldsymbol{\varphi}_{in}\||r_{in}\varepsilon_{in}|-h_{n1}\hat{c}_{in}^1)\end{aligned} \tag{4-68}$$

其中，k_n，m_n，h_{n0}，h_{n1}，$w_{in}>0$并且$\dot{x}_{in}^d=-w_{in}(x_{in}^d-\alpha_{i,n-1})$。与前几步类似，存在常数$b_n>0$，使得式(4-66)可以重新写为

$$\dot{V}_{in} \leqslant -b_n \varepsilon_{in}^2 - \frac{1}{2} h_{n0} (\tilde{c}_{in}^0)^2 - \frac{1}{2} h_{n1} (\tilde{c}_{in}^1)^2 + g_{in} N(\xi_{in}) \dot{\xi}_{in} + \dot{\xi}_{in} + q_{in}$$

$$\leqslant -b_n V_{in} + g_{in} N(\xi_n) \dot{\xi}_{in} + \dot{\xi}_{in} + q_{in} \tag{4-69}$$

其中，$q_{in} = \dfrac{o^2 \bar{g}_{in}^2}{4b_n} + m_n + \dfrac{1}{2} h_{n0} (c_{in}^0)^2 + \dfrac{1}{2} h_{n1} (c_{in}^1)^2$，对式(4-69)积分，可以得到

$$V_{in} \leqslant \frac{q_{in}}{b_n} + V_{in}(0) + \int_0^t g_{in} N(\xi_{in}) \dot{\xi}_{in} \mathrm{e}^{b_n(\mu - t)} \mathrm{d}\mu + \int_0^t \dot{\xi}_{in} \mathrm{e}^{b_n(\mu - t)} \mathrm{d}\mu \tag{4-70}$$

显然，q_{in}是有界的。

在命令滤波反推技术中，需要用到以下引理。

引理 4.5 在假设 4.4 至假设 4.7 的前提之下，存在一个足够大的常数 $A > 0$，$\boldsymbol{x}(0) \in \Omega_d$，以及一个常数 b，使得$\|\boldsymbol{x}(0)\| = b$。如果$|u(t)| < A$，那么存在一个常数 c，满足 $b < c < d$。此外，当 $T_2 > 0$ 时，$\boldsymbol{x}(t)$解的初始状态对于所有的 $t < T_2$ 满足 $x(0) \in \Omega_a$，其中 $a = \dfrac{1}{2}(b + c)$。此外，通过设置 $o > 0$ 以及 $0 < T_1 < T_2$，在时间区间$[0, T_2)$上给出本引理，则存在一个足够大的常数 $w_{il} > 0$，使得$|x_{id}(t) - \alpha_{i-1}(t)| < o$，并且误差信号可以在时间$(0, T_1]$上收敛到原点的邻域内。

在引理 4.4 和引理 4.5 的条件之下，给出 $o > 0$，存在常数 $w_{il} > 0$ 以及 $T_1^i > 0$，使得$|x_{id}(t) - \alpha_{i-1}(t)| < o$ 并且 V_{in}在 $t \in [T_1^i, T_2^i)$上是有界的，进一步可以得到 ε_{in}是有界的。因此，$z_{i1}, \cdots, z_{i,n-1}, z_{in} \in L_\infty$，$\varepsilon_{i1}, \cdots, \varepsilon_{in} \in L_\infty$。根据变换函数的性质，当$\varepsilon_{i1}, \cdots, \varepsilon_{in} \in L_\infty$时，$z_{i1}, \cdots, z_{i,n-1}, z_{in}$会在预先规定的边界内演化。本节中的控制器在式(4-67)中给出，可以看出，控制器的有界性可以通过$\dot{x}_{in}^d$来保证。$\dot{x}_{in}^d$的形式为$\dot{x}_{in}^d = -w_{in}(x_{in}^d - \alpha_{i,n-1})$。可以清楚地看到，通过设置一个足够大的常数 $w_{il} > 0$，可以保证$|x_{in}^d - \alpha_{i,n-1}| < o$，即 u_i 和 η_{in} 都是有界的。我们进一步可以得到 $\eta_{i2}, \cdots, \eta_{i,n-1}$是有界的，即 $\alpha_{i2}, \cdots, \alpha_{i,n-1}$ 是有界的。基于引理 4.4 和引理 4.5 以及假设 4.7，可以得出 η_{ip} 的有界性，在 $t \in [0, \infty)$上是有界的，即$T_2^i = \infty$。

根据上述分析，在控制器(4-67)以及更新率(4-44)、(4-59)、(4-68)的作用之下，有以下定理。

定理 4.2 考虑包含一个领航者和 N 个跟随者的网络系统。在假设 4.4 至假设 4.5 以及有向图具有生成树的条件之下，领航者连接到根节点，通过控制器以及相关的参数估计器可以保证：①所有个体的邻域误差在规定的边界内演化；②领航者与跟随者之间的同步误差也在规定的边界内演化；③$\varepsilon_{i1}, \cdots, \varepsilon_{in}$，$z_{i1}, \cdots, z_{in}, \alpha_{i2}, \cdots, \alpha_{in}, \hat{c}_{i1}^0, \hat{c}_{i1}^1, \cdots, \hat{c}_{in}^0, \hat{c}_{in}^1, \hat{\boldsymbol{\Theta}}_i$ 都是有界的。

证明：基于上述分析，在有向图具有生成树并且领航者连接到根节点的条件

之下，可以得到 V_{in} 和 ξ_{in} 都是有界的，因此进一步可以得到 $\varepsilon_{i1},\cdots,\varepsilon_{in}$ 都是有界的，$\tilde{c}_{i1}^{0},\tilde{c}_{i1}^{1},\cdots,\tilde{c}_{in}^{0},\tilde{c}_{in}^{1}$ 也是有界的。此外，投影函数的特性可以保证 $\hat{\boldsymbol{\Theta}}_i$ 是有界的。最后，根据变换函数的性质，当 $\varepsilon_{i1},\cdots,\varepsilon_{in}\in L_{\infty}$ 时，$z_{i1},\cdots,z_{in}$ 将会在规定的边界内演化。

接下来分析每个个体与领航者之间的同步误差，即 $\boldsymbol{e}(t)=[x_{i1}-x_0,\cdots,x_{N1}-x_0]^{\mathrm{T}}$ 也在规定的边界内。根据图论的相关知识，邻域误差 $\boldsymbol{z}_1(t)$ 与同步误差 $\boldsymbol{e}(t)$ 之间的关系可以描述为

$$\begin{bmatrix} z_{11} \\ \vdots \\ z_{N1} \end{bmatrix}=(\boldsymbol{L}+\boldsymbol{B})\begin{bmatrix} x_{i1}-x_0 \\ \vdots \\ x_{N1}-x_0 \end{bmatrix} \tag{4-71}$$

其中，$\boldsymbol{z}_1=[z_{11},\cdots,z_{N1}]^{\mathrm{T}}$。定义以下网络系统总误差指数关系式：

$$W=\sum_{i=1}^{N}(x_{i1}-x_0)^2=\boldsymbol{e}(t)^{\mathrm{T}}\boldsymbol{e}(t) \tag{4-72}$$

那么，式(4-71)可以重新写为

$$\boldsymbol{e}(t)=(\boldsymbol{L}+\boldsymbol{B})^{-1}\boldsymbol{z}_1 \tag{4-73}$$

其中，$\boldsymbol{H}=\boldsymbol{L}+\boldsymbol{B}$。可以知道，如果有向图具有生成树并且领航者连接到根节点，那么 $\boldsymbol{H}$ 是可逆的，故

$$\|\boldsymbol{e}(t)\|=\|(\boldsymbol{L}+\boldsymbol{B})^{-1}\boldsymbol{z}_1\|=\|\boldsymbol{H}^{-1}\boldsymbol{z}_1\|\leqslant\|\boldsymbol{H}^{-1}\|\|\boldsymbol{z}_1\| \tag{4-74}$$

定义 $\bar{\boldsymbol{z}}=[l_1(t)\bar{\omega}_1(t),\cdots,l_N(t)\bar{\omega}_N(t)]^{\mathrm{T}}$，那么

$$\|\boldsymbol{e}(t)\|\leqslant\|\boldsymbol{H}^{-1}\|\|\boldsymbol{z}_1\|\leqslant\|\boldsymbol{H}^{-1}\|\|\bar{\boldsymbol{z}}\| \tag{4-75}$$

由此可以得到，$\|\bar{\boldsymbol{z}}\|$ 是有界的。因此，同步误差将会被限制在一个区域内。此外，$W=\boldsymbol{e}(t)^{\mathrm{T}}\boldsymbol{e}(t)$ 也是有界的。证明完成。

4.4.3 仿真实例

实例 1 为了验证定理 4.2 提出的控制器的有效性，考虑由一个领航者和三个跟随者组成的网络系统，通信拓扑如图 4.8 所示。其中领航者的动态方程如下：

$$\dot{x}_0=\bar{v}_0,\quad \dot{\bar{v}}_0=5\mathrm{e}^{-t} \tag{4-76}$$

跟随者 i 的动态方程如下：

$$\begin{cases} \dot{x}_{i1}=g_{i1}x_{i2} \\ \dot{x}_{i2}=g_{i2}u_i+\theta_i(t)\varphi_{i2}+\Delta_{i2}(t) \\ y_i=x_{i1} \end{cases} \tag{4-77}$$

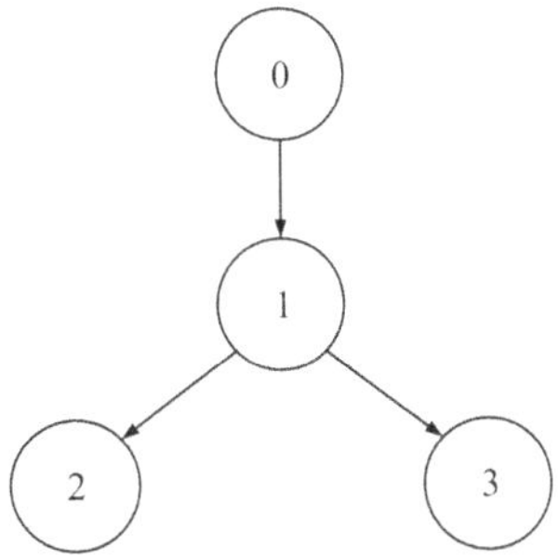

图 4.8　通信拓扑

在本例中，设未知时变参数与未知时变扰动为$\theta_i(t)=\sin t$，$\Delta_{i1}(t)=0$，$\Delta_{i2}(t)=\mathrm{rand}(1)-0.5$；控制系数为 $k_1=2$，$k_2=2$，$w_{i2}=200$；其他相关参数为 $B_{i1}=B_{i2}=1$，$m_1=m_2=0.01$，$\gamma_{10}=\gamma_{20}=\gamma_{11}=\gamma_{21}=1$。$\varphi_{i2}=-\sin x_{i2}$ 为光滑函数；智能体的初始状态为$[x_{11}(0),x_{21}(0),x_{31}(0)]^{\mathrm{T}}=[3,1,7]^{\mathrm{T}}$，$[x_{12}(0),x_{22}(0),x_{32}(0)]^{\mathrm{T}}=[0,0,0]^{\mathrm{T}}$；参数估计器的初始状态为$\hat{\boldsymbol{\Theta}}_i(0)=[3,3]^{\mathrm{T}}$；其他参数估计器的初始状态均为 0；光滑函数为 $l_1(t)=l_2(t)=l_3(t)=l(t)$，其更新率以及初始状态为 $\dot{l}(t)=-l(t)+2$，$l(0)=5$；规定性能函数为 $\bar{\omega}_1(t)=\bar{\omega}_2=\bar{\omega}_3=\bar{\omega}(t)=(1-10^{-3})\mathrm{e}^{-t}+10^{-3}$；Nussbaum 函数为 $N(\xi)=\xi^2\cos\xi$。未知控制方向如下：

$$
\begin{aligned}
&g_{11}=-3+\sin(0.5x_{11}), \quad g_{12}=-3+\sin(x_{11}x_{12})\\
&g_{21}=3+\sin(0.5x_{21}), \quad g_{22}=3+\sin(x_{21}x_{22})\\
&g_{31}=3+\sin(0.5x_{31}), \quad g_{32}=3+\sin(x_{31}x_{32})
\end{aligned}
\tag{4-78}
$$

在控制器的作用之下，仿真结果如图 4.9 至图 4.15 所示。其中，图 4.9(a)与图 4.11 至图 4.15 均为在上述光滑函数下的性能边界$[-l(t)\bar{\omega}(t),l(t)\bar{\omega}(t)]$中的输出结果。图 4.9(b)为在性能边界$[-l^*(t)\bar{\omega}(t),l^*(t)\bar{\omega}(t)]$中的输出结果，其中，$\dot{l}^*(t)=-l^*(t)+8$，$l^*(0)=8$。由图 4.9 可以看出，无论是哪种性能边界均可以实现控制目标，同时，通过调节性能函数，可以进一步加快其收敛速度，并进一步限制其超调量。图 4.10 验证了在参数估计器失效的情况下，依然可以实现控制目标。其他信号 x_{i2}，ξ_{i1}，ξ_{i2} 以及参数估计器 $\hat{\boldsymbol{\Theta}}_i$ 的有界性可以通过图 4.11、图 4.13 和图 4.14 得到验证。图 4.12 验证了控制器可以保证邻域误差在规定的边界内演化并且最终收敛到一个小邻域内。图 4.14 则验证了网络总误差指标同样在一个规定的范围之内。

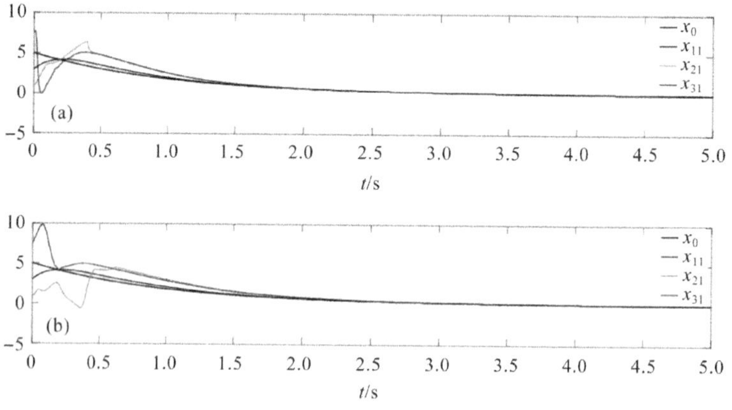

图 4.9 不同性能函数下领航者 $x_0(t)$与跟随者 $x_{i1}(t)$的输出轨迹

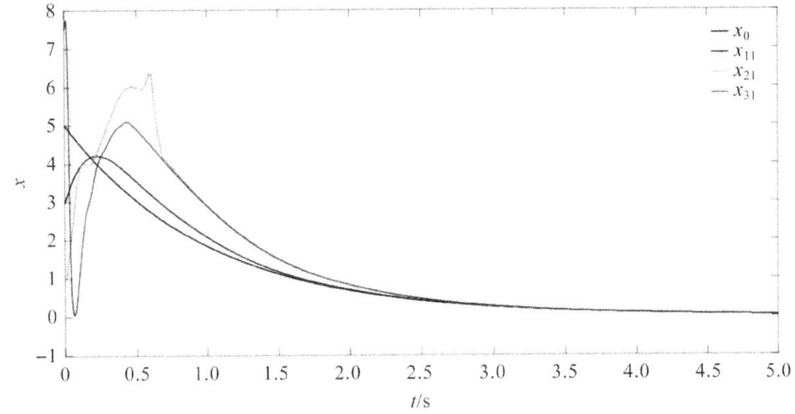

图 4.10　参数估计器失效($\dot{\hat{\boldsymbol{\Theta}}}_i=\mathbf{0}$)时领航者 $x_0(t)$与跟随者 $x_{i1}(t)$的输出轨迹

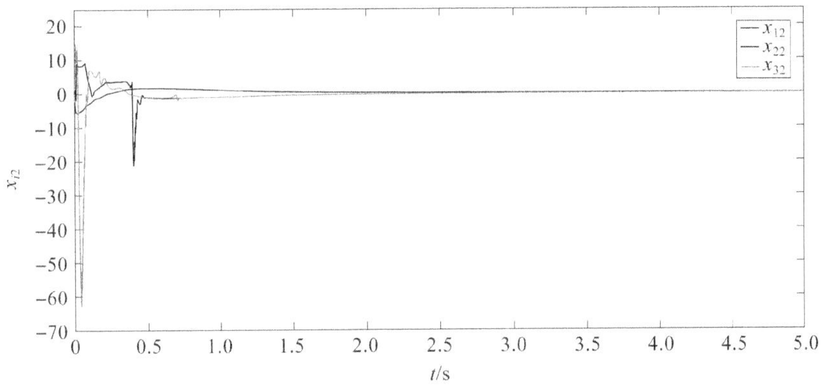

图 4.11　信号 $x_{i2}(t)$

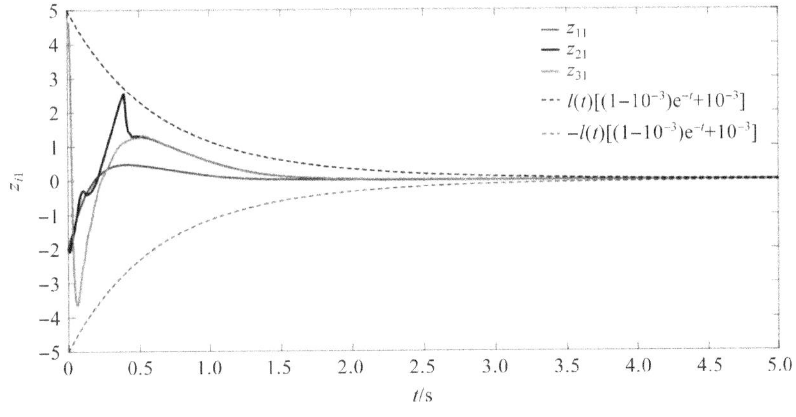

图 4.12　邻域误差 $z_{i1}(t)$和规定性能边界

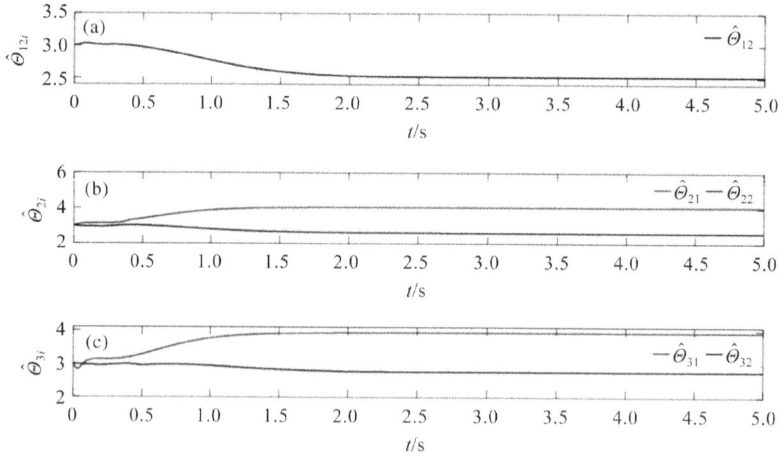

图 4.13 参数估计器$\hat{\boldsymbol{\Theta}}_i(t)$

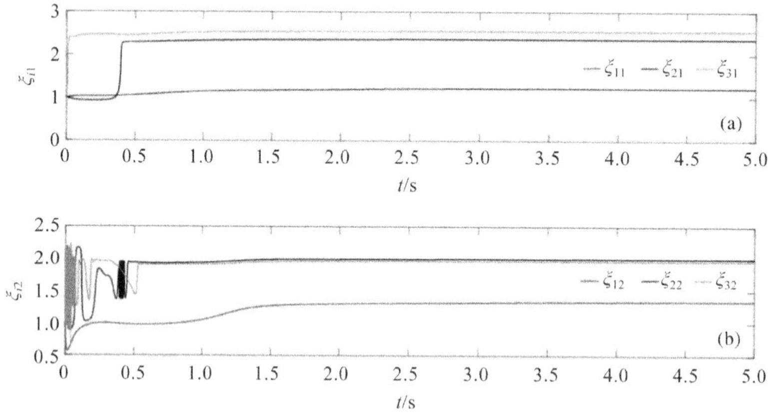

图 4.14 Nussbaum 函数的自变量 ξ_{i1} 和 ξ_{i2}

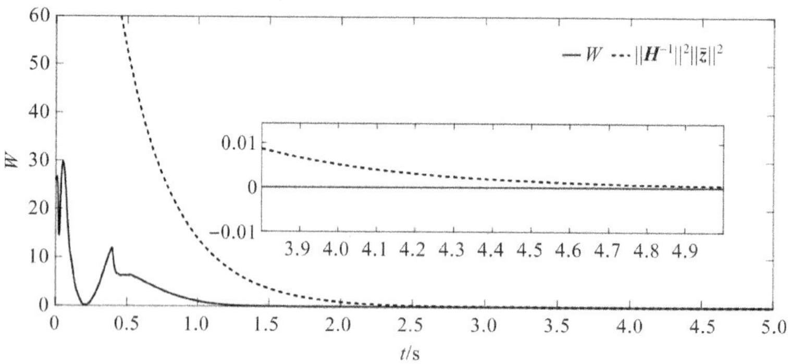

图 4.15 网络系统总误差指标 W 及其预设性能边界

实例 2　选择船舶模型作为智能体的动态方程，验证本节的理论结果可以成功应用于实际系统，通信拓扑如图 4.8 所示。船舶(智能体)i 的 Norrbin(诺宾)模型可以在文献[70]中找到，动态方程如下：

$$T_i \ddot{v}_i + \dot{v}_i + W_i \dot{v}_i^3 = M_i \psi_i + \delta_i(t) \tag{4-79}$$

$$y_i = v_i$$

其中，v_i 为船舶 i 的实际航行轨迹，ψ_i 为舵角，$\dot{v}_i$ 为航行速度，T_i 为时间常数，W_i 为 Norrbin 系数，M_i 为增益常数，$\delta_i(t)$为外部扰动。控制目标是设计分布式舵角控制器 ψ_i，使后船的航行轨迹与前船的航行轨迹保持一致，并满足规定的性能要求。设 $x_{i1}=v_i$，$x_{i2}=\dot{v}_i$，$u_i=\psi_i$，船的动力方程可以写为如下形式：

$$\begin{cases} \dot{x}_{i1} = x_{i2} \\ \dot{x}_{i2} = \dfrac{M_i}{T_i} u_i - \dfrac{x_{i1}}{T_i} - \dfrac{W_i x_{i2}^3}{T_i} + \Delta_i(t) \\ y_i = x_{i1} \end{cases} \tag{4-80}$$

其中，M_i/T_i 为未知系数，相当于式(4-32)中的未知控制方向。智能体的初始值为$[x_{11}(0), x_{21}(0), x_{31}(0)]^{\mathrm{T}} = [3,1,2]^{\mathrm{T}}$。为简便起见，设其他估计量的初始值均为 0，将引导船的轨迹选为 $\dot{x}_0 = \bar{v}_0$，$\dot{\bar{v}}_0 = 2\cos(2t)$。取光滑函数 $l_1(t) = l_2(t) = l_3(t) = l(t)$，且

$$\dot{l}(t) = -l(t) + 2, \quad l(0) = 5 \tag{4-81}$$

设相关的未知参数为 $M_1=8$，$M_2=6$，$M_3=-9$，$T_1=2$，$T_2=1$，$T_3=1.5$，$W_1=3$，$W_2=2$，$W_3=1$，$\Delta_i(t)=\mathrm{rand}(1)-0.5(i=1,2,3)$。为简便起见，其他未说明的参数均与实例 1 相同。

从图 4.16 可以看出，跟随者与领航者之间实现了跟踪。从图 4.17 可以看出，每个智能体的邻域误差满足规定的性能要求，即在规定的边界内演化并最终收敛到一个小的邻域内。上述实例验证了控制器的有效性。

本节研究了固定拓扑下具有领航者的无人系统的预设性能控制问题。通过为每个智能体设计分布式控制，保证每个智能体的邻域误差在规定的边界内演化。我们不仅考虑了多个未知的控制方向，而且也考虑了未知时变参数以及未知外部扰动。通过将整个系统的分析转化为子系统中变量的有界性分析，简化了设计过程。但是在实际应用中，领航者可能并不总是存在，针对这种情况，本节所设计的控制器能保证误差最终收敛到一个小的邻域内，即存在误差。因此在下一节中，我们主要针对固定拓扑下的无领航者的无人系统预设协调控制的精确输出同步问题做进一步研究。

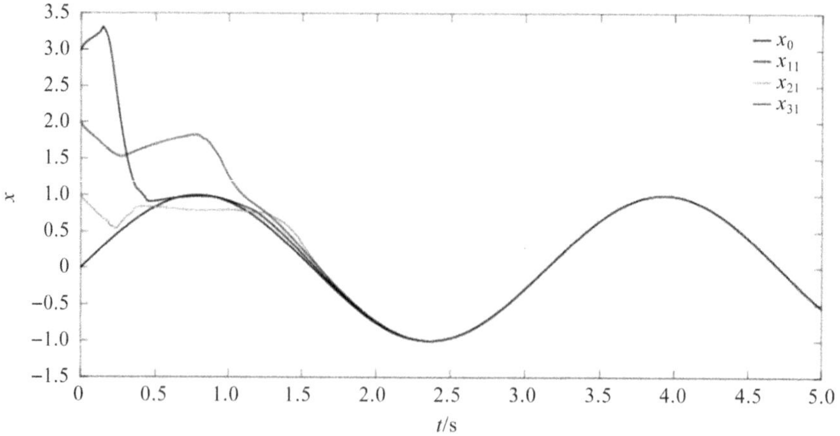

图 4.16 领航者 $x_0(t)$ 与跟随者 $x_{i1}(t)$ 的输出轨迹

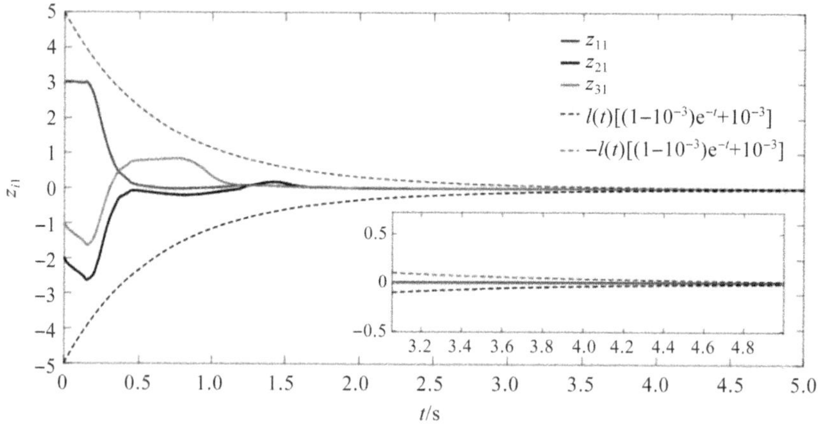

图 4.17 邻域误差 $z_{i1}(t)$

4.5 无领航者的无人系统协调预设控制的精确输出同步

在具有未知控制方向的无人系统的研究中，基于负反馈设计的控制器遇到负的控制方向时通常会引发系统发散并与邻居智能体相互作用。解决系统中未知控制方向问题的方法主要有 Nussbaum 函数以及逻辑切换机制，这在前几个章节中已进行了详细分析。但是 Nussbaum 函数的特性可能会导致系统出现过大超调的情况，使用逻辑切换也可能会导致收敛速度较慢。总的来说，其暂态性能并不理想。

众多学者为了解决上述问题，提出了一系列有效的控制方法：有限时间稳定或固定时间稳定的控制方法在一定程度上加快了收敛速度，但不能很好地限制其超调量；输出饱和的控制方法使得系统的超调量稳定在一个区间内[71-76]，但忽略了系统的收敛速度。总之，现有的大多数无人系统忽略了对系统的暂态性能与稳态性能的综合考虑。

4.5.1　问题描述

考虑由具有严格反馈形式的 N 个无人机组成的系统，其中智能体 i 的动态方程如下：

$$\begin{cases}\dot{x}_{i1}=g_{i1}x_{i2}+\boldsymbol{\theta}_i^{\mathrm{T}}\boldsymbol{\varphi}_{i1}(x_{i1})\\ \dot{x}_{i2}=g_{i2}x_{i3}+\boldsymbol{\theta}_i^{\mathrm{T}}\boldsymbol{\varphi}_{i2}(\bar{\boldsymbol{x}}_{i2})\\ \vdots\\ \dot{x}_{in}=g_{in}u_i+\boldsymbol{\theta}_i^{\mathrm{T}}\boldsymbol{\varphi}_{in}(\bar{\boldsymbol{x}}_{in})\\ y_i=x_{i1}\end{cases}\quad(i=1,\cdots,N)\tag{4-82}$$

其中，$\boldsymbol{x}_i=[x_{i1},x_{i2},\cdots,x_{in}]^{\mathrm{T}}\in\mathbf{R}^n$，$u_i\in\mathbf{R}$ 和 $y_i\in\mathbf{R}$ 分别为智能体 i 的状态、输入和输出；$\boldsymbol{\theta}_i\in\mathbf{R}^p$ 为未知的参数向量；$\boldsymbol{\varphi}_{i\bar{l}}(\boldsymbol{x}_{i\bar{l}})$：$\mathbf{R}^{\bar{l}}\to\mathbf{R}^p$ 为已知的光滑并且有界的函数，$\bar{\boldsymbol{x}}_{i\bar{l}}=[x_{i1},\cdots,x_{i\bar{l}}]^{\mathrm{T}}(\bar{l}=1,\cdots,n)$；$g_{il}\neq0(l=1,\cdots,n)$为未知常数，其符号和幅值都是未知的，可以分别表示智能体 i 的控制方向和控制增益。

控制目标：在有向图具有生成树的拓扑条件下，为每个智能体设计分布式控制器 u_i，使得每个智能体的邻域误差在规定的边界内演化，最终使智能体的输出实现精确同步，同时保证闭环系统所有信号有界。

理论上，精确的输出同步定义为$\lim\limits_{t\to\infty}x_{i1}(t)=\lim\limits_{t\to\infty}x_{j1}(t)(\forall\, i,j)$，为实现上述控制目标，我们将使用以下引理。

引理 4.6[77]　$V(t)\geqslant0$ 和 $\xi(t)$为定义在区间$[0,t_f)$上的连续函数，并且 $N(\cdot)$为 Nussbaum 函数，如果

$$V(t)\leqslant\int_0^t[gN(\xi)+1]\dot{\xi}\mathrm{d}\tau+c_0\tag{4-83}$$

其中，g 为非零常数，c_0 为适当的常数，那么$V(t)$，$\xi(t)$ 和$\int_0^t[gN(\xi)+1]\dot{\xi}\mathrm{d}\tau$ 在区间$[0,t_f)$ 上都是有界的。

4.5.2 协调预设性能控制器设计

第 1 步：定义

$$V_{i1}=\frac{1}{2}x_{i1}^2+\frac{1}{2}\widetilde{\boldsymbol{\theta}}_{i1}^{\mathrm{T}}\widetilde{\boldsymbol{\theta}}_{i1} \tag{4-84}$$

其中，$\hat{\boldsymbol{\theta}}_{i1}$是稍后要设计的参数估计器，并且$\widetilde{\boldsymbol{\theta}}_{i1}=\boldsymbol{\theta}_i-\hat{\boldsymbol{\theta}}_{i1}$。对式(4-84)求导，可以得到

$$\begin{aligned}\dot{V}_{i1}&=x_{i1}(g_{i1}x_{i2}+\boldsymbol{\theta}_i^{\mathrm{T}}\boldsymbol{\varphi}_i)+\widetilde{\boldsymbol{\theta}}_{i1}^{\mathrm{T}}(-\dot{\hat{\boldsymbol{\theta}}}_{i1})\\&=x_{i1}(g_{i1}x_{i2}^d+\hat{\boldsymbol{\theta}}_{i1}^{\mathrm{T}}\boldsymbol{\varphi}_{i1})+x_{i1}g_{i1}z_{i2}-\widetilde{\boldsymbol{\theta}}_{i1}^{\mathrm{T}}(\dot{\hat{\boldsymbol{\theta}}}_{i1}-x_{i1}\boldsymbol{\varphi}_{i1})\end{aligned} \tag{4-85}$$

其中，$z_{i2}=x_{i2}-x_{i2}^d$，x_{i2}^d的形式如表 4.1 所示。那么，式(4-85)可以重新写为

$$V_{in}(t)+\int_0^t k_n\varepsilon_{in}\mathrm{d}\tau=\int_0^t[g_{in}N(\xi_{in})+1]\dot{\xi}_{in}\mathrm{d}\tau+V_{in}(0) \tag{4-86}$$

其中，$\dot{\hat{\boldsymbol{\theta}}}_{i1}$和$\varepsilon_{i1}$的更新率如表 4.1 所示，$\dot{\xi}_{i1}=x_{i1}\eta_{i1}$，代入式(4-86)，可以得到

$$\dot{V}_{i1}=g_{i1}N(\xi_{i1})\dot{\xi}_{i1}+\dot{\xi}_{i1}-x_{i1}(\eta_{i1}-\hat{\boldsymbol{\theta}}_{i1}^{\mathrm{T}}\boldsymbol{\varphi}_{i1})+x_{i1}g_{i1}z_{i2} \tag{4-87}$$

其中，η_{i1}的具体形式如表 4.1 所示。定义邻域误差$z_{i1}=\sum_{j=1}^{N}a_{ij}(x_{i1}-x_{j1})$，对其进行误差变换，得到变换误差为$\varepsilon_{i1}=F_{\mathrm{tran},1}^{-1}(z_{i1}/\bar{\omega}_i(t),l_i(t))$，那么式(4-87)可以重新写为

$$\begin{aligned}\dot{V}_{i1}&=g_{i1}N(\xi_{i1})\dot{\xi}_{i1}+\dot{\xi}_{i1}-k_1x_{i1}^2\varepsilon_{i1}^2-n_{g1}x_{i1}^2+x_{i1}g_{i1}z_{i2}\\&=g_{i1}N(\xi_{i1})\dot{\xi}_{i1}+\dot{\xi}_{i1}-k_1x_{i1}^2\varepsilon_{i1}^2+\frac{\bar{g}_{i1}^2z_{i2}^2}{4n_{g1}}-\frac{(n_{g1}x_{i1}-g_{i1}z_{i2}/2)^2}{n_{g1}}\\&\leqslant g_{i1}N(\xi_{i1})\dot{\xi}_{i1}+\dot{\xi}_{i1}-k_1x_{i1}^2\varepsilon_{i1}^2+\frac{\bar{g}_{i1}^2z_{i2}^2}{4n_{g1}}\\&\leqslant g_{i1}N(\xi_{i1})\dot{\xi}_{i1}+\dot{\xi}_{i1}+\frac{g_{i1}^2z_{i2}^2}{4n_{g1}}\end{aligned} \tag{4-88}$$

其中，$k_1>0$，$n_{g1}>0$为常数。由此可见，如果$z_{i2}\in L_2$，则$\int_0^{\infty}\frac{\bar{g}_{i1}^2z_{i2}^2}{4n_{g1}}\mathrm{d}\tau<\infty$。由式(4-88)和引理 4.6 可以得到$\varepsilon_{i1}$的有界性，即$z_{i1}$在规定的边界内演化。$\varepsilon_{i1}$和$z_{i1}$之间关系的相关证明也可以在文献[78]中找到。因此，下一步的分析集中在$z_{i2}\in L_2$上。

表 4.1　控制器和参数更新率

虚拟控制器	中间变量	估计器更新率	ξ_{i*} 的更新率
$x_{i2}^d=N(\xi_{i1})\eta_{i1}$ $x_{i3}^d=N(\xi_{i2})\eta_{i2}$ ⋮ ⋮ $x_{i,p+1}^d=N(\xi_{ip})\eta_{ip}$ ⋮ ⋮ $x_{i,n+1}^d=N(\xi_{in})\eta_{in}$	$\eta_{i1}=k_1x_{i1}\varepsilon_{i1}^2+\hat{\boldsymbol{\theta}}_{i1}^{\mathrm{T}}\boldsymbol{\varphi}_{i1}+n_{g1}x_{i1}$ $\eta_{i2}=\frac{k_2\varepsilon_{i2}}{r_{i2}}+f_{i1}+\hat{\boldsymbol{\Theta}}_{i1}^{\mathrm{T}}\boldsymbol{\Phi}_{i1}+\hat{\boldsymbol{G}}_{i1}^{\mathrm{T}}\overline{\boldsymbol{X}}_{i1}$ ⋮ ⋮ $\eta_{ip}=\frac{k_p\varepsilon_{ip}}{r_{ip}}+\hat{\boldsymbol{\Theta}}_{i,p-1}^{\mathrm{T}}\boldsymbol{\Phi}_{i,p-1}+\hat{\boldsymbol{G}}_{i,p-1}^{\mathrm{T}}\overline{\boldsymbol{X}}_{i,p-1}$ ⋮ ⋮ $\eta_{in}=\frac{k_n\varepsilon_{in}}{r_{in}}+\hat{\boldsymbol{\Theta}}_{i,n-1}^{\mathrm{T}}\boldsymbol{\Phi}_{i,n-1}+\hat{\boldsymbol{G}}_{i,n-1}^{\mathrm{T}}\overline{\boldsymbol{X}}_{i,n-1}$	$\dot{\hat{\boldsymbol{\theta}}}_{i1}=x_{i1}\boldsymbol{\varphi}_{i1}$ $\dot{\hat{\boldsymbol{\Theta}}}_{i1}=\varepsilon_{i2}r_{i2}\boldsymbol{\Phi}_{i1}$ $\dot{\hat{\boldsymbol{G}}}_{i1}=\varepsilon_{i2}r_{i2}\overline{\boldsymbol{X}}_{i1}$ ⋮ ⋮ $\dot{\hat{\boldsymbol{\Theta}}}_{i,p-1}=\varepsilon_{ip}r_{ip}\boldsymbol{\Phi}_{i,p-1}$ $\dot{\hat{\boldsymbol{G}}}_{i,p-1}=\varepsilon_{ip}r_{ip}\overline{\boldsymbol{X}}_{i,p-1}$ ⋮ ⋮ $\dot{\hat{\boldsymbol{\Theta}}}_{i,n-1}=\varepsilon_{in}r_{in}\boldsymbol{\Phi}_{i,n-1}$ $\dot{\hat{\boldsymbol{G}}}_{i,n-1}=\varepsilon_{in}r_{in}\overline{\boldsymbol{X}}_{i,n-1}$	$\dot{\xi}_{i1}=x_{i1}\eta_{i1}$ ⋮ ⋮ $\dot{\xi}_{ip}=\varepsilon_{ip}r_{ip}\eta_{ip}$ ⋮ ⋮ $\dot{\xi}_{in}=\varepsilon_{in}r_{in}\eta_{in}$

第 p 步($2\leqslant p\leqslant n-1$)：定义 $z_{ip}=x_{ip}-x_{ip}^d$，其对时间的导数为

$$\begin{aligned}\dot{z}_{ip}&=\dot{x}_{ip}-\dot{x}_{ip}^d\\&=g_{ip}x_{i,p+1}+\boldsymbol{\theta}_i^{\mathrm{T}}\boldsymbol{\varphi}_{ip}+f_{i,p-1}-\sum_{k=1}^{p-1}\left(\frac{\partial x_{ip}^d}{\partial x_{ik}}\dot{x}_{ik}+\sum_{j=1}^{N}a_{ij}\frac{\partial x_{ip}^d}{\partial x_{jk}}\dot{x}_{jk}\right)\\&=g_{ip}x_{i,p+1}+\boldsymbol{\Theta}_i^{\mathrm{T}}\boldsymbol{\Phi}_{i,p-1}+\boldsymbol{G}_{i,p-1}^{\mathrm{T}}\overline{\boldsymbol{X}}_{i,p-1}+f_{i,p-1}\end{aligned}\tag{4-89}$$

其中，$\boldsymbol{\Theta}_i$，$\boldsymbol{\Phi}_{i,p-1}$，$\boldsymbol{G}_{i,p-1}$，$\overline{\boldsymbol{X}}_{i,p-1}$，$f_{i,p-1}$ 如表 4.2 所示。做误差变换，得到 $\varepsilon_{ip}=F_{\mathrm{tran},p}^{-1}(z_{ip}/\bar{\omega}_i(t),l_i(t))$，其对时间的导数为

$$\dot{\varepsilon}_{ip}=\frac{\partial F_{\mathrm{tran},p}^{-1}}{\partial[z_{ip}/\bar{\omega}_i(t)]}\frac{\dot{z}_{ip}}{\bar{\omega}_i(t)}-\frac{\partial F_{\mathrm{tran},p}^{-1}}{\partial[z_{ip}/\bar{\omega}_i(t)]}\frac{\dot{\bar{\omega}}_i(t)z_{ip}}{\bar{\omega}_i^2(t)}+\frac{\partial F_{\mathrm{tran},p}^{-1}}{\partial l_i}\dot{l}_i(t)\tag{4-90}$$

其中，$r_{ip}=\frac{\partial F_{\mathrm{tran},p}^{-1}}{\partial[z_{ip}/\bar{\omega}_i(t)]}\frac{1}{\bar{\omega}_i(t)}$，$v_{ip}=-\frac{\partial F_{\mathrm{tran},p}^{-1}}{\partial[z_{ip}/\bar{\omega}_i(t)]}\frac{\dot{\bar{\omega}}_i(t)z_{ip}}{\bar{\omega}_i^2(t)}+\frac{\partial F_{\mathrm{tran},p}^{-1}}{\partial l_i(t)}\dot{l}_i(t)$，那么式(4-90)可以重新写为

$$\dot{\varepsilon}_{ip}=r_{ip}(g_{ip}x_{i,p+1}+\boldsymbol{\Theta}_i^{\mathrm{T}}\boldsymbol{\Phi}_{i,p-1}+\boldsymbol{G}_{i,p-1}^{\mathrm{T}}\overline{\boldsymbol{X}}_{i,p-1}+f_{i,p-1})+v_{ip}\tag{4-91}$$

表 4.2　f_{ip} 和相关扩容参数

f_{ip}	扩容参数
$f_{i1}=-\dfrac{\partial x_{i2}^d}{\partial \xi_{i1}}\dot{\xi}_{i1}-\dfrac{\partial x_{i2}^d}{\partial \hat{\boldsymbol{\theta}}_{i1}}\dot{\hat{\boldsymbol{\theta}}}_{i1}-\dfrac{\partial x_{i2}^d}{\partial \bar{\omega}_i}\dot{\omega}_i-\dfrac{\partial x_{i2}^d}{\partial l_i}\dot{l}_i$ $\vdots$ $f_{i,p-1}=-\dfrac{\partial x_{ip}^d}{\partial \xi_{i,p-1}}\dot{\xi}_{i,p-1}-\dfrac{\partial x_{ip}^d}{\partial \bar{\omega}_i}\dot{\omega}_i-\dfrac{\partial x_{ip}^d}{\partial l_i}\dot{l}_i-\dfrac{\partial x_{ip}^d}{\partial \hat{\boldsymbol{G}}_{i,p-2}}\dot{\hat{\boldsymbol{G}}}_{i,p-2}-\dfrac{\partial x_{ip}^d}{\partial \hat{\boldsymbol{\Theta}}_{i,p-1}}\dot{\hat{\boldsymbol{\Theta}}}_{i,p-2}$ $\vdots$ $f_{i,n-1}=-\dfrac{\partial x_{in}^d}{\partial \xi_{i,n-1}}\dot{\xi}_{i,n-1}-\dfrac{\partial x_{in}^d}{\partial \bar{\omega}_i}\dot{\omega}_i-\dfrac{\partial x_{i2}^d}{\partial l_i}\dot{l}_i-\dfrac{\partial x_{in}^d}{\partial \hat{\boldsymbol{G}}_{i,n-2}}\dot{\hat{\boldsymbol{G}}}_{i,n-2}-\dfrac{\partial x_{ip}^d}{\partial \hat{\boldsymbol{\Theta}}_{i,n-2}}\dot{\hat{\boldsymbol{\Theta}}}_{i,n-2}$	$\boldsymbol{\Theta}_i=[\boldsymbol{\theta}_i^{\mathrm{T}},\mathbf{vec}_i^{(j)}\{\boldsymbol{\theta}_j^{\mathrm{T}}\}]^{\mathrm{T}}$ $\boldsymbol{\Phi}_{is}=[\boldsymbol{\varphi}_{i,s+1}^{\mathrm{T}}-\sum_{k=1}^{s}\dfrac{\partial x_{i,s+1}^d}{\partial x_{ik}}\boldsymbol{\varphi}_{ik}^{\mathrm{T}},\ \mathbf{vec}_i^{(j)}\left\{-\sum_{k=1}^{s}\dfrac{\partial x_{i,s+1}^d}{\partial x_{jk}}\boldsymbol{\varphi}_{jk}^{\mathrm{T}}\right\}]^{\mathrm{T}}$ $\boldsymbol{G}_{is}=[g_{i1},\cdots,g_{is},\mathbf{vec}_i^{(j)}\{g_{j1}\},\cdots,\mathbf{vec}_i^{(j)}\{g_{js}\}]^{\mathrm{T}}$ $\overline{\boldsymbol{X}}_{is}=\left[-\dfrac{\partial x_{i2}^d}{\partial x_{i1}}x_{i2},\cdots,-\dfrac{\partial x_{i,s+1}^d}{\partial x_{is}}x_{i,s+1},\ \mathbf{vec}_i^{(j)}\left\{-\dfrac{\partial x_{i2}^d}{\partial x_{j1}}x_{j2}\right\},\cdots,\mathbf{vec}_i^{(j)}\left\{-\dfrac{\partial x_{i,s+1}^d}{\partial x_{js}}x_{j,s+1}\right\}\right]^{\mathrm{T}}$ $(s=1,\cdots,n-1;j\in N_i)$
$\mathbf{vec}_i^{(j)}\{\boldsymbol{H}_{jk}\}$ 为行向量 $\boldsymbol{H}_{jk}(\forall j\in N_i)$ 所构成的适当维数的行向量	

定义

$$V_{ip}=\frac{1}{2}\varepsilon_{ip}^2+\frac{1}{2}\widetilde{\boldsymbol{\Theta}}_{i,p-1}^{\mathrm{T}}\widetilde{\boldsymbol{\Theta}}_{i,p-1}+\frac{1}{2}\widetilde{\boldsymbol{G}}_{i,p-1}^{\mathrm{T}}\widetilde{\boldsymbol{G}}_{i,p-1} \tag{4-92}$$

其中，$\hat{\boldsymbol{\Theta}}_{i,p-1}$ 和 $\hat{\boldsymbol{G}}_{i,p-1}$ 为参数估计器，并且 $\widetilde{\boldsymbol{\Theta}}_{i,p-1}=\boldsymbol{\Theta}_i-\hat{\boldsymbol{\Theta}}_{i,p-1}$，$\widetilde{\boldsymbol{G}}_{i,p-1}=\boldsymbol{G}_{i,p-1}-\hat{\boldsymbol{G}}_{i,p-1}$。对式(4-92)求导，得到

$$\begin{aligned}\dot{V}_{ip}&=\varepsilon_{ip}\dot{\varepsilon}_{ip}-\widetilde{\boldsymbol{\Theta}}_{i,p-1}^{\mathrm{T}}\dot{\hat{\boldsymbol{\Theta}}}_{i,p-1}-\widetilde{\boldsymbol{G}}_{i,p-1}^{\mathrm{T}}\dot{\hat{\boldsymbol{G}}}_{i,p-1}\\&=\varepsilon_{ip}[r_{ip}(g_{ip}x_{i,p+1}^d+\boldsymbol{\Theta}_{i,p-1}^{\mathrm{T}}\boldsymbol{\Phi}_{i,p-1}+\boldsymbol{G}_{i,p-1}^{\mathrm{T}}\overline{\boldsymbol{X}}_{i,p-1}+f_{i,p-1})+v_{ip}]\\&\quad-\widetilde{\boldsymbol{\Theta}}_{i,p-1}^{\mathrm{T}}\dot{\hat{\boldsymbol{\Theta}}}_{i,p-1}-\widetilde{\boldsymbol{G}}_{i,p-1}^{\mathrm{T}}\dot{\hat{\boldsymbol{G}}}_{i,p-1}+\varepsilon_{ip}r_{ip}g_{ip}z_{i,p+1}\end{aligned} \tag{4-93}$$

其中，$\hat{\boldsymbol{\Theta}}_{i,p-1}$ 和 $\hat{\boldsymbol{G}}_{i,p-1}$ 的更新率如表 4.1 所示，将其代入式(4-93)，可以得到

$$\dot{V}_{ip}=\varepsilon_{ip}[r_{ip}(g_{ip}x_{i,p+1}^d+\hat{\boldsymbol{\Theta}}_{i,p-1}^{\mathrm{T}}\boldsymbol{\Phi}_{i,p-1}+\hat{\boldsymbol{G}}_{i,p-1}^{\mathrm{T}}\overline{\boldsymbol{X}}_{i,p-1}+f_{i,p-1})+v_{ip}]+\varepsilon_{ip}r_{ip}g_{ip}z_{i,p+1} \tag{4-94}$$

取

$$\dot{\xi}_{ip}=\varepsilon_{ip}r_{ip}\eta_{ip} \tag{4-95}$$

其中，η_{ip} 如表 4.1 所示，将其代入式(4-94)，可以得到

$$\dot{V}_{ip}=g_{ip}N(\xi_{ip})\dot{\xi}_{ip}+\dot{\xi}_{ip}+\varepsilon_{ip}r_{ip}(-\eta_{ip}+\hat{\boldsymbol{\Theta}}_{i,p-1}^{\mathrm{T}}\boldsymbol{\Phi}_{i,p-1}+\hat{\boldsymbol{G}}_{i,p-1}^{\mathrm{T}}\overline{\boldsymbol{X}}_{i,p-1}+f_{i,p-1})+\varepsilon_{ip}v_{ip}+\varepsilon_{ip}r_{ip}g_{ip}z_{i,p+1} \tag{4-96}$$

进一步，式(4-96)可以写为

$$\begin{aligned}\dot{V}_{ip}&=g_{ip}N(\xi_{ip})\dot{\xi}_{ip}+\dot{\xi}_{ip}-k_p\varepsilon_{ip}^2-n_{gp}\varepsilon_{ip}^2r_{ip}^2+\varepsilon_{ip}r_{ip}g_{ip}z_{i,p+1}\\&\leqslant g_{ip}N(\xi_{ip})\dot{\xi}_{ip}+\dot{\xi}_{ip}-k_p\varepsilon_{ip}^2+\frac{g_{ip}^2z_{i,p+1}^2}{4n_{gp}}\end{aligned} \tag{4-97}$$

同样，问题转换为研究 $z_{i,p+1}$ 的平方可积性，这将在下一步中讨论。

第 n 步：定义 $z_{in}=x_{in}-x_{in}^d$，其对时间的导数为

$$\begin{aligned}\dot{z}_{in}&=\dot{x}_{in}-\dot{x}_{in}^d=g_{in}u_i+\boldsymbol{\theta}_i^{\mathrm{T}}\boldsymbol{\varphi}_{in}+f_{i,n-1}-\sum_{k=1}^{n-1}\left(\frac{\partial x_{in}^d}{\partial x_{ik}}\dot{x}_{ik}+\sum_{j=1}^{N}a_{ij}\frac{\partial x_{in}^d}{\partial x_{jk}}\dot{x}_{jk}\right)\\&=g_{in}u_i+\boldsymbol{\Theta}_{i,n-1}^{\mathrm{T}}\boldsymbol{\Phi}_{i,n-1}+\boldsymbol{G}_{i,n-1}^{\mathrm{T}}\overline{\boldsymbol{X}}_{i,n-1}+f_{i,n-1}\end{aligned} \tag{4-98}$$

其中，$\boldsymbol{\Theta}_i$，$\boldsymbol{\Phi}_{i,n-1}$，$\boldsymbol{G}_{i,n-1}$，$\overline{\boldsymbol{X}}_{i,n-1}$，$f_{i,n-1}$ 如表 4.2 所示。做误差变换 $\varepsilon_{in}=F_{\mathrm{tran},n}^{-1}(z_{in}/\bar{\omega}_i(t),l_i(t))$，其导数为

$$\dot{\varepsilon}_{in}=\frac{\partial F_{\mathrm{tran},n}^{-1}}{\partial[z_{in}/\bar{\omega}_i(t)]}\frac{\dot{z}_{in}}{\bar{\omega}_i(t)}-\frac{\partial F_{\mathrm{tran},n}^{-1}}{\partial[z_{in}/\bar{\omega}_i(t)]}\frac{\dot{\bar{\omega}}_i(t)z_{in}}{\bar{\omega}_i^2(t)}+\frac{\partial F_{\mathrm{tran},n}^{-1}}{\partial l_i}\dot{l}_i(t)=r_{in}\dot{z}_{in}+v_{in} \tag{4-99}$$

其中，$r_{in}=\dfrac{\partial F_{\mathrm{tran},n}^{-1}}{\partial[z_{in}/\bar{\omega}_i(t)]}\dfrac{1}{\bar{\omega}_i(t)}$，$v_{in}=-\dfrac{\partial F_{\mathrm{tran},n}^{-1}}{\partial[z_{in}/\bar{\omega}_i(t)]}\dfrac{\dot{\bar{\omega}}_i(t)z_{in}}{\bar{\omega}_i^2(t)}+\dfrac{\partial F_{\mathrm{tran},n}^{-1}}{\partial l_i(t)}\dot{l}_i(t)$，则

$$\dot{\varepsilon}_{in}=r_{in}(g_{in}x_{i,n+1}+\boldsymbol{\Theta}_i^{\mathrm{T}}\boldsymbol{\Phi}_{i,n-1}+\boldsymbol{G}_{i,n-1}^{\mathrm{T}}\overline{\boldsymbol{X}}_{i,n-1}+f_{i,n-1})+v_{in} \tag{4-100}$$

定义

$$V_{in}=\frac{1}{2}\varepsilon_{in}^2+\frac{1}{2}\widetilde{\boldsymbol{\Theta}}_{i,n-1}^{\mathrm{T}}\widetilde{\boldsymbol{\Theta}}_{i,n-1}+\frac{1}{2}\widetilde{\boldsymbol{G}}_{i,n-1}^{\mathrm{T}}\widetilde{\boldsymbol{G}}_{i,n-1} \tag{4-101}$$

其中，$\hat{\boldsymbol{\Theta}}_{i,n-1}$ 和 $\hat{\boldsymbol{G}}_{i,n-1}$ 为参数估计器，并且 $\widetilde{\boldsymbol{\Theta}}_{i,n-1}=\boldsymbol{\Theta}_i-\hat{\boldsymbol{\Theta}}_{i,n-1}$，$\widetilde{\boldsymbol{G}}_{i,n-1}=\boldsymbol{G}_{i,n-1}-\hat{\boldsymbol{G}}_{i,n-1}$。式(4-101)对时间的导数为

$$\begin{aligned}\dot{V}_{in}&=\varepsilon_{in}\dot{\varepsilon}_{in}-\widetilde{\boldsymbol{\Theta}}_{i,n-1}^{\mathrm{T}}\dot{\hat{\boldsymbol{\Theta}}}_{i,n-1}-\widetilde{\boldsymbol{G}}_{i,n-1}^{\mathrm{T}}\dot{\hat{\boldsymbol{G}}}_{i,n-1}\\&=\varepsilon_{in}[r_{in}(g_{in}u_i+\boldsymbol{\Theta}_{,n-1}^{\mathrm{T}}\boldsymbol{\Phi}_{i,n-1}+\boldsymbol{G}_{i,n-1}^{\mathrm{T}}\overline{\boldsymbol{X}}_{i,n-1}+f_{i,n-1})+v_{in}]\\&\quad-\widetilde{\boldsymbol{\Theta}}_{i,n-1}^{\mathrm{T}}\dot{\hat{\boldsymbol{\Theta}}}_{i,n-1}-\widetilde{\boldsymbol{G}}_{i,n-1}^{\mathrm{T}}\dot{\hat{\boldsymbol{G}}}_{i,n-1}\end{aligned} \tag{4-102}$$

其中，$\hat{\boldsymbol{\Theta}}_{i,n-1}$ 和 $\hat{\boldsymbol{G}}_{i,n-1}$ 的更新率如表 4.1 所示，将其代入式(4-102)，可以得到

$$\dot{V}_{in}=\varepsilon_{in}[r_{in}(g_{in}u_i+\hat{\boldsymbol{\Theta}}_{i,n-1}^{\mathrm{T}}\boldsymbol{\Phi}_{i,n-1}+\hat{\boldsymbol{G}}_{i,n-1}^{\mathrm{T}}\overline{\boldsymbol{X}}_{i,n-1}+f_{i,n-1})+v_{in}] \tag{4-103}$$

其中，u_i 和 η_{in} 如表 4.1 所示。取

$$\dot{\xi}_{in}=\varepsilon_{in}r_{in}\eta_{in} \tag{4-104}$$

其中，η_{in} 中的 $k_n>0$，$n_{gn}>0$ 为常数，将其代入式(4-103)，可以得到

$$\dot{V}_{in}=g_{in}N(\xi_{in})\dot{\xi}_{in}+\dot{\xi}_{in}+\varepsilon_{in}r_{in}(-\eta_{in}+\hat{\boldsymbol{\Theta}}_{i,n-1}^{\mathrm{T}}\boldsymbol{\Phi}_{i,n-1}+\hat{\boldsymbol{G}}_{i,n-1}^{\mathrm{T}}\overline{\boldsymbol{X}}_{i,n-1}+f_{i,n-1})+\varepsilon_{in}v_{in} \tag{4-105}$$

则式(4-105)可以重新写为

$$\dot{V}_{in}=g_{in}N(\xi_{in})\dot{\xi}_{in}+\dot{\xi}_{in}-k_n\varepsilon_{in}^2\leqslant g_{in}N(\xi_{in})\dot{\xi}_{in}+\dot{\xi}_{in} \tag{4-106}$$

根据引理 4.6 和式(4-106)，可以得到 V_{in}，ξ_{in} 和$\int_0^t[g_{in}N(\xi_{in})+1]\dot{\xi}_{in}\mathrm{d}\tau$ 均在区间$[0,t_f)$上有界，注意到 $V_{in}=\frac{1}{2}\varepsilon_{in}^2+\frac{1}{2}\widetilde{\boldsymbol{\Theta}}_{i,n-1}^{\mathrm{T}}\widetilde{\boldsymbol{\Theta}}_{i,n-1}+\frac{1}{2}\widetilde{\boldsymbol{G}}_{i,n-1}^{\mathrm{T}}\widetilde{\boldsymbol{G}}_{i,n-1}$，因此 $\varepsilon_{in}\in L_\infty$。对式(4-106) 积分，可以得到

$$V_{in}(t)+\int_0^t k_n\varepsilon_{in}\mathrm{d}\tau=\int_0^t[g_{in}N(\xi_{in})+1]\dot{\xi}_{in}\mathrm{d}\tau+V_{in}(0) \tag{4-107}$$

因此，$\varepsilon_{in}\in L_2\cap L_\infty$。

定理 4.3 考虑由动态方程如式(4-82) 所示的 N 个智能体组成的网络系统，在有向图具有生成树的条件下，通过表 4.1 中的控制器和参数估计器可以保证：①邻域误差$z_{i1}=\sum_{j=1}^{N}a_{ij}[x_{i1}(t)-x_{j1}(t)]$最终收敛到 0，即输出精确同步；②邻域误差 z_{i1} 在规定的边界内演化；③闭环系统中的所有信号都是有界的。

证明：通过前述证明，可以得到 $\varepsilon_{in}\in L_2\cap L_\infty$，进而得到 $z_{in}\in L_2\cap L_\infty$，详细证明可以见第 4.5.3 节。接下来，我们将说明邻域误差趋向于 0，即$\lim\limits_{t\to\infty}z_{i1}(t)=0$。根据上面的分析，$z_{in}$ 和 ε_{in} 是平方可积的，同样可以进一步反推得到 $z_{i,n-1},\cdots,z_{i2}$，$\varepsilon_{i,n-1},\cdots,\varepsilon_{i2}$ 也是平方可积且有界的。注意式(4-88)，可以得到

$$k_1x_{i1}^2\varepsilon_{i1}^2\leqslant-\dot{V}_{i1}+g_{i1}N(\xi_{i1})\dot{\xi}_{i1}+\dot{\xi}_{i1}+\frac{\overline{g}_{i1}^2z_{i2}^2}{4n_{g1}} \tag{4-108}$$

对式(4-108)积分，可以得到

$$\int_0^t k_1x_{i1}^2\varepsilon_{i1}^2\mathrm{d}\tau\leqslant-V_{i1}(t)+\int_0^t[g_{i1}N(\xi_{i1})+1]\dot{\xi}_{i1}\mathrm{d}\tau+\int_0^t\frac{\overline{g}_{i1}^2z_{i2}^2}{4n_{g1}}\mathrm{d}\tau+V_{i1}(0) \tag{4-109}$$

因此，$x_{i1}\varepsilon_{i1}\in L_2$。

注意到 $x_{i1}\varepsilon_{i1}$的导数是由一些有界的状态量组成的，故其导数是有界的，即 $x_{i1}\varepsilon_{i1}$是一致连续的。根据 Barbalat 引理，有$\lim\limits_{t\to\infty}x_{i1}^2\varepsilon_{i1}^2(t)=0$，那么可以得到$\lim\limits_{t\to\infty}x_{i1}(t)=0$或$\lim\limits_{t\to\infty}\varepsilon_{i1}(t)=0$。当$\lim\limits_{t\to\infty}x_{i1}(t)=0$ 时，每个智能体的状态最终趋于 0，那么邻域误差

也最终趋于 0。当 $\lim_{t\to\infty}\varepsilon_{i1}(t)=0$ 时，$\varepsilon_{i1}=F_{\mathrm{tran},1}^{-1}=\frac{1}{2}\ln\frac{l_i(t)+z_{i1}/\bar{\omega}_i}{l_i(t)-z_{i1}/\bar{\omega}_i}$，则 $\lim_{t\to\infty}z_{i1}(t)=0$。注意到 $\boldsymbol{Z}_1(t)=[z_{11}(t),\cdots,z_{N1}(t)]^{\mathrm{T}}=\boldsymbol{L}[x_{11}(t),\cdots,x_{N1}(t)]^{\mathrm{T}}\in\mathbf{R}^N$，在这种情况下，有向图具有生成树，那么可以得到 $\lim_{t\to\infty}z_{i1}(t)=0\Rightarrow\lim_{t\to\infty}x_{i1}(t)=\lim_{t\to\infty}x_{j1}(t)(\forall i,j)$，因此 $\boldsymbol{L}$ 的零空间为 $\mathbf{1}_N$。证明完成。

4.5.3　$z_{in}\in L_2\cap L_\infty$ 的证明

注意到

$$z_{in}=\bar{\omega}_i(t)F_{\mathrm{tran},n}(\varepsilon_{in},l_i(t))=\bar{\omega}_i(t)\frac{l_i(t)\mathrm{e}^{\varepsilon_{in}}-l_i(t)\mathrm{e}^{-\varepsilon_{in}}}{\mathrm{e}^{\varepsilon_{in}}+\mathrm{e}^{-\varepsilon_{in}}} \tag{4-110}$$

根据前几节的描述，$l(t)$ 和 $\bar{\omega}_i(t)$ 都是有界的。从式(4-108)可以看出 ε_{in} 是平方可积且有界的，因此存在一个常数 A，使得 $\bar{\omega}_i^2(t)l_i^2(t)\frac{1}{(\mathrm{e}^{\varepsilon_{in}}+\mathrm{e}^{-\varepsilon_{in}})^2}\leqslant A$。然后

$$z_{in}^2=\bar{\omega}_i^2(t)l_i^2(t)\frac{(\mathrm{e}^{\varepsilon_{in}}-\mathrm{e}^{-\varepsilon_{in}})^2}{(\mathrm{e}^{\varepsilon_{in}}+\mathrm{e}^{-\varepsilon_{in}})^2} \tag{4-111}$$

对式(4-111)积分，可以得到

$$\int_0^t z_{in}^2\mathrm{d}\tau\leqslant\int_0^t A(\mathrm{e}^{\varepsilon_{in}}-\mathrm{e}^{-\varepsilon_{in}})^2\mathrm{d}\tau \tag{4-112}$$

可以看出，存在一个足够大的常数 K 和一个区间 Ω_z，使得 $(\mathrm{e}^{\varepsilon_{in}}-\mathrm{e}^{-\varepsilon_{in}})^2\leqslant K^2\varepsilon_{in}^2$，并且在某一个确定的时间 $\bar{t}$，$\mathrm{e}^{\varepsilon_{in}}-\mathrm{e}^{-\varepsilon_{in}}$ 将会进入区域 Ω_z。再加上 $\varepsilon_{in}\in L_2\cap L_\infty$，可以得到

$$\int_0^\infty z_{in}^2(t)\mathrm{d}\tau\leqslant\int_0^{\bar{t}} z_{in}^2\mathrm{d}\tau+K^2A\int_{\bar{t}}^\infty\varepsilon_{in}^2\mathrm{d}\tau<\infty \tag{4-113}$$

因此，$z_{in}\in L_2\cap L_\infty$。证明完成。

4.5.4　仿真实例

实例 1　给出一个数字仿真实例，以验证定理 4.1 中所提出控制器的有效性。考虑由四个智能体组成的网络系统(通信拓扑如图 4.18 所示)，智能体 i 的模型如下：

$$\begin{cases}\dot{x}_{i1}=g_{i1}x_{i2}+\theta_i\varphi_{i1}\\ \dot{x}_{i2}=g_{i2}u_i+\theta_i\varphi_{i2}\\ y_i=x_{i1}\end{cases} \tag{4-114}$$

在本例中，设系统的未知参数和未知控制方向为 $\theta_1=9$，$\theta_2=10$，$\theta_3=11$，$\theta_4=10.5$，$g_{11}=6$，$g_{12}=5$，$g_{21}=-9.5$，$g_{22}=-8$，$g_{31}=3$，$g_{32}=3.5$，$g_{11}=6$，$g_{12}=5$，$g_{21}=-9.5$，$g_{22}=-8$，$g_{31}=3$，$g_{32}=3.5$，$g_{41}=3$，$g_{42}=4$；控制增益为 $k_1=k_2=10$，$n_{g1}=2$，

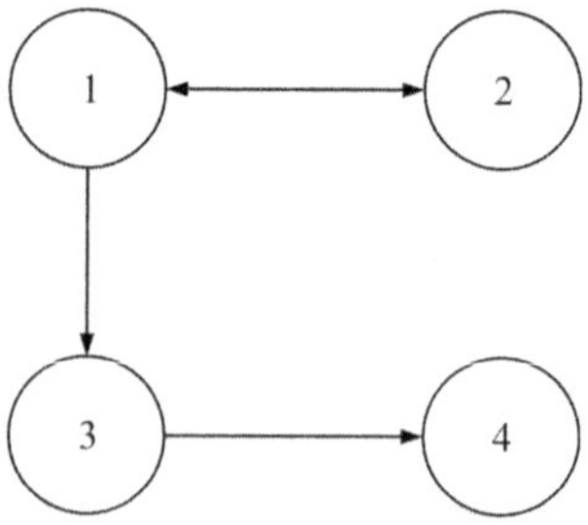

图 4.18　通信拓扑

$n_{g2}=1$；光滑函数为 $\varphi_{i1}=\sin x_{i1}$，$\varphi_{i2}=\sin x_{i2}$；每个智能体的初值为 $[x_{11}(0),x_{21}(0),x_{31}(0),x_{41}(0)]^{\mathrm{T}}=[-3,-0.2,2,1]^{\mathrm{T}}$，$[x_{12}(0),x_{22}(0),x_{32}(0),x_{42}(0)]^{\mathrm{T}}=[0,-0.2,1,-0.5]^{\mathrm{T}}$；其他更新器的状态初值均为 0；光滑函数 $l_1(t)=l_2(t)=l_3(t)=l_4(t)=l(t)$ 为 $\dot{l}(t)=-3l(t)+10$，$l(0)=9$；规定性能函数为 $\bar{\omega}_1(t)=\bar{\omega}_2=\bar{\omega}_3=\bar{\omega}(t)=(1-10^{-3})\mathrm{e}^{-t}+10^{-3}$。为简便起见，在本例中分别用 $\bar{\omega}(t)$ 和 $l(t)$ 表示 $\bar{\omega}_1$，$\bar{\omega}_2$，$\bar{\omega}_3$，$\bar{\omega}_4$ 和 $l_1(t)$，$l_2(t)$，$l_3(t)$，$l_4(t)$。设 Nussbaum 函数为 $N(\xi)=\xi^2\cos\xi$。

应用表 4.1 中的控制器，仿真结果如图 4.19 至图 4.24 所示。四个智能体的输出如图 4.19 所示，它们的输出最终实现了同步，即实现了精确的输出同步。理论上，同步化可以对现实中智能体的会合过程进行建模，具有重要意义。由图 4.20 可知，每个智能体的邻域误差在规定的边界内演化并最终收敛到 0，即当 $t\to\infty$ 时，$z_{i1}(t)=\sum_{j=1}^{N}a_{ij}[x_{i1}(t)-x_{j1}(t)]\to 0$，从而保证了系统的传输性能和稳态精度。图 4.24 验证了 Nussbaum 函数的变量 ξ_{i1} 和 ξ_{i2} 的有界性。它们都是有界的，即闭环系统是有界的。因此上述实例验证了前述控制器的有效性。

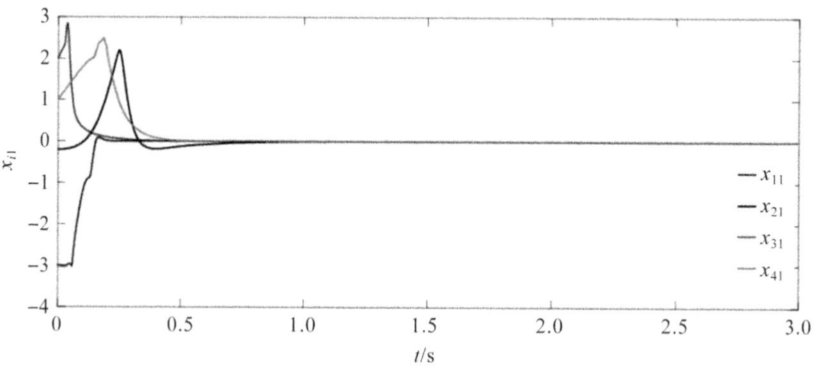

图 4.19　系统输出 $y_i=x_{i1}(t)$

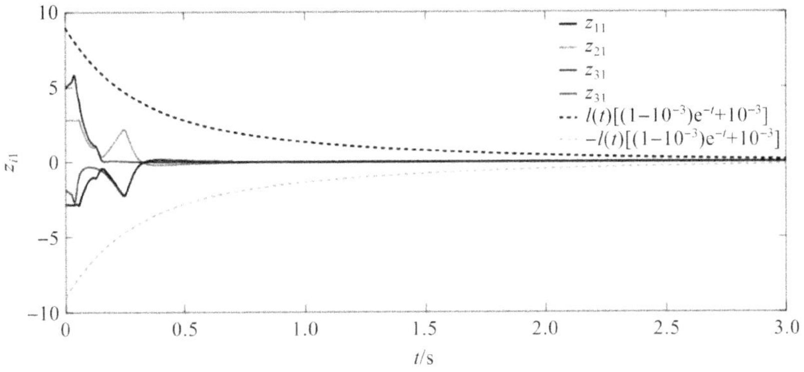

图 4.20　邻域误差 $z_{i1}(t)$ 和规定性能边界

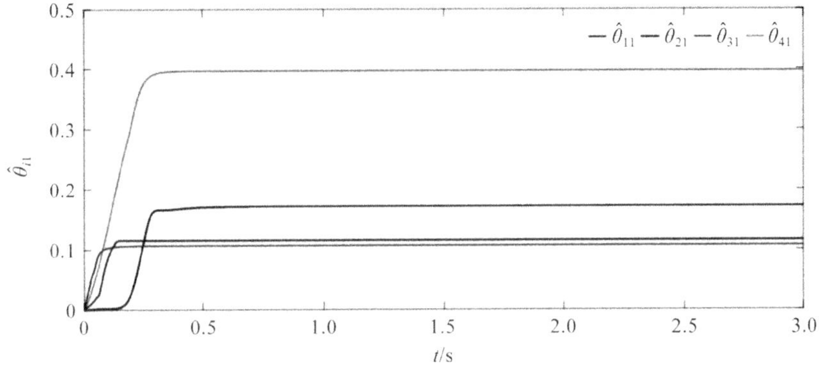

图 4.21　参数估计器 $\hat{\theta}_{i1}(t)$

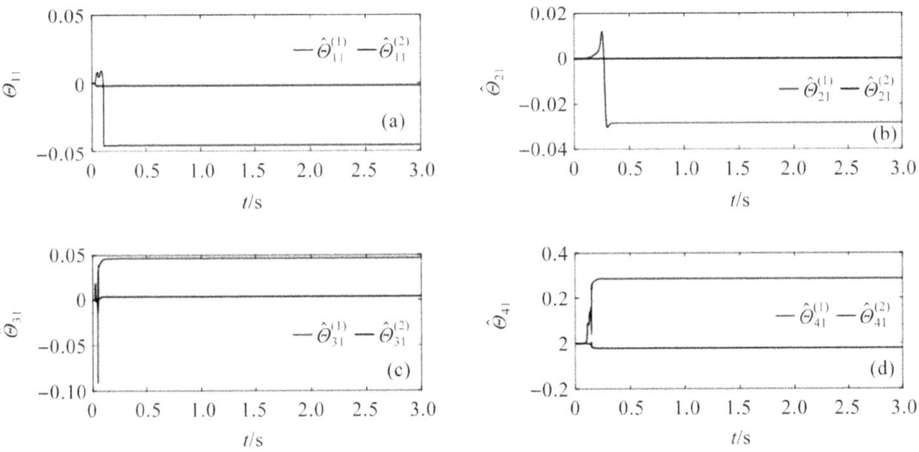

图 4.22　参数估计器 $\hat{\Theta}_{i1}(t)$

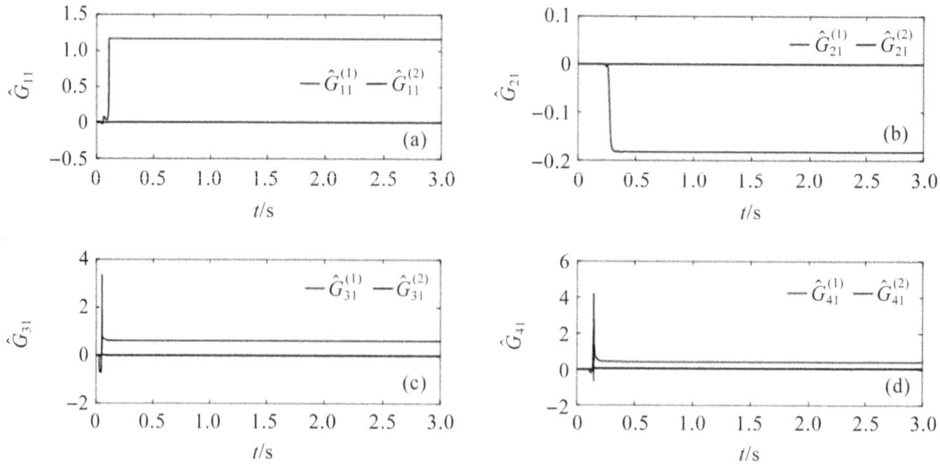

图 4.23 参数估计器 $\hat{G}_{i1}(t)$

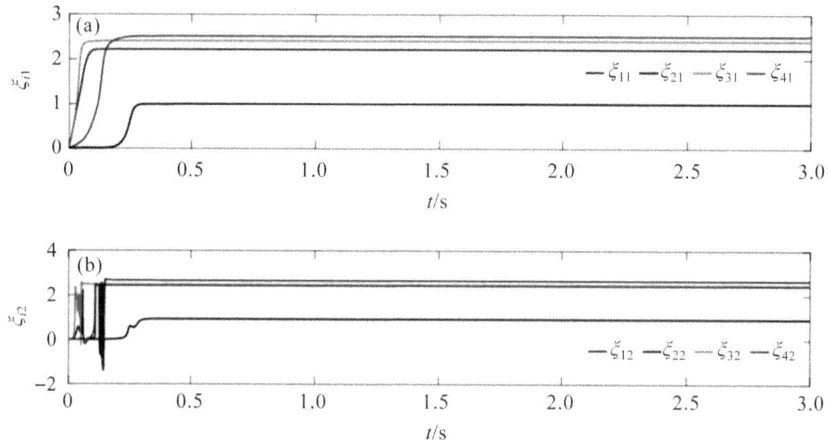

图 4.24 Nussbaum 函数 $N(\xi_{i1})$和 $N(\xi_{i2})$中的自变量 $\xi_{i1}(t)$与 $\xi_{i2}(t)$

实例 2 选择容器模型作为智能体的动态方程来验证本节的理论结果可以成功应用于实际系统，通信拓扑如图 4.18 所示。船舶（智能体）i 的 Norrbin 模型可以在文献[70]中找到，动态方程如下：

$$T_i \ddot{v}_i + \dot{v}_i + W_i \dot{v}_i^3 = M_i \psi_i \tag{4-115}$$
$$y_i = v_i$$

其中，v_i 为船舶 i 的实际航行轨迹，ψ_i 为舵角，$\dot{v}_i$ 为航行速度，T_i 为时间常数，W_i 为 Norrbin 系数，M_i 为增益常数。控制目标是设计分布式舵角控制器 ψ_i，使后船的航行轨迹与前船的航行轨迹保持一致，并满足规定的性能要求。设 $x_{i1} = v_i$，

$x_{i2}=\dot{v}_i$，$u_i=\psi_i$，船的动力方程可以写为如下形式：

$$\begin{cases}\dot{x}_{i1}=x_{i2}\\ \dot{x}_{i2}=\dfrac{M_i}{T_i}u_i-\dfrac{x_{i1}}{T_i}-\dfrac{W_ix_{i2}^3}{T_i}\\ y_i=x_{i1}\end{cases} \tag{4-116}$$

其中，M_i/T_i 为未知系数，可视其为未知控制方向。智能体的初始值为$[x_{11}(0),x_{21}(0),x_{31}(0),x_{41}(0)]^{\mathrm{T}}=[-3,-2,2,2.5]^{\mathrm{T}}$，$[x_{12}(0),x_{22}(0),x_{32}(0),x_{42}(0)]^{\mathrm{T}}=[1,-1,-2,1.5]^{\mathrm{T}}$。为简便起见，设其他估计量的初始值均为0。取光滑函数$l_1(t)=l_2(t)=l_3(t)=l(4)=l(t)$，且

$$\dot{l}(t)=-3l(t)+8,\quad l(0)=9 \tag{4-117}$$

设相关的未知参数为 $M_1=3$，$M_2=-3$，$M_3=3/4$，$M_4=2$，$T_1=1/2$，$T_2=1/3$，$T_3=1/4$，$T_4=1/2$，$W_1=1/2$，$W_2=1/3$，$W_3=1/4$，$W_4=1/2$。

注意，这些系数对控制器来说是未知的，它们的值是随机分配的并用于仿真。其余未指定的参数与实例1中的参数相同。

应用表4.1中的控制器，仿真结果如图4.25和图4.26所示。三艘船的输出（航行轨迹）如图4.25所示，它们的输出最终实现了同步，即实现了精确的输出同步。此外，图4.26验证了每艘船的邻域误差满足规定的性能要求。

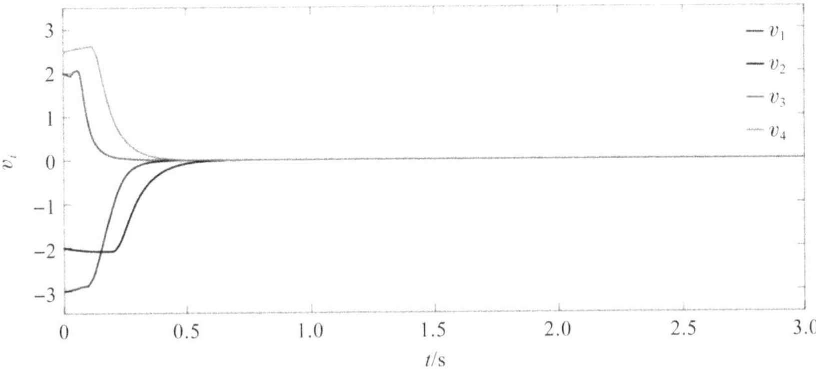

图4.25　系统输出 $y_i=v_i(t)$

为了验证本例描述的性能界限与误差的初始值无关，改变每艘船的初始位置，使误差的初始值不同，如图4.26(b)(c)(d)所示，初始值$[v_1\quad v_2\quad v_3\quad v_4]^{\mathrm{T}}$分别为$[4,0.5,6,1]^{\mathrm{T}}$，$[4,-2,2.5,1]^{\mathrm{T}}$，$[1,2,4,6]^{\mathrm{T}}$。由图4.26可以看出，无论误差的初始状态如何，误差 z_{i1} 都被限制在规定的范围内。

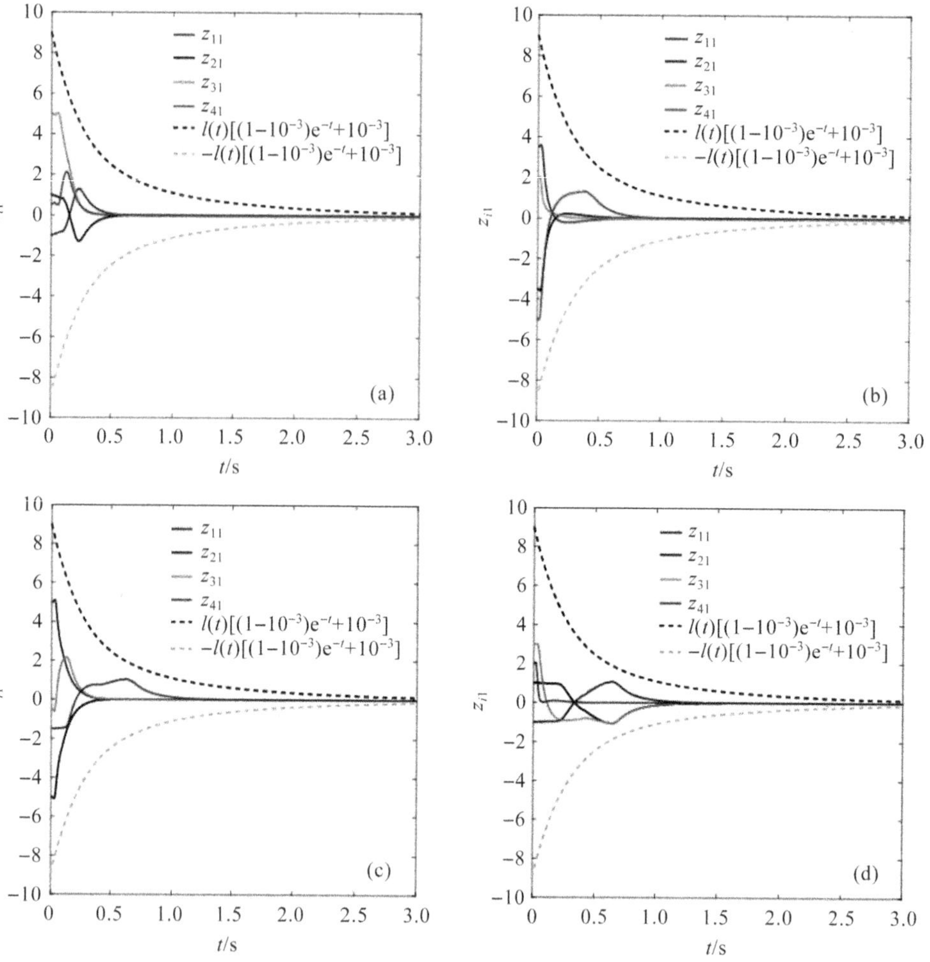

图 4.26 不同初值情况下的邻域误差 $z_{i1}(t)$

值得注意的是,我们在这里选择了一个较大的 $l(0)=9$,这是基于系统的实际公差。如果个体初始状态之间的差异过大,超出了通信范围,那么在这种情况下,同步是没有意义的。在图 4.26 中,$l(0)$独立于错误的初始值。因此,该控制器在实际应用中的有效性也得到了验证。

本节研究了无领航者的无人系统协调预设控制的精确输出同步问题。前几节以及现有的研究成果大多集中在暂态性能上,而忽略了系统的最终收敛精度。实际系统(例如船舶系统)通常会受到不确定扰动的影响,这是本节没有考虑的。下一节将针对受扰动的无领航者的无人系统协调预设性能控制的精确输出同步开展研究。

4.6　受扰动的无领航者的无人系统协调预设控制的精确输出同步

考虑到实际情况，无人系统在工作环境中常常会受到各种未知扰动的影响，本节通过 sg(· , ·)函数来处理系统中扰动的影响。

4.6.1　问题描述

考虑由具有严格反馈形式的 N 个智能体组成的网络系统，其中智能体 i 的动态方程如下：

$$\begin{cases}\dot{x}_{i1}=g_{i1}x_{i2}+\boldsymbol{\theta}_i^{\mathrm{T}}\boldsymbol{\varphi}_{i1}(x_{i1})+\Delta_{i1}(t)\\ \dot{x}_{i2}=g_{i2}x_{i3}+\boldsymbol{\theta}_i^{\mathrm{T}}\boldsymbol{\varphi}_{i2}(\bar{\boldsymbol{x}}_{i2})+\Delta_{i2}(t)\\ \vdots \\ \dot{x}_{in}=g_{in}u_i+\boldsymbol{\theta}_i^{\mathrm{T}}\boldsymbol{\varphi}_{in}(\bar{\boldsymbol{x}}_{in})+\Delta_{in}(t)\\ y_i=x_{i1}\end{cases}\quad (i=1,\cdots,N) \tag{4-118}$$

其中，$\boldsymbol{x}_i=[x_{i1},x_{i2},\cdots,x_{in}]^{\mathrm{T}}\in\mathbf{R}^n$，$u_i\in\mathbf{R}$ 和 $y_i\in\mathbf{R}$ 分别为智能体 i 的状态、输入和输出；$\boldsymbol{\theta}_i\in\mathbf{R}^p$ 为未知的参数向量；$\boldsymbol{\varphi}_{i\bar{l}}(\bar{\boldsymbol{x}}_{i\bar{l}}):\mathbf{R}^{\bar{l}}\rightarrow\mathbf{R}^p$ 为已知的光滑并且有界的函数，$\bar{\boldsymbol{x}}_{i\bar{l}}=[x_{i1},\cdots,x_{i\bar{l}}]^{\mathrm{T}}(\bar{l}=1,\cdots,n)$；$g_{il}$ 为未知常数，其符号和幅值都是未知的，可以分别表示智能体 i 的控制方向和控制增益；$\Delta_{i1}(t),\cdots,\Delta_{in}(t)$ 为一组未知的时变外部扰动。

假设 4.8　g_{il} 是未知的，并且存在两个常数 $\underline{g}_{il}$ 与 $\bar{g}_{il}$，满足 $\underline{g}_{il}<g_{il}<\bar{g}_{il}$。

假设 4.9　外部扰动 $\Delta_{ik}(t)(i=1,\cdots,N;k=1,\cdots,n)$ 是有界的，即 $|\Delta_{ik}(t)|\leqslant\underline{D}_{ik}$。此外，定义 $[\underline{D}_{11},\cdots,\underline{D}_{\bar{i}\bar{k}}]^{\mathrm{T}}=\boldsymbol{D}_{ik}(\bar{i}=1,\cdots,N;\bar{k}=1,\cdots,n)$。

控制目标：在有向图具有生成树的条件下，针对由多个式(4-118)组成的无人系统，为每个智能体设计分布式控制器 u_i，使得每个智能体的邻域误差 $z_{i1}=\sum\limits_{j\in N_i}a_{ij}[x_{i1}(t)-x_{j1}(t)]$ 在规定的边界内演化并最终收敛到 0(即实现精确的输出同步)，同时保证闭环系统所有信号有界。

为实现该控制目标，需要用到以下引理。

引理 4.7　$V(t)$ 与 $s(t)$ 为两个定义在区间 $[0,t_f)$ 上的连续函数，$V(t)\geqslant0$，$\forall t\in[0,t_f)$，$N(\cdot)$ 为 Nussbaum 函数，如果满足

$$V(t) \leqslant \int_0^t [gN(s)+1]\dot{s}\mathrm{d}\tau + c_0 \tag{4-119}$$

其中，c_0 为适当常数，g 为非零常数，那么 $V(t)$，$s(t)$ 和 $\int_0^t [gN(s)+1]\dot{s}\mathrm{d}\tau$ 在区间 $[0,t_f)$ 上都是有界的。

引理 4.8 对于函数 $\mathrm{sg}(\delta,\hbar(t))=\dfrac{\delta}{\sqrt{\delta^2+\hbar(t)^2}}$，其中，$\delta$ 是一个标量，$\hbar(t)>0$，$\int_0^t \hbar(s)\mathrm{d}s<\infty$，$\forall t\geqslant 0$，具有以下性质：

$$|\delta|<\hbar(t)+\delta\mathrm{sg}(\delta,\hbar(t)) \tag{4-120}$$

4.6.2 协调预设性能控制器设计

为了简化设计过程，将智能体 i 接收到的信息 $x_{jk}(\forall j\in N_i)$ 表示为一个行向量 $\mathbf{vec}^i\{x_{jk}\}$。

第 1 步： 定义邻域误差 $z_{i1}=\sum_{j\in N_i} a_{ij}(x_{i1}-x_{j1})$，做误差变换 $\varepsilon_{i1}=F_{\mathrm{tran},1}^{-1}(z_{i1}/\bar{\omega}_i(t))$，其导数为

$$\dot{\varepsilon}_{i1}=\frac{\partial F_{\mathrm{tran},1}^{-1}}{\partial[z_{i1}/\bar{\omega}_i(t)]}\frac{\dot{z}_{i1}}{\bar{\omega}_i(t)}-\frac{\partial F_{\mathrm{tran},1}^{-1}}{\partial[z_{i1}/\bar{\omega}_i(t)]}\frac{\dot{\bar{\omega}}_i(t)z_{i1}}{\bar{\omega}_i^2(t)}+\frac{\partial F_{\mathrm{tran},1}^{-1}}{\partial l_i(t)}\dot{l}_i(t)=r_{i1}\dot{z}_{i1}+v_{i1} \tag{4-121}$$

其中，$r_{i1}=\dfrac{\partial F_{\mathrm{tran},1}^{-1}}{\partial[z_{i1}/\bar{\omega}_i(t)]}\dfrac{1}{\bar{\omega}_i(t)}$，$v_{i1}=-\dfrac{\partial F_{\mathrm{tran},1}^{-1}}{\partial[z_{i1}/\bar{\omega}_i(t)]}\dfrac{\dot{\bar{\omega}}_i(t)z_{i1}}{\bar{\omega}_i^2(t)}+\dfrac{\partial F_{\mathrm{tran},1}^{-1}}{\partial l_i(t)}\dot{l}_i(t)$，$z_{i1}$ 对时间的导数为

$$\dot{z}_{i1}=\sum_{j\in N_i} a_{ij}(g_{i1}x_{i2}+\boldsymbol{\theta}_i^{\mathrm{T}}\boldsymbol{\varphi}_i+\Delta_{i1}-g_{j1}x_{j2}+\boldsymbol{\theta}_j^{\mathrm{T}}\boldsymbol{\varphi}_j+\Delta_{i1}) \tag{4-122}$$

其中，$\hat{\boldsymbol{\theta}}_{i1}$ 和 $\hat{\underline{D}}_{i1}$ 分别为参数 $\boldsymbol{\theta}_i$ 和 $\underline{D}_{i1}$ 的估计器，则 $\tilde{\boldsymbol{\theta}}_{i1}=\boldsymbol{\theta}_{i1}-\hat{\boldsymbol{\theta}}_{i1}$，$\tilde{\underline{D}}_{i1}=\underline{D}_{i1}-\hat{\underline{D}}_{i1}$。定义第一个 Lyapunov 函数为

$$V_{i1}=\frac{1}{2}x_{i1}^2+\frac{1}{2}\tilde{\boldsymbol{\theta}}_{i1}^{\mathrm{T}}\tilde{\boldsymbol{\theta}}_{i1}+\frac{1}{2}\tilde{\underline{D}}_{i1}^2 \tag{4-123}$$

式(4-123)对时间求导，得到

$$\dot{V}_{i1}=x_{i1}[g_{i1}N(\xi_{i1})\eta_{i1}+\hat{\boldsymbol{\theta}}_{i1}^{\mathrm{T}}\boldsymbol{\varphi}_{i1}+\Delta_{i1}]+x_{i1}g_{i1}z_{i2}-\tilde{\boldsymbol{\theta}}_{i1}^{\mathrm{T}}(\dot{\hat{\boldsymbol{\theta}}}_{i1}-x_{i1}\boldsymbol{\varphi}_{i1})-\tilde{\underline{D}}_{i1}\dot{\hat{\underline{D}}}_{i1} \tag{4-124}$$

其中，

$$
\begin{aligned}
&\dot{s}_{i1}=x_{i1}\eta_{i1}\\
&\dot{\hat{\boldsymbol{\theta}}}_{i1}=x_{i1}\boldsymbol{\varphi}_{i1}\\
&\dot{\hat{\underline{D}}}_{i1}=x_{i1}\operatorname{sg}(x_{i1},\hbar(t))\\
&\eta_{i1}=k_1x_{i1}\varepsilon_{i1}^2+\hat{\boldsymbol{\theta}}_{i1}^{\mathrm{T}}\boldsymbol{\varphi}_{i1}+n_{g1}x_{i1}+\hat{\underline{D}}_{i1}\operatorname{sg}(x_{i1},\hbar(t))\\
&x_{i2}^d=N(s_{i1})\eta_{i1}
\end{aligned}
\tag{4-125}
$$

注意到，式(4-124)中 $|\Delta_{i1}|\leqslant\underline{D}_{i1}$，之后根据引理 4.8 中函数 $\operatorname{sg}(\delta,\hbar)$ 的性质，将式(4-125)代入式(4-124)，可以得到

$$
\begin{aligned}
\dot{V}_{i1}\leqslant{}&g_{i1}N(s_{i1})\dot{s}_{i1}+\dot{s}_{i1}-k_1x_{i1}^2\varepsilon_{i1}^2+\frac{\overline{g}_{i1}^2z_{i2}^2}{4n_{g1}}-n_{g1}x_{i1}^2+|x_{i1}|\underline{D}_{i1}\\
&-x_{i1}\underline{D}_{i1}\operatorname{sg}(x_{i1},\hbar(t))+\widetilde{\underline{D}}_{i1}\left[x_{i1}\operatorname{sg}(x_{i1},\hbar(t))-\dot{\hat{\underline{D}}}_{i1}\right]\\
\leqslant{}&g_{i1}N(s_{i1})\dot{s}_{i1}+\dot{s}_{i1}-k_1x_{i1}^2\varepsilon_{i1}^2+\frac{\overline{g}_{i1}^2z_{i2}^2}{4n_{g1}}+\underline{D}_{i1}\hbar(t)
\end{aligned}
\tag{4-126}
$$

其中，$\hbar(t)>0$，$\int_0^t\hbar(s)\mathrm{d}s<\infty$，$\forall t\geqslant0$。此时，上述问题转化为研究 z_{i2}^2 的可积性，即 $z_{i2}\in L_2$。

第 p 步($2\leqslant p\leqslant n-1$)：定义误差 $z_{ip}=x_{ip}-x_{ip}^d$，其对时间的导数为

$$
\begin{aligned}
\dot{z}_{ip}={}&\dot{x}_{ip}-\dot{x}_{ip}^d\\
={}&g_{ip}x_{i,p+1}+\boldsymbol{\theta}_i^{\mathrm{T}}\boldsymbol{\varphi}_{ip}+f_{i,p-1}+\Delta_{ip}-\sum_{k=1}^{p-1}\left(\frac{\partial x_{ip}^d}{\partial x_{ik}}\dot{x}_{ik}+\sum_{j=1}^{N}a_{ij}\frac{\partial x_{ip}^d}{\partial x_{jk}}\dot{x}_{jk}\right)\\
={}&g_{ip}x_{i,p+1}+f_{i,p-1}+\boldsymbol{\theta}_i^{\mathrm{T}}\left(\boldsymbol{\varphi}_{ip}-\sum_{k=1}^{p-1}\frac{\partial x_{ip}^d}{\partial x_{ik}}\boldsymbol{\varphi}_{ik}\right)-\sum_{k=1}^{p-1}\sum_{j=1}^{N}a_{ij}\boldsymbol{\theta}_j^{\mathrm{T}}\frac{\partial x_{ip}^d}{\partial x_{jk}}\boldsymbol{\varphi}_{jk}\\
&-\sum_{k=1}^{p-1}\frac{\partial x_{ip}^d}{\partial x_{ik}}g_{ik}x_{i,k+1}-\sum_{k=1}^{p-1}\sum_{j=1}^{p}a_{ij}\frac{\partial x_{ip}^d}{\partial x_{jk}}g_{jk}x_{j,k+1}\\
&-\sum_{k=1}^{p-1}\frac{\partial x_{ip}^d}{\partial x_{ik}}\Delta_{ik}-\sum_{k=1}^{p-1}\sum_{j=1}^{N}a_{ij}\frac{\partial x_{ip}^d}{\partial x_{jk}}\Delta_{jk}+\Delta_{ip}\\
={}&g_{ip}x_{i,p+1}+\boldsymbol{\Theta}_i^{\mathrm{T}}\boldsymbol{\Phi}_{ip}+\boldsymbol{G}_{i,p-1}^{\mathrm{T}}\overline{\boldsymbol{X}}_{ip}+f_{i,p-1}+\overline{\boldsymbol{\Delta}}_{ip}^{\mathrm{T}}\boldsymbol{\Psi}_{ip}
\end{aligned}
\tag{4-127}
$$

其中，

$$
\begin{aligned}
f_{i,p-1} &= -\frac{\partial x_{im}^d}{\partial s_{i,p-1}}\dot{s}_{i,p-1} - \frac{\partial x_{ip}^d}{\partial \hat{\boldsymbol{\Theta}}_{i,p-1}}\dot{\hat{\boldsymbol{\Theta}}}_{i,p-1} - \frac{\partial x_{ip}^d}{\partial \hat{\boldsymbol{D}}_{i,p-1}}\dot{\hat{\boldsymbol{D}}}_{i,p-1} \\
&\quad - \frac{\partial x_{ip}^d}{\partial \hbar}\dot{\hbar} - \frac{\partial x_{ip}^d}{\partial \omega_i}\dot{\omega}_i - \frac{\partial x_{ip}^d}{\partial l_i}\dot{l}_i - \frac{\partial x_{ip}^d}{\partial \hat{\boldsymbol{G}}_{i,p-2}}\dot{\hat{\boldsymbol{G}}}_{i,p-2} \\
\boldsymbol{\Theta}_i &= [\boldsymbol{\theta}_i^{\mathrm{T}}, \mathbf{vec}\{\boldsymbol{\theta}_j^{\mathrm{T}}\}]^{\mathrm{T}} \\
\boldsymbol{\Phi}_{ip} &= \left[\boldsymbol{\varphi}_{ip} - \sum_{k=1}^{p-1}\frac{\partial x_{ip}^d}{\partial x_{ik}}\boldsymbol{\varphi}_{ik}, -\mathbf{vec}\left\{\sum_{k=1}^{p-1}\frac{\partial x_{ip}^d}{\partial x_{jk}}\boldsymbol{\varphi}_{jk}^{\mathrm{T}}\right\}\right]^{\mathrm{T}} \\
\boldsymbol{G}_{i,p-1} &= [g_{i1}, \cdots, g_{i,p-1}, \mathbf{vec}\{g_{j1}\}, \cdots, \mathbf{vec}\{g_{j,p-1}\}]^{\mathrm{T}} \\
\overline{\boldsymbol{X}}_{ip} &= \left[-\frac{\partial x_{ip}^d}{\partial x_{i1}}x_{i2}, \cdots, -\frac{\partial x_{ip}^d}{\partial x_{i,p-1}}x_{ip}, \mathbf{vec}\left\{-\frac{\partial x_{ip}^d}{\partial x_{j1}}x_{j2}\right\}, \cdots, \mathbf{vec}\left\{-\frac{\partial x_{ip}^d}{\partial x_{j,p-1}}x_{jp}\right\}\right]^{\mathrm{T}} \\
\overline{\boldsymbol{\Delta}}_{ip} &= [\Delta_{i1}, \cdots, \Delta_{i,p}, \mathbf{vec}\{\Delta_{j1}\}, \cdots, \mathbf{vec}\{\Delta_{j,p-1}\}]^{\mathrm{T}} \\
\boldsymbol{\Psi}_{ip} &= \left[-\frac{\partial x_{ip}^d}{\partial x_{i1}}, \cdots, 1, \mathbf{vec}\left\{-\frac{\partial x_{ip}^d}{\partial x_{j1}}\right\}, \cdots, \mathbf{vec}\left\{-\frac{\partial x_{ip}^d}{\partial x_{j,p-1}}\right\}\right]^{\mathrm{T}} \quad (j \in N_i)
\end{aligned}
\tag{4-128}
$$

做误差变换 $\varepsilon_{ip} = F_{\mathrm{tran},p}^{-1}(z_{ip}/\bar{\omega}_i(t), l_i(t))$，其对时间的导数为

$$
\dot{\varepsilon}_{ip} = \frac{\partial F_{\mathrm{tran},p}^{-1}}{\partial[z_{ip}/\bar{\omega}_i(t)]}\frac{\dot{z}_{ip}}{\bar{\omega}_i(t)} - \frac{\partial F_{\mathrm{tran},p}^{-1}}{\partial[z_{ip}/\bar{\omega}_i(t)]}\frac{\dot{\bar{\omega}}_i(t)z_{ip}}{\bar{\omega}_i^2(t)} + \frac{\partial F_{\mathrm{tran},p}^{-1}}{\partial l_i}\dot{l}_i(t) \tag{4-129}
$$

其中，$r_{ip} = \frac{\partial F_{\mathrm{tran},p}^{-1}}{\partial[z_{ip}/\bar{\omega}_i(t)]}\frac{1}{\bar{\omega}_i(t)}$，$v_{ip} = -\frac{\partial F_{\mathrm{tran},p}^{-1}}{\partial[z_{ip}/\bar{\omega}_i(t)]}\frac{\dot{\bar{\omega}}_i(t)z_{ip}}{\bar{\omega}_i^2(t)} + \frac{\partial F_{\mathrm{tran},p}^{-1}}{\partial l_i(t)}\dot{l}_i(t)$，由此可以得到

$$
\dot{\varepsilon}_{ip} = r_{ip}(g_{ip}x_{i,p+1} + \boldsymbol{\Theta}_i^{\mathrm{T}}\boldsymbol{\Phi}_{ip} + \boldsymbol{G}_{i,p-1}^{\mathrm{T}}\overline{\boldsymbol{X}}_{ip} + f_{i,p-1} + \overline{\boldsymbol{\Delta}}_{ip}^{\mathrm{T}}\boldsymbol{\Psi}_{ip}) + v_{ip} \tag{4-130}
$$

定义 Lyapunov 函数

$$
V_{ip} = \frac{1}{2}\varepsilon_{ip}^2 + \frac{1}{2}\widetilde{\boldsymbol{\Theta}}_{ip}^{\mathrm{T}}\widetilde{\boldsymbol{\Theta}}_{ip} + \frac{1}{2}\widetilde{\boldsymbol{G}}_{i,p-1}^{\mathrm{T}}\widetilde{\boldsymbol{G}}_{i,p-1} + \frac{1}{2}\widetilde{\boldsymbol{D}}_{ip}^{\mathrm{T}}\widetilde{\boldsymbol{D}}_{ip} \tag{4-131}
$$

其中，$\widetilde{\boldsymbol{\Theta}}_{ip} = \boldsymbol{\Theta}_{ip} - \hat{\boldsymbol{\Theta}}_{ip}$，$\widetilde{\boldsymbol{G}}_{i,p-1} = \boldsymbol{G}_{i,p-1} - \hat{\boldsymbol{G}}_{i,p-1}$，$\widetilde{\boldsymbol{D}}_{i,p-1} = \boldsymbol{D}_{ip} - \hat{\boldsymbol{D}}_{ip}$；$\hat{\boldsymbol{G}}_{i,p-1}$ 和 $\hat{\boldsymbol{D}}_{ip}$ 是参数估计器。式(4-131)对时间求导，可以得到

$$
\begin{aligned}
\dot{V}_{ip} &= \varepsilon_{ip}\dot{\varepsilon}_{ip} - \widetilde{\boldsymbol{\Theta}}_{ip}^{\mathrm{T}}\dot{\hat{\boldsymbol{\Theta}}}_{ip} - \widetilde{\boldsymbol{G}}_{i,p-1}^{\mathrm{T}}\dot{\hat{\boldsymbol{G}}}_{i,p-1} - \widetilde{\boldsymbol{D}}_{ip}^{\mathrm{T}}\dot{\hat{\boldsymbol{D}}}_{ip} \\
&= \varepsilon_{ip}[r_{ip}(g_{ip}x_{i,p+1}^d + \boldsymbol{\Theta}_i^{\mathrm{T}}\boldsymbol{\Phi}_{ip} + \boldsymbol{G}_{i,p-1}^{\mathrm{T}}\overline{\boldsymbol{X}}_{ip} + f_{i,p-1}) + v_{ip}] - \widetilde{\boldsymbol{\Theta}}_{ip}^{\mathrm{T}}\dot{\hat{\boldsymbol{\Theta}}}_{ip} \\
&\quad - \widetilde{\boldsymbol{G}}_{i,p-1}^{\mathrm{T}}\dot{\hat{\boldsymbol{G}}}_{i,p-1} - \widetilde{\boldsymbol{D}}_{ip}^{\mathrm{T}}\dot{\hat{\boldsymbol{D}}}_{ip} + \varepsilon_{ip}r_{ip}g_{ip}z_{i,p+1}
\end{aligned}
\tag{4-132}
$$

取

$$
\begin{aligned}
&\dot{s}_{ip}=\varepsilon_{ip}r_{ip}\eta_{ip}\\
&\dot{\hat{\boldsymbol{\Theta}}}_{ip}=\varepsilon_{ip}r_{ip}\boldsymbol{\Phi}_{ip}\\
&\dot{\hat{\boldsymbol{G}}}_{i,p-1}=\varepsilon_{ip}r_{ip}\overline{\boldsymbol{X}}_{ip}\\
&\dot{\hat{\boldsymbol{D}}}_{ip}=\varepsilon_{ip}r_{ip}\boldsymbol{\Psi}_{ip}^{\mathrm{sg}}\\
&\eta_{ip}=\frac{k_p\varepsilon_{ip}}{r_{ip}}+\hat{\boldsymbol{\Theta}}_{ip}^{\mathrm{T}}\boldsymbol{\Phi}_{ip}+\hat{\boldsymbol{G}}_{i,p-1}^{\mathrm{T}}\overline{\boldsymbol{X}}_{ip}+f_{i,p-1}+\frac{v_{ip}}{r_{ip}}+n_{gp}\varepsilon_{ip}r_{ip}+\hat{\boldsymbol{D}}_{ip}^{\mathrm{T}}\boldsymbol{\Psi}_{ip}^{\mathrm{sg}}\\
&x_{i,p+1}^{d}=N(s_{ip})\eta_{ip}
\end{aligned}
\tag{4-133}
$$

其中，$\boldsymbol{\Psi}_{ip}^{\mathrm{sg}}=[\Psi_{ip}^{(1)}\mathrm{sg}(\Psi_{ip}^{(1)}\varepsilon_{ip}r_{ip},\hbar(t)),\Psi_{ip}^{(2)}\mathrm{sg}(\Psi_{ip}^{(2)}\varepsilon_{ip}r_{ip},\hbar(t)),\cdots,\Psi_{ip}^{(p+d_i(p-1))}\cdot\mathrm{sg}(\Psi_{ip}^{(p+d_i(p-1))}\varepsilon_{ip}r_{ip},\hbar(t))]^{\mathrm{T}}$，$d_i$ 表示节点 i 的入度。注意到 $|\Delta_{ip}|\leqslant \underline{D}_{ip}$，根据引理4.8中sg函数的性质，将式(4-133)代入式(4-132)，可以得到

$$
\begin{aligned}
\dot{V}_{ip}=&g_{ip}N(s_{ip})\dot{s}_{ip}+\dot{s}_{ip}-k_p\varepsilon_{ip}^2-\varepsilon_{ip}r_{ip}\hat{\boldsymbol{D}}_{ip}^{\mathrm{T}}\boldsymbol{\Psi}_{ip}^{\mathrm{sg}}+\varepsilon_{ip}r_{ip}\overline{\boldsymbol{\Delta}}_{ip}^{\mathrm{T}}\boldsymbol{\Psi}_{ip}-\widetilde{\boldsymbol{D}}_{ip}^{\mathrm{T}}\dot{\hat{\boldsymbol{D}}}_{ip}\\
&+\varepsilon_{ip}r_{ip}g_{ip}z_{i,p+1}-n_{gp}\varepsilon_{ip}^2\\
\leqslant&g_{ip}N(s_{ip})\dot{s}_{ip}+\dot{s}_{ip}-k_p\varepsilon_{ip}^2+\frac{\overline{g}_{ip}z_{i,p+1}^2}{4n_{gp}}-\varepsilon_{ip}r_{ip}\hat{\boldsymbol{D}}_{ip}^{\mathrm{T}}\boldsymbol{\Psi}_{ip}^{\mathrm{sg}}+|\varepsilon_{ip}r_{ip}|\boldsymbol{D}_{ip}^{\mathrm{T}}\boldsymbol{\Psi}_{|ip|}-\widetilde{\boldsymbol{D}}_{ip}^{\mathrm{T}}\dot{\hat{\boldsymbol{D}}}_{ip}\\
=&g_{ip}N(s_{ip})\dot{s}_{ip}+\dot{s}_{ip}-k_p\varepsilon_{ip}^2+\frac{\overline{g}_{ip}z_{i,p+1}^2}{4n_{gp}}-\varepsilon_{ip}r_{ip}\boldsymbol{D}_{ip}^{\mathrm{T}}\boldsymbol{\Psi}_{ip}^{\mathrm{sg}}\\
&+|\varepsilon_{ip}r_{ip}|\boldsymbol{D}_{ip}^{\mathrm{T}}\boldsymbol{\Psi}_{|im|}+\widetilde{\boldsymbol{D}}_{ip}^{\mathrm{T}}[\varepsilon_{ip}r_{ip}\boldsymbol{\Psi}_{ip}^{\mathrm{sg}}-\dot{\hat{\boldsymbol{D}}}_{ip}]\\
\leqslant&g_{ip}N(s_{ip})\dot{s}_{ip}+\dot{s}_{ip}-k_p\varepsilon_{ip}^2+\frac{\overline{g}_{ip}z_{i,p+1}^2}{4n_{gp}}+\boldsymbol{D}_{ip}^{\mathrm{T}}[\hbar(t)\mathbf{1}_{p+d_i(p-1)}]
\end{aligned}
\tag{4-134}
$$

其中，$\hbar>0,\int_0^t\hbar(s)\mathrm{d}s<\infty$。$\mathbf{1}_{p+d_i(p-1)}$ 是由 $p+d_i(p-1)$ 个元素1组成的向量。此时，问题转换为研究 $z_{i,p+1}^2$ 的可积性。

第 n 步：定义误差 $z_{in}=x_{in}-x_{in}^d$，其对时间的导数为

$$
\begin{aligned}
\dot{z}_{in}&=\dot{x}_{in}-\dot{x}_{in}^d=g_{in}u_i+\boldsymbol{\theta}_i^{\mathrm{T}}\boldsymbol{\varphi}_{in}+f_{i,n-1}+\Delta_{in}-\sum_{k=1}^{n-1}\left(\frac{\partial x_{in}^d}{\partial x_{ik}}\dot{x}_{ik}+\sum_{j=1}^{N}a_{ij}\frac{\partial x_{in}^d}{\partial x_{jk}}\dot{x}_{jk}\right)\\
&=g_{in}u_i+\boldsymbol{\Theta}_i^{\mathrm{T}}\boldsymbol{\Phi}_{in}+\boldsymbol{G}_{i,n-1}^{\mathrm{T}}\overline{\boldsymbol{X}}_{in}+f_{i,n-1}+\overline{\boldsymbol{\Delta}}_{in}^{\mathrm{T}}\boldsymbol{\Psi}_{in}
\end{aligned}
\tag{4-135}
$$

其中，

$$f_{i,n-1}=-\frac{\partial x_{in}^d}{\partial s_{i,n-1}}\dot{s}_{i,n-1}-\frac{\partial x_{in}^d}{\partial\hat{\boldsymbol{\Theta}}_{i,n-1}}\dot{\hat{\boldsymbol{\Theta}}}_{i,n-1}-\frac{\partial x_{in}^d}{\partial l_i}\dot{l}_i-\frac{\partial x_{in}^d}{\partial\hbar}\dot{\hbar}$$
$$-\frac{\partial x_{in}^d}{\partial\omega_i}\dot{\omega}_i-\frac{\partial x_{in}^d}{\partial\hat{D}_{i,n-1}}\dot{\hat{D}}_{i,n-1}-\frac{\partial x_{in}^d}{\partial\hat{\boldsymbol{G}}_{i,n-2}}\dot{\hat{\boldsymbol{G}}}_{i,n-2}$$
$$\boldsymbol{\Theta}_i=[\boldsymbol{\theta}_i^{\mathrm{T}},\mathbf{vec}\{\boldsymbol{\theta}_j^{\mathrm{T}}\}]^{\mathrm{T}}$$
$$\boldsymbol{\Phi}_{in}=[\boldsymbol{\varphi}_{in}-\sum_{k=1}^{n-1}\frac{\partial x_{in}^d}{\partial x_{ik}}\boldsymbol{\varphi}_{ik},-\mathbf{vec}\{\sum_{k=1}^{n-1}\frac{\partial x_{in}^d}{\partial x_{jk}}\boldsymbol{\varphi}_{jk}^{\mathrm{T}}\}]^{\mathrm{T}}$$
$$\boldsymbol{G}_{i,n-1}=[g_{i1},\cdots,g_{i,n-1},\mathbf{vec}\{g_{j1}\},\cdots,\mathbf{vec}\{g_{j,n-1}\}]^{\mathrm{T}}$$
$$\overline{\boldsymbol{X}}_{in}=\left[-\frac{\partial x_{in}^d}{\partial x_{i1}}x_{i2},\cdots,-\frac{\partial x_{in}^d}{\partial x_{i,n-1}}x_{in},\mathbf{vec}\left\{-\frac{\partial x_{in}^d}{\partial x_{j1}}x_{j2}\right\},\cdots,\mathbf{vec}\left\{-\frac{\partial x_{in}^d}{\partial x_{j,n-1}}x_{jn}\right\}\right]^{\mathrm{T}}$$
$$\overline{\boldsymbol{\Delta}}_{in}=[\Delta_{i1},\cdots,\Delta_{i,n-1},\Delta_{in},\mathbf{vec}\{\Delta_{j1}\},\cdots,\mathbf{vec}\{\Delta_{j,n-1}\}]^{\mathrm{T}}$$
$$\boldsymbol{\Psi}_{in}=\left[-\frac{\partial x_{in}^d}{\partial x_{i1}},\cdots,-\frac{\partial x_{in}^d}{\partial x_{i,n-1}},1,\mathbf{vec}\left\{-\frac{\partial x_{in}^d}{\partial x_{j1}}\right\},\cdots,\mathbf{vec}\left\{-\frac{\partial x_{in}^d}{\partial x_{j,n-1}}\right\}\right]^{\mathrm{T}}\quad(j\in N_i)\tag{4-136}$$

做误差变换 $\varepsilon_{in}=F_{\mathrm{tran},n}^{-1}(z_{in}/\bar{\omega}_i(t),l_i(t))$，其对时间的导数为

$$\dot{\varepsilon}_{in}=\frac{\partial F_{\mathrm{tran},n}^{-1}}{\partial[z_{in}/\bar{\omega}_i(t)]}\frac{\dot{z}_{in}}{\bar{\omega}_i(t)}-\frac{\partial F_{\mathrm{tran},n}^{-1}}{\partial[z_{in}/\bar{\omega}_i(t)]}\frac{\dot{\bar{\omega}}_i(t)z_{in}}{\bar{\omega}_i^2(t)}+\frac{\partial F_{\mathrm{tran},n}^{-1}}{\partial l_i}\dot{l}_i(t)\tag{4-137}$$

其中，$r_{in}=\frac{\partial F_{\mathrm{tran},n}^{-1}}{\partial[z_{in}/\bar{\omega}_i(t)]}\frac{1}{\bar{\omega}_i(t)}$，$v_{in}=-\frac{\partial F_{\mathrm{tran},n}^{-1}}{\partial[z_{in}/\bar{\omega}_i(t)]}\frac{\dot{\bar{\omega}}_i(t)z_{in}}{\bar{\omega}_i^2(t)}+\frac{\partial F_{\mathrm{tran},n}^{-1}}{\partial l_i(t)}\dot{l}_i(t)$，由此可以得到

$$\dot{\varepsilon}_{in}=r_{in}(g_{in}u_i+\boldsymbol{\Theta}_i^{\mathrm{T}}\boldsymbol{\Phi}_{in}+\boldsymbol{G}_{i,n-1}^{\mathrm{T}}\overline{\boldsymbol{X}}_{in}+f_{i,n-1}+\overline{\boldsymbol{\Delta}}_{in}^{\mathrm{T}}\boldsymbol{\Psi}_{in})+v_{in}\tag{4-138}$$

定义 Lyapunov 函数

$$V_{in}=\frac{1}{2}\varepsilon_{in}^2+\frac{1}{2}\widetilde{\boldsymbol{\Theta}}_{in}^{\mathrm{T}}\widetilde{\boldsymbol{\Theta}}_{in}+\frac{1}{2}\widetilde{\boldsymbol{G}}_{i,n-1}^{\mathrm{T}}\widetilde{\boldsymbol{G}}_{i,n-1}+\frac{1}{2}\widetilde{\boldsymbol{D}}_{in}^{\mathrm{T}}\widetilde{\boldsymbol{D}}_{in}\tag{4-139}$$

其中，$\widetilde{\boldsymbol{\Theta}}_{in}=\boldsymbol{\Theta}_{in}-\hat{\boldsymbol{\Theta}}_{in}$，$\widetilde{\boldsymbol{G}}_{i,n-1}=\boldsymbol{G}_{i,n-1}-\hat{\boldsymbol{G}}_{i,n-1}$，$\widetilde{\boldsymbol{D}}_{i,n-1}=\boldsymbol{D}_{in}-\hat{\boldsymbol{D}}_{in}$；$\hat{\boldsymbol{\Theta}}_{in}$ 和 $\hat{\boldsymbol{G}}_{i,n-1}$ 是参数估计器。式(4-139)对时间求导，可以得到

$$\begin{aligned}\dot{V}_{in}&=\varepsilon_{in}\dot{\varepsilon}_{in}-\widetilde{\boldsymbol{\Theta}}_{in}^{\mathrm{T}}\dot{\hat{\boldsymbol{\Theta}}}_{in}-\widetilde{\boldsymbol{G}}_{i,n-1}^{\mathrm{T}}\dot{\hat{\boldsymbol{G}}}_{i,n-1}-\widetilde{\boldsymbol{D}}_{in}^{\mathrm{T}}\dot{\hat{\boldsymbol{D}}}_{in}\\&=\varepsilon_{in}[r_{in}(g_{in}x_{i,n+1}^d+\boldsymbol{\Theta}_i^{\mathrm{T}}\boldsymbol{\Phi}_{in}+\boldsymbol{G}_{i,n-1}^{\mathrm{T}}\overline{\boldsymbol{X}}_{in}+f_{i,n-1})+v_{in}]-\widetilde{\boldsymbol{\Theta}}_{in}^{\mathrm{T}}\dot{\hat{\boldsymbol{\Theta}}}_{in}\\&\quad-\widetilde{\boldsymbol{G}}_{i,n-1}^{\mathrm{T}}\dot{\hat{\boldsymbol{G}}}_{i,n-1}-\widetilde{\boldsymbol{D}}_{in}^{\mathrm{T}}\dot{\hat{\boldsymbol{D}}}_{in}+\varepsilon_{in}r_{in}g_{in}z_{i,n+1}\end{aligned}\tag{4-140}$$

与上一步类似，取

$$
\begin{aligned}
&\dot{s}_{in}=\varepsilon_{in}r_{in}\eta_{in}\\
&\dot{\hat{\boldsymbol{\Theta}}}_{in}=\varepsilon_{in}r_{in}\boldsymbol{\Phi}_{in}\\
&\dot{\hat{\boldsymbol{G}}}_{i,n-1}=\varepsilon_{in}r_{in}\overline{\boldsymbol{X}}_{in}\\
&\dot{\hat{\boldsymbol{D}}}_{in}=\varepsilon_{in}r_{in}\boldsymbol{\Psi}_{in}^{sg}\\
&x_{i,n+1}^{d}=N(s_{in})\eta_{in}\\
&\eta_{in}=\frac{k_n\varepsilon_{in}}{r_{in}}+\hat{\boldsymbol{\Theta}}_{in}^{\mathrm{T}}\boldsymbol{\Phi}_{in}+\hat{\boldsymbol{G}}_{i,n-1}^{\mathrm{T}}\overline{\boldsymbol{X}}_{in}+f_{i,n-1}+\frac{v_{in}}{r_{in}}+\hat{\boldsymbol{D}}_{in}^{\mathrm{T}}\boldsymbol{\Psi}_{in}^{sg}\\
&u_i=x_{i,n+1}^{d}=N(s_{in})\eta_{in}
\end{aligned}
\tag{4-141}
$$

其中，$\boldsymbol{\Psi}_{in}^{sg}=[\Psi_{in}^{(1)}\mathrm{sg}(\Psi_{in}^{(1)}\varepsilon_{in}r_{in},\hbar(t)),\Psi_{in}^{(2)}\mathrm{sg}(\Psi_{in}^{(2)}\varepsilon_{in}r_{in},\cdots,\Psi_{in}^{(n+d_i(n-1))}\cdot\mathrm{sg}(\Psi_{in}^{(n+d_i(n-1))}\varepsilon_{ip}r_{in},\hbar(t))]^{\mathrm{T}}$，$d_i$ 表示节点 i 的入度。注意到 $|\Delta_{ip}|\leqslant\underline{D}_{ip}$，根据引理 4.8 中 sg 函数的性质，将式(4-141)代入式(4-140)，可以得到

$$
\begin{aligned}
\dot{V}_{in}&\leqslant g_{in}N(s_{in})\dot{s}_{in}+\dot{s}_{in}-k_n\varepsilon_{in}^2+\boldsymbol{D}_{in}^{\mathrm{T}}[\hbar(t)\mathbf{1}_{n+d_i(n-1)}]\\
&\leqslant g_{in}N(s_{in})\dot{s}_{in}+\dot{s}_{in}+\boldsymbol{D}_{in}^{\mathrm{T}}[\hbar(t)\mathbf{1}_{n+d_i(n-1)}]
\end{aligned}
\tag{4-142}
$$

其中，$\hbar>0$，$\int_0^t\hbar(s)\mathrm{d}s<E$（$E$ 是一个常数），$\mathbf{1}_{n+d_i(n-1)}$ 是由 $n+d_i(n-1)$ 个元素 1 组成的向量。对式(4-142) 两边积分，则

$$
V_{in}(t)\leqslant\int_0^t[g_{in}N(s_{in})+1]\dot{s}_{in}(\tau)\mathrm{d}\tau+\boldsymbol{D}_{in}(E\,\mathbf{1}_{n+d_i(n-1)})+V_{in}(0)\tag{4-143}
$$

观察式(4-143)，可以看出 $\boldsymbol{D}_{in}(E\mathbf{1}_{n+d_i(n-1)})$ 是有限常数，那么通过引理 4.7 可以得到 V_{in}，$\int_0^t[g_{in}N(s_{in})+1]\dot{s}_{in}(\tau)\mathrm{d}\tau$ 和 s_{in} 在 $[0,t_f)$ 上是有界的。

结合上述分析过程，给出如下定理。

定理 4.4　考虑由动态方程如式(4-118) 所示的 N 个智能体组成的网络系统，通过由式(4-141)、式(4-133) 和式(4-125) 给出的控制器 u_i，以及动态为 $\dot{\hat{\boldsymbol{\theta}}}_{i1}$，$\dot{\hat{\underline{D}}}_{i1}$，$\dot{\hat{\boldsymbol{\Theta}}}_{ik}$，$\dot{\hat{\boldsymbol{D}}}_{ik}$，$\dot{\boldsymbol{G}}_{i,k-1}$，$\cdots(k=2,\cdots,n)$ 的参数估计器，可以保证：①所有个体的邻域误差最终收敛到 0，即 $\lim\limits_{t\to\infty}z_{i1}=\lim\limits_{t\to\infty}\sum\limits_{j\in N_i}a_{ij}[x_{i1}(t)-x_{j1}(t)]=0$；②所有个体的邻域误差在规定的边界内演化；③所有信号都是有界的。

证明：对式(4-142)的第一个不等式进行积分，可以得到

$$
\int_0^t k_n\varepsilon_{in}^2\mathrm{d}\tau+V_{in}(t)\leqslant\int_0^t g_{in}N(s_{in})\dot{s}_{in}\mathrm{d}\tau+s_{in}+\boldsymbol{D}_{in}(E\mathbf{1}_{n+d_i(n-1)})+V_{in}(0)\tag{4-144}
$$

根据上述分析，V_{in}，$\int_0^t [g_{in}N(s_{in})+1]\dot{s}_{in}(\tau)\mathrm{d}\tau$ 和 s_{in} 都是有界的，因此可以根据式(4-144)得到 ε_{in}^2 是可积的，注意到

$$z_{in}=\bar{\omega}_i(t)F_{\mathrm{tran},n}(\varepsilon_{in},l_i(t))=\bar{\omega}_i(t)\frac{l_i(t)\mathrm{e}^{\varepsilon_{in}}-l_i(t)\mathrm{e}^{-\varepsilon_{in}}}{\mathrm{e}^{\varepsilon_{in}}+\mathrm{e}^{-\varepsilon_{in}}} \tag{4-145}$$

其中，$l_i(t)$ 和 $\bar{\omega}_i(t)$ 都是有界的。由此可知存在一个常数 A，使得 $\bar{\omega}_i^2(t)l_i^2(t)\cdot\frac{1}{(\mathrm{e}^{\varepsilon_{in}}+\mathrm{e}^{-\varepsilon_{in}})^2}\leqslant A$。那么式(4-145)可以重新写为

$$z_{in}^2\leqslant A(\mathrm{e}^{\varepsilon_{in}}-\mathrm{e}^{-\varepsilon_{in}})^2 \tag{4-146}$$

对式(4-146)积分，得到

$$\int_0^t z_{in}^2\mathrm{d}\tau\leqslant\int_0^t A(\mathrm{e}^{\varepsilon_{in}}-\mathrm{e}^{-\varepsilon_{in}})^2\mathrm{d}\tau \tag{4-147}$$

可以看出，存在一个足够大的常数 K 和一个区域 Ω_z，使得 $(\mathrm{e}^{\varepsilon_{in}}-\mathrm{e}^{-\varepsilon_{in}})^2\leqslant K^2\varepsilon_{in}^2$，并且在某个时间 $\bar{t}$，$\mathrm{e}^{\varepsilon_{in}}-\mathrm{e}^{-\varepsilon_{in}}$ 将会进入区域 Ω_z。结合 ε_{in}^2 是可积的，可以得到

$$\int_0^\infty z_{in}^2(t)\mathrm{d}\tau\leqslant\int_0^{\bar{t}} z_{in}^2\mathrm{d}\tau+K^2A\int_{\bar{t}}^\infty \varepsilon_{in}^2\mathrm{d}\tau<\infty \tag{4-148}$$

因此，$z_{in}\in L_2\cap L_\infty$。类似地，$z_{im}\in L_2\cap L_\infty\ (2\leqslant m\leqslant n-1)$。注意到，式(4-126)可转化为

$$\begin{aligned}\dot{V}_{i1}&\leqslant -k_1x_{i1}^2\varepsilon_{i1}^2+g_{i1}N(s_{i1})\dot{s}_{i1}+\dot{s}_{i1}+\frac{\overline{g}_{i1}^2z_{i2}^2}{4n_{g1}}+\underline{D}_{i1}\hbar(t)\\&\leqslant g_{i1}N(s_{i1})\dot{s}_{i1}+\dot{s}_{i1}+\frac{\overline{g}_{i1}^2z_{i2}^2}{4n_{g1}}+\underline{D}_{i1}\hbar(t)\end{aligned} \tag{4-149}$$

类似地，由上述分析可以得到 $V_{i1}(t)$，s_{i1} 和 $\int_0^t [g_{i1}N(s_{i1})+1]\dot{s}_{i1}\mathrm{d}\tau$ 也都是有界的。对式(4-149)积分，得到

$$\int_0^t k_1x_{i1}^2\varepsilon_{i1}^2\mathrm{d}\tau\leqslant -V_{i1}(t)+\int_0^t[g_{i1}N(s_{i1})+1]\dot{s}_{i1}\mathrm{d}\tau+\int_0^t\frac{\overline{g}_{i1}^2z_{i2}^2}{4n_{g1}}\mathrm{d}\tau+V_{i1}(0)+\underline{D}_{i1}E \tag{4-150}$$

因此，$x_{i1}\varepsilon_{i1}\in L_2\cap L_\infty$。注意到 $x_{i1}\varepsilon_{i1}$ 的导数是由一些有界的状态量组成的，故 $x_{i1}\varepsilon_{i1}$ 的导数也是有界的，从而一致连续。根据 Barbalat 引理，有 $\lim\limits_{t\to\infty}x_{i1}^2\varepsilon_{i1}^2(t)=0$，即 $\lim\limits_{t\to\infty}x_{i1}(t)=0$ 或 $\lim\limits_{t\to\infty}\varepsilon_{i1}(t)=0$。当 $\lim\limits_{t\to\infty}x_{i1}(t)=0$ 时，每个个体的输出最终趋于 0，那么每个个体的邻域误差也将趋于 0。当 $\lim\limits_{t\to\infty}\varepsilon_{i1}(t)=0$ 时，$\lim\limits_{t\to\infty}z_{i1}(t)=0$。注意到 $\boldsymbol{Z}_1(t)=[z_{11}(t),\cdots,z_{N1}(t)]^{\mathrm{T}}=\boldsymbol{L}[x_{11}(t),\cdots,x_{N1}(t)]^{\mathrm{T}}$，且有向图具有生成树，那么可以得到 $\lim\limits_{t\to\infty}z_{i1}(t)=0\Rightarrow\lim\limits_{t\to\infty}x_{i1}(t)=\lim\limits_{t\to\infty}x_{j1}(t)(\forall\, i,j)$，因此 $\boldsymbol{L}$ 的零空间为 $\boldsymbol{1}_N$。证明完成。

接下来给出图 4.27 以进一步说明本节的控制思想。图中实线表示本节的设计思路，虚线则表示上一步需要借助下一步得以实现，绿色虚线表示黑色虚线的步骤实现后的反推过程。其中邻域信息 x_{j1} 可以在通信网络中进行传输，而 $x_{i1},\cdots,x_{in}$ 则是可以由个体本身获知，中间虚拟控制变量 $x_{i2}^d,\cdots,x_{in}^d$ 和所需要的控制器 u_i 则是由一些有界的变量，参数估计器 $\hat{\boldsymbol{\theta}}_{i1},\underline{\hat{D}}_{i1},\cdots,\hat{\boldsymbol{\Theta}}_{in},\hat{\boldsymbol{G}}_{i,n-1},\hat{\boldsymbol{D}}_{in}$ 以及已知或可计算的函数 $\boldsymbol{\varphi}_{i1},\cdots,\boldsymbol{\Phi}_{in},\bar{\boldsymbol{X}}_{in}$ 组成的。因此从实施与计算的角度来看，该控制策略是可行的。

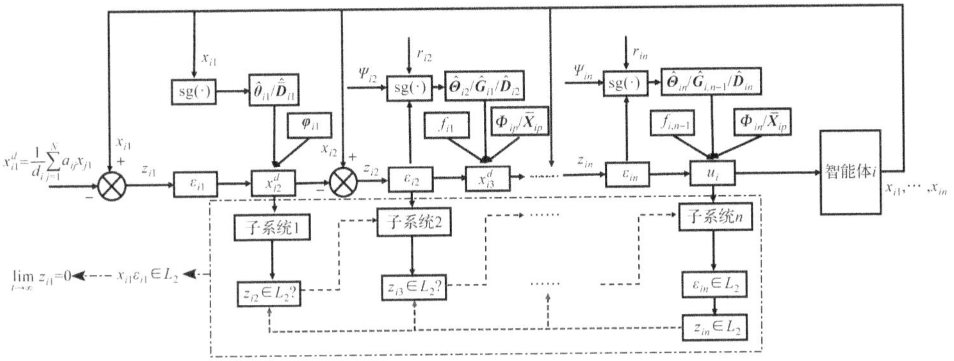

图 4.27　定理 4.4 提出的控制方法设计框图

4.6.3　仿真实例

实例 1　给出一个仿真实例以验证定理 4.4 提出的控制器的有效性。考虑由四个智能体组成的网络系统，其通信拓扑如图 4.28 所示。智能体 i 的动态方程如下：

$$\begin{cases}\dot{x}_{i1}=g_{i1}x_{i2}+\boldsymbol{\theta}_i\boldsymbol{\varphi}_{i1}+\Delta_{i1}(t)\\ \dot{x}_{i2}=g_{i2}u_i+\boldsymbol{\theta}_i\boldsymbol{\varphi}_{i2}+\Delta_{i2}(t)\\ y_i=x_{i1}\end{cases}\tag{4-151}$$

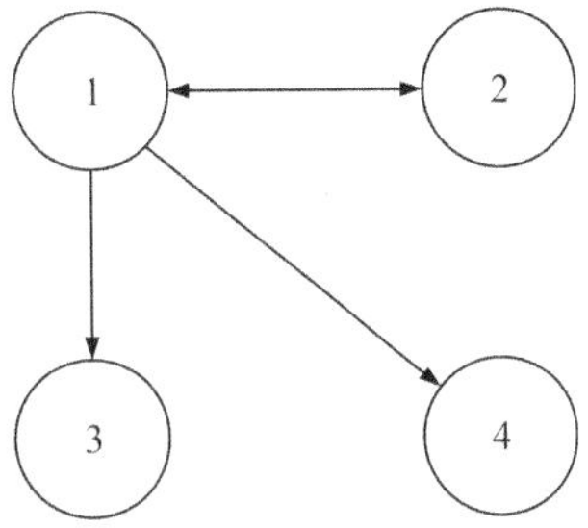

图 4.28　通信拓扑

在本例中，设上述系统中的未知参数与未知控制方向为 $\theta_1=-9,\theta_2=-10,\theta_3=\theta_4=-11,g_{11}=g_{12}=6,g_{21}=g_{22}=-2,g_{31}=g_{32}=3,g_{41}=g_{42}=2$；控制系数为 $k_1=k_2=10,n_{g1}=1/2$；光滑函数为 $\varphi_{i1}=\sin x_{i1},\varphi_{i2}=\sin x_{i2}$；外部扰动为 $\Delta_{i1}(t)=\Delta_{i2}(t)=\sin t$；四个智能体的初始状态为 $[x_{11}(0),x_{21}(0),x_{31}(0),x_{41}(0)]=[-3,-1,3,2.5]^{\mathrm{T}},[x_{12}(0),x_{22}(0),x_{32}(0),x_{42}(0)]=[0,0,0,0]$；为简便起见，设其他参

数估计器的初始状态均为 0；光滑函数为 $l_1(t)=l_2(t)=l_3(t)=l_4(t)=l(t)$，其更新率以及初始状态为 $\dot{l}(t)=-3l(t)+10$，$l(0)=8.5$；规定性能函数为 $\bar{\omega}_1(t)=\bar{\omega}_2(t)=\bar{\omega}_3(t)=\bar{\omega}_4(t)=\bar{\omega}(t)=(1-10^{-3})e^{-t}+10^{-3}$。为简便起见，分别用 $l(t)$ 和 $\bar{\omega}(t)$ 表示 $l_1(t)$，$l_2(t)$，$l_3(t)$，$l_4(t)$ 和 $\bar{\omega}_1(t)$，$\bar{\omega}_2(t)$，$\bar{\omega}_3(t)$，$\bar{\omega}_4(t)$。设 Nussbaum 函数为 $N(\xi)=\xi^2\cos\xi$。

仿真结果如图 4.29 至图 4.34 所示。图 4.29 显示每个智能体都实现了精确的输出同步。图 4.30 表明每个智能体的邻域误差都在规定的边界内演化并且最终收敛到 0。图 4.31 至图 4.33 表明每种参数估计器都是有界的。Nussbaum 函数的自变量 s_{i1} 和 s_{i2} 的有界性被图 4.34 所验证。

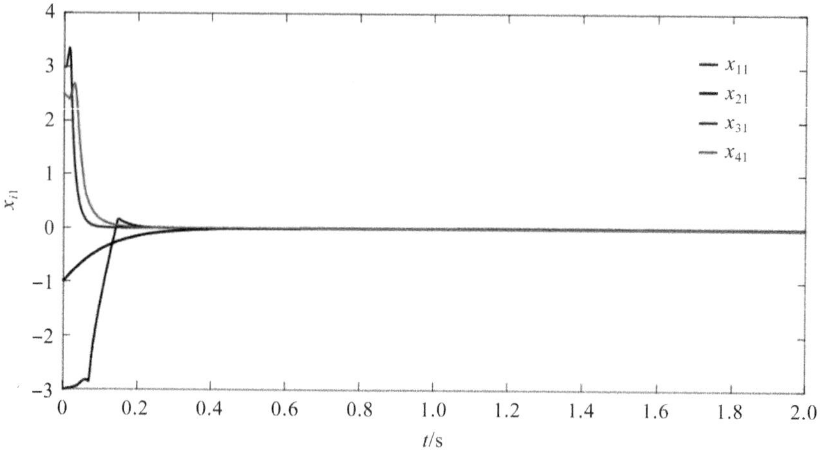

图 4.29 输出 $y_i=x_{i1}(t)$

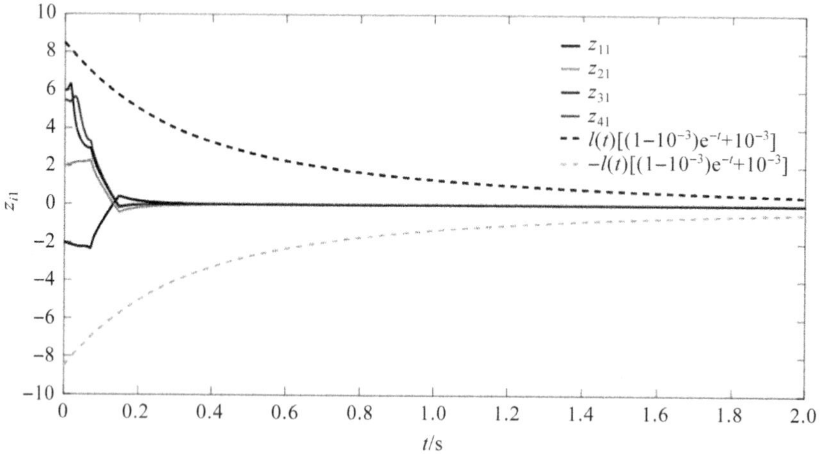

图 4.30 邻域误差 $z_{i1}(t)$ 和规定性能边界

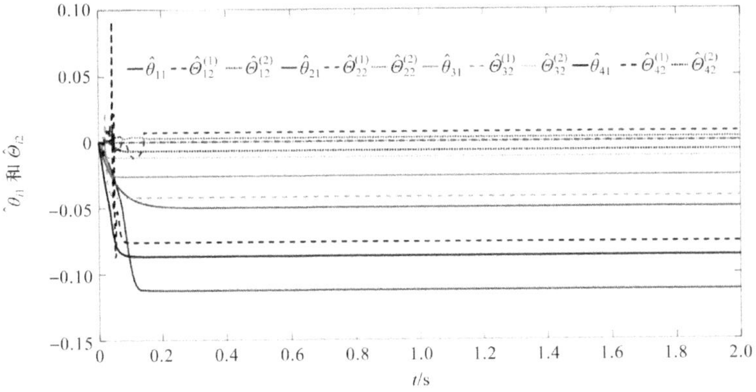

图 4.31　参数估计器$\hat{\theta}_{i1}(t)$和$\hat{\Theta}_{i2}(t)$

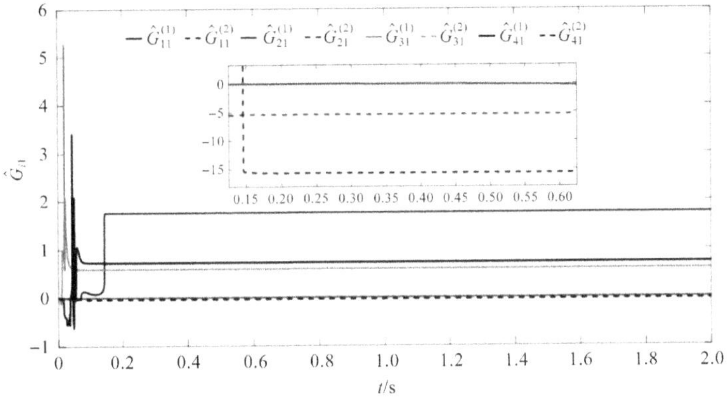

图 4.32　参数估计器$\hat{G}_{i1}(t)$

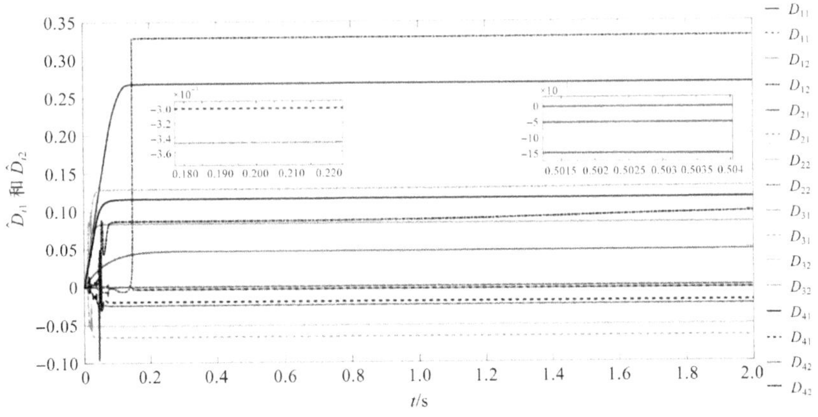

图 4.33　参数估计器$\hat{D}_{i1}(t)$和$\hat{D}_{i2}(t)$

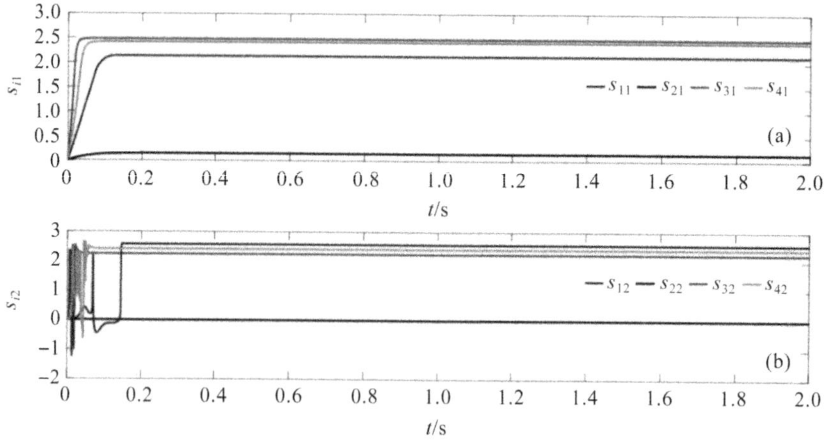

图 4.34 Nussbaum 函数的自变量 $s_{i1}(t)$和 $s_{i2}(t)$

实例 2 用船舶模型来验证前述定理可以被应用于实际系统。本例的通信拓扑与实例 1 一致。其中船舶(智能体)i 的 Norrbin 模型可在文献[70]中找到,具体如下:

$$\begin{aligned} &T_i\ddot{v}_i+\dot{v}_i+W_i\dot{v}_i^3=M_i\psi_i+\Delta_i(t) \\ &y_i=v_i \end{aligned} \tag{4-152}$$

其中,v_i 为船舶 i 的实际航行轨迹,ψ_i 为舵角,$\dot{v}_i$ 为航行速度,T_i 为时间常数,W_i 为 Norrbin 系数,M_i 为增益常数,$\Delta_i(t)$为船舶受到的时变扰动。控制目标是为每艘船设计分布式舵角控制器 ψ_i,使得每艘船的航行轨迹同步,即$\lim\limits_{t\to\infty}z_{i1}(t)=0\Rightarrow\lim\limits_{t\to\infty}v_i(t)=\lim\limits_{t\to\infty}v_j(t)(\forall i,j)$,并满足规定的性能要求。接下来对上述系统进行变换,使得 $x_{i1}=v_i$,$x_{i2}=\dot{v}_i$ 且 $u_i=\psi_i$。上述系统可以重新写为如下形式:

$$\begin{cases} \dot{x}_{i1}=x_{i2} \\ \dot{x}_{i2}=\dfrac{M_i}{T_i}u_i-\dfrac{x_{i1}}{T_i}-\dfrac{W_ix_{i2}^3}{T_i}+\delta_i(t) \\ y_i=x_{i1} \end{cases} \tag{4-153}$$

其中,M_i/T_i 为未知系数,相当于式(4-118)中的未知控制方向;$\delta(t)=\Delta_i(t)/T_i$ 为时变扰动。设四艘船的初始值为$[x_{11}(0),x_{21}(0),x_{31}(0),x_{41}(0)]^{\mathrm{T}}=[-4,1,-2,-3]^{\mathrm{T}}$,$[x_{12}(0),x_{22}(0),x_{32}(0),x_{42}(0)]^{\mathrm{T}}=[0,0,0,0]^{\mathrm{T}}$。为简便起见,设其他相关更新率的初始值均为 0。取光滑函数 $l_1(t)=l_2(t)=l_3(t)=l_4(t)=l(t)$,且 $\dot{l}(t)=-3l(t)+8$,$l(0)=6$。设式(4-153)中的其他未知参数为 $M_1=3$,$M_2=-4$,$M_3=3/4$,$M_4=1$,$T_1=W_1=1/2$,$T_2=W_2=1/3$,$T_3=W_3=T_4=W_4=1/4$;外部扰

动为 $\Delta_1=3\sin t, \Delta_2=-3\sin t, \Delta_3=\frac{3}{4}\sin t, \Delta_4=\sin t$。为简便起见，设其他未说明的参数均与实例 1 相同。

仿真结果如图 4.35 至图 4.38 所示。四艘船的输出（航行）轨迹如图 4.35 所示，它们的输出最终实现了同步，即实现了精确的输出同步。此外，图 4.36 验证了每艘船的邻域误差满足规定的性能要求。图 4.37 验证了参数估计器的有界性。图 4.38 验证了 Nussbaum 函数的自变量 s_{i1} 和 s_{i2} 的有界性。因此，前述控制器可以很好地应用于实际系统。

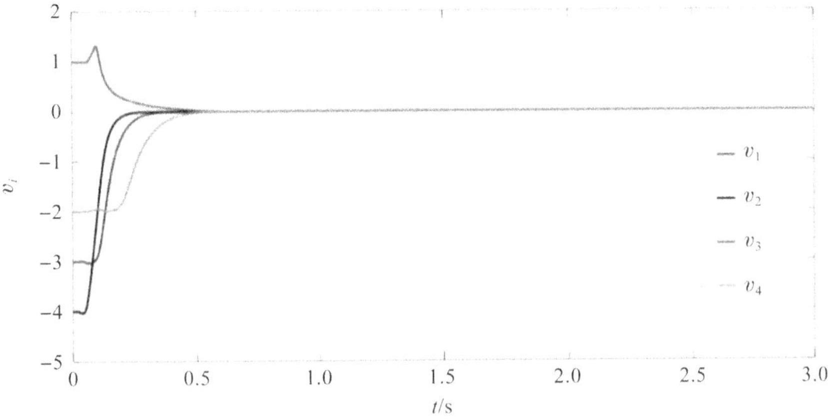

图 4.35　系统输出 $y_i=v_i(t)$

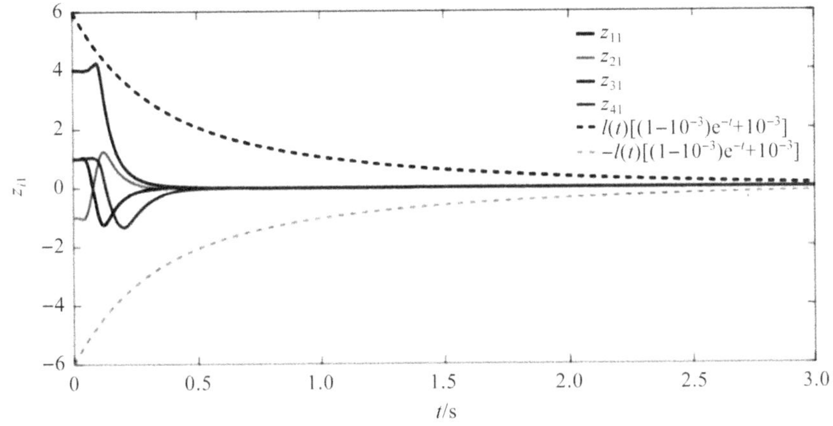

图 4.36　邻域误差 $z_{i1}(t)$

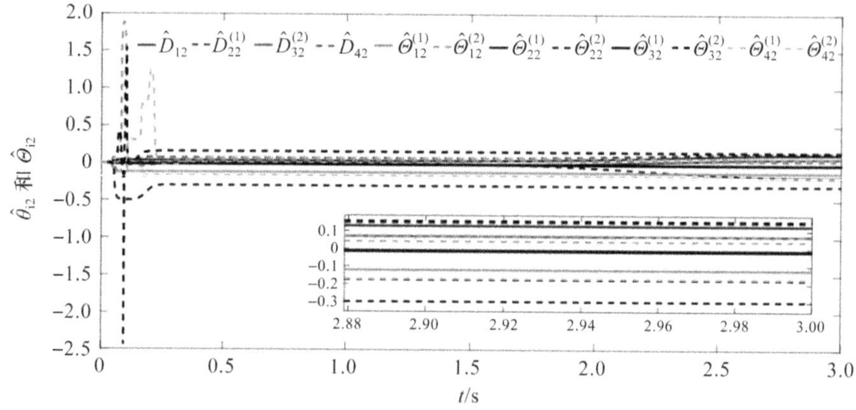

图 4.37 参数估计器 $\hat{D}_{i2}(t)$ 和 $\hat{\Theta}_{i2}(t)$

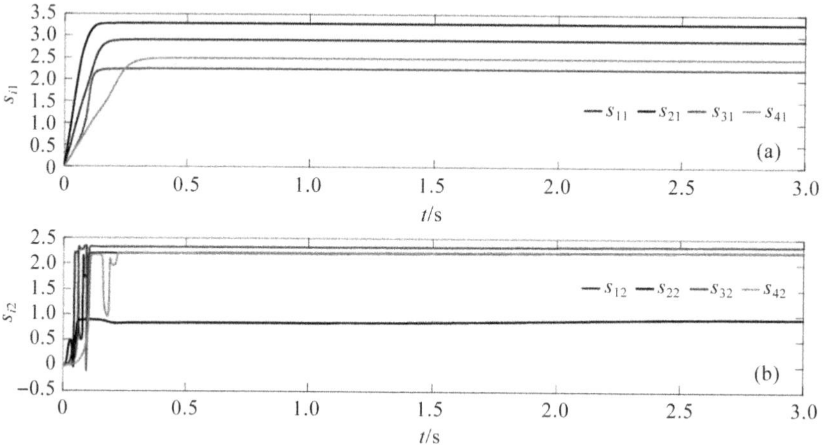

图 4.38 Nussbaum 函数的自变量 $s_{i1}(t)$ 和 $s_{i2}(t)$

本节研究了具有多个未知互异控制方向以及外部扰动的无人系统的预设性能控制问题，并且实现了精确的输出同步，这在以往的相关工作中是不常见的。将整个系统的分析转化为一系列自变量特性有界性和平方可积性的保证，不仅简化了设计过程，而且实现了每个智能体的邻域误差在规定的边界内演化并最终收敛到 0。

4.7 切换拓扑下的协调预设性能控制

在前面几节中，我们对具有未知控制方向且个体模型为严格反馈形式的无人系统进行了详细研究，讨论了处理未知控制方向的主要方法，并说明了这些方法可能对系统暂态性能产生的影响，最后通过使用预设性能控制方法克服了系统暂态性能不佳的问题，并实现了精确的输出同步。尽管取得了这些进展，但前述结果只在固定通信拓扑条件下成立。在实际应用中，无人系统的拓扑结构可能会随着外部环境的变化而发生变化。这种情况对应于切换拓扑场景，例如多辆自动驾驶汽车之间的通信，如果超出有限的通信范围或因外部干扰而发生通信中断，则控制器的有效性可能会降低。因此，众多学者对无人系统的切换拓扑进行研究，如时变延迟的无人系统的共识[23-25]、多个 Lagrangian 系统的共识[26-27]以及具有未知高频增益符号的智能体的共识[28]。Wang 等[29]将约束控制用于限制智能体的状态，其中智能体的状态被限制在两个固定的边界内。然而这种方法对暂态性能的约束不及预设性能控制理想。

受此启发，我们在本节研究切换拓扑下多参数严格反馈系统的规定性能控制问题；针对存在未知干扰和未知参数的情况，提出了一种自适应分布式控制算法；在此基础上，利用命令滤波技术克服了步进控制中的复杂推导问题。该算法保证了当所有交换有向图的并集具有有向生成树时，所有智能体的输出精确同步，同时每个智能体的邻域误差在规定的边界内演化并最终趋于 0。本节通过理论分析证明了闭环系统中的所有信号都是有界的，并通过仿真实例验证了控制器的有效性。

4.7.1　问题描述

考虑切换拓扑下由 N 个智能体组成的网络系统，其中智能体 i 的动态方程如下：

$$\begin{cases}\dot{x}_{i1}=x_{i2}+\boldsymbol{\theta}_i^{\mathrm{T}}\boldsymbol{\varphi}_{i1}(x_{i1})+d_{i1}(t)\\ \dot{x}_{i2}=x_{i3}+\boldsymbol{\theta}_i^{\mathrm{T}}\boldsymbol{\varphi}_{i2}(\bar{\boldsymbol{x}}_{i2})+d_{i2}(t)\\ \vdots\\ \dot{x}_{in}=u_i+\boldsymbol{\theta}_i^{\mathrm{T}}\boldsymbol{\varphi}_{in}(\bar{\boldsymbol{x}}_{in})+d_{in}(t)\\ y_i=x_{i1}\end{cases}\quad (i=1,\cdots,N) \tag{4-154}$$

其中，$\boldsymbol{x}_i=[x_{i1},x_{i2},\cdots,x_{in}]^{\mathrm{T}}\in\mathbf{R}^n$，$u_i\in\mathbf{R}$ 和 $y_i\in\mathbf{R}$ 分别为智能体 i 的状态、输入和输出；$\boldsymbol{\theta}_i\in\mathbf{R}^p$ 为未知参数向量；$\boldsymbol{\varphi}_{i\bar{l}}(\bar{\boldsymbol{x}}_{i\bar{l}}):\mathbf{R}^{\bar{l}}\rightarrow\mathbf{R}^p$ 为已知的光滑有界函数，$\bar{\boldsymbol{x}}_{i\bar{l}}=[x_{i1},\cdots,x_{i\bar{l}}]^{\mathrm{T}}(\bar{l}=1,\cdots,n)$；$d_{i1}(t),\cdots,d_{in}(t)$为一组未知的时变外部扰动。

假设 4.10　存在连续的、非空的、一致有界的一个时间区间无穷序列$[t_{n_k},t_{n_{k+1}}](k=1,2,\cdots)$，当 $t_{n_1}=t_0$ 时，有向图在每个这样的区间上的并集存在一棵有向生成树。

假设 4.11　存在正常数 $d_{iq}^*(i=1,\cdots,N;q=1,\cdots,n)$，使得$|d_{iq}(t)|\leqslant d_{iq}^*(\forall t>0)$。

控制目标：为每个智能体构造控制器 u_i，使得所有智能体的输出实现同步，每个智能体的邻域误差在规定的边界内演化并最终收敛到 0，同时保证闭环系统所有信号有界。

4.7.2 协调预设性能控制器设计

为了消除拓扑切换的影响，我们借鉴文献[13]提出的动态反馈系统开展研究，其中智能体 i 的期望输出 η_{i1} 包含在如下系统中：

$$\begin{cases}\dot{\eta}_{iq}=-\lambda_{iq}(\eta_{iq}-\eta_{i,q+1})\\ \dot{\eta}_{in}=-\lambda_{in}\sum\limits_{j\in N_i}a_{ij}(t)(\eta_{in}-x_{j1})\end{cases}\tag{4-155}$$

其中，$q=1,\cdots,m-1$；λ_{iq} 和 λ_{im} 为正常数。定义智能体 i 的间接邻域误差为

$$\begin{cases}s_{i1}=x_{i1}-\eta_{i1}\\ s_{iq}=x_{iq}-\pi_{iq}\end{cases}\tag{4-156}$$

其中，$q=2,\cdots,n$。接下来的设计将实现 x_{i1} 到其期望轨迹 η_{i1} 的渐近跟踪。为了实现输出同步，我们将问题转化为 $\eta_{i1}(t)\to\eta_{i2}(t)\cdots\to\eta_{in}(t)\to x_{j1}(t)$ 和 $x_{i1}(t)\to\eta_{i1}(t\to\infty)$。

第 1 步：引入误差变换 $\xi_{i1}=F_{\text{tran}}^{-1}(s_{i1}/\tilde{\omega}_i(t),\phi_{i1})$，其导数为

$$\dot{\xi}_{i1}=\frac{\partial F_{\text{tran}}^{-1}}{\partial s_{i1}}\dot{s}_{i1}+\frac{\partial F_{\text{tran}}^{-1}}{\partial\tilde{\omega}_{i1}(t)}\dot{\tilde{\omega}}_{i1}(t)+\frac{\partial F_{\text{tran}}^{-1}}{\partial\phi_{i1}(t)}\dot{\phi}_{i1}(t)=h_{i1}\dot{s}_{i1}+r_{i1}\tag{4-157}$$

其中，$h_{i1}=\dfrac{\partial F_{\text{tran}}^{-1}}{\partial s_{i1}}$，$v_{i1}=\dfrac{\partial F_{\text{tran}}^{-1}}{\partial\tilde{\omega}_{i1}(t)}\dot{\tilde{\omega}}_{i1}(t)+\dfrac{\partial F_{\text{tran}}^{-1}}{\partial\phi_{i1}(t)}\dot{\phi}_{i1}(t)$。计算 s_{i1} 的导数，式(4-157)可以重写为

$$\dot{\xi}_{i1}=h_{i1}(x_{i2}+\boldsymbol{\theta}^{\mathrm{T}}\boldsymbol{\varphi}_{i1}+d_{i1}-\dot{\eta}_{i1})+r_{i1}=h_{i1}(z_{i2}+\alpha_{i1}+\boldsymbol{\theta}^{\mathrm{T}}\boldsymbol{\varphi}_{i1}+d_{i1}+f_{i1}-\dot{\eta}_{i1})+r_{i1}\tag{4-158}$$

定义

$$\begin{aligned}&\alpha_{i1}=-\frac{c_{i1}}{h_{i1}}\xi_{i1}-\alpha_{i1}^{r}-\alpha_{i1}^{f}-\hat{\boldsymbol{\theta}}_i^{\mathrm{T}}\boldsymbol{\varphi}_{i1}+\dot{\eta}_{i1}+\frac{r_{i1}}{h_{i1}}\frac{\Delta y}{\Delta x}\\ &f_{i1}=\pi_{i2}-\alpha_{i1}\\ &\alpha_{i1}^{r}=\hat{d}_{i1}\tanh\left(\frac{h_{i1}\xi_{i1}}{\varepsilon_i(t)}\right)\\ &\dot{\hat{d}}_{i1}=\kappa_{i1}h_{i1}\xi_{i1}\tanh\left(\frac{h_{i1}\xi_{i1}}{\varepsilon_i(t)}\right)\\ &\alpha_{i1}^{f}=\hat{\varrho}_{i1}\operatorname{sg}(h_{i1}\xi_{i1},\varepsilon_i(t))\\ &\dot{\hat{\varrho}}_{i1}=\beta_{i1}h_{i1}\xi_{i1}\operatorname{sg}(h_{i1}\xi_{i1},\varepsilon_i(t))\end{aligned}\tag{4-159}$$

其中，c_{i1}，κ_{i1} 和 β_{i1} 为正常数；$\varepsilon_i(t)>0$ 且满足$\int_0^{\infty}\varepsilon_i(t)\mathrm{d}t\leqslant\bar{\varepsilon}_i$，$\bar{\varepsilon}>0$ 为有限常数；α_{i1}^r 和 α_{i1}^f 为光滑的鲁棒项，α_{i1}^r 用于消除不确定扰动 $d_{i1}(t)$，α_{i1}^f 用于消除滤波器误差 f_{i1}。定义

$$V_{i1}=\frac{1}{2}\xi_{i1}^2+\frac{1}{2\kappa_{i1}}(d_{i1}^*-\hat{d}_{i1})^2+\frac{1}{2\beta_{i1}}\tilde{\varrho}_{i1}^2 \tag{4-160}$$

其中，$\tilde{\varrho}_{i1}=\varrho_{i1}-\hat{\varrho}_{i1}$。式(4-160)对时间求导，得到

$$\dot{V}_{i1}=\xi_{i1}\dot{\xi}_{i1}-\frac{1}{\kappa_{i1}}(d_{i1}^*-\hat{d}_{i1})\dot{\hat{d}}_{i1}-\frac{1}{\beta_{i1}}\tilde{\varrho}_{i1}\dot{\hat{\varrho}}_{i1} \tag{4-161}$$

将式(4-158)和式(4-159)中的 1 式及 2 式代入式(4-161)，可以得到

$$\begin{aligned}\dot{V}_{i1}=&-c_{i1}\xi_{i1}^2+\tilde{\boldsymbol{\theta}}_i^{\mathrm{T}}\boldsymbol{\omega}_{i1}+h_{i1}\xi_{i1}s_{i2}+h_{i1}\xi_{i1}f_{i1}-h_{i1}\xi_{i1}\alpha_{i1}^f-h_{i1}\xi_{i1}\alpha_{i1}^r\\&+h_{i1}\xi_{i1}d_{i1}-\frac{1}{\kappa_{i1}}(d_{i1}^*-\hat{d}_{i1})\dot{\hat{d}}_{i1}-\frac{1}{\beta_{i1}}\tilde{\varrho}_{i1}\dot{\hat{\varrho}}_{i1}\end{aligned} \tag{4-162}$$

其中，$\boldsymbol{\omega}_{i1}=h_{i1}\xi_{i1}\boldsymbol{\varphi}_{i1}$，$\tilde{\boldsymbol{\theta}}_i=\boldsymbol{\theta}_i-\hat{\boldsymbol{\theta}}_i$。根据假设 4.11，可以得出 $h_{i1}\xi_{i1}d_{i1}\leqslant d_{i1}^*|h_{i1}\xi_{i1}|$；根据滤波器的性质，可以得出 $h_{i1}\xi_{i1}f_{i1}\leqslant\varrho_{i1}|h_{i1}\xi_{i1}|$。将式(4-159)中的 3 式、4 式、5 式及 6 式代入式(4-162)，并且应用引理 4.1 和引理 4.2，可得

$$\dot{V}_{i1}\leqslant-c_{i1}\xi_{i1}^2+\tilde{\boldsymbol{\theta}}_i^{\mathrm{T}}\boldsymbol{\omega}_{i1}+h_{i1}\xi_{i1}s_{i2}+\sigma_{i1}\varepsilon_i(t)+\varrho_{i1}\varepsilon_i(t) \tag{4-163}$$

其中，$\sigma_{i1}=0.2785d_{i1}^*$。

第 2 步：计算 s_{i2} 的导数，可以得到

$$\dot{s}_{i2}=s_{i3}+\alpha_{i2}+\boldsymbol{\theta}_i^{\mathrm{T}}\boldsymbol{\varphi}_{i2}+d_{i2}+f_{i2}-\dot{\pi}_{i2} \tag{4-164}$$

其中，$\dot{\pi}_{i2}$ 可以从滤波器中得到。定义

$$\begin{aligned}&\alpha_{i2}=-c_{i2}s_{i2}-\alpha_{i2}^r-\alpha_{i2}^f-\hat{\boldsymbol{\theta}}_i^{\mathrm{T}}\boldsymbol{\varphi}_{i2}+\dot{\pi}_{i2}+h_{i1}\xi_{i1}\\&f_{i2}=\pi_{i3}-\alpha_{i2}\\&\alpha_{i2}^r=\hat{d}_{i2}\tanh\left(\frac{s_{i2}}{\varepsilon_i(t)}\right)\\&\dot{\hat{d}}_{i2}=\kappa_{i2}s_{i2}\tanh\left(\frac{s_{i2}}{\varepsilon_i(t)}\right)\\&\alpha_{i2}^f=\hat{\varrho}_{i2}\operatorname{sg}(s_{i2},\varepsilon_i(t))\\&\dot{\hat{\varrho}}_{i2}=\beta_{i2}s_{i2}\operatorname{sg}(s_{i2},\varepsilon_i(t))\end{aligned} \tag{4-165}$$

其中，c_{i2}，κ_{i2} 和 β_{i2} 为正常数。定义

$$V_{i2}=V_{i1}+\frac{1}{2}s_{i2}^2+\frac{1}{2\kappa_{i2}}(d_{i2}^*-\hat{d}_{i2})^2+\frac{1}{2\beta_{i2}}\tilde{\varrho}_{i2}^2 \tag{4-166}$$

其中，$\tilde{\varrho}_{i2}=\varrho_{i2}-\hat{\varrho}_{i2}$。$V_{i2}$ 对时间求导，有

$$\dot{V}_{i2}=\dot{V}_{i1}+s_{i2}\dot{s}_{i2}-\frac{1}{\kappa_{i2}}(d_{i2}^{*}-\hat{d}_{i2})\dot{\hat{d}}_{i2}-\frac{1}{\beta_{i2}}\tilde{\varrho}_{i2}\dot{\hat{\varrho}}_{i2} \tag{4-167}$$

将式(4-163)、式(4-164)和式(4-165)中的1式及2式代入式(4-167),有

$$\begin{aligned}\dot{V}_{i2}=&-c_{i1}\xi_{i1}^{2}-c_{i2}s_{i2}^{2}+\tilde{\boldsymbol{\theta}}_{i}^{\mathrm{T}}\boldsymbol{\omega}_{i2}+s_{i2}s_{i3}+s_{i2}f_{i2}-s_{i2}\alpha_{i2}^{f}\\&-s_{i2}\alpha_{i2}^{r}+s_{i2}d_{i2}-\frac{1}{\kappa_{i2}}(d_{i2}^{*}-\hat{d}_{i2})\dot{\hat{d}}_{i2}-\frac{1}{\beta_{i2}}\tilde{\varrho}_{i2}\dot{\hat{\varrho}}_{i2}\end{aligned} \tag{4-168}$$

其中,$\boldsymbol{\omega}_{i2}=\boldsymbol{\omega}_{i1}+z_{i2}\boldsymbol{\varphi}_{i2}$。注意到 $s_{i2}d_{i2}\leqslant d_{i1}^{*}|s_{i2}|$ 和 $s_{i2}f_{i2}\leqslant\varrho_{i2}|s_{i2}|$,将式(4-165)中的3式、4式、5式及6式代入式(4-168),有

$$\dot{V}_{i2}\leqslant-c_{i1}\xi_{i1}^{2}-c_{i2}s_{i2}^{2}+\tilde{\boldsymbol{\theta}}_{i}^{\mathrm{T}}\boldsymbol{\omega}_{i2}+s_{i2}s_{i3}+(\sigma_{i1}+\sigma_{i2})\varepsilon_{i}(t)+(\varrho_{i1}+\varrho_{i2})\varepsilon_{i}(t) \tag{4-169}$$

其中,$\sigma_{i2}=0.2785d_{i2}^{*}$。

第 q 步($3\leqslant q\leqslant n-1$):计算 s_{iq} 的导数,可以得到

$$\dot{s}_{iq}=s_{i,q+1}+\alpha_{iq}+\boldsymbol{\theta}_{i}^{\mathrm{T}}\boldsymbol{\varphi}_{iq}+d_{iq}+f_{iq}-\dot{\pi}_{iq} \tag{4-170}$$

其中,$\dot{\pi}_{iq}$ 可以从滤波器中得到。定义

$$\begin{aligned}&\alpha_{iq}=-c_{iq}s_{iq}-\alpha_{iq}^{r}-\alpha_{iq}^{f}-\hat{\boldsymbol{\theta}}_{i}^{\mathrm{T}}\boldsymbol{\varphi}_{iq}+\dot{\pi}_{iq}-s_{i,q-1}\\&f_{iq}=\pi_{i,q+1}-\alpha_{iq}\\&\alpha_{iq}^{r}=\hat{d}_{iq}\tanh\left(\frac{s_{iq}}{\varepsilon_{i}(t)}\right)\\&\dot{\hat{d}}_{iq}=\kappa_{iq}s_{iq}\tanh\left(\frac{s_{iq}}{\varepsilon_{i}(t)}\right)\\&\alpha_{iq}^{f}=\hat{\varrho}_{iq}\,\mathrm{sg}(s_{iq},\varepsilon_{i}(t))\\&\dot{\hat{\varrho}}_{iq}=\beta_{iq}s_{iq}\,\mathrm{sg}(s_{iq},\varepsilon_{i}(t))\end{aligned} \tag{4-171}$$

其中,c_{iq},κ_{iq} 和 β_{iq} 为正常数。定义

$$V_{iq}=V_{i,q-1}+\frac{1}{2}s_{iq}^{2}+\frac{1}{2\kappa_{iq}}(d_{iq}^{*}-\hat{d}_{iq})^{2}+\frac{1}{2\beta_{iq}}\tilde{\varrho}_{iq}^{2} \tag{4-172}$$

其中,$\tilde{\varrho}_{iq}=\varrho_{iq}-\hat{\varrho}_{iq}$。重复与式(4-166)至式(4-169)相同的分析,可以得到

$$\dot{V}_{iq}\leqslant-c_{i1}\xi_{i1}^{2}-\sum_{k=2}^{q-1}c_{ik}s_{ik}^{2}+\tilde{\boldsymbol{\theta}}_{i}^{\mathrm{T}}\boldsymbol{\omega}_{iq}+s_{iq}s_{i,q+1}+\sum_{k=q}^{q-1}(\sigma_{ik}+\varrho_{ik})\varepsilon_{i}(t) \tag{4-173}$$

其中,$\boldsymbol{\omega}_{iq}=\boldsymbol{\omega}_{i,q-1}+z_{iq}\boldsymbol{\varphi}_{iq}$,$\sigma_{ik}=0.2785d_{ik}^{*}$。

第 n 步:计算 s_{in} 的导数,可以得到

$$\dot{s}_{in}=u_{i}+\boldsymbol{\theta}_{i}^{\mathrm{T}}\boldsymbol{\varphi}_{in}+d_{in}-\dot{\pi}_{in} \tag{4-174}$$

其中,$\dot{\pi}_{in}$ 可以从滤波器中得到。定义

$$
\begin{aligned}
&u_i=-c_{in}s_{in}-\alpha_{in}^r-\hat{\boldsymbol{\theta}}_i^{\mathrm{T}}\boldsymbol{\varphi}_{in}+\dot{\pi}_{in}-s_{i,n-1}\\
&\alpha_{in}^r=\hat{d}_{in}\tanh\left(\frac{s_{in}}{\varepsilon_i(t)}\right)\\
&\dot{\hat{d}}_{in}=\kappa_{in}s_{in}\tanh\left(\frac{s_{in}}{\varepsilon_i(t)}\right)\\
&\dot{\hat{\boldsymbol{\theta}}}_i=\gamma_i\boldsymbol{\omega}_{in}
\end{aligned}
\tag{4-175}
$$

其中，c_{in}，κ_{in}和γ_i为正常数，$\boldsymbol{\omega}_{in}=\boldsymbol{\omega}_{i,n-1}+z_{in}\boldsymbol{\varphi}_{in}$。定义

$$
V_{in}=V_{i,n-1}+\frac{1}{2}s_{in}^2+\frac{1}{2\kappa_{in}}(d_{in}^*-\hat{d}_{in})^2+\frac{1}{2\gamma_i}\widetilde{\boldsymbol{\theta}}_i^{\mathrm{T}}\widetilde{\boldsymbol{\theta}}_i \tag{4-176}
$$

其中，$\widetilde{\boldsymbol{\theta}}_i=\boldsymbol{\theta}_i-\hat{\boldsymbol{\theta}}_i$。$V_{in}$对时间求导，可得

$$
\dot{V}_{in}=\dot{V}_{i,n-1}+s_{in}\dot{s}_{in}+\frac{1}{\kappa_{in}}(d_{in}^*-\hat{d}_{in})\dot{\hat{d}}_{in}+\frac{1}{\gamma_i}\widetilde{\boldsymbol{\theta}}_i^{\mathrm{T}}\dot{\hat{\boldsymbol{\theta}}}_i \tag{4-177}
$$

将式(4-175)中的1式、2式、3式及4式代入式(4-177)，应用引理4.2，可得

$$
\dot{V}_{in}\leqslant -c_{i1}\xi_{i1}^2-\sum_{k=2}^{n}c_{ik}s_{ik}^2+\sum_{k=q}^{n}\sigma_{ik}\varepsilon_i(t)+\sum_{k=q}^{n-1}\varrho_{ik}\varepsilon_i(t) \tag{4-178}
$$

定理4.5 考虑由满足假设4.10至假设4.12的N个形如式(4-154)的智能体组成的网络系统，通过式(4-155)给出的动态反馈系统、式(4-175)中的1式给出的控制器，以及式(4-171)中的4式、6式和式(4-175)中的4式给出的自适应更新率，可以保证：①所有智能体的输出是同步的，即$\lim\limits_{t\to\infty}[x_{i1}(t)-x_{j1}(t)]=0$；②间接邻域误差$s_{i1}$在规定的边界内演化并最终收敛到0；③闭环系统中的所有信号都是有界的。

证明：对式(4-178)进行积分，可以得到

$$
\begin{aligned}
V_{in}(t)&\leqslant V_{in}(0)-c_{i1}\int_0^t\xi_{i1}^2(\sigma)\mathrm{d}\sigma-\sum_{k=2}^{n-1}c_{ik}\int_0^t s_{ik}^2(\sigma)\mathrm{d}\sigma\\
&\quad+\sum_{k=1}^{n}\sigma_{ik}\int_0^t\varepsilon_i(\sigma)\mathrm{d}\sigma+\sum_{k=1}^{n-1}\varrho_{ik}\int_0^t\varepsilon_i(\sigma)\mathrm{d}\sigma\\
&\leqslant\sum_{k=1}^{n}\sigma_{ik}\bar{\varepsilon}_i+\sum_{k=1}^{n-1}\varrho_{ik}\bar{\varepsilon}_i+V_{in}(0)
\end{aligned}
\tag{4-179}
$$

这说明ξ_{i1}，$s_{iq}\in L_2\cap L_\infty$，并且$\widetilde{\theta}_i$，$\hat{\varrho}_{ik}$和$\hat{d}_{ik}$有界($k=1,\cdots,n$)。注意到

$$
s_{i1}^2=\bar{\omega}_{i1}^2(t)\phi_{i1}^2(t)\frac{(\mathrm{e}^{\xi_{i1}}-\mathrm{e}^{-\xi_{i1}})^2}{(\mathrm{e}^{\xi_{i1}}+\mathrm{e}^{-\xi_{i1}})^2} \tag{4-180}
$$

其中，$\phi_{i1}(t)$，$\bar{\omega}_{i1}(t)$和ξ_{i1}都是有界的。因此，存在一个常数K，使得$\bar{\omega}_{i1}^2(t)\phi_{i1}^2(t)\cdot\frac{1}{(\mathrm{e}^{\xi_{i1}}+\mathrm{e}^{-\xi_{i1}})^2}\leqslant K$。式(4-180)可以重新写为

$$
s_{i1}^2\leqslant K(\mathrm{e}^{\xi_{i1}}-\mathrm{e}^{-\xi_{i1}})^2 \tag{4-181}
$$

对式(4-181)积分，可以得到

$$\int_0^t s_{i1}^2(\sigma)\mathrm{d}\sigma \leqslant \int_0^t K(\mathrm{e}^{\xi_{i1}} - \mathrm{e}^{-\xi_{i1}})^2 \mathrm{d}\sigma \tag{4-182}$$

因此，存在一个足够大的常数 W 和一个区域 Ω_z，使得 $(\mathrm{e}^{\xi_{i1}} - \mathrm{e}^{-\xi_{i1}}) \leqslant W\xi_{i1}$，并且在某一时间 $\bar{t}$，$\mathrm{e}^{\xi_{i1}} - \mathrm{e}^{-\xi_{i1}}$ 将会进入区域 Ω_z。由此可以得到

$$\int_0^\infty s_{i1}^2(\sigma)\mathrm{d}\sigma \leqslant \int_0^{\bar{t}} s_{i1}^2(\sigma)\mathrm{d}\sigma + KW^2 \int_{\bar{t}}^\infty \xi_{i1}^2(\sigma)\mathrm{d}\sigma < \infty \tag{4-183}$$

因此，$s_{i1} \in L_2 \cap L_\infty[0, t_f)$。由预设性能函数的性质可知，$s_{i1}$ 被限制在一个规定的范围内。

接下来证明 $\eta_{iq}(q=1,\cdots,n)$ 的有界性。注意到，动态反馈系统可以重写为

$$\dot{\boldsymbol{\eta}} = -\bar{\boldsymbol{L}}(t)\boldsymbol{\eta} + \boldsymbol{s} \tag{4-184}$$

其中，$\boldsymbol{\eta} = [\boldsymbol{\eta}_1, \cdots, \boldsymbol{\eta}_n]^{\mathrm{T}} \in \mathbf{R}^{Nn}$，$\boldsymbol{\eta}_q = [\eta_{1q}, \cdots, \eta_{Nq}] \in \mathbf{R}^{1\times N}(q=1,\cdots,n)$，$\boldsymbol{s} = [\mathbf{0}_{N(n-1)}^{\mathrm{T}}, \bar{\boldsymbol{s}}^{\mathrm{T}}]^{\mathrm{T}} \in \mathbf{R}^{Nn}$，$\bar{\boldsymbol{s}} = \boldsymbol{\lambda}_m \boldsymbol{A}(t)[s_{11}, \cdots, s_{N1}]^{\mathrm{T}} \in \mathbf{R}^N$。定义 $\bar{\boldsymbol{L}}(t) \in \mathbf{R}^{Nn\times Nn}$ 如下：

$$\bar{\boldsymbol{L}}(t) = \begin{bmatrix} \boldsymbol{\lambda}_1 & -\boldsymbol{\lambda}_1 & \mathbf{0} & \cdots & \mathbf{0} \\ \mathbf{0} & \boldsymbol{\lambda}_2 & -\boldsymbol{\lambda}_2 & \cdots & \mathbf{0} \\ \vdots & \vdots & \vdots & \ddots & \vdots \\ -\boldsymbol{\lambda}_n \boldsymbol{A}(t) & \mathbf{0} & \mathbf{0} & \cdots & -\boldsymbol{\lambda}_n \boldsymbol{D}(t) \end{bmatrix} \tag{4-185}$$

其中，$\boldsymbol{\lambda}_q = \mathrm{diag}\{\lambda_{1q}, \cdots, \lambda_{Nq}\}$，$\boldsymbol{A}(t)$ 和 $\boldsymbol{D}(t)$ 分别为有向图 $\mathcal{G}(t)$ 的邻接矩阵和入度矩阵。式(4-184)可以被看作一个涉及 Nn 个智能体的系统，这些智能体与增广有向图 $\bar{\mathcal{G}}$ 相互作用，其中 $\bar{\boldsymbol{L}}(t)$ 为相应的 Laplacian 矩阵，边集 $\bar{E}$ 可以由式(4-185)识别得到。式(4-184)的解为

$$\boldsymbol{\eta}(t) = \boldsymbol{\Psi}(t,0)\boldsymbol{\eta}(0) + \int_0^t \boldsymbol{\Psi}(t,\sigma)\boldsymbol{s}(\sigma)\mathrm{d}\sigma \tag{4-186}$$

其中，$\boldsymbol{\Psi}(t,0)$ 为与 $-\bar{\boldsymbol{L}}(t)$ 对应的转移矩阵，定义如下：

$$\boldsymbol{\Psi}(t,0) = \boldsymbol{I}_{Nn} + \int_0^t -\bar{\boldsymbol{L}}(\sigma_1)\mathrm{d}\sigma_1 + \int_0^t -\bar{\boldsymbol{L}}(\sigma_1)\int_0^{\sigma_1} -\bar{\boldsymbol{L}}(\sigma_2)\mathrm{d}\sigma_2\mathrm{d}\sigma_1 + \cdots \tag{4-187}$$

注意到图 $\bar{\mathcal{G}}$ 满足假设 4.10，可以得出存在一个有限常数 $\bar{c}$，使得 $\|\boldsymbol{\Psi}(t,0)\| \leqslant \bar{c}$ $(\forall t \geqslant 0)$。由式(4-186)可得，$\boldsymbol{\eta}(t) \in L_\infty[0, t_f)$，即 $\eta_{iq}(q=1,\cdots,n)$ 在 $[0, t_f)$ 上有界。结合式(4-156)，可得 x_{i1} 在 $[0, t_f)$ 上是有界的，进一步可以直接得到 $\alpha_{i1}, x_{i2} \in L_\infty[0, t_f)$。重复相同的推导过程，可得 $x_{iq}, \alpha_{iq} \in L_\infty[0, t_f)(q=1,\cdots,n)$。如果闭环的解有界，则 $t_f = \infty$。由式(4-158)可知，$\dot{\xi}_{i1}$ 是有界的，于是可以得出 $\dot{s}_{i1}$ 也是有界

的。进一步，由式(4-164)和式(4-174)可以得出$\dot{s}_{iq}(q=1,\cdots,n)$有界，根据 Barbalat 引理，有$\lim\limits_{t\to\infty}s_{iq}(t)=0(q=1,\cdots,n)$。

下一步证明$\lim\limits_{t\to\infty}[x_{i1}(t)-x_{j1}(t)]=0(\forall i,j=1,\cdots,N)$。设$\eta_q^*$和$s_q^*$分别表示式(4-186)中$\boldsymbol{\eta}$和$\boldsymbol{s}$的第$q$个元素$(q=1,\cdots,Nn)$。定义相对误差向量$\widetilde{\boldsymbol{\eta}}=[\eta_1^*-\eta_2^*,\cdots,\eta_{Nn-1}^*-\eta_{Nn}^*]^{\mathrm{T}}\in\mathbf{R}^{Nn-1}$和$\widetilde{\boldsymbol{s}}=[s_1^*-s_2^*,\cdots,s_{Nn-1}^*-s_{Nn}^*]^{\mathrm{T}}\in\mathbf{R}^{Nn-1}$。那么$\dot{\widetilde{\boldsymbol{\eta}}}$可以写为

$$\dot{\widetilde{\boldsymbol{\eta}}}=-\boldsymbol{Q}(t)\widetilde{\boldsymbol{\eta}}+\widetilde{\boldsymbol{s}} \tag{4-188}$$

其中，$\boldsymbol{Q}(t)\in\mathbf{R}^{(Nn-1)\times(Nn-1)}$是一个时变矩阵，且$\widetilde{\boldsymbol{s}}$包含$\boldsymbol{s}$各分量的线性组合。类似于文献[79]中定理2.35的证明过程，当$\widetilde{\boldsymbol{s}}=\boldsymbol{0}$时，式(4-188)表示的系统是一致指数稳定的。然后根据$\boldsymbol{\eta}$和$\boldsymbol{s}$的有界性，得出$\lim\limits_{t\to\infty}\widetilde{\boldsymbol{\eta}}(t)=\boldsymbol{0}_{Nn-1}$，即$\lim\limits_{t\to\infty}[\eta_{i1}(t)-\eta_{j1}(t)]=0$ $(i,j=1,\cdots,N)$。再结合$\lim\limits_{t\to\infty}[x_{i1}(t)-\eta_{i1}(t)]=0$，可以进一步得出$\lim\limits_{t\to\infty}[x_{i1}(t)-x_{j1}(t)]=0$。证明完成。

文献[52-53,60]的结果只能保证误差在规定的边界内演化，但不能保证同步误差最终收敛到0；本节提出的控制器可确保邻域误差不仅在规定的边界内演化，而且最终收敛到0，即实现输出精确同步，而不是收敛到任意小的区域。文献[61]中的跟踪误差最终收敛到0；在本节中，跟踪误差也收敛到0，但只有智能体的输出信息在整个网络中传输，通信负担较小。可以看出，通过在由规定的性能函数给出的边界内定义的集合的一些严格紧子集中适当地设置初始值，存在ρ_{ik}，使得命令过滤器始终保持在子集内。因此，本小节得出的结果也是半全局适用的。应用命令过滤技术，可避免传统反步过程中虚拟控制的复杂导数，从而减少计算负荷。

4.7.3 仿真实例

给出一个仿真实例来验证控制器的有效性。考虑由五个智能体组成的网络系统，通信拓扑如图4.39所示。假设通信拓扑按照a→b→c→d的顺序每0.1s切换一次，周期为0.4s。显然，这个交换有向图的并集满足存在一棵生成树的条件。其中智能体i的动态方程如下：

$$\begin{cases}\dot{x}_{i1}=x_{i2}+\boldsymbol{\theta}_i^{\mathrm{T}}\boldsymbol{\varphi}_{i1}\\ \dot{x}_{i2}=u_i+\boldsymbol{\theta}_i^{\mathrm{T}}\boldsymbol{\varphi}_{i2}+d_{i2}\\ y_i=x_{i1}\end{cases}\quad(i=1,2,3,4,5) \tag{4-189}$$

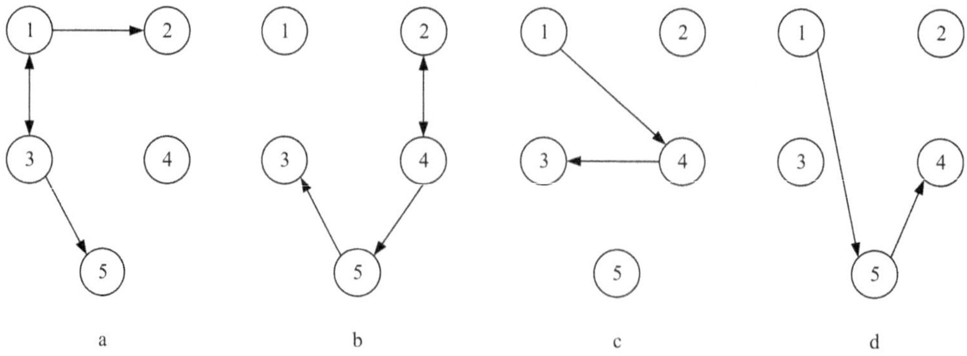

图 4.39　通信拓扑

其中，$\theta_1=1,\theta_2=1.5,\theta_3=2,\theta_4=2.5$ 和 $\theta_5=3$ 为未知参数；$d_{i2}=\mathrm{rand}(1)-0.5$ 为外部扰动；$\varphi_{i1}=\cos x_{i1}$ 和 $\varphi_{i2}=\sin x_{i2}$ 为光滑有界函数。然后，选取 $\bar{\omega}_{i1}(t)=(1.6-0.01)\mathrm{e}^{-0.7t}+0.01$，$\dot{\varphi}_{i1}=-2\varphi_{i1}+2$。设系统状态的初值为 $[x_{11}(0),x_{12}(0)]^{\mathrm{T}}=[-1.2,0.9]^{\mathrm{T}}$，$[x_{21}(0),x_{22}(0)]^{\mathrm{T}}=[0.7,-1]^{\mathrm{T}}$，$[x_{31}(0),x_{32}(0)]^{\mathrm{T}}=[-0.6,-0.25]^{\mathrm{T}}$，$[x_{41}(0),x_{42}(0)]^{\mathrm{T}}=[0.5,-0.1]^{\mathrm{T}}$，$[x_{51}(0),x_{52}(0)]^{\mathrm{T}}=[-1,1.8]^{\mathrm{T}}$。理论上其他值也是合适的。在调试过程中，仿真参数的选择最初是从提高系统暂态性能的角度考虑的，例如，适当大的 λ_{iq} 会加速收敛。选取其他控制系数为 $\gamma_i=5$，$\kappa_{i1}=1,\kappa_{i2}=1,c_{i1}=1,c_{i2}=1,\beta_{i1}=10,\lambda_{i1}=4,\lambda_{i2}=4,\varepsilon_i(t)=\mathrm{e}^{-t}(i=1,2,3,4,5)$。

仿真结果如图 4.40 至图 4.44 所示。智能体的输出曲线如图 4.41 所示。可以看出，在切换拓扑下，所有智能体的输出是精确同步的。

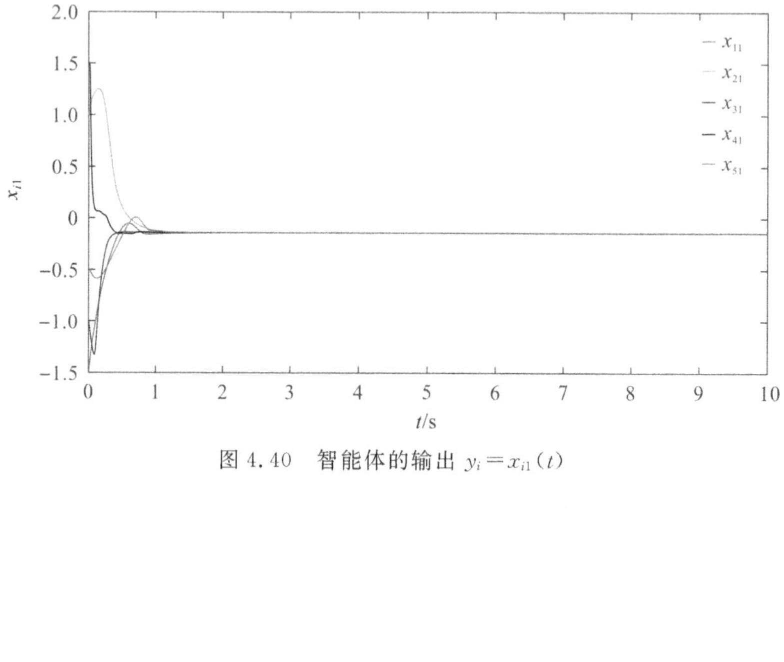

图 4.40　智能体的输出 $y_i=x_{i1}(t)$

限制在规定边界($-\phi_{i1}\tilde{\omega}_{i1}$,$\phi_{i1}\tilde{\omega}_{i1}$)内的间接邻域误差 s_{i1} 如图 4.41 所示。误差 s_{i1} 被限制在规定的边界内,并最终趋于 0,与理论分析的结果一致。

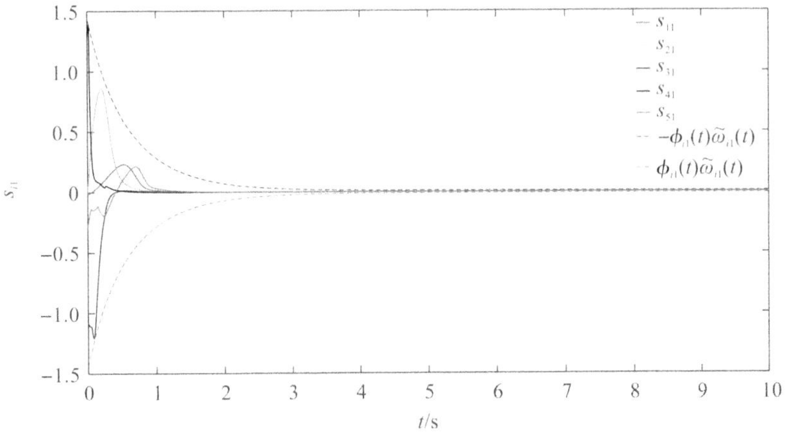

图 4.41　间接邻域误差 $s_{i1}(t)$

动态反馈系统如图 4.42 所示,结合图 4.40,可验证当$t\to\infty$时 $x_{i1}(t)\to\eta_{i1}(t)\to\eta_{i2}(t)\to x_{j1}(t)$。图 4.43 和图 4.44 分别验证了参数估计器$\hat{\theta}_i$,$\hat{\varrho}_{i1}$和外部扰动估计器$\hat{d}_{i1}$,$\hat{d}_{i2}$的有界性。上述实例验证了控制器的有效性。

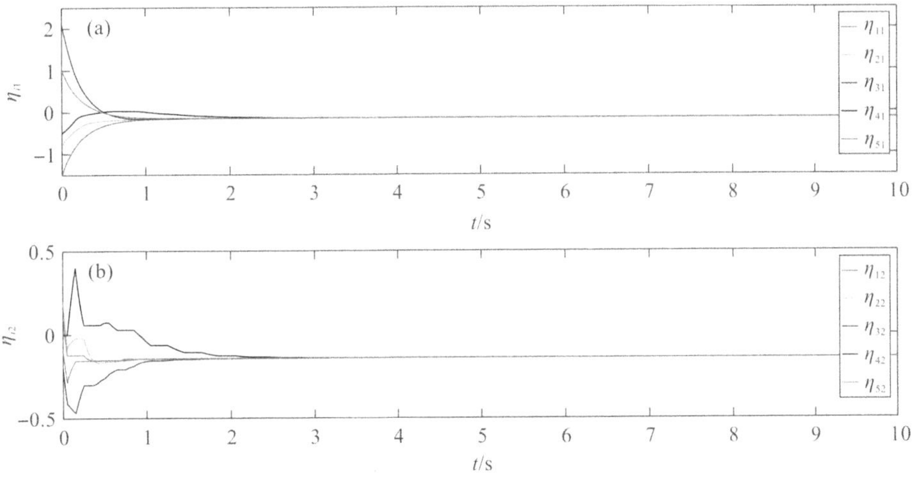

图 4.42　动态反馈系统

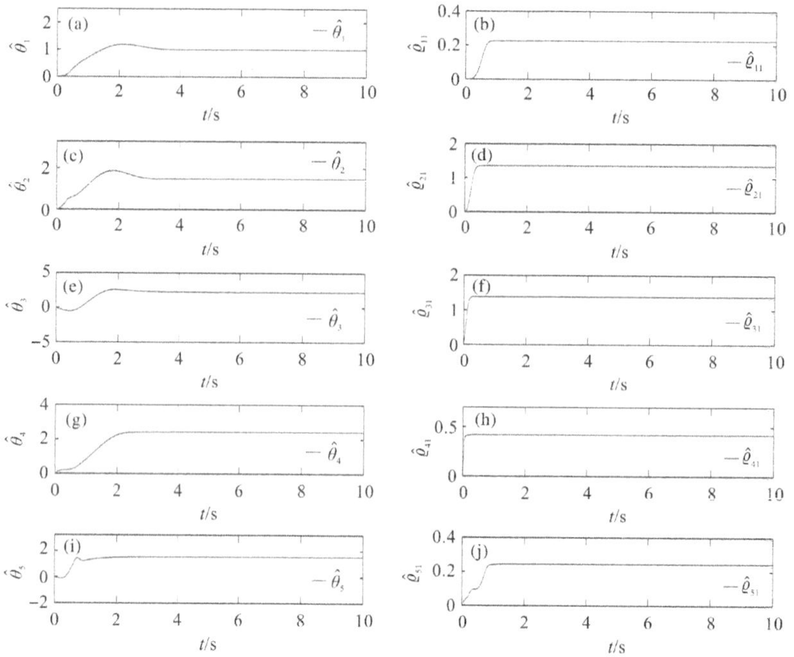

图 4.43 参数估计器$\hat{\theta}_i$ 和$\hat{\varrho}_{i1}$

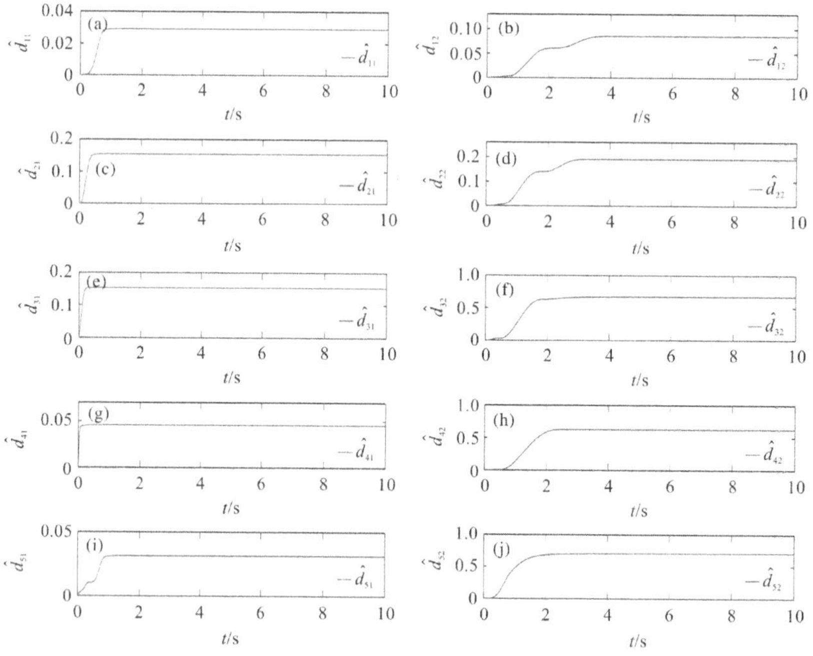

图 4.44 外部扰动估计器$\hat{d}_{i1}$ 和$\hat{d}_{i2}$

本节研究了多参数严格反馈系统的预设性能控制问题。在切换拓扑下，我们提出了一种分布式控制器，以确保智能体的输出实现精确同步，而且每个智能体的邻域误差在规定的边界内演化并最终收敛到 0，同时保证闭环系统中的其他信号有界。通过应用命令过滤技术，消除了反步法中复杂的推导过程。此外，控制器只需要获知相邻智能体的输出信息，这大大减少了通信和计算负担。本节通过理论分析和仿真实例验证了控制器的有效性。我们将在后续章节中将该方法扩展到其他类型的无人系统，例如切换拓扑下具有未知控制方向的无人系统。

4.8　切换拓扑下具有未知控制方向的无人系统预设性能控制问题

前一节研究了切换拓扑下多参数严格反馈系统的预设性能控制问题，并在传输最少信息的情况下实现了精确的输出同步。然而这个结果在控制方向已知的条件下才成立。切换拓扑下具有未知控制方向的无人系统预设性能控制问题是一个有趣的研究点，关于它的研究目前还不多。Liu 等[65]研究了这个问题，得到的结果与传统的预设性能相似，邻域误差在规定的边界内演化，最终收敛到任意小的残差集合，即误差最终不收敛到 0。当同时考虑切换拓扑和未知控制方向时，控制器的设计将面临巨大挑战。本节将讨论如何将各种不确定性结合并实现精确同步。

4.8.1　问题描述

考虑由具有严格反馈形式的 N 个智能体组成的网络系统，其中智能体 i 的动态方程如下：

$$\begin{cases} \dot{x}_{i1}=x_{i2}+\boldsymbol{\theta}_i^{\mathrm{T}}\boldsymbol{\varphi}_{i1}(x_{i1})+d_{i1}(t) \\ \dot{x}_{i2}=x_{i3}+\boldsymbol{\theta}_i^{\mathrm{T}}\boldsymbol{\varphi}_{i2}(\bar{\boldsymbol{x}}_{i2})+d_{i2}(t) \\ \vdots \\ \dot{x}_{in}=b_iu_i+\boldsymbol{\theta}_i^{\mathrm{T}}\boldsymbol{\varphi}_{in}(\bar{\boldsymbol{x}}_{in})+d_{in}(t) \\ y_i=x_{i1} \end{cases} \quad (i=1,\cdots,N) \tag{4-190}$$

其中，$\boldsymbol{x}_i=[x_{i1},x_{i2},\cdots,x_{in}]^{\mathrm{T}}\in\mathbf{R}^n$，$u_i\in\mathbf{R}$ 和 $y_i\in\mathbf{R}$ 分别为智能体 i 的状态、输入和输出；$\boldsymbol{\theta}_i\in\mathbf{R}^p$ 为未知的参数向量；$\boldsymbol{\varphi}_{i\bar{l}}(\bar{\boldsymbol{x}}_{i\bar{l}}):\mathbf{R}^{\bar{l}}\to\mathbf{R}^p$ 为已知的光滑有界函数，$\bar{\boldsymbol{x}}_{i\bar{l}}=[x_{i1},\cdots,x_{i\bar{l}}]^{\mathrm{T}}(\bar{l}=1,\cdots,n)$；$b_i$ 为智能体 i 的控制系数，其符号和幅值分别表示控制

方向和控制增益；$d_{i1}(t),\cdots,d_{in}(t)$为一组未知的时变外部扰动。

假设 4.13 存在连续的、非空的、一致有界的一个时间区间无穷序列$[t_{n_k},t_{n_{k+1}}](k=1,2,\cdots)$，当$t_{n_1}=t_0$时，有向图在每个这样的区间上的并集存在一棵有向生成树。

假设 4.14 $b_i(i=1,\cdots,N)$为符号未知的非零常数。

假设 4.15 存在正常数$d_{iq}^*(i=1,\cdots,N;q=1,\cdots,n)$，使得$|d_{iq}(t)|\leqslant d_{iq}^*$$(\forall t>0)$。

控制目标：在满足假设 4.13 至假设 4.15 的前提下，针对由多个式(4-190)组成的无人系统，为每个智能体设计分布式控制器u_i，使得：①所有智能体的输出精确同步；②每个智能体的邻域误差在规定的边界内演化并最终趋于 0；③闭环系统中的所有信号都是有界的。

4.8.2 协调预设性能控制器设计

受文献[13]的启发，我们使用下面的动态反馈系统来处理开关拓扑，其中智能体 i 的期望输出η_{i1}包含在如下系统中：

$$\begin{cases}\dot{\eta}_{iq}=-\lambda_{iq}(\eta_{iq}-\eta_{i,q+1})\\ \dot{\eta}_{im}=-\lambda_{im}\sum\limits_{j\in N_i}a_{ij}(t)(\eta_{im}-x_{j1})\end{cases}\tag{4-191}$$

其中，$q=1,\cdots,m-1$；λ_{iq}和λ_{im}为正常数。定义智能体 i 的间接邻域误差为

$$\begin{cases}s_{i1}=x_{i1}-\eta_{i1}\\ s_{iq}=x_{iq}-\pi_{iq}\end{cases}\tag{4-192}$$

其中，$q=2,\cdots,n$。接下来的设计将实现x_{i1}到其期望轨迹η_{i1}的渐近跟踪。为了实现输出同步，我们将问题转化为$\eta_{i1}(t)\to\eta_{i2}(t)\cdots\to\eta_{in}(t)\to x_{j1}(t)$和$x_{i1}(t)\to\eta_{i1}(t\to\infty)$。

第 1 步：引入误差变换$\xi_{i1}=F_{\text{tran}}^{-1}(s_{i1}/\tilde{\omega}_{i1}(t),\phi_{i1})$，其导数为

$$\dot{\xi}_{i1}=\frac{\partial F_{\text{tran}}^{-1}}{\partial s_{i1}}\dot{s}_{i1}+\frac{\partial F_{\text{tran}}^{-1}}{\partial\tilde{\omega}_{i1}(t)}\dot{\tilde{\omega}}_{i1}(t)+\frac{\partial F_{\text{tran}}^{-1}}{\partial\phi_{i1}(t)}\dot{\phi}_{i1}(t)=h_{i1}\dot{s}_{i1}+r_{i1}\tag{4-193}$$

其中，$h_{i1}=\dfrac{\partial F_{\text{tran}}^{-1}}{\partial s_{i1}}$，$v_{i1}=\dfrac{\partial F_{\text{tran}}^{-1}}{\partial\tilde{\omega}_{i1}(t)}\dot{\tilde{\omega}}_{i1}(t)+\dfrac{\partial F_{\text{tran}}^{-1}}{\partial\phi_{i1}(t)}\dot{\phi}_{i1}(t)$。计算$s_{i1}$的导数，式(4-193)可以重写为

$$\dot{\xi}_{i1}=h_{i1}(x_{i2}+\boldsymbol{\theta}^{\mathrm{T}}\boldsymbol{\varphi}_{i1}+d_{i1}-\dot{\eta}_{i1})+r_{i1}=h_{i1}(z_{i2}+\alpha_{i1}+\boldsymbol{\theta}^{\mathrm{T}}\boldsymbol{\varphi}_{i1}+d_{i1}+f_{i1}-\dot{\eta}_{i1})+r_{i1}\tag{4-194}$$

其中，$f_{i1}=\pi_{i2}-\alpha_{i1}$。定义

$$\begin{aligned}
&\alpha_{i1}=-\frac{c_{i1}}{h_{i1}}\xi_{i1}-\hat{d}_{i1}\tanh\left(\frac{h_{i1}\xi_{i1}}{\varepsilon_i(t)}\right)-\hat{\varrho}_{i1}\,\mathrm{sg}(h_{i1}\xi_{i1},\varepsilon_i(t))-\hat{\boldsymbol{\theta}}_i^{\mathrm{T}}\boldsymbol{\varphi}_{i1}+\dot{\eta}_{i1}+\frac{r_{i1}}{h_{i1}}\\
&\dot{\hat{d}}_{i1}=\kappa_{i1}h_{i1}\xi_{i1}\tanh\left(\frac{h_{i1}\xi_{i1}}{\varepsilon_i(t)}\right)\\
&\dot{\hat{\varrho}}_{i1}=\beta_{i1}h_{i1}\xi_{i1}\,\mathrm{sg}(h_{i1}\xi_{i1},\varepsilon_i(t))
\end{aligned}\tag{4-195}$$

其中，c_{i1}，κ_{i1} 和 β_{i1} 为正常数；$\varepsilon_i(t)$ 是满足$\int_0^{\infty}\varepsilon_i(t)\mathrm{d}t\leqslant\bar{\varepsilon}_i$ 的正定函数，$\bar{\varepsilon}\geqslant 0$ 为有限常数；函数 $\mathrm{sg}(\psi,\varepsilon_i(t))=\dfrac{\psi}{\sqrt{\psi^2+\varepsilon_i^2(t)}}$，其性质可以由引理 4.9 获得。定义

$$V_{i1}=\frac{1}{2}\xi_{i1}^2+\frac{1}{2\kappa_{i1}}(d_{i1}^*-\hat{d}_{i1})^2+\frac{1}{2\beta_{i1}}\tilde{\varrho}_{i1}^2\tag{4-196}$$

其中，$\tilde{\varrho}_{i1}=\varrho_{i1}-\hat{\varrho}_{i1}$，$\hat{\varrho}_{i1}$用于估计未知正常数$\varrho_{i1}$。式(4-196)对时间求导，得到

$$\dot{V}_{i1}=\xi_{i1}\dot{\xi}_{i1}-\frac{1}{\kappa_{i1}}(d_{i1}^*-\hat{d}_{i1})\dot{\hat{d}}_{i1}-\frac{1}{\beta_{i1}}\tilde{\varrho}_{i1}\dot{\hat{\varrho}}_{i1}\tag{4-197}$$

将式(4-194)和式(4-159)中的1式代入式(4-161)，可以得到

$$\begin{aligned}
\dot{V}_{i1}=&-c_{i1}\xi_{i1}^2+\tilde{\boldsymbol{\theta}}_i^{\mathrm{T}}\boldsymbol{\omega}_{i1}+h_{i1}\xi_{i1}s_{i2}+h_{i1}\xi_{i1}f_{i1}+h_{i1}\xi_{i1}d_{i1}-h_{i1}\xi_{i1}\hat{\varrho}_{i1}\,\mathrm{sg}(h_{i1}\xi_{i1},\varepsilon_i(t))\\
&-h_{i1}\xi_{i1}\hat{d}_{i1}\tanh\left(\frac{h_{i1}\xi_{i1}}{\varepsilon_i(t)}\right)-\frac{1}{\kappa_{i1}}(d_{i1}^*-\hat{d}_{i1})\dot{\hat{d}}_{i1}-\frac{1}{\beta_{i1}}\tilde{\varrho}_{i1}\dot{\hat{\varrho}}_{i1}
\end{aligned}\tag{4-198}$$

其中，$\boldsymbol{\omega}_{i1}=h_{i1}\xi_{i1}\boldsymbol{\varphi}_{i1}$，$\tilde{\boldsymbol{\theta}}_i=\boldsymbol{\theta}_i-\hat{\boldsymbol{\theta}}_i$。根据假设 4.15，可以得出 $h_{i1}\xi_{i1}d_{i1}\leqslant d_{i1}^*|h_{i1}\xi_{i1}|$；根据滤波器的性质，可以得出 $h_{i1}\xi_{i1}f_{i1}\leqslant\varrho_{i1}|h_{i1}\xi_{i1}|$。将式(4-195)中的2式和3式代入式(4-198)，并且应用引理 4.9 和引理 4.10，可得

$$\dot{V}_{i1}\leqslant-c_{i1}\xi_{i1}^2+\tilde{\boldsymbol{\theta}}_i^{\mathrm{T}}\boldsymbol{\omega}_{i1}+h_{i1}\xi_{i1}s_{i2}+\sigma_{i1}\varepsilon_i(t)+\varrho_{i1}\varepsilon_i(t)\tag{4-199}$$

其中，$\sigma_{i1}=0.2785d_{i1}^*$。

第2步：计算 s_{i2}的导数，可以得到

$$\dot{s}_{i2}=s_{i3}+\alpha_{i2}+\boldsymbol{\theta}_i^{\mathrm{T}}\boldsymbol{\varphi}_{i2}+d_{i2}+f_{i2}-\dot{\pi}_{i2}\tag{4-200}$$

其中，$f_{i2}=\pi_{i3}-\alpha_{i2}$，$\dot{\pi}_{i2}$可以从滤波器中得到。定义

$$\begin{aligned}
&\alpha_{i2}=-c_{i2}s_{i2}-\hat{d}_{i2}\tanh\left(\frac{s_{i2}}{\varepsilon_i(t)}\right)-\hat{\varrho}_{i2}\,\mathrm{sg}(s_{i2},\varepsilon_i(t))-\hat{\boldsymbol{\theta}}_i^{\mathrm{T}}\boldsymbol{\varphi}_{i2}+\dot{\pi}_{i2}+h_{i1}\xi_{i1}\\
&\dot{\hat{d}}_{i2}=\kappa_{i2}s_{i2}\tanh\left(\frac{s_{i2}}{\varepsilon_i(t)}\right)\\
&\dot{\hat{\varrho}}_{i2}=\beta_{i2}s_{i2}\,\mathrm{sg}(s_{i2},\varepsilon_i(t))
\end{aligned}\tag{4-201}$$

其中，c_{i2}，κ_{i2} 和 β_{i2} 为正常数。定义

$$V_{i2}=V_{i1}+\frac{1}{2}s_{i2}^2+\frac{1}{2\kappa_{i2}}(d_{i2}^*-\hat{d}_{i2})^2+\frac{1}{2\beta_{i2}}\tilde{\varrho}_{i2}^2 \tag{4-202}$$

其中，$\tilde{\varrho}_{i2}=\varrho_{i2}-\hat{\varrho}_{i2}$。$V_{i2}$ 对时间求导，有

$$\dot{V}_{i2}=\dot{V}_{i1}+s_{i2}\dot{s}_{i2}-\frac{1}{\kappa_{i2}}(d_{i2}^*-\hat{d}_{i2})\dot{\hat{d}}_{i2}-\frac{1}{\beta_{i2}}\tilde{\varrho}_{i2}\dot{\hat{\varrho}}_{i2} \tag{4-203}$$

将式(4-199)、式(4-200)和式(4-201)中的 1 式代入式(4-203)，有

$$\begin{aligned}\dot{V}_{i2}=&-c_{i1}\xi_{i1}^2-c_{i2}s_{i2}^2+\tilde{\boldsymbol{\theta}}_i^{\mathrm{T}}\boldsymbol{\omega}_{i2}+s_{i2}s_{i3}+s_{i2}f_{i2}+s_{i2}d_{i2}-s_{i2}\hat{d}_{i2}\tanh\left(\frac{s_{i2}}{\varepsilon_i(t)}\right)\\&-s_{i2}\hat{\varrho}_{i2}\mathrm{sg}(s_{i2},\varepsilon_i(t))-\frac{1}{\kappa_{i2}}(d_{i2}^*-\hat{d}_{i2})\dot{\hat{d}}_{i2}-\frac{1}{\beta_{i2}}\tilde{\varrho}_{i2}\dot{\hat{\varrho}}_{i2}+\sigma_{i1}\varepsilon_i(t)+\varrho_{i1}\varepsilon_i(t)\end{aligned} \tag{4-204}$$

其中，$\boldsymbol{\omega}_{i2}=\boldsymbol{\omega}_{i1}+z_{i2}\boldsymbol{\varphi}_{i2}$。注意到 $s_{i2}d_{i2}\leqslant d_{i1}^*|s_{i2}|$ 和 $s_{i2}f_{i2}\leqslant\varrho_{i2}|s_{i2}|$，将式(4-201)中的 2 式和 3 式代入式(4-204)，有

$$\dot{V}_{i2}\leqslant-c_{i1}\xi_{i1}^2-c_{i2}s_{i2}^2+\tilde{\boldsymbol{\theta}}_i^{\mathrm{T}}\boldsymbol{\omega}_{i2}+s_{i2}s_{i3}+(\sigma_{i1}+\sigma_{i2})\varepsilon_i(t)+(\varrho_{i1}+\varrho_{i2})\varepsilon_i(t) \tag{4-205}$$

其中，$\sigma_{i2}=0.2785d_{i2}^*$。

第 q 步($3\leqslant q\leqslant n-1$)：计算 s_{iq} 的导数，可以得到

$$\dot{s}_{iq}=s_{i,q+1}+\alpha_{iq}+\boldsymbol{\theta}_i^{\mathrm{T}}\boldsymbol{\varphi}_{iq}+d_{iq}+f_{iq}-\dot{\pi}_{iq} \tag{4-206}$$

其中，$f_{iq}=\pi_{i,q+1}-\alpha_{iq}$，$\dot{\pi}_{iq}$ 可以从滤波器中得到。定义

$$\begin{aligned}&\alpha_{iq}=-c_{iq}s_{iq}-\hat{d}_{iq}\tanh\left(\frac{s_{iq}}{\varepsilon_i(t)}\right)-\hat{\varrho}_{iq}\mathrm{sg}(s_{iq},\varepsilon_i(t))-\hat{\boldsymbol{\theta}}_i^{\mathrm{T}}\boldsymbol{\varphi}_{iq}+\dot{\pi}_{iq}-s_{i,q-1}\\&\dot{\hat{d}}_{iq}=\kappa_{iq}s_{iq}\tanh\left(\frac{s_{iq}}{\varepsilon_i(t)}\right)\\&\dot{\hat{\varrho}}_{iq}=\beta_{iq}s_{iq}\mathrm{sg}(s_{iq},\varepsilon_i(t))\end{aligned} \tag{4-207}$$

其中，c_{iq}，κ_{iq} 和 β_{iq} 为正常数。定义

$$V_{iq}=V_{i,q-1}+\frac{1}{2}s_{iq}^2+\frac{1}{2\kappa_{iq}}(d_{iq}^*-\hat{d}_{iq})^2+\frac{1}{2\beta_{iq}}\tilde{\varrho}_{iq}^2 \tag{4-208}$$

其中，$\tilde{\varrho}_{iq}=\varrho_{iq}-\hat{\varrho}_{iq}$。重复与式(4-202)至式(4-205)相同的分析，可以得到

$$\dot{V}_{iq}\leqslant-c_{i1}\xi_{i1}^2-\sum_{k=2}^{q-1}c_{ik}s_{ik}^2+\tilde{\boldsymbol{\theta}}_i^{\mathrm{T}}\boldsymbol{\omega}_{iq}+s_{iq}s_{i,q+1}+\sum_{k=q}^{q-1}(\sigma_{ik}+\varrho_{ik})\varepsilon_i(t) \tag{4-209}$$

其中，$\boldsymbol{\omega}_{iq}=\boldsymbol{\omega}_{i,q-1}+z_{iq}\boldsymbol{\varphi}_{iq}$，$\sigma_{ik}=0.2785d_{ik}^*$。

第 n 步：计算 s_{in} 的导数，可以得到

$$\dot{s}_{in}=b_i u_i+\boldsymbol{\theta}_i^{\mathrm{T}}\boldsymbol{\varphi}_{in}+d_{in}-\dot{\pi}_{in} \tag{4-210}$$

其中，$\dot{\pi}_{in}$ 可以从滤波器中得到。定义

$$\begin{aligned}
&u_i=N_i(\tau_i)\alpha_{in}\\
&\dot{\tau}_i=s_{in}\alpha_{in}\\
&\alpha_{in}=c_{in}s_{in}+\hat{d}_{in}\tanh\left(\frac{s_{in}}{\varepsilon_i(t)}\right)+\hat{\boldsymbol{\theta}}_i^{\mathrm{T}}\boldsymbol{\varphi}_{in}-\dot{\pi}_{in}+s_{i,n-1}\\
&\dot{\hat{d}}_{in}=\kappa_{in}s_{in}\tanh\left(\frac{s_{in}}{\varepsilon_i(t)}\right)\\
&\dot{\hat{\theta}}_i=\gamma_i\boldsymbol{\omega}_{in}
\end{aligned} \tag{4-211}$$

其中，c_{in}，κ_{in} 和 γ_i 为正常数，N_i 为 Nussbaum 函数，$\boldsymbol{\omega}_{in}=\boldsymbol{\omega}_{i,n-1}+z_{in}\boldsymbol{\varphi}_{in}$。定义

$$V_{in}=V_{i,n-1}+\frac{1}{2}s_{in}^2+\frac{1}{2\kappa_{in}}(d_{in}^*-\hat{d}_{in})^2+\frac{1}{2\gamma_i}\widetilde{\boldsymbol{\theta}}_i^{\mathrm{T}}\widetilde{\boldsymbol{\theta}}_i \tag{4-212}$$

其中，$\widetilde{\boldsymbol{\theta}}_i=\boldsymbol{\theta}_i-\hat{\boldsymbol{\theta}}_i$。$V_{in}$ 对时间求导，可得

$$\dot{V}_{in}=\dot{V}_{i,n-1}+s_{in}\dot{s}_{in}+\frac{1}{\kappa_{in}}(d_{in}^*-\hat{d}_{in})\dot{\hat{d}}_{in}+\frac{1}{\gamma_i}\widetilde{\boldsymbol{\theta}}_i^{\mathrm{T}}\dot{\hat{\boldsymbol{\theta}}}_i \tag{4-213}$$

将式(4-210)和式(4-211)中的 1 式及 2 式代入式(4-213)，有

$$\begin{aligned}
\dot{V}_{in}=&\dot{V}_{i,n-1}+[b_iN_i(\tau_i)+1]\dot{\tau}_i+s_{in}(\boldsymbol{\theta}_i^{\mathrm{T}}\boldsymbol{\varphi}_{in}-\alpha_{in}+d_{in}-\dot{\pi}_{in})\\
&-\frac{1}{\kappa_{in}}(d_{in}^*-\hat{d}_{in})\dot{\hat{d}}_{in}-\frac{1}{\gamma_i}\widetilde{\boldsymbol{\theta}}_i^{\mathrm{T}}\dot{\hat{\boldsymbol{\theta}}}_i
\end{aligned} \tag{4-214}$$

通过应用引理 4.2 和引理 4.3，并将式(4-209)和式(4-211)中的 3 式、4 式及 5 式代入式(4-214)，可得

$$\dot{V}_{in}\leqslant-c_{i1}\xi_{i1}^2-\sum_{k=2}^{n}c_{ik}s_{ik}^2+[b_iN_i(\tau_i)+1]\dot{\tau}_i+\sum_{k=1}^{n}\sigma_{ik}\varepsilon_i(t)+\sum_{k=1}^{n-1}\varrho_{ik}\varepsilon_i(t) \tag{4-215}$$

定理 4.6　考虑由满足假设 4.13 至假设 4.15 的 N 个形如式(4-190)的智能体组成的网络，通过式(4-191)给出的动态反馈系统、式(4-211)给出的控制器 u_i 以及式(4-207)给出的自适应更新率，可以保证：①所有智能体的输出是同步的，即$\lim\limits_{x\to\infty}[x_{i1}(t)-x_{j1}(t)]=0$；②间接邻域误差 ξ_{i1} 在规定的边界内演化并最终收敛到 0；③闭环系统中的所有信号都是有界的。

证明：对式(4-215)进行积分，可以得到

$$
\begin{aligned}
V_{in}(t) \leqslant & V_{in}(0) - c_{i1}\int_0^t \xi_{i1}^2(\sigma)\mathrm{d}\sigma - \sum_{k=2}^{n-1} c_{ik}\int_0^t s_{ik}^2(\sigma)\mathrm{d}\sigma + \sum_{k=1}^{n}\sigma_{ik}\int_0^t \varepsilon_i(\sigma)\mathrm{d}\sigma \\
& + \sum_{k=1}^{n-1} \varrho_{ik}\int_0^t \varepsilon_i(\sigma)\mathrm{d}\sigma + \int_0^t [b_i N_i(\tau_i(\sigma)) + 1]\dot{\tau}_i(\sigma)\mathrm{d}\sigma \\
\leqslant & \int_0^t [b_i N_i(\tau_i(\sigma)) + 1]\dot{\tau}_i(\sigma)\mathrm{d}\sigma + g_0
\end{aligned} \tag{4-216}
$$

其中，$g_0 = \sum_{k=1}^{n}\sigma_{ik}\bar{\varepsilon}_i + \sum_{k=1}^{n-1}\varrho_{ik}\bar{\varepsilon}_i + V_{in}(0)$ 为有限常数。应用引理 4.3，可以得到 $V_{in}(t)$，$\dot{\tau}_i(t)$ 和 $\int_0^t [b_i N_i(\tau_i(\sigma)) + 1]\dot{\tau}_i(\sigma)\mathrm{d}\sigma$ 有界，进一步可得 ξ_{i1}，$s_{iq} \in L_2 \cap L_\infty$，并且 $\tilde{\theta}_i$，$\hat{\varrho}_{ik}$ 和 $\hat{d}_{ik}$ 有界($k = 1,\cdots,n$)。注意到

$$
s_{i1}^2 = \bar{\omega}_{i1}^2(t)\phi_{i1}^2(t)\frac{(\mathrm{e}^{\xi_{i1}} - \mathrm{e}^{-\xi_{i1}})^2}{(\mathrm{e}^{\xi_{i1}} + \mathrm{e}^{-\xi_{i1}})^2} \tag{4-217}
$$

其中，$\phi_{i1}(t)$，$\bar{\omega}_{i1}(t)$ 和 ξ_{i1} 都是有界的。因此，存在一个常数 K，使得 $\bar{\omega}_{i1}^2(t)\phi_{i1}^2(t)\cdot \frac{1}{(\mathrm{e}^{\xi_{i1}} + \mathrm{e}^{-\xi_{i1}})^2} \leqslant K$。式(4-217)可以重新写为

$$
s_{i1}^2 \leqslant K(\mathrm{e}^{\xi_{i1}} - \mathrm{e}^{-\xi_{i1}})^2 \tag{4-218}
$$

对式(4-218)积分，可以得到

$$
\int_0^t s_{i1}^2(\sigma)\mathrm{d}\sigma \leqslant \int_0^t K(\mathrm{e}^{\xi_{i1}} - \mathrm{e}^{-\xi_{i1}})^2\mathrm{d}\sigma \tag{4-219}
$$

因此，存在一个足够大的常数 W 和一个区域 Ω_z，使得$(\mathrm{e}^{\xi_{i1}} - \mathrm{e}^{-\xi_{i1}}) \leqslant W\xi_{i1}$，并且在某一时间 $\bar{t}$，$\mathrm{e}^{\xi_{i1}} - \mathrm{e}^{-\xi_{i1}}$ 将会进入区域 Ω_z。由此可以得到

$$
\int_0^\infty s_{i1}^2(\sigma)\mathrm{d}\sigma \leqslant \int_0^{\bar{t}} s_{i1}^2(\sigma)\mathrm{d}\sigma + KW^2\int_{\bar{t}}^\infty \xi_{i1}^2(\sigma)\mathrm{d}\sigma < \infty \tag{4-220}
$$

因此，$s_{i1} \in L_2 \cap L_\infty$。由预设性能函数的性质可知，$s_{i1}$ 被限制在一个规定的范围内。

接下来证明 $\eta_{iq}(q=1,\cdots,n)$ 的有界性。注意到，动态反馈系统可以重写为

$$
\dot{\boldsymbol{\eta}} = -\bar{\boldsymbol{L}}(t)\boldsymbol{\eta} + \boldsymbol{s} \tag{4-221}
$$

其中，$\boldsymbol{\eta} = [\boldsymbol{\eta}_1,\cdots,\boldsymbol{\eta}_n]^{\mathrm{T}} \in \mathbf{R}^{Nn}$，$\boldsymbol{\eta}_q = [\eta_{1q},\cdots,\eta_{Nq}] \in \mathbf{R}^{1\times N}(q=1,\cdots,n)$，$\boldsymbol{s} = [\boldsymbol{0}_{N(n-1)}^{\mathrm{T}}, \bar{\boldsymbol{s}}^{\mathrm{T}}]^{\mathrm{T}} \in \mathbf{R}^{Nn}$，$\bar{\boldsymbol{s}} = \boldsymbol{\lambda}_m\boldsymbol{A}(t)[s_{11},\cdots,s_{N1}]^{\mathrm{T}} \in \mathbf{R}^N$。定义 $\bar{\boldsymbol{L}}(t) \in \mathbf{R}^{Nn\times Nn}$ 如下：

$$
\bar{\boldsymbol{L}}(t) = \begin{bmatrix}
\boldsymbol{\lambda}_1 & -\boldsymbol{\lambda}_1 & \boldsymbol{0} & \cdots & \boldsymbol{0} \\
\boldsymbol{0} & \boldsymbol{\lambda}_2 & -\boldsymbol{\lambda}_2 & \cdots & \boldsymbol{0} \\
\vdots & \vdots & \vdots & \ddots & \vdots \\
-\boldsymbol{\lambda}_n\boldsymbol{A}(t) & \boldsymbol{0} & \boldsymbol{0} & \cdots & -\boldsymbol{\lambda}_n\boldsymbol{D}(t)
\end{bmatrix} \tag{4-222}
$$

其中，$\boldsymbol{\lambda}_q=\mathrm{diag}\{\lambda_{1q},\cdots,\lambda_{Nq}\}$，$\boldsymbol{A}(t)$和$\boldsymbol{D}(t)$分别为有向图$\mathcal{G}(t)$的邻接矩阵和入度矩阵。式(4-221)可以被看作一个涉及Nn个智能体的系统，这些智能体与增广有向图$\bar{\mathcal{G}}$相互作用，其中$\bar{\boldsymbol{L}}(t)$为相应的Laplacian矩阵，边集$\bar{E}$可以由式(4-222)识别得到。式(4-221)的解为

$$\boldsymbol{\eta}(t)=\boldsymbol{\Psi}(t,0)\boldsymbol{\eta}(0)+\int_0^t\boldsymbol{\Psi}(t,\sigma)\boldsymbol{s}(\sigma)\mathrm{d}\sigma \tag{4-223}$$

其中，$\boldsymbol{\Psi}(t,0)$为与$-\bar{\boldsymbol{L}}(t)$对应的转移矩阵，定义如下：

$$\boldsymbol{\Psi}(t,0)=\boldsymbol{I}_{Nn}+\int_0^t-\bar{\boldsymbol{L}}(\sigma_1)\mathrm{d}\sigma_1+\int_0^t-\bar{\boldsymbol{L}}(\sigma_1)\int_0^{\sigma_1}-\bar{\boldsymbol{L}}(\sigma_2)\mathrm{d}\sigma_2\mathrm{d}\sigma_1+\cdots \tag{4-224}$$

注意到图$\bar{\mathcal{G}}$满足假设4.13，可以得出存在一个有限常数$\bar{c}$，使得$\|\boldsymbol{\Psi}(t,0)\|\leqslant\bar{c}$($\forall t\geqslant0$)。由式(4-223)可得，$\boldsymbol{\eta}(t)\in L_\infty[0,t_f)$，即$\eta_{iq}(q=1,\cdots,n)$在$[0,t_f)$上有界。结合式(4-192)，可得$x_{i1}$在$[0,t_f)$上是有界的，进一步可以直接得到$\alpha_{i1},x_{i2}\in L_\infty[0,t_f)$。重复相同的推导过程，可得$x_{iq},\alpha_{iq}\in L_\infty[0,t_f)(q=1,\cdots,n)$。如果闭环的解有界，则$t_f=\infty$。由式(4-194)可知，$\dot{\xi}_{i1}$是有界的，于是可以得出$\dot{s}_{i1}$也是有界的。进一步，由式(4-200)、式(4-206)和式(4-210)可以得出$\dot{s}_{iq}(q=1,\cdots,n)$有界，根据Barbalat引理，有$\lim\limits_{t\to\infty}s_{iq}(t)=0(q=1,\cdots,n)$。

下一步证明$\lim\limits_{t\to\infty}[x_{i1}(t)-x_{j1}(t)]=0(\forall i,j=1,\cdots,N)$。设$\eta_q^*$和$s_q^*$分别表示式(4-221)中$\boldsymbol{\eta}$和$\boldsymbol{s}$的第$q$个元素$(q=1,\cdots,Nn)$。定义相对误差向量$\tilde{\boldsymbol{\eta}}=[\eta_1^*-\eta_2^*,\cdots,\eta_{Nn-1}^*-\eta_{Nn}^*]^{\mathrm{T}}\in\mathbf{R}^{Nn-1}$和$\tilde{\boldsymbol{s}}=[s_1^*-s_2^*,\cdots,s_{Nn-1}^*-s_{Nn}^*]^{\mathrm{T}}\in\mathbf{R}^{Nn-1}$。那么$\dot{\tilde{\boldsymbol{\eta}}}$可以写为

$$\dot{\tilde{\boldsymbol{\eta}}}=-\boldsymbol{Q}(t)\tilde{\boldsymbol{\eta}}+\tilde{\boldsymbol{s}} \tag{4-225}$$

其中，$\boldsymbol{Q}(t)\in\mathbf{R}^{(Nn-1)\times(Nn-1)}$是一个时变矩阵，且$\tilde{\boldsymbol{s}}$包含$\boldsymbol{s}$各分量的线性组合。类似于文献[79]中定理2.35的证明过程，当$\tilde{\boldsymbol{s}}=\boldsymbol{0}$时，式(4-225)表示的系统是一致指数稳定的。然后根据$\boldsymbol{\eta}$和$\boldsymbol{s}$的有界性，得出$\lim\limits_{t\to\infty}\tilde{\boldsymbol{\eta}}(t)=\boldsymbol{0}_{Nn-1}$，即$\lim\limits_{t\to\infty}[\eta_{i1}(t)-\eta_{j1}(t)]=0$ $(i,j=1,\cdots,N)$。再结合$\lim\limits_{t\to\infty}[x_{i1}(t)-\eta_{i1}(t)]=0$，可以进一步得出$\lim\limits_{t\to\infty}[x_{i1}(t)-x_{j1}(t)]=0$。证明完成。

文献[60,65]的结果只能保证误差在规定的边界内演化，但不能保证同步误差最终收敛到0；本节提出的控制器可确保邻域误差不仅在规定的边界内演化，而且最终收敛到0，即实现输出精确同步，而不是收敛到任意小的区域。此外，命令

过滤器的使用以及本节提出的控制器仅使用邻域智能体的输出信息，从而大大减少了传输负担和计算负载。

4.8.3 仿真实例

给出一个仿真实例来验证控制器的有效性。考虑由五个智能体组成的网络系统，通信拓扑如图 4.45 所示。假设通信拓扑按照 a→b→c→d 的顺序每 0.1s 切换一次，周期为 0.4s。显然，这个交换有向图的并集满足存在一棵生成树的条件。其中智能体 i 的动态方程如下：

$$\begin{cases}\dot{x}_{i1}=x_{i2}+\boldsymbol{\theta}_i^{\mathrm{T}}\boldsymbol{\varphi}_{i1}+d_{i1}\\ \dot{x}_{i2}=b_iu_i+\boldsymbol{\theta}_i^{\mathrm{T}}\boldsymbol{\varphi}_{i2}+d_{i2}\\ y_i=x_{i1}\end{cases}\quad(i=1,2,3,4,5)\tag{4-226}$$

其中，$b_1=1,b_2=1,b_3=-1,b_4=1$ 和 $b_5=1$ 为未知控制系数；$\theta_1=1,\theta_2=1.5,\theta_3=2,\theta_4=2.5$ 和 $\theta_5=3$ 为未知参数；$d_{i1}=0.1\cos t$ 和 $d_{i2}=\mathrm{rand}(1)$ 为外部扰动；$\varphi_{i1}=\cos x_{i1}$ 和 $\varphi_{i2}=\sin x_{i2}$ 为光滑有界函数。然后，选取 $\bar{\omega}_{i1}(t)=(1-10^{-4})\mathrm{e}^{-0.7t}+10^{-4}$，$\dot{\varphi}_{i1}=-4.3\varphi_{i1}+2$。设系统状态的初值为 $[x_{11}(0),x_{12}(0)]^{\mathrm{T}}=[0.5,0]^{\mathrm{T}}$，$[x_{21}(0),x_{22}(0)]^{\mathrm{T}}=[1,0]^{\mathrm{T}}$，$[x_{31}(0),x_{32}(0)]^{\mathrm{T}}=[-1,0]^{\mathrm{T}}$，$[x_{41}(0),x_{42}(0)]^{\mathrm{T}}=[-1,0]^{\mathrm{T}}$，$[x_{51}(0),x_{52}(0)]^{\mathrm{T}}=[-0.5,0]^{\mathrm{T}}$；动态反馈系统初值为 $[\xi_{11}(0),\xi_{12}(0)]^{\mathrm{T}}=[-1.5,1.2]^{\mathrm{T}}$，$[\xi_{21}(0),\xi_{22}(0)]^{\mathrm{T}}=[-0.8,0]^{\mathrm{T}}$，$[\xi_{31}(0),\xi_{32}(0)]^{\mathrm{T}}=[0.7,1]^{\mathrm{T}}$，$[\xi_{41}(0),\xi_{42}(0)]^{\mathrm{T}}=[-0.5,1]^{\mathrm{T}}$，$[\xi_{51}(0),\xi_{52}(0)]^{\mathrm{T}}=[0.5,-1]^{\mathrm{T}}$；其他控制系数为 $\gamma_i=5$，$\rho_{i2}=200,\kappa_{i1}=3,\kappa_{i2}=3,c_{i1}=3,c_{i2}=3,\beta_{i1}=10,\lambda_{i1}=6,\lambda_{i2}=6,\varepsilon_i(t)=\mathrm{e}^{-0.2t}(i=1,2,3,4,5)$。

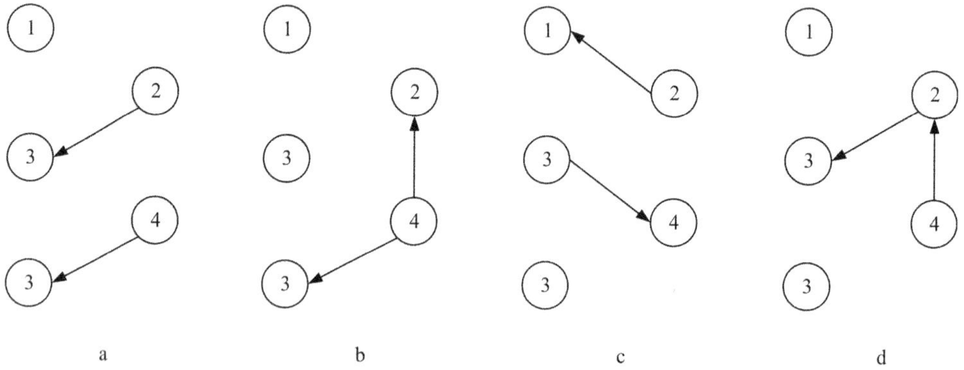

图 4.45 通信拓扑

仿真结果如图 4.46 至图 4.51 所示。智能体的输出曲线如图 4.46 所示，间接邻域误差如图 4.47 所示，动态反馈系统的同步如图 4.48 所示。可以看出，在切换拓扑下，所有智能体的输出都是同步的，且当 $t\to\infty$ 时，$x_{i1}(t)\to\xi_{i1}(t)\to\xi_{i2}(t)\to x_{j1}(t)$。图 4.48 显示，间接邻域误差 s_{i1} 被限制在规定的边界$(-\phi_{i1}\bar{\omega}_{i1},\phi_{i1}\bar{\omega}_{i1})$内，并最终趋于 0。图 4.49 和图 4.50 分别验证了参数估计器$\hat{\theta}_i$,$\hat{\varrho}_{i1}$和外部扰动估计器$\hat{d}_{i1}$,$\hat{d}_{i2}$的有界性。此外，如图 4.51 所示，Nussbaum 函数的变量 $\tau_i(t)$是有界的。因此，闭环系统中的所有信号都是有界的。上述实例验证了控制器的有效性。

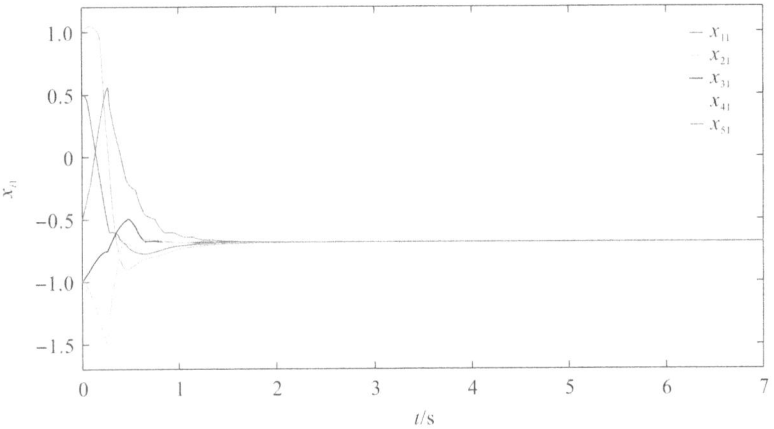

图 4.46　智能体的输出 $y_{i1}=x_{i1}(t)$

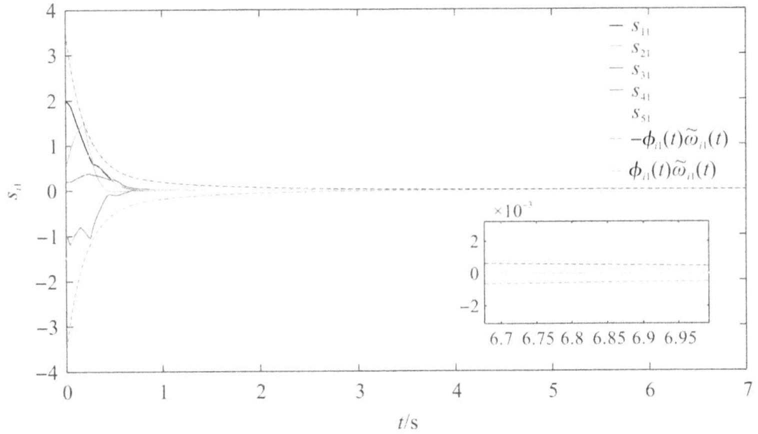

图 4.47　间接邻域误差 $s_{i1}(t)$

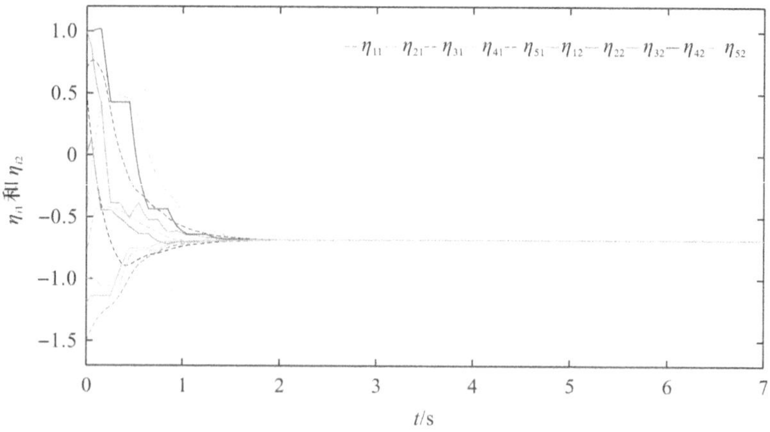

图 4.48　动态反馈系统

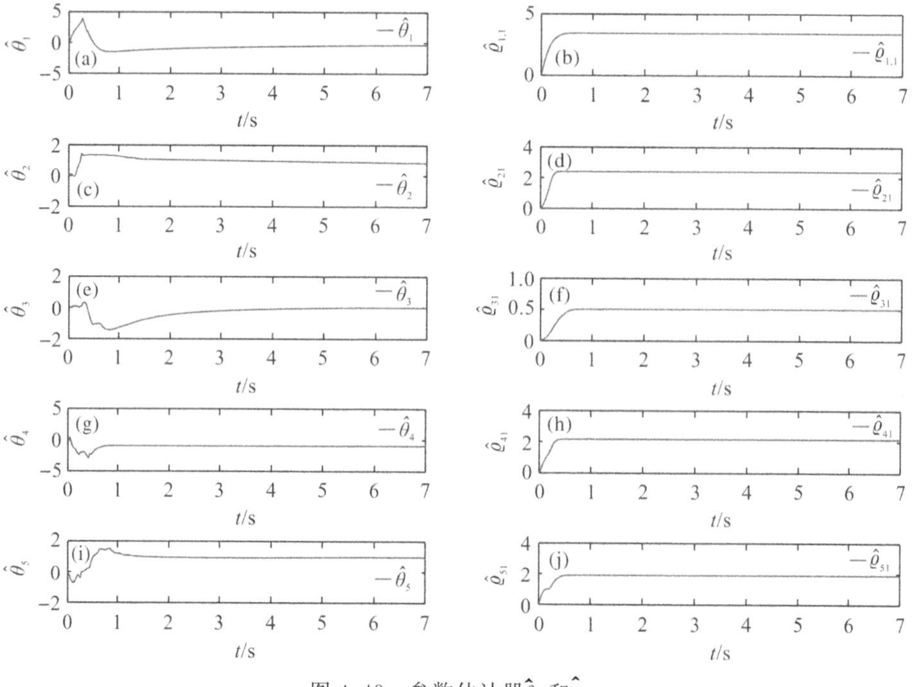

图 4.49　参数估计器$\hat{\theta}_i$ 和$\hat{\varrho}_{i1}$

本节研究了切换拓扑下具有未知控制方向的多参数严格反馈系统网络的预设性能控制问题。在切换拓扑下，我们提出了一种分布式控制器，以确保所有智能体实现输出同步，而且每个智能体的间接邻域误差在规定范围内演化并最终收敛到 0，同时保证闭环系统中的所有信号有界。通过应用命令过滤技术，消除了反

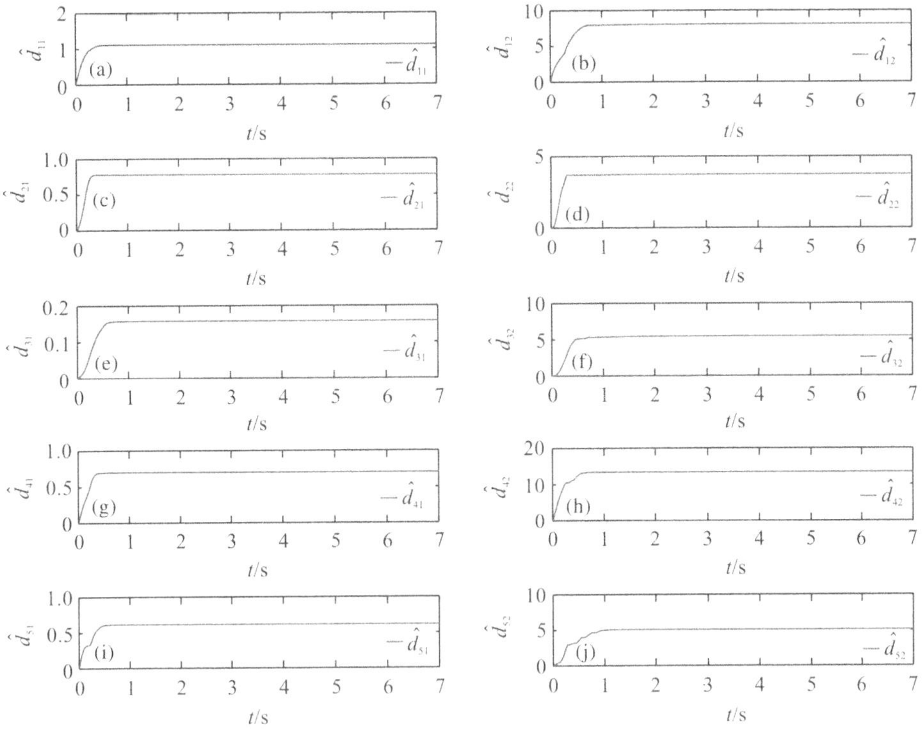

图 4.50　外部扰动估计器$\hat{d}_{i1}$和$\hat{d}_{i2}$

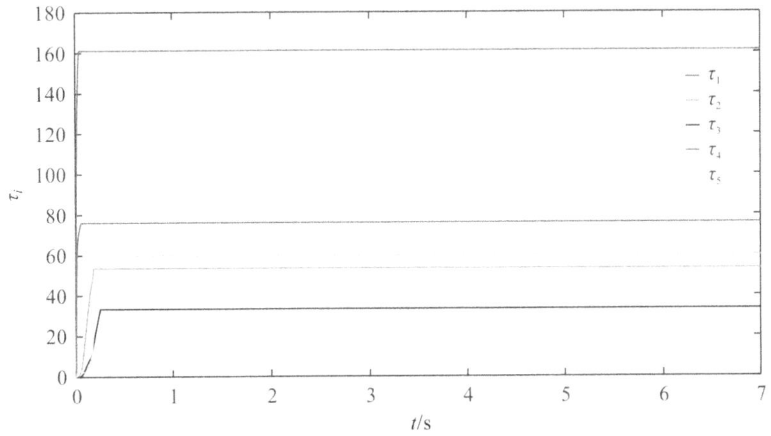

图 4.51　Nussbaum 函数的变量 τ_i

步法中复杂的推导过程。此外，控制器只需要相邻智能体的输出信息，这大大减少了通信负担。本节通过理论分析和仿真实例验证了控制器的有效性。

4.9 切换拓扑下具有未知互异控制方向的无人系统预设性能控制问题

前一节研究了切换拓扑下具有未知控制方向的无人系统预设性能控制问题，但是只考虑了控制器的未知控制方向，尚未推广到每一阶的增益系数符号均未知的情况。鉴于此，本节将研究多个未知互异控制方向的无人系统预设性能控制问题，这将比前几节更具困难和挑战。

4.9.1 问题描述

考虑由具有严格反馈形式的 N 个智能体组成的系统网络，其中智能体 i 的动态方程如下：

$$\begin{cases}\dot{x}_{i1}=g_{i1}x_{i2}+\boldsymbol{\theta}_i^{\mathrm{T}}\boldsymbol{\varphi}_{i1}(x_{i1})+d_{i1}(t)\\ \dot{x}_{i2}=g_{i2}x_{i3}+\boldsymbol{\theta}_i^{\mathrm{T}}\boldsymbol{\varphi}_{i2}(\bar{\boldsymbol{x}}_{i2})+d_{i2}(t)\\ \vdots\\ \dot{x}_{in}=g_{in}u_i+\boldsymbol{\theta}_i^{\mathrm{T}}\boldsymbol{\varphi}_{in}(\bar{\boldsymbol{x}}_{in})+d_{in}(t)\\ y_i=x_{i1}\end{cases}\quad (i=1,\cdots,N) \tag{4-227}$$

其中，$\boldsymbol{x}_i=[x_{i1},x_{i2},\cdots,x_{in}]^{\mathrm{T}}\in\mathbf{R}^n$，$u_i\in\mathbf{R}$ 和 $y_i\in\mathbf{R}$ 分别为智能体 i 的状态、输入和输出；$\boldsymbol{\theta}_i\in\mathbf{R}^p$ 为未知的参数向量；$\boldsymbol{\varphi}_{i\bar{l}}(\bar{\boldsymbol{x}}_{i\bar{l}}):\mathbf{R}^{\bar{l}}\rightarrow\mathbf{R}^p$ 为已知的光滑有界函数，$\bar{\boldsymbol{x}}_{i\bar{l}}=[x_{i1},\cdots,x_{i\bar{l}}]^{\mathrm{T}}(\bar{l}=1,\cdots,n)$；$g_{iq}(i=1,\cdots,N;q=1,\cdots,n)$为未知常数，其符号和幅值都是未知的，分别表示智能体 i 的控制方向和控制增益；$d_{i1}(t),\cdots,d_{in}(t)$为一组未知的时变外部扰动。

假设 4.16 存在连续的、非空的、一致有界的一个时间区间无穷序列$[t_{n_k},t_{n_{k+1}}](k=1,2,\cdots)$，当 $t_{n_1}=t_0$ 时，有向图在每个这样的区间上的并集存在一棵有向生成树。

假设 4.17 $g_{iq}(i=1,\cdots,N;q=1,\cdots,n)$为符号未知的非零常数。

假设 4.18 存在正常数 $d_{iq}^*(i=1,\cdots,N;q=1,\cdots,n)$，使得$|d_{iq}(t)|\leqslant d_{iq}^*(\forall t>0)$。

控制目标：在满足假设 4.16 至假设 4.18 的前提下，针对由多个式(4-227)组成的无人系统，为每个智能体设计分布式控制器 u_i，使得：①所有智能体的输出精确同步；②每个智能体的邻域误差在规定的边界内演化并最终趋于 0；③闭环系统中的所有信号都是有界的。

4.9.2 协调预设性能控制器设计

为了消除拓扑切换的影响，本节采用文献[13]提出的动态反馈系统，其中智能体 i 的期望输出 η_{i1} 包含在如下系统中：

$$\begin{cases} \eta_{iq} = -\lambda_{iq}(\eta_{iq} - \eta_{i,q+1}) \\ \eta_{in} = -\lambda_{in} \sum_{j \in N_i} a_{ij}(t)(\eta_{in} - x_{j1}) \end{cases} \tag{4-228}$$

其中，$q=1,\cdots,m-1$；λ_{iq} 和 λ_{im} 为正常数。定义智能体 i 的间接邻域误差为

$$\begin{cases} s_{i1} = x_{i1} - \eta_{i1} \\ s_{iq} = x_{iq} - \alpha_{i,q-1} \end{cases} \tag{4-229}$$

其中，$q=2,\cdots,n$。接下来的设计将实现 x_{i1} 到其期望轨迹 η_{i1} 的渐近跟踪。为了实现输出同步，我们将问题转化为 $\eta_{i1}(t) \to \eta_{i2}(t) \cdots \to \eta_{in}(t) \to x_{j1}(t)$ 和 $x_{i1}(t) \to \eta_{i1}$ $(t \to \infty)$。

定理 4.7　对于个体模型(4-227)和动态反馈系统(4-228)，如果间接邻域误差 s_{i1} 被限制在规定的范围内，则邻域误差也可以被限制在规定的范围内。

证明： 设 $u = \dfrac{1}{d_i} \sum_{j \in N_i} a_{ij} x_{j1}$，如果 x_{j1} 是有界的，则 u 是有界的(x_{j1} 的有界性将在后文证明)。动态反馈系统可以写为如下的向量矩阵形式：

$$\begin{cases} \dot{\boldsymbol{\chi}} = \boldsymbol{A}\boldsymbol{\chi} + \boldsymbol{B}u \\ y = \boldsymbol{C}\boldsymbol{\chi} \end{cases} \tag{4-230}$$

其中，$\boldsymbol{A} = \begin{bmatrix} -\lambda_{i1} & \lambda_{i1} & 0 & \cdots & 0 \\ 0 & -\lambda_{i2} & \lambda_{i2} & \cdots & 0 \\ \vdots & \vdots & \vdots & \ddots & \vdots \\ 0 & 0 & 0 & \cdots & -\lambda_{in} d_i \end{bmatrix} \in \mathbf{R}^{n \times n}$，$\boldsymbol{\chi} = [\eta_{i1}, \cdots, \eta_{in}]^{\mathrm{T}} \in \mathbf{R}^n$，$\boldsymbol{B} = [\mathbf{0}_{n-1}^{\mathrm{T}}, d_i \lambda_{in}]^{\mathrm{T}} \in \mathbf{R}^n$，$\boldsymbol{C} = [1, \mathbf{0}_{n-1}^{\mathrm{T}}] \in \mathbf{R}^{1 \times n}$。求解方程(4-230)，可以得到

$$\boldsymbol{\chi}(t) = \boldsymbol{\Phi}(t,0)\boldsymbol{\chi}(0) + \int_0^t \boldsymbol{\Phi}(t,\sigma)\boldsymbol{B}(\sigma)u(\sigma)\mathrm{d}\sigma \tag{4-231}$$

其中，对应的状态转移矩阵 $\boldsymbol{\Phi}(t,0)$ 定义为

$$\boldsymbol{\Phi}(t,0) = \boldsymbol{I}_n + \int_0^t \boldsymbol{A}(\sigma_1)\mathrm{d}\sigma_1 + \int_0^t \boldsymbol{A}(\sigma_1)\int_0^{\sigma_1} \boldsymbol{A}(\sigma_2)\mathrm{d}\sigma_2\mathrm{d}\sigma_1 + \cdots \tag{4-232}$$

由于 $\boldsymbol{A}$ 的特征值都是小于 0 的实数，因此系统(4-230)是一致渐近稳定的，进一步，可以得出它是一致有界且输入输出稳定的。因此，存在一个正常数 M，使得

$y-u$ 有界，即 $\left|\eta_{i1}-\dfrac{1}{d_i}\sum\limits_{j\in N_i}a_{ij}x_{j1}\right|\leqslant M$，根据式(4-229)，有

$$-M+s_{i1}\leqslant\left|x_{i1}-\frac{1}{d_i}\sum_{j\in N_i}a_{ij}x_{j1}\right|\leqslant M+s_{i1} \tag{4-233}$$

因此，当间接邻域误差 s_{i1} 被限制在规定的范围内时，真正的邻域误差也被限制在一个规定的范围内。证明完成。

接下来，我们将为智能体 $i(i=1,\cdots,N)$ 设计分布式自适应控制器 u_i，以实现本节的控制目标。

第 1 步： 引入误差变换 $\xi_{i1}=F_{\text{tran}}^{-1}(s_{i1}/\bar{\omega}_i(t),\phi_{i1})$，其导数为

$$\dot{\xi}_{i1}=\frac{\partial F_{\text{tran}}^{-1}}{\partial s_{i1}}\dot{s}_{i1}+\frac{\partial F_{\text{tran}}^{-1}}{\partial\bar{\omega}_{i1}(t)}\dot{\bar{\omega}}_{i1}(t)+\frac{\partial F_{\text{tran}}^{-1}}{\partial\phi_{i1}(t)}\dot{\phi}_{i1}(t)=h_{i1}\dot{s}_{i1}+r_{i1} \tag{4-234}$$

其中，$h_{i1}=\dfrac{\partial F_{\text{tran}}^{-1}}{\partial s_{i1}}$，$v_{i1}=\dfrac{\partial F_{\text{tran}}^{-1}}{\partial\bar{\omega}_{i1}(t)}\dot{\bar{\omega}}_{i1}(t)+\dfrac{\partial F_{\text{tran}}^{-1}}{\partial\phi_{i1}(t)}\dot{\phi}_{i1}(t)$。对 s_{i1} 求导，式(4-234)可以重写为

$$\dot{\xi}_{i1}=h_{i1}(g_{i1}x_{i2}+\boldsymbol{\theta}_i^{\mathrm{T}}\boldsymbol{\varphi}_{i1}+d_{i1}-\dot{\eta}_{i1})+r_{i1} \tag{4-235}$$

定义 Lyapunov 函数

$$V_{i1}=\frac{1}{2}\xi_{i1}^2+\frac{1}{2\kappa_{i1}}(d_{i1}^*-\hat{d}_{i1})^2+\frac{1}{2\gamma_{i1}}\widetilde{\boldsymbol{\theta}}_{i1}^{\mathrm{T}}\widetilde{\boldsymbol{\theta}}_{i1} \tag{4-236}$$

其中，κ_{i1} 和 γ_{i1} 为正常数，$\widetilde{\boldsymbol{\theta}}_{i1}=\boldsymbol{\theta}_i-\hat{\boldsymbol{\theta}}_{i1}$ 为未知参数的估计误差，$\hat{\boldsymbol{\theta}}_{i1}$ 和 $\hat{d}_{i1}$ 为参数估计器。式(4-236)对时间求导，得到

$$\begin{aligned}\dot{V}_{i1}=&h_{i1}g_{i1}\xi_{i1}s_{i2}+g_{i1}N(\tau_{i1})\dot{\tau}_{i1}+\dot{\tau}_{i1}+r_{i1}\xi_{i1}\\&+h_{i1}\xi_{i1}(\boldsymbol{\theta}_i^{\mathrm{T}}\boldsymbol{\varphi}_{i1}+d_{i1}-\bar{a}_{i1}-\dot{\eta}_{i1})-\frac{1}{\gamma_{i1}}\widetilde{\boldsymbol{\theta}}_{i1}^{\mathrm{T}}\dot{\hat{\boldsymbol{\theta}}}_{i1}-\frac{1}{\kappa_{i1}}(d_{i1}^*-\hat{d}_{i1})\dot{\hat{d}}_{i1}\end{aligned} \tag{4-237}$$

其中，

$$\begin{aligned}&\dot{\tau}_{i1}=h_{i1}\xi_{i1}\bar{a}_{i1}\\&\dot{\hat{\theta}}_{i1}=\gamma_{i1}h_{i1}\xi_{i1}\phi_{i1}\\&\dot{\hat{d}}_{i1}=\kappa_{i1}h_{i1}\xi_{i1}\tanh\left(\frac{h_{i1}\xi_{i1}}{\varepsilon_i(t)}\right)\\&\alpha_{i1}=N(\tau_{i1})\bar{a}_{i1}\\&\bar{a}_{i1}=\left(c_{i1}h_{i1}+\frac{c_{i1}}{h_{i1}}\right)\xi_{i1}+\hat{\boldsymbol{\theta}}_{i1}^{\mathrm{T}}\boldsymbol{\varphi}_{i1}+\hat{d}_{i1}\tanh\left(\frac{h_{i1}\xi_{i1}}{\varepsilon_i(t)}\right)-\dot{\eta}_{i1}+\frac{r_{i1}}{h_{i1}}\end{aligned} \tag{4-238}$$

其中，c_{i1} 为正常数，且正函数 $\varepsilon_i(t)$ 满足 $\int_0^{\infty}\varepsilon_i(t)\mathrm{d}t\leqslant\bar{\varepsilon}_i$，$\bar{\varepsilon}_i>0$ 为有限常数。注

意到

$$
\begin{aligned}
& g_{i1} h_{i1} \xi_{i1} s_{i2} = c_{i1} h_{i1}^2 \xi_{i1}^2 - \frac{\left(c_{i1} h_{i1} \xi_{i1} - \frac{1}{2} g_{i1} s_{i2}\right)^2}{c_{i1}} + \frac{g_{i1}^2 s_{i2}^2}{4c_{i1}} \\
& d_{i1}^* \left| h_{i1} \xi_{i1} \right| \leqslant d_{i1}^* h_{i1} \xi_{i1} \tanh\left(\frac{h_{i1} \xi_{i1}}{\varepsilon_i(t)}\right) + \zeta_{i1} \varepsilon_i(t)
\end{aligned}
\tag{4-239}
$$

其中，$\zeta_{i1} = 0.2785 d_{i1}^*$。式(4-237)可写为

$$
\dot{V}_{i1} \leqslant -c_{i1} \xi_{i1}^2 + g_{i1} N(\tau_{i1}) \dot{\tau}_{i1} + \dot{\tau}_{i1} + \zeta_{i1} \varepsilon_i(t) + \frac{g_{i1}^2 s_{i2}^2}{4c_{i1}} \tag{4-240}
$$

第 q 步($2 \leqslant q \leqslant n-1$)：计算 s_{iq} 的导数，可以得到

$$
\dot{s}_{iq} = g_{iq}(s_{i,q+1} + \alpha_{iq}) + \boldsymbol{\theta}_{iq}^{\mathrm{T}} \boldsymbol{\omega}_{iq} + d_{iq} - \sum_{k=1}^{q-1} \frac{\partial \alpha_{i,q-1}}{\partial x_{ik}} d_{ik} - f_{iq} \tag{4-241}
$$

其中，

$$
\begin{aligned}
\boldsymbol{\theta}_{iq}^{\mathrm{T}} &= [-g_{i1}, \cdots, -g_{i,q-1}, \boldsymbol{\theta}_i^{\mathrm{T}}] \\
\bar{\boldsymbol{\varphi}}_{iq} &= \boldsymbol{\varphi}_{iq} - \sum_{k=1}^{n-1} \frac{\partial \alpha_{i,q-1}}{\partial x_{ik}} \boldsymbol{\varphi}_{ik} \\
\boldsymbol{\omega}_{iq}^{\mathrm{T}} &= \left[\frac{\partial \alpha_{i,q-1}}{\partial x_{i1}} x_{i2}, \cdots, \frac{\partial \alpha_{i,q-1}}{\partial x_{i,q-1}} x_{iq}, \bar{\boldsymbol{\varphi}}_{i,q-1}\right] \\
f_{iq} &= \sum_{k=1}^{q} \frac{\partial \alpha_{i,q-1}}{\partial \eta_{ik}} \dot{\eta}_{ik} + \sum_{k=2}^{q-1} \frac{\partial \alpha_{i,q-1}}{\partial \hat{\rho}_{ik}} \dot{\hat{\rho}}_{ik} + \frac{\partial \alpha_{i,q-1}}{\partial \hat{d}_{i1}} \dot{\hat{d}}_{i1} + \frac{\partial \alpha_{i,q-1}}{\partial \phi_{i1}} \dot{\phi}_{i1} \\
&\quad + \sum_{k=1}^{q-1} \left(\frac{\partial \alpha_{i,q-1}}{\partial \hat{\boldsymbol{\theta}}_{ik}} \dot{\hat{\boldsymbol{\theta}}}_{ik} + \frac{\partial \alpha_{i,q-1}}{\partial \tau_{ik}} \dot{\tau}_{ik} + \frac{\partial \alpha_{i,q-1}}{\partial \varepsilon_i^{(k-1)}} \varepsilon_i^{(k)} + \frac{\partial \alpha_{i,q-1}}{\partial \bar{\omega}_{i1}^{(k-1)}} \bar{\omega}_{i1}^{(k)}\right)
\end{aligned}
\tag{4-242}
$$

定义 Lyapunov 函数

$$
V_{iq} = \frac{1}{2} s_{iq}^2 + \frac{1}{2\kappa_{iq}} \tilde{\rho}_{iq}^2 + \frac{1}{2\gamma_{iq}} \tilde{\boldsymbol{\theta}}_{iq}^{\mathrm{T}} \tilde{\boldsymbol{\theta}}_{iq} \tag{4-243}
$$

其中，κ_{iq} 和 γ_{iq} 为正常数，$\tilde{\boldsymbol{\theta}}_{iq} = \boldsymbol{\theta}_i - \hat{\boldsymbol{\theta}}_{iq}$ 和 $\tilde{\rho}_{iq} = \rho_{iq} - \hat{\rho}_{iq}$ 为未知参数的估计误差，$\hat{\boldsymbol{\theta}}_{iq}$ 和 $\hat{\rho}_{iq}$ 分别用于估计 $\boldsymbol{\theta}_i$ 和 $\rho_{iq} = \max\{d_{i1}^*, \cdots, d_{iq}^*\}$。式(4-234)对时间求导，可以得到

$$
\begin{aligned}
\dot{V}_{iq} &= g_{iq} s_{iq} s_{i,q+1} + g_{iq} N(\tau_{iq}) \dot{\tau}_{iq} + \dot{\tau}_{iq} + s_{iq}(\boldsymbol{\theta}_{iq}^{\mathrm{T}} \boldsymbol{\omega}_{iq} - f_{iq} - \bar{a}_{iq}) \\
&\quad + s_{iq}\left(d_{iq} - \sum_{k=1}^{q-1} \frac{\partial \alpha_{i,q-1}}{\partial x_{ik}} d_{ik}\right) - \frac{1}{\kappa_{iq}} \tilde{\rho}_{iq} \dot{\hat{\rho}}_{iq} - \frac{1}{\gamma_{iq}} \tilde{\boldsymbol{\theta}}_{iq}^{\mathrm{T}} \dot{\hat{\boldsymbol{\theta}}}_{iq}
\end{aligned}
\tag{4-244}
$$

其中，

$$\begin{aligned}
&\dot{\tau}_{iq}=s_{iq}\bar{a}_{iq}\\
&\dot{\hat{\boldsymbol{\theta}}}_{iq}=\gamma_{iq}s_{iq}\boldsymbol{\omega}_{iq}\\
&\dot{\hat{\rho}}_{iq}=\kappa_{iq}z_{iq}s_{iq}\tanh\left(\frac{z_{iq}s_{iq}}{\varepsilon_i(t)}\right)\\
&\alpha_{iq}=N(\tau_{iq})\bar{a}_{iq}\\
&\bar{a}_{iq}=c_{iq}s_{iq}+\hat{\boldsymbol{\theta}}_{iq}^{\mathrm{T}}\boldsymbol{\omega}_{iq}+\hat{\rho}_{iq}\tanh\left(\frac{z_{iq}s_{iq}}{\varepsilon_i(t)}\right)-f_{iq}
\end{aligned}\tag{4-245}$$

其中，c_{iq} 为正常数，$z_{iq}=\sqrt{q}\sqrt{1+\left(\sum_{k=1}^{q-1}\frac{\partial\alpha_{i,q-1}}{\partial x_{ik}}\right)^2}$。注意到

$$\begin{aligned}
&g_{iq}s_{iq}s_{i,q+1}\leqslant\frac{1}{2}c_{iq}s_{iq}^2+\frac{g_{iq}^2}{2cq}s_{i,q+1}^2\\
&s_{iq}\left(d_{iq}-\sum_{k=1}^{q-1}\frac{\partial\alpha_{i,q-1}}{\partial x_{ik}}d_{ik}\right)\leqslant\rho_{iq}z_{iq}\mid s_{iq}\mid
\end{aligned}\tag{4-246}$$

将式(4-245)和式(4-246)代入式(4-244)，于是有

$$\dot{V}_{iq}\leqslant-\frac{1}{2}c_{iq}s_{iq}^2+\frac{g_{iq}^2}{2c_{iq}}s_{i,q+1}^2+g_{iq}N(\tau_{iq})\dot{\tau}_{iq}+\dot{\tau}_{iq}+\zeta_{iq}\varepsilon_i(t)\tag{4-247}$$

其中，$\zeta_{iq}=0.2785\rho_{iq}$。

第 *n* 步：计算 s_{in} 的导数，可以得到

$$\dot{s}_{in}=g_{in}u_i+\boldsymbol{\theta}_i^{\mathrm{T}}\boldsymbol{\omega}_{in}+d_{in}-\sum_{k=1}^{n-1}\frac{\partial\alpha_{i,n-1}}{\partial x_{ik}}d_{ik}-f_{in}\tag{4-248}$$

其中，

$$\begin{aligned}
&\boldsymbol{\theta}_{in}^{\mathrm{T}}=[-g_{i1},\cdots,-g_{i,n-1},\boldsymbol{\theta}_i^{\mathrm{T}}]\\
&\bar{\boldsymbol{\varphi}}_{in}=\boldsymbol{\varphi}_{in}-\sum_{k=1}^{n-1}\frac{\partial\alpha_{i,n-1}}{\partial x_{ik}}\boldsymbol{\varphi}_{ik}\\
&\boldsymbol{\omega}_{in}^{\mathrm{T}}=\left[\frac{\partial\alpha_{i,n-1}}{\partial x_{i1}}x_{i2},\cdots,\frac{\partial\alpha_{i,n-1}}{\partial x_{i,n-1}}x_{in},\bar{\boldsymbol{\varphi}}_{i,n-1}\right]\\
&f_{in}=\sum_{k=1}^{n}\frac{\partial\alpha_{i,n-1}}{\partial\eta_{ik}}\dot{\eta}_{ik}+\sum_{k=2}^{n-1}\frac{\partial\alpha_{i,n-1}}{\partial\hat{\rho}_{ik}}\dot{\hat{\rho}}_{ik}+\frac{\partial\alpha_{i,n-1}}{\partial\hat{d}_{i1}}\dot{\hat{d}}_{i1}+\frac{\partial\alpha_{i,n-1}}{\partial\phi_{i1}}\dot{\phi}_{i1}\\
&\qquad+\sum_{k=1}^{n-1}\left(\frac{\partial\alpha_{i,n-1}}{\partial\hat{\boldsymbol{\theta}}_{ik}}\dot{\hat{\boldsymbol{\theta}}}_{ik}+\frac{\partial\alpha_{i,n-1}}{\partial\tau_{ik}}\dot{\tau}_{ik}+\frac{\partial\alpha_{i,n-1}}{\partial\varepsilon_i^{(k-1)}}\varepsilon_i^{(k)}+\frac{\partial\alpha_{i,n-1}}{\partial\bar{\omega}_{i1}^{(k-1)}}\bar{\omega}_{i1}^{(k)}\right)
\end{aligned}\tag{4-249}$$

定义 Lyapunov 函数

$$V_{in}=\frac{1}{2}s_{in}^2+\frac{1}{2\kappa_{in}}\tilde{\rho}_{in}^2+\frac{1}{2\gamma_{in}}\tilde{\boldsymbol{\theta}}_{in}^{\mathrm{T}}\tilde{\boldsymbol{\theta}}_{in}\tag{4-250}$$

其中，κ_{in} 和 γ_{in} 为正常数，$\widetilde{\boldsymbol{\theta}}_{in}=\boldsymbol{\theta}_i-\hat{\boldsymbol{\theta}}_{in}$ 和 $\widetilde{\rho}_{in}=\rho_{in}-\hat{\rho}_{in}$ 为未知参数的估计误差，$\hat{\boldsymbol{\theta}}_{in}$ 和 $\hat{\rho}_{in}$ 分别用于估计 $\boldsymbol{\theta}_i$ 和 $\rho_{in}=\max\{d_{i1}^*,\cdots,d_{in}^*\}$。式(4-250)对时间求导，得到

$$\begin{aligned}\dot{V}_{i2}&=g_{in}N(\tau_{in})\dot{\tau}_{in}+\dot{\tau}_{in}+s_{in}(\boldsymbol{\theta}_{in}^{\mathrm{T}}\boldsymbol{\omega}_{in}-f_{in}-\bar{a}_{in})-\frac{1}{\gamma_{in}}\widetilde{\boldsymbol{\theta}}_{in}^{\mathrm{T}}\dot{\hat{\boldsymbol{\theta}}}_{in}\\&\quad+s_{in}\left(d_{in}-\sum_{k=1}^{n-1}\frac{\partial\alpha_{i,n-1}}{\partial x_{ik}}d_{ik}\right)-\frac{1}{\kappa_{in}}\widetilde{\rho}_{in}\dot{\hat{\rho}}_{in}\end{aligned}\tag{4-251}$$

其中，

$$\begin{aligned}&\dot{\tau}_{in}=s_{in}\bar{a}_{in}\\&\dot{\hat{\boldsymbol{\theta}}}_{in}=\gamma_{in}s_{in}\boldsymbol{\omega}_{in}\\&\dot{\hat{\rho}}_{in}=\kappa_{in}z_{in}s_{in}\tanh\left(\frac{z_{in}s_{in}}{\varepsilon_i(t)}\right)\\&u_i=N(\tau_{in})\bar{a}_{in}\\&\bar{a}_{in}=c_{in}s_{in}+\hat{\boldsymbol{\theta}}_{in}^{\mathrm{T}}\boldsymbol{\omega}_{in}+\dot{\hat{\rho}}_{in}\tanh\left(\frac{z_{in}s_{in}}{\varepsilon_i(t)}\right)-f_{in}\end{aligned}\tag{4-252}$$

其中，c_{iq} 为正常数，$z_{in}=\sqrt{n}\sqrt{1+\left(\sum_{k=1}^{n-1}\frac{\partial\alpha_{i,n-1}}{\partial x_{ik}}\right)^2}$。注意到

$$\begin{aligned}&g_{in}s_{in}s_{i,n+1}\leqslant\frac{1}{2}c_{in}s_{in}^2+\frac{g_{in}^2}{2cq}s_{i,n+1}^2\\&s_{in}\left(d_{in}-\sum_{k=1}^{n-1}\frac{\partial\alpha_{i,n-1}}{\partial x_{ik}}d_{ik}\right)\leqslant\rho_{in}z_{in}|s_{in}|\end{aligned}\tag{4-253}$$

将式(4-252)和式(4-253)代入式(4-251)，于是有

$$\dot{V}_{in}\leqslant-\frac{1}{2}c_{in}s_{in}^2+g_{in}N(\tau_{in})\dot{\tau}_{in}+\dot{\tau}_{in}+\zeta_{in}\varepsilon_i(t)\tag{4-254}$$

其中，$\zeta_{in}=0.2785\rho_{in}$。

定理 4.8　考虑由满足假设 4.16 至假设 4.18 的 N 个形如式(4-227)的智能体组成的网络系统，通过适当选择规定的性能函数、控制器以及参数估计器自适应更新率，可以保证：①智能体的输出实现精确同步，即 $\lim\limits_{t\to\infty}[x_{i1}(t)-x_{j1}(t)]=0$；②每个智能体的邻域误差在规定的边界内演化并最终收敛到 0；③闭环系统中的所有信号都是有界的。

证明：对式(4-254)进行积分，可以得到

$$\begin{aligned}V_{in}(t)&\leqslant\int_0^t[g_{in}N(\tau_{in})+1]\dot{\tau}_{in}(\sigma)\mathrm{d}\sigma-c_{in}\int_0^t s_{in}^2(\sigma)\mathrm{d}\sigma+\int_0^t\varepsilon_i(\sigma)\mathrm{d}\sigma+V_{in}(0)\\&\leqslant\int_0^t[g_{in}N(\tau_{in})+1]\dot{\tau}_{in}(\sigma)\mathrm{d}\sigma+q_0\end{aligned}\tag{4-255}$$

其中，q_0 为有限的正常数。应用引理 4.12，可以得到 V_{in}，$\int_0^t [g_{in}N(\tau_{in})+1]\dot{\tau}_{in}(\sigma)\mathrm{d}\sigma$ 和 s_{in} 在 $[0,t_f)$ 上有界，进一步可以得到 $\xi_{i1}, s_{iq} \in L_2 \cap L_\infty[0,t_f)$ 和 $\hat{\theta}_{i1}, \hat{\theta}_{iq}, \hat{\rho}_{iq}, \hat{d}_{i1} \in L_\infty[0,t_f)(i=1,\cdots,N;q=2,\cdots,n)$。注意到

$$s_{i1}^2=\bar{\omega}_{i1}^2(t)\phi_{i1}^2(t)\frac{(\mathrm{e}^{\xi_{i1}}-\mathrm{e}^{-\xi_{i1}})^2}{(\mathrm{e}^{\xi_{i1}}+\mathrm{e}^{-\xi_{i1}})^2} \tag{4-256}$$

其中，$\phi_{i1}(t)$，$\bar{\omega}_{i1}(t)$ 和 ξ_{i1} 都是有界的。因此，存在一个常数 K，使得 $\bar{\omega}_{i1}^2(t)\phi_{i1}^2(t)\cdot\frac{1}{(\mathrm{e}^{\xi_{i1}}+\mathrm{e}^{-\xi_{i1}})^2}\leqslant K$。式(4-256)可以重新写为

$$s_{i1}^2\leqslant K(\mathrm{e}^{\xi_{i1}}-\mathrm{e}^{-\xi_{i1}})^2 \tag{4-257}$$

对式(4-257)积分，可以得到

$$\int_0^t s_{i1}^2(\sigma)\mathrm{d}\sigma\leqslant\int_0^t K(\mathrm{e}^{\xi_{i1}}-\mathrm{e}^{-\xi_{i1}})^2\mathrm{d}\sigma \tag{4-258}$$

因此，存在一个足够大的常数 W 和一个区域 Ω_z，使得 $(\mathrm{e}^{\xi_{i1}}-\mathrm{e}^{-\xi_{i1}})\leqslant W\xi_{i1}$，并且在某一时间 $\bar{t}$，$\mathrm{e}^{\xi_{i1}}-\mathrm{e}^{-\xi_{i1}}$ 将会进入区域 Ω_z。由此可以得到

$$\int_0^\infty s_{i1}^2(\sigma)\mathrm{d}\sigma\leqslant\int_0^{\bar{t}} s_{i1}^2(\sigma)\mathrm{d}\sigma+KW^2\int_{\bar{t}}^\infty \xi_{i1}^2(\sigma)\mathrm{d}\sigma<\infty \tag{4-259}$$

因此，$s_{i1}\in L_2\cap L_\infty[0,t_f)$。由预设性能函数的性质可知，$s_{i1}$ 被限制在一个规定的范围内。通过定理 4.7 可以进一步得出，真正的邻域误差也被限制在一个规定的范围内。

接下来证明 $\eta_{iq}(q=1,\cdots,n)$ 的有界性。注意到，动态反馈系统可以重写为

$$\dot{\boldsymbol{\eta}}=-\bar{\boldsymbol{L}}(t)\boldsymbol{\eta}+\boldsymbol{s} \tag{4-260}$$

其中，$\boldsymbol{\eta}=[\boldsymbol{\eta}_1,\cdots,\boldsymbol{\eta}_n]^{\mathrm{T}}\in\mathbf{R}^{Nn}$，$\boldsymbol{\eta}_q=[\eta_{1q},\cdots,\eta_{Nq}]\in\mathbf{R}^{1\times N}(q=1,\cdots,n)$，$\boldsymbol{s}=[\mathbf{0}_{N(n-1)}^{\mathrm{T}},\bar{\boldsymbol{s}}^{\mathrm{T}}]^{\mathrm{T}}\in\mathbf{R}^{Nn}$，$\bar{\boldsymbol{s}}=\boldsymbol{\lambda}_m\boldsymbol{A}(t)[s_{11},\cdots,s_{N1}]^{\mathrm{T}}\in\mathbf{R}^N$。定义 $\bar{\boldsymbol{L}}(t)\in\mathbf{R}^{Nn\times Nn}$ 如下：

$$\bar{\boldsymbol{L}}(t)=\begin{bmatrix}\boldsymbol{\lambda}_1 & -\boldsymbol{\lambda}_1 & \mathbf{0} & \cdots & \mathbf{0}\\ \mathbf{0} & \boldsymbol{\lambda}_2 & -\boldsymbol{\lambda}_2 & \cdots & \mathbf{0}\\ \vdots & \vdots & \vdots & \ddots & \vdots\\ -\boldsymbol{\lambda}_n\boldsymbol{A}(t) & \mathbf{0} & \mathbf{0} & \cdots & -\boldsymbol{\lambda}_n\boldsymbol{D}(t)\end{bmatrix} \tag{4-261}$$

其中，$\boldsymbol{\lambda}_q=\mathrm{diag}\{\lambda_{1q},\cdots,\lambda_{Nq}\}$，$\boldsymbol{A}(t)$ 和 $\boldsymbol{D}(t)$ 分别为有向图 $\mathcal{G}(t)$ 的邻接矩阵和入度矩阵。式(4-260)可以被看作一个涉及 Nn 个智能体的系统，这些智能体与增广有向图 $\bar{\mathcal{G}}$ 相互作用，其中 $\bar{\boldsymbol{L}}(t)$ 为相应的 Laplacian 矩阵，边集 $\bar{E}$ 可以由式(4-261)中识别

得到。式(4-260)的解为

$$\boldsymbol{\eta}(t)=\boldsymbol{\Psi}(t,0)\boldsymbol{\eta}(0)+\int_0^t\boldsymbol{\Psi}(t,\sigma)\boldsymbol{s}(\sigma)\mathrm{d}\sigma \tag{4-262}$$

其中，$\boldsymbol{\Psi}(t,0)$为与$-\overline{\boldsymbol{L}}(t)$对应的转移矩阵，定义如下：

$$\boldsymbol{\Psi}(t,0)=\boldsymbol{I}_{Nn}+\int_0^t-\overline{\boldsymbol{L}}(\sigma_1)\mathrm{d}\sigma_1+\int_0^t-\overline{\boldsymbol{L}}(\sigma_1)\int_0^{\sigma_1}-\overline{\boldsymbol{L}}(\sigma_2)\mathrm{d}\sigma_2\mathrm{d}\sigma_1+\cdots \tag{4-263}$$

注意到图$\overline{\mathcal{G}}$满足假设 4.16，可以得出存在一个有限常数$\overline{c}$，使得$\|\boldsymbol{\Psi}(t,0)\|\leqslant\overline{c}$($\forall t\geqslant 0$)。由式(4-262)可得，$\boldsymbol{\eta}(t)\in L_\infty[0,t_f)$，即$\eta_{iq}(q=1,\cdots,n)$在$[0,t_f)$上有界。结合式(4-229)，可得$x_{i1}$在$[0,t_f)$上是有界的，由式(4-245)可以直接得到$\alpha_{i1}$，$\dot{\tau}_{i1}\in L_\infty[0,t_f)$，进一步可以得出$x_{i2}\in L_\infty[0,t_f)$。重复相同的推导过程，可得$x_{iq}$，$\alpha_{iq}$，$\dot{\tau}_{iq}\in L_\infty[0,t_f)(q=2,\cdots,n)$。如果闭环的解有界，则$t_f=\infty$。由式(4-235)可知，$\dot{\xi}_{i1}$是有界的，于是可以得出$\dot{s}_{i1}$也是有界的。进一步，由式(4-241)和式(4-248)可以得出$\dot{s}_{iq}(q=1,\cdots,n)$有界，根据 Barbalat 引理，有$\lim\limits_{t\to\infty}s_{iq}(t)=0(q=1,\cdots,n)$。

下一步证明$\lim\limits_{t\to\infty}[x_{i1}(t)-x_{j1}(t)]=0(\forall i,j=1,\cdots,N)$。设$\eta_q^*$和$s_q^*$分别表示式(4-260)中$\boldsymbol{\eta}$和$\boldsymbol{s}$的第$q$个元素($q=1,\cdots,Nn$)。定义相对误差向量$\widetilde{\boldsymbol{\eta}}=[\eta_1^*-\eta_2^*,\cdots,\eta_{Nn-1}^*-\eta_{Nn}^*]^{\mathrm{T}}\in\mathbf{R}^{Nn-1}$和$\widetilde{\boldsymbol{s}}=[s_1^*-s_2^*,\cdots,s_{Nn-1}^*-s_{Nn}^*]^{\mathrm{T}}\in\mathbf{R}^{Nn-1}$。那么$\dot{\widetilde{\boldsymbol{\eta}}}$可以写为

$$\dot{\widetilde{\boldsymbol{\eta}}}=-\boldsymbol{Q}(t)\widetilde{\boldsymbol{\eta}}+\widetilde{\boldsymbol{s}} \tag{4-264}$$

其中，$\boldsymbol{Q}(t)\in\mathbf{R}^{(Nn-1)\times(Nn-1)}$是一个时变矩阵，且$\widetilde{\boldsymbol{s}}$包含$\boldsymbol{s}$各分量的线性组合。类似于文献[79]中定理 2.35 的证明过程，当$\widetilde{\boldsymbol{s}}=\boldsymbol{0}$时，式(4-264)表示的系统是一致指数稳定的。然后根据$\boldsymbol{\eta}$和$\boldsymbol{s}$的有界性，得出$\lim\limits_{t\to\infty}\widetilde{\eta}(t)=\boldsymbol{0}_{Nn-1}$，即$\lim\limits_{t\to\infty}[\eta_{i1}(t)-\eta_{j1}(t)]=0$($i,j=1,\cdots,N$)。再结合$\lim\limits_{t\to\infty}[x_{i1}(t)-\eta_{i1}(t)]=0$，可以进一步得出$\lim\limits_{t\to\infty}[x_{i1}(t)-x_{j1}(t)]=0$。证明完成。

4.9.3 仿真实例

下面用两个仿真实例来验证控制器的有效性。假设这两个实例的通信拓扑如图 4.52 所示，根据 a→b→c→d 的顺序每 0.1s 切换一次，周期为 0.4s。

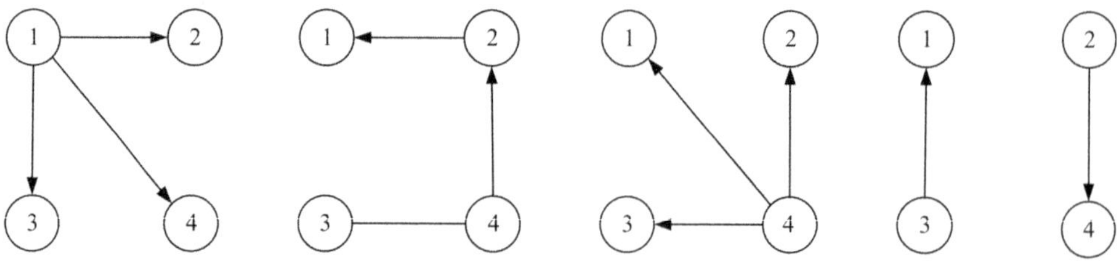

a　　b　　c　　d

图 4.52　通信拓扑

实例 1　给出四台直线电机的实例。与文献[80]类似，考虑潜在的驱动器增益损失故障，该故障由未知的控制方向建模。电机 $i(i=1,2,3,4)$ 的动态方程如下[81]：

$$M_i \ddot{\vartheta}_i = K_i u_i - F_i$$
$$F_i = F_r + F_f - F_d \tag{4-265}$$

其中，ϑ_i 为惯性负载的位置，u_i 为电机的输入电压。潜在执行器增益损失故障导致控制器增益 K_i 的符号未知。令 $x_{i1}=\vartheta_i$ 且 $x_{i2}=\dot{\vartheta}_i$，可以将式(4-265)变换为PSF形式：

$$\begin{cases} \dot{x}_{i1} = x_{i2} \\ \dot{x}_{i2} = g_i u_i + \boldsymbol{\theta}_i^{\mathrm{T}} \boldsymbol{\varphi}_{i2} + d_i \end{cases} \tag{4-266}$$

其中，$g_i = K_i/M_i$，$\boldsymbol{\theta}_i = [-1/M_i, -1/M]^{\mathrm{T}}$，$\boldsymbol{\varphi}_{i2} = [F_f, F_r]$，$d_i = F_d/M_i$。式(4-265)中的参数设置如表 4.3 所示。

表 4.3　电机 i 的参数设置($i=1,2,3,4$)

符号	含义	取值
M_i	惯性载荷加上线圈组件的质量	1
K_i	未知增益	$[-1,1,1,1]$
F_r	涟漪力	x_{i2}
F_f	摩擦力	$\sin x_{i1}$
F_d	外部扰动	$0.1(i-5)\cos t$

设系统状态的初值为$[x_{11}(0), x_{21}(0), x_{31}(0), x_{41}(0)] = [-2.1, -0.7, -1, 1]$，$[x_{12}(0), x_{22}(0), x_{32}(0), x_{42}(0)] = [-1.5, -1, 0.9, 0.3]$；动态反馈系统的初值为$[\eta_{12}(0), \eta_{22}(0), \eta_{32}(0), \eta_{42}(0)] = [-1, -0.8, 2, 1]$，令 $\eta_{i1}(0)$ 和 $x_{i2}(0)$ 相等。设 $\dot{\varphi}_{i1} = 3\varphi_{i1} + 1$，$\bar{\omega}_{i1}(t) = (1-0.0001)\mathrm{e}^{-t} + 0.0001$，其中 $\varphi_{i1}(0) = 3$。此外，设所有其

他初始值均为 0。给出相关参数为 $\lambda_{i1}=\lambda_{i2}=5$，$c_{i1}=c_{i2}=10$，$\gamma_{i2}-5$，$\kappa_{i2}=5(i=1,2,3,4)$。

仿真结果如图 4.53 至图 4.57 所示。动态反馈系统的轨迹如图 4.53 所示。作为智能体输出的参考轨迹，它们最终是同步的。由图 4.54 可以看出，智能体的输出 x_{i1} 是渐近同步的。由图 4.55 可以看出，间接邻域误差 s_{i1} 被限制在规定的范围内，最终趋于 0。根据引理 4.14，可以推断邻域误差 s_{i1}^{*} 也被限制在规定的范围内。参数估计器的有界性如图 4.56 所示。扰动估计器 $\hat{d}_i$ 和 Nussbaum 函数的变量 τ_{i2} 的有界性如图 4.57 所示。

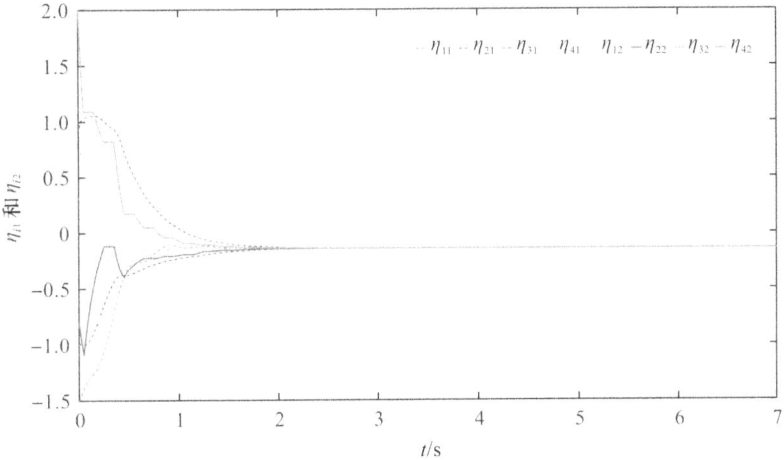

图 4.53　实例 1 中动态反馈系统 η_{i1} 和 η_{i2} 的轨迹

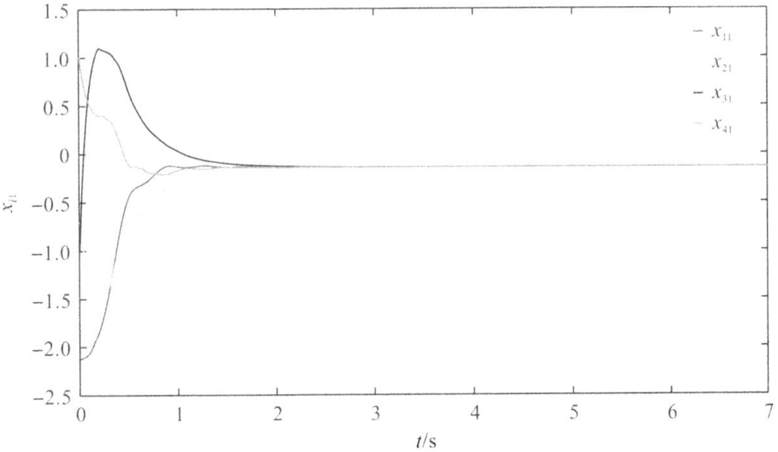

图 4.54　实例 1 中 x_{i1} 的轨迹

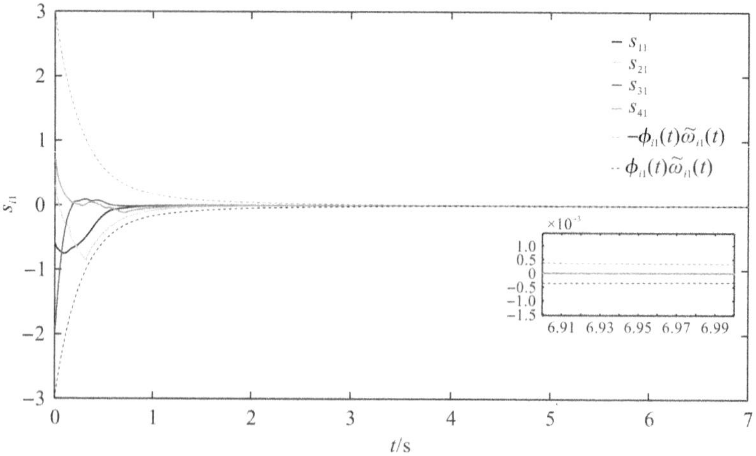

图 4.55 实例 1 中的间接邻域误差 s_{i1}

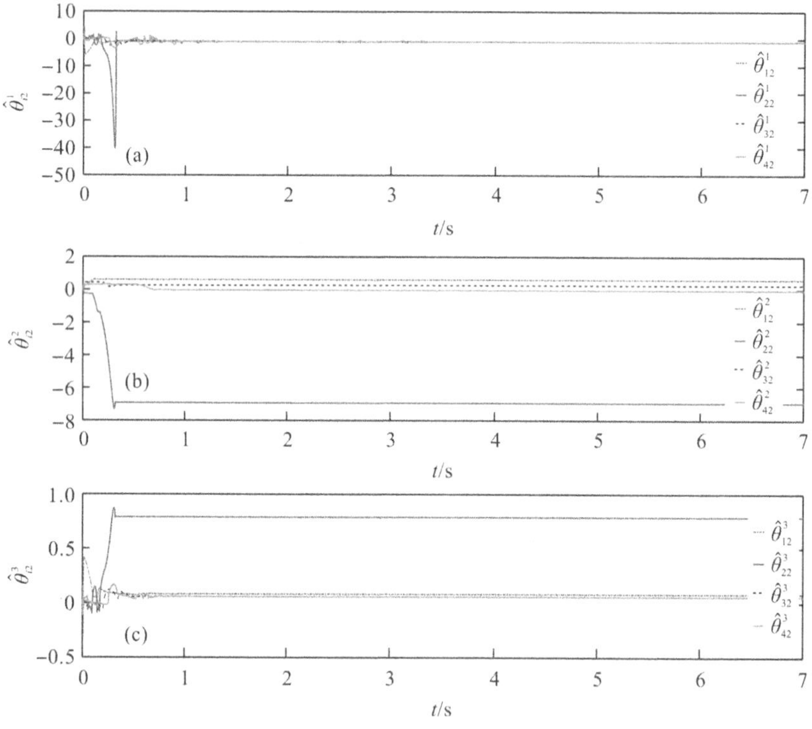

图 4.56 实例 1 中的参数估计器 $\hat{\boldsymbol{\theta}}_{i2}^{\mathrm{T}}=[\hat{\theta}_{i2}^1,\hat{\theta}_{i2}^2,\hat{\theta}_{i2}^3]$

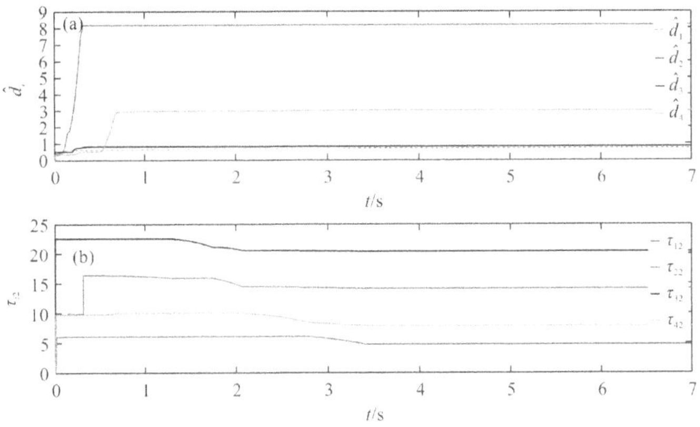

图 4.57 实例 1 中的扰动估计器 $\hat{d}_i$ 和 Nussbaum 函数的变量 τ_{i2}

实例 2 考虑由四个智能体组成的网络系统，其动态方程如下：

$$\begin{cases}\dot{x}_{i1}=g_{i1}x_{i2}+\theta_i\varphi_{i1}+d_{i1}\\ \dot{x}_{i2}=g_{i2}u_i+\theta_i\varphi_{i2}+d_{i2}\end{cases} \tag{4-267}$$

其中，$g_{11}=g_{21}=g_{41}=g_{51}=g_{21}=g_{22}=g_{42}=g_{52}=1$，$g_{31}=g_{32}=-1$，$\theta_1=0.5$，$\theta_2=0.7$，$\theta_3=1.4$，$\theta_4=2.1$，$\varphi_{i1}=\sin x_{i1}$，$\varphi_{i2}=\cos x_{i2}$，$d_{i1}=\text{rand}(1)$，$d_{i2}=0$。设系统状态的初始条件为$[x_{11}(0),x_{21}(0),x_{31}(0),x_{41}(0)]=[-2,-0.5,-1,1]$，$[x_{12}(0),x_{22}(0),x_{32}(0),x_{42}(0)]=[-1.5,-1,0.9,0.3]$；动态反馈系统的初值为$[\eta_{11}(0),\eta_{21}(0),\eta_{31},\eta_{41}]=[-1.5,-1,0.9,0]$，$[\eta_{12}(0),\eta_{22}(0),\eta_{32},\eta_{42}]=[-1.2,1,0.2,0.1]$。然后，选取 $\bar{\omega}_{i1}(t)=(2-0.000001)\mathrm{e}^{-t}+0.000001$，$\dot{\varphi}_{i1}=-4.3\varphi_{i1}+1$，其中 $\varphi_{i1}(0)=1.7$。其余参数设置为 $\lambda_{i1}=\lambda_{i2}=15$，$c_{i1}=c_{i2}=10$，$\gamma_{i1}=\gamma_{i2}=20$，$\kappa_{i1}=\kappa_{i2}=1(i=1,2,3,4)$。

仿真结果如图4.58至图4.63所示。由图4.58和图4.59可以看出，智能体的输

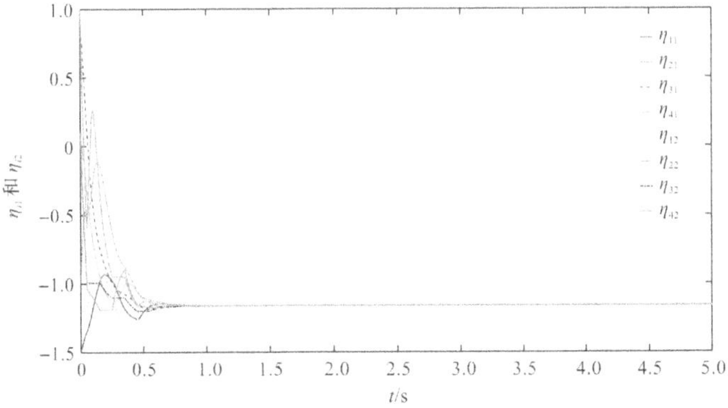

图 4.58 实例 2 中动态反馈系统 η_{i1} 和 η_{i2} 的轨迹

出与动态反馈系统是渐近同步的。由图 4.60 可以看出，暂态性能保证在预定范围内。因此，暂态目标和稳态目标同时实现。此外，图 4.61 至图 4.63 验证了闭环系统的有界性，从而实现了控制目标。

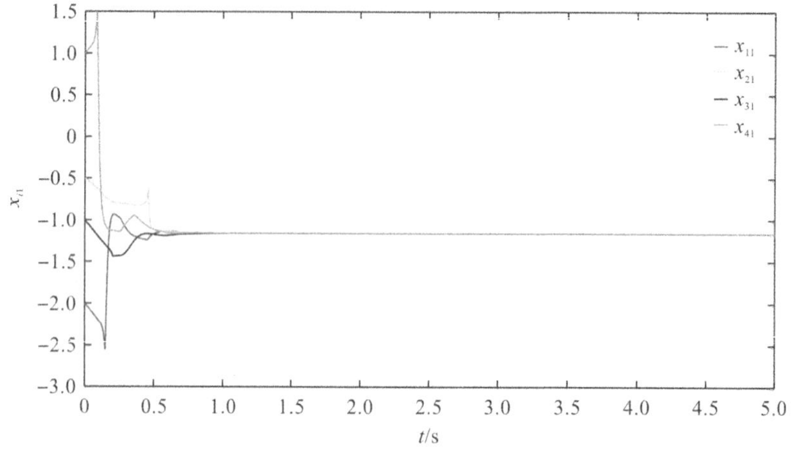

图 4.59 实例 2 中 x_{i1} 的轨迹

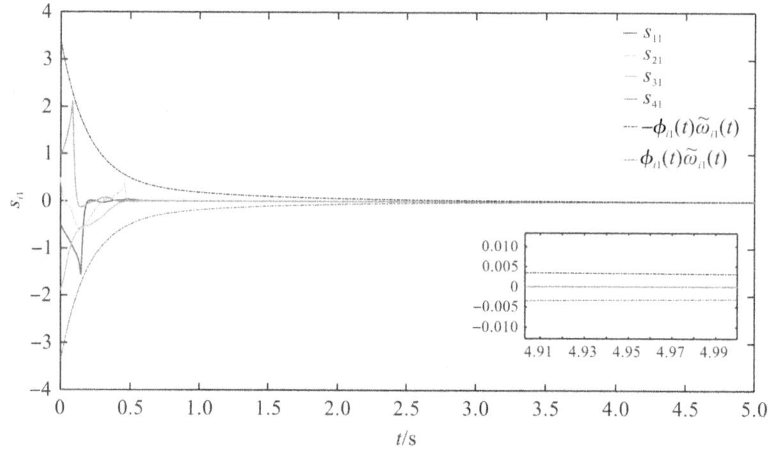

图 4.60 实例 2 中的间接邻域误差 s_{i1}

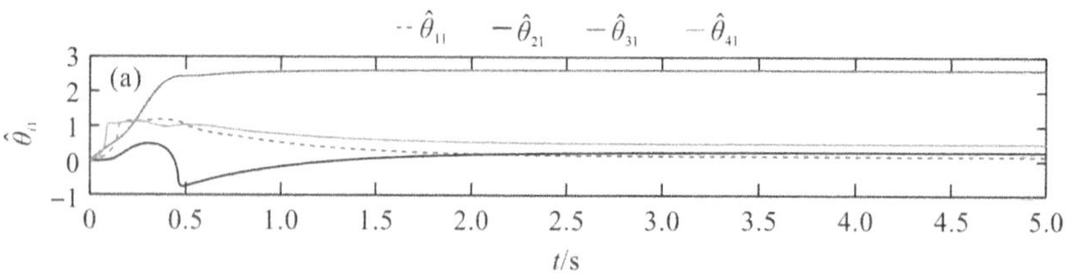

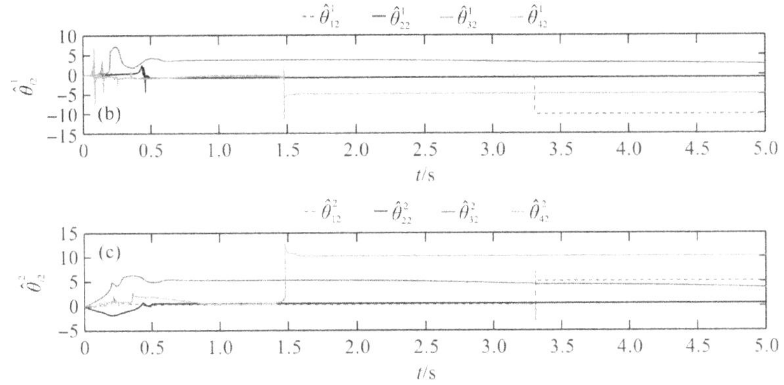

图 4.61 实例 2 中的参数估计器$\hat{\theta}_{i1}$和$\hat{\boldsymbol{\theta}}_{i2}^{\mathrm{T}}=[\hat{\theta}_{i2}^1,\hat{\theta}_{i2}^2]$

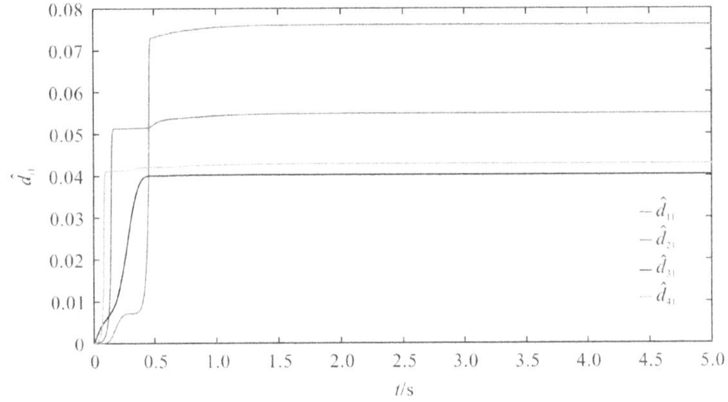

图 4.62 实例 2 中的扰动估计器$\hat{d}_{i1}$

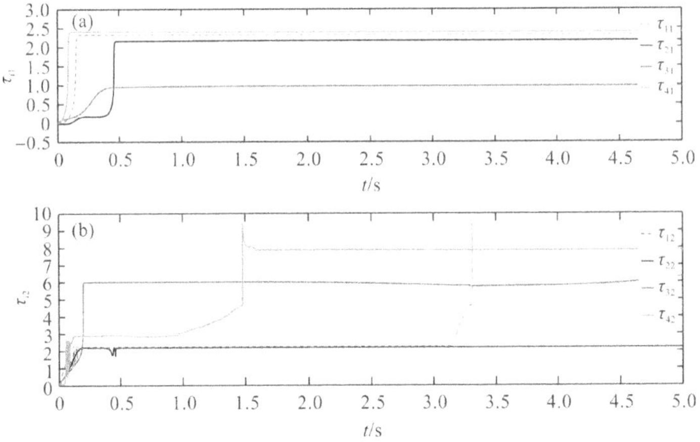

图 4.63 实例 2 中 Nussbaum 函数的变量 τ_{i1} 和 τ_{i2}

本节针对切换拓扑下具有未知互异控制方向的无人系统预设性能控制问题，提出了一种分布式控制算法。与已有工作相比，该算法的主要优点是只需要通过网络获知邻域智能体的输出信息即可。而且，邻域误差在规定的边界内演化并最终趋于 0，因此，所有智能体的输出是精确同步的，而不是存在一定误差的同步。本节通过实例验证了算法的有效性。接下来，我们将把该方法扩展到更具挑战性的系统动力学中。

4.10 本章小结

对于个体模型为 PSF 系统的情形，本章在预设性能控制的框架下，分别对固定拓扑和切换拓扑设计了分布式协调控制器，实现了无人系统输出同步（λ 同步）和闭环系统整体有界的控制目标，并且针对反推法过程中对虚拟控制量反复求导的问题，运用命令滤波器技术，减轻了个体的计算负担。

参考文献

[1] Yan Z, Han L, Li X, et al. Event-triggered formation control for time-delayed discrete-time multi-agent system applied to multi-UAV formation flying[J]. Journal of the Franklin Institute, 2023,360(5):3677-3699.

[2] Peng Z, Wang J, Wang J. Constrained control of autonomous underwater vehicles based on command optimization and disturbance estimation[J]. IEEE Transactions on Industrial Electronics,2018,66(5):3627-3635.

[3] Lü J, Chen F, Chen G. Nonsmooth leader-following formation control of nonidentical multi-agent systems with directed communication topologies[J]. Automatica,2016,64:112-120.

[4] Parsa M, Danesh M. Robust containment control of uncertain multi-agent systems with time-delay and heterogeneous lipschitz nonlinearity[J]. IEEE Transactions on Systems, Man, and Cybernetics: Systems,2019,51(4):2312-2321.

[5] Liang H, Guo X, Pan Y, et al. Event-triggered fuzzy bipartite tracking control for network systems based on distributed reduced-order observers[J]. IEEE Transactions on Fuzzy Systems, 2020,29(6):1601-1614.

[6] Wei Q, Wang X, Zhong X, et al. Consensus control of leader-following multi-agent systems in directed topology with heterogeneous disturbances[J]. IEEE/CAA Journal of Automatica Sinica, 2021,8(2):423-431.

[7] Mei J. Distributed consensus for multiple Lagrangian systems with parametric uncertainties and external disturbances under directed graphs[J]. IEEE Transactions on Control of Network Sys-

tems,2019,7(2):648-659.

[8] Zhang Y, Li S, Liao L. Consensus of high-order discrete-time multiagent systems with switching topology[J]. IEEE Transactions on Systems, Man, and Cybernetics: Systems,2018,51(2):721-730.

[9] Liu W, Huang J. Adaptive leader-following consensus for a class of higher-order nonlinear multi-agent systems with directed switching networks[J]. Automatica,2017,79:84-92.

[10] Abdessameud A. Consensus of nonidentical Euler-Lagrange systems under switching directed graphs[J]. IEEE Transactions on Automatic Control,2018,64(5):2108-2114.

[11] Fan Y, Jin Z, Luo X, et al. Robust finite-time consensus control for Euler-Lagrange multi-agent systems subject to switching topologies and uncertainties[J]. Applied Mathematics and Computation,2022,432:127367.

[12] Jin X, Shi Y, Tang Y, et al. Event-triggered fixed-time attitude consensus with fixed and switching topologies[J]. IEEE Transactions on Automatic Control,2021,67(8):4138-4145.

[13] Zhou Z, Wang X. Constrained consensus in continuous-time multiagent systems under weighted graph[J]. IEEE Transactions on Automatic Control,2017,63(6):1776-1783.

[14] Yu G, Wong P K, Huang W, et al. Distributed adaptive consensus protocol for connected vehicle platoon with heterogeneous time-varying delays and switching topologies[J]. IEEE Transactions on Intelligent Transportation Systems,2022,23(10):17620-17631.

[15] Jadbabaie A, Lin J, Morse A S. Coordination of groups of mobile autonomous agents using nearest neighbor rules[J]. IEEE Transactions on Automatic Control,2003,48(6):988-1001.

[16] Hong Y, Gao L, Cheng D, et al. Lyapunov-based approach to multiagent systems with switching jointly connected interconnection[J]. IEEE Transactions on Automatic Control,2007,52(5):943-948.

[17] Notarstefano G, Egerstedt M, Haque M. Containment in leader-follower networks with switching communication topologies[J]. Automatica,2011,47(5):1035-1040.

[18] Lin P, Jia Y. Consensus of a class of second-order multi-agent systems with time-delay and jointly-connected topologies[J]. IEEE Transactions on Automatic Control,2010,55(3):778-784.

[19] Zhang Y, Tian Y P. Consentability and protocol design of multi-agent systems with stochastic switching topology[J]. Automatica,2009,45(5):1195-1201.

[20] Xue D, Yao J, Wang J, et al. Formation control of multi-agent systems with stochastic switching topology and time-varying communication delays[J]. IET Control Theory & Applications,2013,7(13):1689-1698.

[21] Zhao H, Ren W, Yuan D, et al. Distributed discrete-time coordinated tracking with Markovian switching topologies[J]. Systems & Control Letters,2012,61(7):766-772.

[22] Ding L, Guo G. Sampled-data leader-following consensus for nonlinear multi-agent systems with Markovian switching topologies and communication delay[J]. Journal of the Franklin Institute,2015,352(1):369-383.

[23] Li C J, Liu G P. Data-driven consensus for non-linear networked multi-agent systems with switching topology and time-varying delays[J]. IET Control Theory & Applications, 2018, 12(12): 1773-1779.

[24] Jiang J, Jiang Y. Leader-following consensus of linear time-varying multi-agent systems under fixed and switching topologies[J]. Automatica, 2020, 113: 108804.

[25] Li C J, Liu G P, He P, et al. Dynamic consensus of second-order networked multiagent systems with switching topology and time-varying delays[J]. IEEE Transactions on Cybernetics, 2021, 52(11): 11747-11757.

[26] Li B, Han T, Xiao B, et al. Leader-following consensus of multiple uncertain Euler-Lagrange systems under denial-of-service attacks[J]. International Journal of Robust and Nonlinear Control, 2023, 33(3): 1531-1546.

[27] Mei J. Distributed consensus for multiple Lagrangian systems with parametric uncertainties and external disturbances under directed graphs[J]. IEEE Transactions on Control of Network Systems, 2019, 7(2): 648-659.

[28] Psillakis H E. Consensus in networks of agents with unknown high-frequency gain signs and switching topology[J]. IEEE Transactions on Automatic Control, 2016, 62(8): 3993-3998.

[29] Wang J, Chen K, Zhang Y. Consensus of high-order nonlinear multiagent systems with constrained switching topologies[J]. Complexity, 2017: 5340642.

[30] Illingworth S, Morgans A. Adaptive control of combustion instabilities for unknown sign of the high frequency gain[C]//38th Fluid Dynamics Conference and Exhibit, 2008: 4383.

[31] 李静, 胡云安. 时变参数化非线性系统自适应迭代学习控制器设计[J]. 控制与决策, 2012, 27(7): 1015-1020, 1026.

[32] Morse A S. Control Using Logic-Based Switching[M]. London: Springer, 1997.

[33] Jin J, Li L, Yu H, et al. Research on frequency characteristics of VSG virtual parameter adaptive control strategy based on fuzzy control theory[J]. Journal of Physics: Conference Series, 2021, 2113: 012029.

[34] Dutta L, Das D K. Nonlinear disturbance observer-based adaptive nonlinear model predictive control design for a class of nonlinear MIMO system[J]. International Journal of Systems Science, 2022, 53(9): 2010-2031.

[35] Yu J, Shi P, Lin C, et al. Adaptive neural command filtering control for nonlinear MIMO systems with saturation input and unknown control direction[J]. IEEE Transactions on Cybernetics, 2019, 50(6): 2536-2545.

[36] Ferrara A, Giacomini L, Vecchio C. Adaptive sliding mode control of uncertain noholonomic systems with unknown control direction[C]//2009 IEEE Control Applications (CCA) & Intelligent Control (ISIC). IEEE, 2009: 290-295.

[37] Yang X, He H. Adaptive dynamic programming for decentralized stabilization of uncertain nonlinear large-scale systems with mismatched interconnections[J]. IEEE Transactions on Sys-

tems, Man, and Cybernetics: Systems, 2018, 50(8): 2870-2882.

[38] Chen C, Wen C, Liu Z, et al. Adaptive consensus of nonlinear multi-agent systems with non-identical partially unknown control directions and bounded modelling errors[J]. IEEE Transactions on Automatic Control, 2017, 62(9): 4654-4659.

[39] Wang R, Wang H, Li W. Output-feedback tracking control of random high-order nonlinear systems[J]. International Journal of Control, 2023, 96(7): 1765-1774.

[40] Ma H, Liang H, Zhou Q, et al. Adaptive dynamic surface control design for uncertain nonlinear strict-feedback systems with unknown control direction and disturbances[J]. IEEE Transactions on Systems, Man, and Cybernetics: Systems, 2018, 49(3): 506-515.

[41] Ao W, Huang J, Wen B, et al. Adaptive leaderless consensus control of a class of strict feedback nonlinear systems with guaranteed transient performance under actuator faults[J]. Journal of the Franklin Institute, 2021, 358(11): 5707-5721.

[42] Wang Q, Psillakis H E, Sun C. Cooperative control of multiple agents with unknown high-frequency gain signs under unbalanced and switching topologies[J]. IEEE Transactions on Automatic Control, 2018, 64(6): 2495-2501.

[43] Findeisen R, Imsland L, Allgower F, et al. State and output feedback nonlinear model predictive control: An overview[J]. European Journal of Control, 2003, 9(2-3): 190-206.

[44] Bemporad A. Reference governor for constrained nonlinear systems[J]. IEEE Transactions on Automatic Control, 1998, 43(3): 415-419.

[45] Hu T, Lin Z. Control Systems with Actuator Saturation: Analysis and Design[M]. New York: Springer Science & Business Media, 2001.

[46] Tee K P, Ren B, Ge S S. Control of nonlinear systems with time-varying output constraints [J]. Automatica, 2011, 47(11): 2511-2516.

[47] Li Y, Tong S, Li T. Adaptive fuzzy output-feedback control for output constrained nonlinear systems in the presence of input saturation[J]. Fuzzy Sets and Systems, 2014, 248: 138-155.

[48] Lozada-Castillo N, Luviano-Juárez A, Chairez I. Robust control of uncertain feedback linearizable systems based on adaptive disturbance estimation[J]. ISA Transactions, 2019, 87: 1-9.

[49] Kostarigka A K, Rovithakis G A. Adaptive dynamic output feedback neural network control of uncertain MIMO nonlinear systems with prescribed performance[J]. IEEE Transactions on Neural Networks and Learning Systems, 2011, 23(1): 138-149.

[50] Na J. Adaptive prescribed performance control of nonlinear systems with unknown dead zone [J]. International Journal of Adaptive Control and Signal Processing, 2013, 27(5): 426-446.

[51] He P, Wen J, Stojanovic V, et al. Finite-time control of discrete-time semi-Markov jump linear systems: A self-triggered MPC approach[J]. Journal of the Franklin Institute, 2022, 359(13): 6939-6957.

[52] Sun P, Song X, Song S, et al. Composite adaptive finite-time fuzzy control for switched nonlinear systems with preassigned performance[J]. International Journal of Adaptive Control and

Signal Processing,2023,37(3):771-789.

[53] Song X, Sun P, Song S, et al. Event-driven NN adaptive fixed-time control for nonlinear systems with guaranteed performance[J]. Journal of the Franklin Institute,2022,359(9):4138-4159.

[54] Shahvali M, Askari J. Cooperative adaptive neural partial tracking errors constrained control for nonlinear multi-agent systems[J]. International Journal of Adaptive Control and Signal Processing,2016,30(7):1019-1042.

[55] Zhang L, Hua C, Guan X. Distributed output feedback consensus tracking prescribed performance control for a class of non-linear multi-agent systems with unknown disturbances[J]. IET Control Theory & Applications,2016,10(8):877-883.

[56] Sun K, Qiu J, Karimi H R, et al. Event-triggered robust fuzzy adaptive finite-time control of nonlinear systems with prescribed performance[J]. IEEE Transactions on Fuzzy Systems,2020,29(6):1460-1471.

[57] Wang W, Liang H, Pan Y, et al. Prescribed performance adaptive fuzzy containment control for nonlinear multiagent systems using disturbance observer[J]. IEEE Transactions on Cybernetics,2020,50(9):3879-3891.

[58] Gkesoulis A K, Psillakis H E, Wang Q. PdI regulation for consensus: Application to unknown pure-feedback agents with state and communication delays[J]. IEEE Transactions on Control of Network Systems,2021,8(4):1964-1974.

[59] Gkesoulis A K, Psillakis H E, Lagos A R. Optimal consensus via OCPI regulation for unknown pure-feedback agents with disturbances and state delays[J]. IEEE Transactions on Automatic Control,2022,67(8):4338-4345.

[60] Sun L, Song Y. Two-phase performance adjustment approach for distributed neuroadaptive consensus control of strict-feedback multiagent systems[J]. IEEE Transactions on Cybernetics,2022,53(10):6433-6442.

[61] Li Z, Wang Y, Song Y, et al. Global consensus tracking control for high-order nonlinear multiagent systems with prescribed performance[J]. IEEE Transactions on Cybernetics,2022,53(10):6529-6537.

[62] Wang W, Wang D, Peng Z, et al. Prescribed performance consensus of uncertain nonlinear strict-feedback systems with unknown control directions[J]. IEEE Transactions on Systems, Man, and Cybernetics: Systems,2015,46(9):1279-1286.

[63] Bechlioulis C P, Rovithakis G A. Decentralized robust synchronization of unknown high order nonlinear multi-agent systems with prescribed transient and steady state performance[J]. IEEE Transactions on Automatic Control,2016,62(1):123-134.

[64] Liang H, Zhang Y, Huang T, et al. Prescribed performance cooperative control for multiagent systems with input quantization[J]. IEEE Transactions on Cybernetics,2019,50(5):1810-1819.

[65] Liu Y, Yang G H. Prescribed performance-based consensus of nonlinear multiagent systems with unknown control directions and switching networks[J]. IEEE Transactions on Systems,

Man, and Cybernetics: Systems, 2017, 50(2): 609-616.

[66] Dong W, Farrell J A, Polycarpou M M, et al. Command filtered adaptive backstepping[J]. IEEE Transactions on Control Systems Technology, 2011, 20(3): 566-580.

[67] 金亚婷. 基于切换拓扑的多无人机编队跟踪控制研究[D]. 石家庄: 河北科技大学, 2022.

[68] Zuo Z, Wang C. Adaptive trajectory tracking control of output constrained multi-rotors systems[J]. IET Control Theory & Applications, 2014, 8(13): 1163-1174.

[69] Polycarpou M M. Stable adaptive neural control scheme for nonlinear systems[J]. IEEE Transactions on Automatic Control, 1996, 41(3): 447-451.

[70] Wang G, Wang C, Ding Z, et al. Distributed consensus of nonlinear multi-agent systems with mismatched uncertainties and unknown high-frequency gains[J]. IEEE Transactions on Circuits and Systems Ⅱ: Express Briefs, 2020, 68(3): 938-942.

[71] Zhao L, Yu J, Lin C, et al. Adaptive neural consensus tracking for nonlinear multiagent systems using finite-time command filtered backstepping[J]. IEEE Transactions on Systems, Man, and Cybernetics: Systems, 2017, 48(11): 2003-2012.

[72] Lü D. Finite-time sliding mode control with unknown control direction[J]. IEEE Access, 2021, 9: 70896-70905.

[73] Wang G, Wang C. Constrained consensus in nonlinear multiagent systems under switching topologies [J]. IEEE Transactions on Circuits and Systems Ⅱ: Express Briefs, 2022, 69(6): 2857-2861.

[74] 黄燕华, 代冀阳, 应进, 等. 带有输入饱和及输出受限非仿射系统固定时间跟踪控制[J]. 控制与决策, 2023, 38(2): 429-434.

[75] Tang X, Yu J, Dong X, et al. Distributed consensus tracking control of nonlinear multi-agent systems with dynamic output constraints and input saturation[J]. Journal of the Franklin Institute, 2023, 360(1): 356-379.

[76] 王海红, 季祥, 翟天嵩. 多自由度机械臂的饱和输出反馈有限时间同步位置控制[J]. 控制理论与应用, 2023, 40(6): 1079-1088.

[77] Banerjee S, Panda A, Pandey I, et al. Parameter estimation and its application on designing adaptive nonlinear model based control schemes for the time varying system[J]. Automatic Control and Computer Sciences, 2022, 56(4): 324-336.

[78] Lozada-Castillo N, Luviano-Juarez A, Chairez I. Robust control of uncertain feedback linearizable systems based on adaptive disturbance estimation[J]. ISA Transactions, 2019, 87: 1-9.

[79] Rezaei V, Stefanovic M. Distributed output feedback stationary consensus of multi-vehicle systems in unknown environments[J]. Control Theory and Technology, 2018, 16(2): 93-109.

[80] Zhu P, Jiang J, Yu C. Fault-tolerant control of hypersonic vehicles based on fast fault observer under actuator gain loss fault or stuck fault[J]. The Aeronautical Journal, 2020, 124(1278): 1190-1207.

[81] Xu L, Yao B. Adaptive robust precision motion control of linear motors with negligible electrical dynamics: theory and experiments[J]. IEEE/ASME Transactions on Mechatronics, 2001, 6(4): 444-452.

第 5 章　事件触发机制下的非线性无人系统协调控制

近年来，无人系统领域发展十分迅速，广泛应用于无人机协调控制[1-2]、多机器人编队控制[3-4]、分布式传感器网络[5-6]、通信网络控制[7-8]等众多领域。这些工作大多需要多智能体之间进行持续的信息交流，但连续的信息传输会带来大量的通信成本，同时增加带宽承载和能量消耗。有鉴于此，事件触发控制因具有可以提高系统效率和减轻通信负载的优点而受到广泛关注[9-10]。

Dimarogonas 等[11]针对集中式和分布式两种情况分别设计了事件触发控制器更新方式，并将其应用于解决一阶线性无人系统的一致性问题。Postoyan 等[12]对事件触发应用的系统进一步进行拓展，将事件触发机制在无人系统上的应用由线性系统扩展到非线性系统。在事件触发阈值的设计方面，Liu 等[13]对事件触发策略进行改进，提出了一种动态事件触发策略，使得事件触发阈值更加灵活。Girard[14]在事件触发机制的设计过程中引入了内部动态变量，讨论了设计参数对 Lyapunov 函数衰减率的影响。Xing 等[15]结合固定阈值触发和动态阈值触发两种不同触发方案的优点，提出了一种切换阈值的事件触发方式。在无人系统的通信拓扑方面，Yi 等[16]提出的动态事件触发控制法则解决了无向图上一阶连续时间无人系统的平均一致性问题。Chen 等[17]证明了基于 Lyapunov 的方法可以完成一般有向图上的事件触发的无人系统的稳定性分析。Fan 等[18]研究了具有新型事件触发控制器的无人系统的分布式交会问题，提出了一种组合测量方法，并开发了基本的事件触发控制算法，从而减少了通信量，降低了实际中控制器更新的频率。

上述研究大多是在系统动力学模型确定的情况下进行的，但实际中的系统动力学不是完全已知的，且可能会遇到各种扰动。Xing 等[15]针对基于事件触发且具有未知参数系统的自适应控制问题，设计了自适应控制器和触发条件，并提出了一种切换阈值的事件触发方式。Li 等[19]所提出的协议结合了自适应控制和事件触发控制，可以以完全分布式的方式实现，并且只利用相邻智能体之间的相关采样信息。Guo 等[20]考虑了具有未知扰动的非线性无人系统的事件触发跟踪控制问题，其提出的方法减少了通信量并降低了实际中控制器更新的频率。Wang 等[21]针对一类控制方向未知、传感器故障未知的非线性系统提出了一种新的事件触发自适应控制方案，减小了网络引起的误差和传感器故障的影响；此外，还研究了一类受未测量状态和未知控制方向影响的随机非严格反馈非线性系统的自适应输出反馈稳定问题。Xia 等[22]研究了一类受未测量状态和未知控制方向影响的随机非线性系统的自适应输出反馈镇定问题。这些研究提供了自适应和事件触发控制方法，解决了实际场景中未知控制方向、未知扰动和未知系数带来的影响，增强了系统性能及其稳定性。

由上述研究可以看出，事件触发机制的应用有效减轻了智能体之间的通信负载，但忽略了事件触发机制对系统暂态性能造成的影响，再加上未知控制方向也会对系统的收敛速度造成一定的影响，因此对结合事件触发机制的无人系统的暂态性能研究是非常有必要的。为了解决系统收敛前可能会出现超调量过大或收敛速度过慢的问题，Hao 等[23]和 Tran 等[24]采用固定时间稳定或有限时间稳定的方法来加快系统的收敛速度，但这种方法并不能对系统的超调量进行约束。针对这一情况，Peng 等[25]提出了预设性能控制方法，在加快系统收敛速度的同时，使得最大超调不超过预设值，且保证了跟踪误差的暂态性能。将预设性能控制与事件触发机制相结合[26-27]可以很好地保证系统的暂态性能。Kurtoglu 等[28]研究了具有执行器故障和外部扰动的未知 Euler-Lagrange 系统的事件触发预定性能模糊容错控制跟踪问题，利用模糊逻辑系统对未知参数进行近似。Jamsheed 等[29]研究了无人系统中的性能控制问题，用一个包含状态触发和控制器输出触发的策略，保证系统的一致性跟踪误差在有限时间内收敛到原点周围的预定义区域。Wu 等[30]研究了一类具有输入饱和约束的纯反馈随机非线性系统的事件触发自适应预定性能控制方法。

本章主要介绍固定阈值和动态阈值事件触发控制器的设计方法，以及对含有未知控制方向、未知扰动和未知控制系数的事件触发无人系统暂态性能的研究。

5.1　问题描述

考虑由 N 个智能体所组成的一个无人系统，其中智能体 i 的动态方程如下：

$$\begin{cases}\dot{x}_{iq}=g_{iq}x_{i,q+1}+\boldsymbol{\theta}_{iq}^{\mathrm{T}}\boldsymbol{\varphi}_{iq}(\bar{\boldsymbol{x}}_{iq})+\Delta_{iq}(t)\\ \dot{x}_{in}=g_{in}u_i+\boldsymbol{\theta}_{in}^{\mathrm{T}}\boldsymbol{\varphi}_{in}(\bar{\boldsymbol{x}}_{in})+\Delta_{in}(t)\\ y_i=x_{i1}\end{cases}\quad (i=1,\cdots,N;q=1,\cdots,N-1) \tag{5-1}$$

其中，$u_i\in\mathbf{R}$ 为智能体 i 的控制器输入；$\boldsymbol{x}_i=[x_{i1},x_{i2},\cdots,x_{in}]^{\mathrm{T}}\in\mathbf{R}^n$ 为智能体 i 的状态变量；$y_i\in\mathbf{R}$ 为智能体 i 的输出；函数 $\boldsymbol{\varphi}_{iq}(\bar{\boldsymbol{x}}_{iq})$ 为已知的光滑非线性函数，$\bar{\boldsymbol{x}}_{ik}=[x_{i1},\cdots,x_{ik}]^{\mathrm{T}}$；$\boldsymbol{\theta}_{iq}$ 为系统中参数未知的向量；$\Delta_{i1}(t),\cdots,\Delta_{iq}(t)$ 为系统所受到的未知外部扰动；控制系数 $g_{ik}\neq 0(k=1,\cdots,n)$ 的符号和幅值都是未知的。

假设 5.1 $g_{ik}(k=1,\cdots,n)$ 是有界函数，即满足 $|g_{ik}|\leqslant G_{ik}$，G_{ik} 是某个正常数。

假设 5.2 $\Delta_{ik}(t)\in\mathbf{R}(k=1,\cdots,n)$ 表示系统受到的有界扰动，满足 $|\Delta_{ik}(t)|<D_{ik}$，$\forall t\geqslant 0$，D_{ik} 是某个正常数。

引理 5.1 $\forall\rho\in\mathbf{R}$，$\forall\varepsilon>0$，双曲正弦函数 tanh(・)具有以下属性[31]：

$$|\rho|-\rho\tanh\left(\frac{\rho}{\varepsilon}\right)\leqslant 0.2785\varepsilon \tag{5-2}$$

引理 5.2 对于任意 $s\in\mathbf{R}$，$t\in\mathbf{R}$，可以得到以下结果：

$$st\leqslant\frac{b^a}{a}|s|^a+\frac{|t|^c}{cb^c} \tag{5-3}$$

其中，$b>0$，$a>1$，$c>1$，并且

$$(a-1)(c-1)=1 \tag{5-4}$$

引理 5.3(Barbalat 引理) 如果当 $t\to\infty$ 时，可微函数 $f(t)$ 存在有限极限，且 $\dot{f}(t)$ 一致连续，那么当 $t\to\infty$ 时，$\dot{f}(t)\to 0$。

因此可以看出，应用 Barbalat 引理的前提是要判断一个函数的导数是否一致连续。一致连续的定义如下。

如果对于函数 $g(t)$，$\forall t_1\geqslant 0$，$\forall\upsilon>0$，$\forall\eta(\upsilon,t_1)>0$，$\forall t\geqslant 0$，有

$$|t-t_1|<\eta\Rightarrow|g(t)-g(t_1)|<\upsilon \tag{5-5}$$

那么函数 $g(t)$ 在 $[0,\infty)$ 上是一致连续的。从上面的定义很难直接判断一个函数是否一致连续，更为简单的一个方法是检查函数的导数。事实上，可微函数一致连续的一个充分条件是它的导数有界。

控制目标： 为每个智能体设计分布式控制器 u_i，使得无人系统(5-1)中的所有智能体输出 x_{i1} 达到一致，即 $\lim\limits_{t\to\infty}x_i(t)=\lim\limits_{t\to\infty}x_j(t)(\forall i,j\in V)$，同时保证无人系统中所有状态量有界。

5.2 事件触发机制设计

事件触发机制的思想如下。

1）假设系统采用连续控制方式，定义一个 Lyapunov 函数大于等于 0，该函数对时间的导数小于等于 0，其函数值最终趋近于 0。

2）若在任意时刻，系统实际的 Lyapunov 函数的导数小于连续控制的 Lyapunov 函数的导数，则系统收敛速度比连续控制还要快，一定全局渐近稳定。

3）实际系统的 Lyapunov 函数的导数可表达为当前时刻的状态及当前状态与上次采样控制状态之间差异的函数，求得这个函数，令其始终小于连续控制的 Lyapunov 函数的导数，则系统稳定。

4）当实际系统的 Lyapunov 函数的导数大于等于连续控制的 Lyapunov 函数的导数时，触发控制，可保证 Lyapunov 函数的导数一致小于连续控制的 Lyapunov 函数的导数。

5）为了计算简便，同时也留出一定安全余量，可以设置一个更加苛刻但是形式更加简单的条件，当条件成立时，触发控制，可保证 Lyapunov 函数的导数一致小于连续控制的 Lyapunov 函数的导数。

事实上，上述方法只要能够保证实际系统的 Lyapunov 函数的导数小于 0（而不是小于连续控制的 Lyapunov 函数的导数），就可以保证系统稳定。

事件触发机制的设计过程大体可分为定义测量误差、选取合适的触发阈值、设计系统的连续控制器三部分。

1）定义测量误差。典型的事件触发机制是先确定一个合适的事件触发条件，当检测到被控对象或控制器的输出值偏离事件触发条件时，事件发生，被控对象或控制器的输出信息通过传输网络传输给控制器或执行器的输入，完成控制器的一次控制任务。这里我们通常将合适的触发条件选取为两次触发时刻的控制器差值或者状态量差值。

2）选取合适的触发阈值。触发阈值大体可分为两种，即固定阈值和动态阈值，两种不同的触发阈值都有其相对的优缺点[21]。在控制器更新间隔方面，与固定阈值相比，动态阈值能够确保在控制信号 u 的幅值较大时，相应地生成较大的阈值，从而延长控制器的更新间隔。在系统控制精度方面，当控制信号 u 逐渐趋近于 0 时，动态阈值相对于固定阈值能够更精确地调控系统，提升系统性能。从系统性能方面来说，当控制信号 u 的幅值过大时，控制信号的测量误差就不可避免地很大。在这种情况下，每当触发控制器更新事件时，控制信号将突然跳变，从而对系统施加较大的脉冲。这肯定会降低系统的性能，特别是在跟踪控制方面，而对于固定阈值策略来说，无论控制幅度有多大，都不会对系统产生较大的冲击。

3）设计系统的连续控制器。连续控制器是保证系统最终渐近稳定的关键。在整个事件触发机制中有两套控制器并存：一个是我们设计的连续控制器，另一个则是输入到系统的阶梯波实际控制器。

下面将引用 Wang 等[21]所提到的固定阈值策略及其动态阈值策略对无人系统的输出同步问题进行分析。

5.3 不考虑扰动和未知控制方向的无人系统控制器设计

令式(5-1)中的扰动 $\Delta_{ik}(t)(k=1,\cdots,n)$ 为 0，控制系数 $g_{ik}(k=1,\cdots,n)$ 都为常数 1，则可得到以下模型：

$$\begin{cases}\dot{x}_{iq}=x_{i,q+1}+\boldsymbol{\theta}_{iq}^{\mathrm{T}}\boldsymbol{\varphi}_{iq}(\bar{\boldsymbol{x}}_{iq})\\ \dot{x}_{in}=u_i+\boldsymbol{\theta}_{in}^{\mathrm{T}}\boldsymbol{\varphi}_{in}(\bar{\boldsymbol{x}}_{in})\\ y_i=x_{i1}\end{cases}\tag{5-6}$$

第 1 步：定义智能体 i 的邻域误差为

$$z_{i1}=\sum_{j=1}^{N}a_{ij}(x_{i1}-x_{j1})\tag{5-7}$$

其中，a_{ij} 为邻接矩阵 $\boldsymbol{A}$ 中的元素，通过设计 Lyapunov 函数证明 z_{i1} 最终趋近于 0，从而推导出 $\lim\limits_{t\to\infty}x_i(t)=\lim\limits_{t\to\infty}x_j(t)$，即智能体最终实现了输出精确同步。

定义 Lyapunov 函数

$$V_{i1}=\frac{1}{2}x_{i1}^2+\frac{1}{2}\tilde{\boldsymbol{\theta}}_{i1}^{\mathrm{T}}\tilde{\boldsymbol{\theta}}_{i1}\tag{5-8}$$

其中，$\tilde{\boldsymbol{\theta}}_{i1}=\boldsymbol{\theta}_{i1}-\hat{\boldsymbol{\theta}}_{i1}$ 为未知参数的估计误差，$\hat{\boldsymbol{\theta}}_{i1}$ 为未知参数 $\boldsymbol{\theta}_{i1}$ 的估计值。对式(5-8)求导，可得

$$\dot{V}_{i1}=x_{i1}(x_{i2}+\boldsymbol{\theta}_{i1}^{\mathrm{T}}\boldsymbol{\varphi}_{i1})-\tilde{\boldsymbol{\theta}}_{i1}^{\mathrm{T}}\dot{\hat{\boldsymbol{\theta}}}_{i1}=x_{i1}(z_{i2}+\alpha_{i1}+\boldsymbol{\theta}_{i1}^{\mathrm{T}}\boldsymbol{\varphi}_{i1})-\tilde{\boldsymbol{\theta}}_{i1}^{\mathrm{T}}\dot{\hat{\boldsymbol{\theta}}}_{i1}\tag{5-9}$$

定义虚拟控制器 $\alpha_{i1}=-c_{i1}x_{i1}-c_{i2}x_{i1}z_{i1}^2-\hat{\boldsymbol{\theta}}_{i1}^{\mathrm{T}}\boldsymbol{\varphi}_{i1}$，未知参数估计器 $\dot{\hat{\boldsymbol{\theta}}}_{i1}=x_{i1}\boldsymbol{\varphi}_{i1}$，其中 c_{i1} 和 c_{i2} 都是待设计的正常数。将上述定义的 α_{i1} 和 $\dot{\hat{\boldsymbol{\theta}}}_{i1}$ 代入式(5-9)，可得

$$\dot{V}_{i1}\leqslant-\left(c_{i1}-\frac{1}{2}\right)x_{i1}^2-c_{i2}x_{i1}^2z_{i1}^2+\frac{1}{2}z_{i2}^2 \tag{5-10}$$

在式(5-10)中，如果 z_{i2} 是平方可积函数，即$\int_0^{\infty}\frac{1}{2}z_{i1}^2\mathrm{d}t<\infty$，对式(5-10)两边同时积分，可以得到$\int_0^{\infty}c_{i2}x_{i1}^2z_{i1}^2\mathrm{d}t$ 有界，根据 Barbalat 引理可知$\lim\limits_{t\to\infty}x_{i1}z_{i1}\to 0$，因此下一步我们将证明 $z_{i2}\in L_2$。

第 q 步($2\leqslant q\leqslant n-1$)：定义 $z_{iq}=x_{iq}-\alpha_{i,q-1}$，选取 Lyapunov 函数

$$V_{iq}=\frac{1}{2}z_{iq}^2+\frac{1}{2}\widetilde{\boldsymbol{\theta}}_{iq}^{\mathrm{T}}\widetilde{\boldsymbol{\theta}}_{iq} \tag{5-11}$$

其中，$\widetilde{\boldsymbol{\theta}}_{iq}=\boldsymbol{\theta}_{iq}-\hat{\boldsymbol{\theta}}_{iq}$ 为未知参数的估计误差，$\hat{\boldsymbol{\theta}}_{iq}$ 为未知参数 θ_{iq} 的估计值。对式(5-11)求导，可得

$$\dot{V}_{iq}=z_{iq}(x_{i,q+1}+\boldsymbol{\theta}_{iq}^{\mathrm{T}}\boldsymbol{\varphi}_{iq}-\dot{\alpha}_{i,q-1})-\widetilde{\boldsymbol{\theta}}_{iq}^{\mathrm{T}}\dot{\hat{\boldsymbol{\theta}}}_{iq}=z_{iq}(z_{i,q+1}+\alpha_{iq}+\boldsymbol{\theta}_{iq}^{\mathrm{T}}\boldsymbol{\varphi}_{iq}-\dot{\alpha}_{i,q-1})-\widetilde{\boldsymbol{\theta}}_{iq}^{\mathrm{T}}\dot{\hat{\boldsymbol{\theta}}}_{iq} \tag{5-12}$$

定义虚拟控制器 $\alpha_{iq}=-c_{iq}z_{iq}-\hat{\boldsymbol{\theta}}_{iq}^{\mathrm{T}}\boldsymbol{\varphi}_{iq}+\dot{\alpha}_{i,q-1}$，参数估计器 $\dot{\hat{\boldsymbol{\theta}}}_{iq}=z_{iq}\boldsymbol{\varphi}_{iq}$，其中 c_{iq} 是待设计的正常数。将 α_{iq} 和 $\dot{\hat{\boldsymbol{\theta}}}_{iq}$ 代入式(5-12)，可得

$$\dot{V}_{iq}\leqslant-\left(c_{iq}-\frac{1}{2}\right)z_{iq}^2+\frac{1}{2}z_{i,q+1}^2 \tag{5-13}$$

在式(5-13)中，如果 $z_{i,q+1}\in L_2$ 是平方可积函数，即$\int_0^{\infty}z_{i,q+1}^2\mathrm{d}t<\infty$，同时再根据 Barbalat 引理可知$\lim\limits_{t\to\infty}z_{iq}\to 0$，因此下一步我们将证明 $z_{i,q+1}\in L_2$。

第 n 步：定义 $z_{in}=x_{in}-\alpha_{i,n-1}$，选取 Lyapunov 函数

$$V_{in}=\frac{1}{2}z_{in}^2+\frac{1}{2}\widetilde{\boldsymbol{\theta}}_{in}^{\mathrm{T}}\widetilde{\boldsymbol{\theta}}_{in} \tag{5-14}$$

其中，$\widetilde{\boldsymbol{\theta}}_{in}=\boldsymbol{\theta}_{in}-\hat{\boldsymbol{\theta}}_{in}$ 为未知参数的估计误差，$\hat{\boldsymbol{\theta}}_{in}$ 为未知参数 θ_{in} 的估计值。对式(5-14)求导，可得

$$\dot{V}_{in}=z_{in}(u_i+\boldsymbol{\theta}_{in}^{\mathrm{T}}\boldsymbol{\varphi}_{in}-\dot{\alpha}_{i,n-1})-\widetilde{\boldsymbol{\theta}}_{in}^{\mathrm{T}}\dot{\hat{\boldsymbol{\theta}}}_{in} \tag{5-15}$$

在接下来的证明过程中，我们将采用固定阈值策略和动态阈值策略两种不同

的触发方式。

A. 固定阈值策略

将固定阈值触发条件定义为

$$u(t)=\omega(t_k),\quad \forall t\in[t_k,t_{k+1}) \tag{5-16}$$

$$t_{k+1}=\inf\{t\in\mathbf{R}|\ \ |e(t)|\geqslant m\},\quad t_1=0 \tag{5-17}$$

其中，$\omega(t)$为连续控制器，$u(t)$为输入系统的实际控制器；$e(t)=\omega(t)-u(t)$表示连续控制器和实际控制器之间的差值；m 和 $\bar{m}>m$ 都是待设计的正常数；t_k，$k\in\mathbf{Z}^+$ 表示控制器的更新时刻，即当触发条件(5-17)成立时，将该时刻标记为 t_{k+1}，将时刻 t_{k+1} 连续控制器 $\omega(t_{k+1})$的值更新给实际控制器信号 $u(t_{k+1})$并输入系统。因此，在时间$[t_k,t_{k+1})$内，控制器信号 $u(t)$保持为常数，即 $u(t)=\omega(t_k)$，$\forall t\in[t_k,t_{k+1})$。

由式(5-17)可知，在区间$[t_k,t_{k+1})$内，固定阈值 $\omega(t)$和 $u(t)$的关系可以表示为$|\omega(t)-u(t)|\leqslant m$，$m$ 是我们待设计的正数。因此我们可知，存在连续时变参数$\lambda(t)$，$\forall t\in[t_k,t_{k+1})$满足 $\lambda(t_k)=0$，$\lambda(t_{k+1})=\pm1$，且$|\lambda(t)|\leqslant1$，从而使得 $u(t)=\omega(t)-\lambda(t)m$，将 $u(t)=\omega(t)-\lambda(t)m$ 代入式(5-15)，可以得到

$$\begin{aligned}\dot{V}_{in}&=z_{in}(\omega-\lambda m)+z_{in}(\boldsymbol{\theta}_{in}^{\mathrm{T}}\boldsymbol{\varphi}_{in}-\dot{\alpha}_{i,n-1})-\tilde{\boldsymbol{\theta}}_{in}^{\mathrm{T}}\dot{\hat{\boldsymbol{\theta}}}_{in}\\&\leqslant z_{in}\omega+|z_{in}|\bar{m}+z_{in}(\boldsymbol{\theta}_{in}^{\mathrm{T}}\boldsymbol{\varphi}_{in}-\dot{\alpha}_{i,n-1})-\tilde{\boldsymbol{\theta}}_{in}^{\mathrm{T}}\dot{\hat{\boldsymbol{\theta}}}_{in}\end{aligned} \tag{5-18}$$

定义

$$\begin{cases}\omega(t)=\alpha_{in}-\bar{m}\tanh\left(\dfrac{z_{in}\bar{m}}{\varepsilon}\right)\\ \alpha_{in}=-c_{in}z_{in}-\hat{\boldsymbol{\theta}}_{in}^{\mathrm{T}}\boldsymbol{\varphi}_{in}+\dot{\alpha}_{n-1}\\ \dot{\hat{\boldsymbol{\theta}}}_{in}=z_{in}\boldsymbol{\varphi}_{in}\end{cases} \tag{5-19}$$

将式(5-19)中设计的控制器和参数更新率代入式(5-18)，可得

$$\dot{V}_{in}\leqslant-c_{in}z_{in}^2+|\bar{m}z_{in}|-\bar{m}z_{in}\tanh\left(\frac{\bar{m}z_{in}}{\varepsilon}\right) \tag{5-20}$$

将引理 5.2 应用于式(5-20)，可以得到

$$\dot{V}_{in}\leqslant-c_{in}z_{in}^2+0.2785\varepsilon \tag{5-21}$$

其中，$\varepsilon(t)>0$，$\forall t\geqslant0$。对 $\varepsilon(t)$ 积分，可知$\int_0^t\varepsilon(s)\mathrm{d}s<\infty$，即$\int_0^t\varepsilon(s)\mathrm{d}s$ 有界，因此存在一个常数 C_0 满足$\int_0^t 0.2785\varepsilon(s)\mathrm{d}s\leqslant C_0$。

对式(5-21)两边进行积分，可得

$$V_{in}(t)\leqslant V_{in}(0)+C_0 \tag{5-22}$$

因为 $V_{in}(0)$ 和 C_0 都是有界常数，因此我们可以知道 $V_{in}(t)$ 是有界的。对不等式(5-21)进行移项，可以得到

$$c_{in}z_{in}^2+\dot{V}_{in}\leqslant 0.2785\varepsilon \tag{5-23}$$

式(5-23)两边同时对时间积分，可得

$$\int_0^t c_{in}z_{in}^2\,\mathrm{d}\tau+V_{in}(t)\leqslant V_{in}(0)+C_0 \tag{5-24}$$

由于 $V_{in}(0)$，C_0 和 $V_{in}(t)$ 均有界，因此可以进一步推出 z_{in} 是平方可积的，即 $z_{in}\in L_2$，$\int_0^t c_{in}z_{in}^2\,\mathrm{d}\tau$ 是有界值。将 $\int_0^t z_{in}^2\,\mathrm{d}\tau$ 有界的结果代入式(5-13)，可以得到 $\int_0^t z_{iq}^2\,\mathrm{d}\tau$ 是有界值。以此类推，我们可以得到 $\int_0^t \frac{1}{2}z_{i1}^2$ 和 V_{i1} 是有界的。同时根据 Barbalat 引理可知 z_{i1} 最终将趋于 0，因此系统实现了输出同步，即 $\lim\limits_{t\to\infty}z_{i1}=\sum\limits_{j\in N_i}a_{ij}(x_{i1}-x_{j1})\to 0$。

证明：对式(5-10)移项，可得

$$c_{i1}x_{i1}^2z_{i1}^2\leqslant -\dot{V}_{i1}+\frac{1}{2}z_{i1}^2 \tag{5-25}$$

式(5-25)两边同时对时间积分，可得

$$\int_0^t c_{i1}x_{i1}^2z_{i1}^2\leqslant -V_{i1}+V_{i1}(0)+\int_0^t \frac{1}{2}z_{i2}^2 \tag{5-26}$$

由于 V_{i1}，$V_{i1}(0)$ 和 $\int_0^t \frac{1}{2}z_{i2}^2$ 均有界，因此可以得到 $\int_0^t c_{i1}x_{i1}^2z_{i1}^2$ 也是有界的，根据 Barbalat 引理可知 $x_{i1}z_{i1}$ 最终为 0。$x_{i1}z_{i1}$ 为 0 有两种情况：一种是 x_{i1} 为 0，另一种是 z_{i1} 为 0。当 x_{i1} 为 0 时，可以得到 $\lim\limits_{t\to\infty}x_i(t)=\lim\limits_{t\to\infty}x_j(t)=0$。当 z_{i1} 为 0 时，可以得到 $\lim\limits_{t\to\infty}x_i(t)=\lim\limits_{t\to\infty}x_j(t)$。综上可知，无论哪种情况下，本章设计的控制器最终都可实现输出同步，即 $\lim\limits_{t\to\infty}x_i(t)=\lim\limits_{t\to\infty}x_j(t)$。同时需要注意的是，此处的输出同步是指精确输出同步，并非邻域误差在一个残差内收敛。

下面证明存在最小触发时间间隔 $t^*>0$ 满足 $\{t_{k+1}-t_k\}\geqslant t^*$，$\forall k\in\mathbf{Z}^+$。由 $e_i(t)=\omega_i(t)-u_i(t)$，$\forall t\in\{t_k,t_{k+1}\}$，我们可以知道

$$\frac{\mathrm{d}}{\mathrm{d}t}|e_i|=\frac{\mathrm{d}}{\mathrm{d}t}(e_i\cdot e_i)^{\frac{1}{2}}=\mathrm{sign}(e_i)\dot{e}_i\leqslant|\dot{\omega}_i| \tag{5-27}$$

将固定阈值触发连续控制器(5-19)代入式(5-27)，可以得到

$$\dot{\omega}_i=\dot{\alpha}_{in}-\frac{\bar{m}\dot{z}_{in}}{\cosh^2\left(\frac{\bar{m}z_{in}}{\varepsilon}\right)} \tag{5-28}$$

$\dot{\omega}_i$ 是由 x,θ 等有界值构成的函数，故存在上界 $\kappa>0$ 使得 $|\dot{\omega}_i|<\kappa$。因此可知

$$|\omega_i(t_{k+1})-\omega_i(t_k)|\leqslant\kappa(t_{k+1}-t_k) \tag{5-29}$$

即

$$t^*=t_{k+1}-t_k\geqslant\frac{|\omega(t_{k+1})-\omega(t_k)|}{\kappa} \tag{5-30}$$

当 $\lim\limits_{t\to t_{k+1}}e_i(t)=m$ 时，我们得到相互执行间隔的下界 t^* 必须满足 $t^*\geqslant\dfrac{m}{\kappa}$，因此避免了 Zeno（芝诺）行为的发生。

B. 动态阈值策略

将动态阈值触发条件定义为

$$u(t)=\omega(t_k),\quad \forall t\in[t_k,t_{k+1}) \tag{5-31}$$

$$t_{k+1}=\inf\{t\in\mathbf{R}|\ \ |e(t)|\geqslant\delta|u(t)|+m_1\} \tag{5-32}$$

其中，$e(t)=\omega(t)-u(t)$ 表示连续控制器和实际控制器的差值；$0<\delta<1$，$m_1>0$，$\bar{m}_1>\dfrac{m_1}{1-\delta}$ 都是待设计的正常数；$t_k,k\in\mathbf{Z}^+$ 为控制器更新时间。为了让证明过程更加简洁，用 u 表示 $u(t)$，用 ω 表示 $\omega(t)$。由式(5-32)可知，在区间 $[t_k,t_{k+1})$ 内，有 $\omega(t)=[1+\lambda_1(t)\delta]u(t)+\lambda_2(t)m_1$，$\lambda_1(t)$ 和 $\lambda_2(t)$ 是时变参数且满足 $|\lambda_1(t)|\leqslant1$，$|\lambda_2(t)|\leqslant1$。因此我们可以得到 $u(t)=\dfrac{\omega(t)}{1+\lambda_1(t)\delta}-\dfrac{\lambda_2(t)m_1}{1+\lambda_1(t)\delta}$，将其代入式(5-15)，则有

$$\dot{V}_{in}=z_{in}\left[\frac{\omega(t)}{1+\lambda_1(t)\delta}-\frac{\lambda_2(t)m_1}{1+\lambda_1(t)\delta}\right]+z_{in}(\boldsymbol{\theta}_{in}^{\mathrm{T}}\boldsymbol{\varphi}_{in}-\dot{\alpha}_{i,n-1})-\widetilde{\boldsymbol{\theta}}_{in}^{\mathrm{T}}\dot{\hat{\boldsymbol{\theta}}}_{in} \tag{5-33}$$

定义

$$\begin{cases}\omega=-(1+\delta)\left[\alpha_{in}\tanh\left(\dfrac{z_{in}\alpha_{in}}{\varepsilon}\right)+\bar{m}_1\tanh\left(\dfrac{z_{in}\bar{m}_1}{\varepsilon}\right)\right]\\ \alpha_{in}=-c_{in}z_{in}-\hat{\boldsymbol{\theta}}_{in}^{\mathrm{T}}\boldsymbol{\varphi}_{in}+\dot{\alpha}_{n-1}\\ \dot{\hat{\boldsymbol{\theta}}}_{in}=z_{in}\boldsymbol{\varphi}_{in}\end{cases} \tag{5-34}$$

$\forall b\in\mathbf{R}$ 且 $\varepsilon>0$，满足不等式 $-b\tanh\left(\dfrac{b}{\varepsilon}\right)\leqslant0$，由式(5-34)可知 $z_{in}\omega\leqslant0$。因此当 $\lambda_1(t)\in[-1,1]$，$\lambda_2(t)\in[-1,1]$ 时，通过缩放不等式，我们可以得到 $\dfrac{z_{in}\omega}{1+\lambda_1(t)\delta}\leqslant\dfrac{z_{in}\omega}{1+\delta}$ 和 $\left|\dfrac{\lambda_2(t)m_1}{1+\lambda_1(t)\delta}\right|\leqslant\dfrac{m_1}{1-\delta}$，将其代入式(5-33)，则有

$$\dot{V}_{in}\leqslant\frac{z_{in}\omega}{1+\delta}+|z_{in}\bar{m}_1|+z_{in}(\boldsymbol{\theta}_{in}^{\mathrm{T}}\boldsymbol{\varphi}_{in}-\dot{\alpha}_{i,n-1})-\widetilde{\boldsymbol{\theta}}_{in}^{\mathrm{T}}\dot{\hat{\boldsymbol{\theta}}}_{in} \tag{5-35}$$

将式(5-34)代入式(5-35),可得

$$\dot{V}_{in} \leqslant -\alpha_{in}\tanh\left(\frac{z_{m}\alpha_{in}}{\varepsilon}\right)+|z_{in}\bar{m}_1|-z_{in}\bar{m}_1\tanh\left(\frac{z_{in}\bar{m}_1}{\varepsilon}\right)+z_{in}(\boldsymbol{\theta}_{in}^{\mathrm{T}}\boldsymbol{\varphi}_{in}-\dot{\alpha}_{i,n-1})-\widetilde{\boldsymbol{\theta}}_{in}^{\mathrm{T}}\dot{\hat{\boldsymbol{\theta}}}_{in}$$

$$\leqslant -c_{in}z_{in}^2+0.557\varepsilon \leqslant 0.557\varepsilon \tag{5-36}$$

由式(5-21)和式(5-36)可以看出,固定阈值和动态阈值对系统的稳定性分析的结果是类似的,所以在动态阈值下的无人系统输出同步论证过程可以参考上述固定阈值的情况,此处不再阐述。

注:引入的辅助时变变量 $\lambda_1(t)$ 和 $\lambda_2(t)$ 仅用于系统的稳定性分析,并不用于控制器设计。因此,在稳定性分析中不需要知道 $\lambda_1(t)$ 和 $\lambda_2(t)$ 这两个时变函数的具体形式。

我们对动态阈值策略执行时间间隔 t^* 存在的下界进行证明。当误差 $e(t)=\omega(t)-u(t)$ 达到触发阈值,即 $\lim\limits_{t\to t_{k+1}} e(t)=\delta|u(t)|+m_1$ 时,同固定阈值证明过程一样,我们可以得到 $t^* \geqslant \dfrac{\delta|u(t)|+m_1}{\kappa}$。

5.3.1　仿真实例

仿真部分考虑由四个智能体组成的无人系统。通过计算机仿真验证上述控制器的有效性。每个智能体之间的通信拓扑如图 5.1 所示。

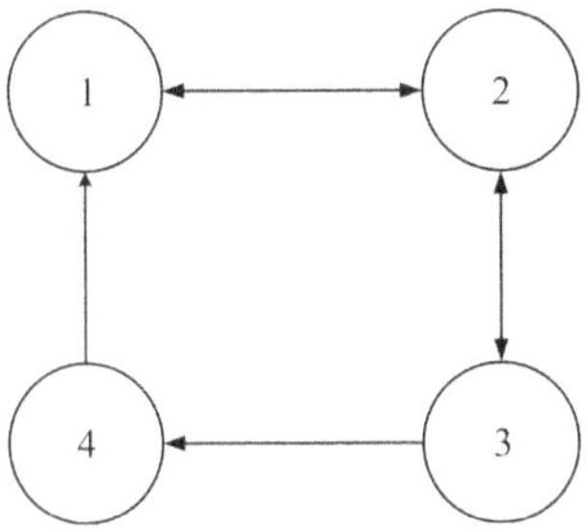

图 5.1　通信拓扑

多智能体系统的动力学模型被定义为

$$\begin{cases}\dot{x}_{i1}=x_{i2}\\ \dot{x}_{i2}=u_i+\theta_i\varphi_i(\bar{\boldsymbol{x}}_{i2})\\ y_i=x_{i1}\end{cases} \tag{5-37}$$

在仿真中,系统的初始值为 $[x_{12}(0),x_{22}(0),x_{32}(0),x_{42}(0)]=[0,0,0,0]^{\mathrm{T}}$,$\theta_1(0)=\theta_2(0)=\theta_3(0)=\theta_4(0)=0.5$,$m=1$,$\bar{m}=2$,$[x_{11}(0),x_{21}(0),x_{31}(0),x_{41}(0)]=$

$[1.5,2,-2,-1.5]^{\mathrm{T}}$，$\varphi_1=\sin x_{11}$，$\varphi_2=\sin x_{21}$，$\varphi_3=\sin x_{31}$，$\varphi_4=\sin x_{41}$。

A. 固定阈值仿真结果

选取固定阈值 $m=1$，$\bar{m}=2$，对每个智能体施加如式(5-19)所示的控制，仿真结果如图 5.2 至图 5.7 所示。由图 5.2 可以看出，所有智能体的状态 $x_i(t)$ 趋于一致，即 $\lim\limits_{t\to\infty}x_i(t)=\lim\limits_{t\to\infty}x_j(t)(\forall i,j\in V)$。由图 5.4 可看出智能体的邻域误差最终收敛到 0，同时由图 5.3 和图 5.5 可看出智能体的状态 x_{i2} 和控制器 u_i 保持有界。触发时刻如图 5.7 所示。

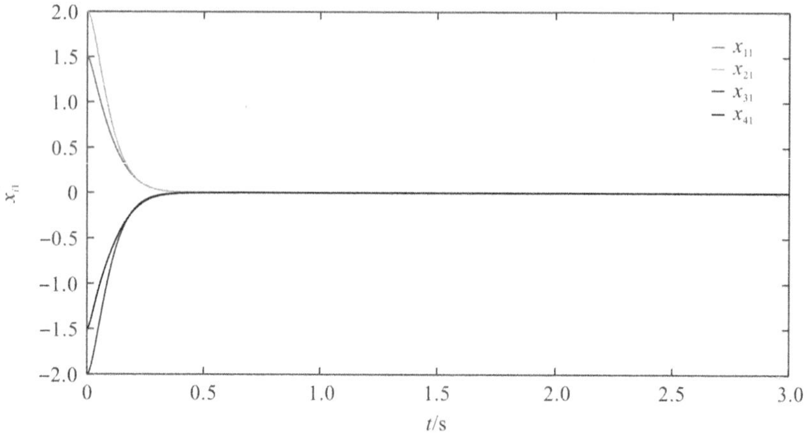

图 5.2 智能体输出 $x_{i1}(t)$

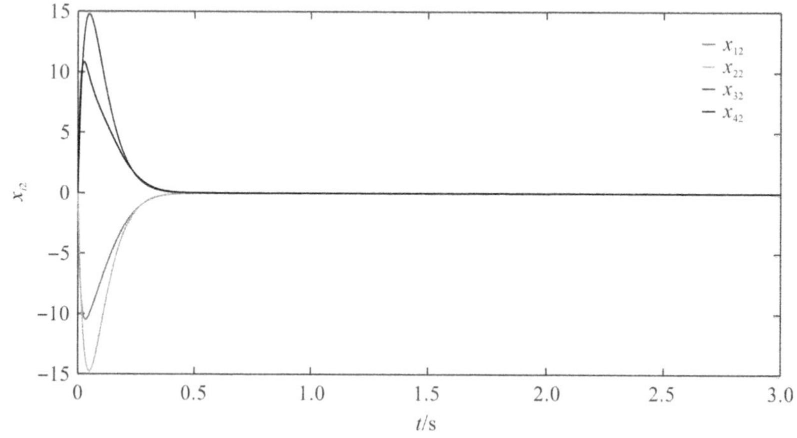

图 5.3 智能体状态量 $x_{i2}(t)$

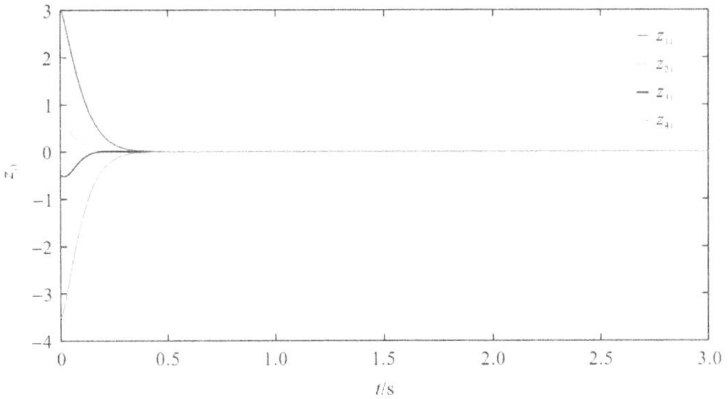

图 5.4 邻域误差 $z_{i1}(t)$

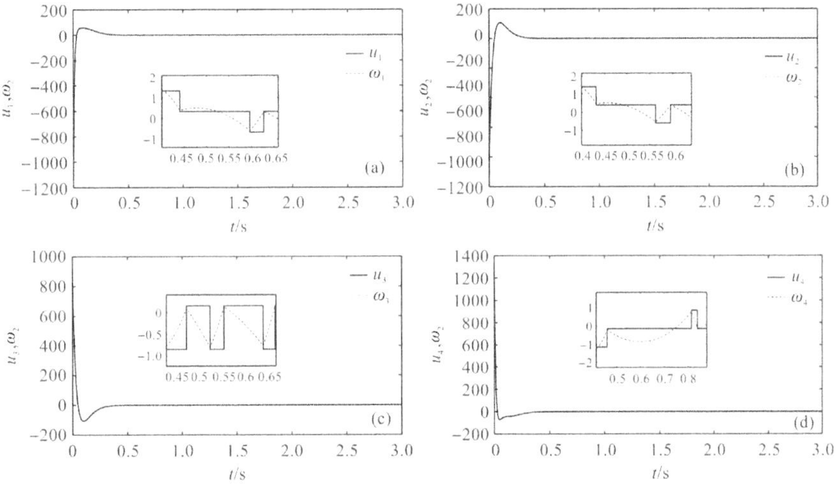

图 5.5 事件触发控制器 $u_i(t)$和连续控制器 $\omega_i(t)$

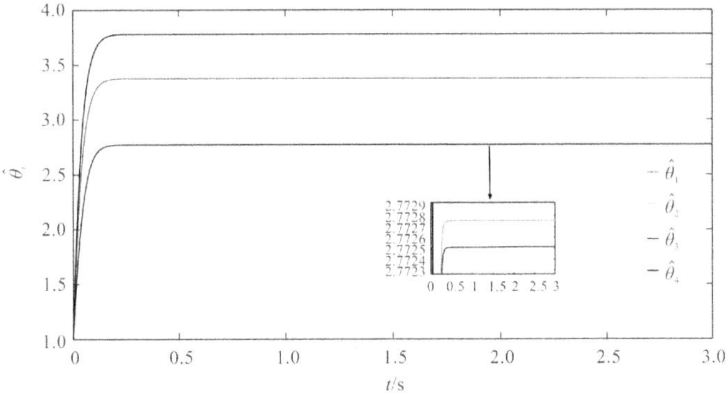

图 5.6 未知参数估计器$\hat{\theta}_i(t)$

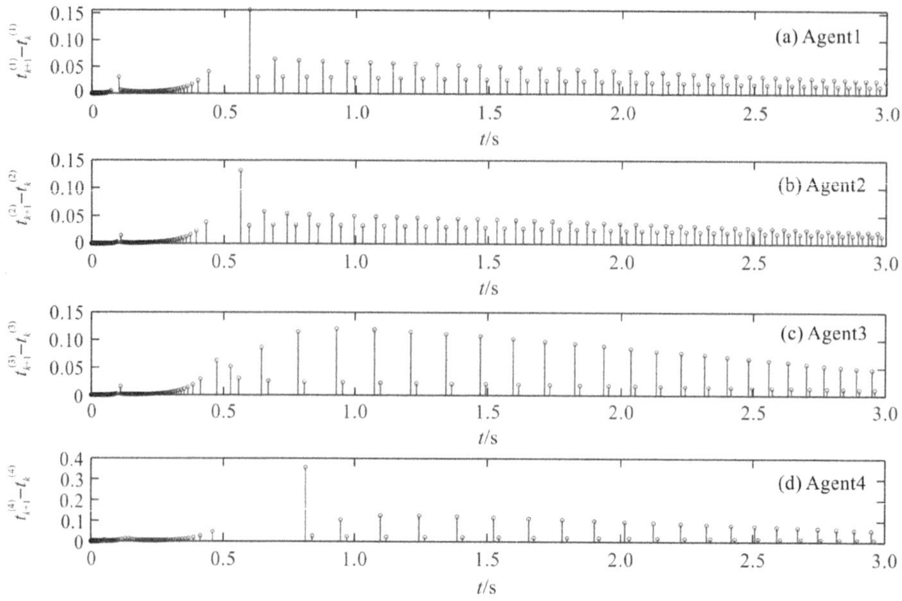

图 5.7 触发时刻

B. 动态阈值仿真结果

选取动态阈值 $m_1=1,\bar{m}_1=3$,对每个智能体施加如式(5.21)所示的控制,仿真结果如图 5.8 至图 5.13 所示。由图 5.8 可以看出,所有智能体的状态 $x_i(t)$ 趋于一致,即 $\lim\limits_{t\to\infty}x_i(t)=\lim\limits_{t\to\infty}x_j(t)(\forall i,j\in V)$。由图 5.10 可看出智能体的邻域误差最终收敛到 0,同时由图 5.9 和图 5.12 可看出智能体的状态 x_{i2} 和控制器 u_i 保持有界。触发时刻如图 5.13 所示。

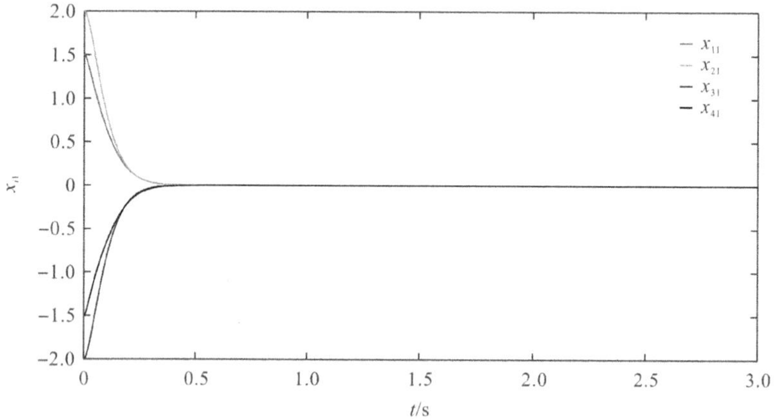

图 5.8 智能体输出 $x_{i1}(t)$

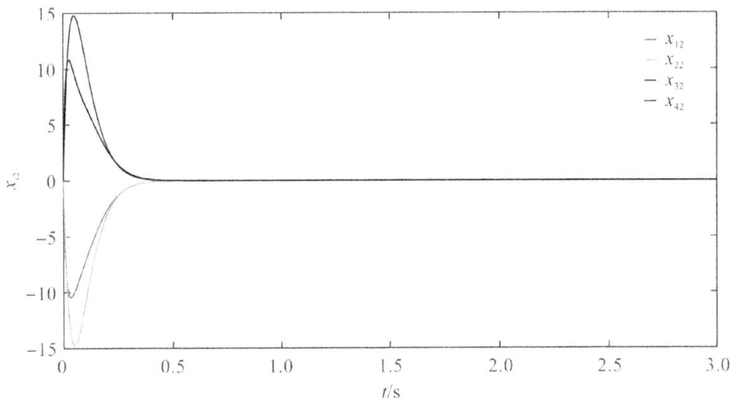

图 5.9　智能体状态量 $x_{i2}(t)$

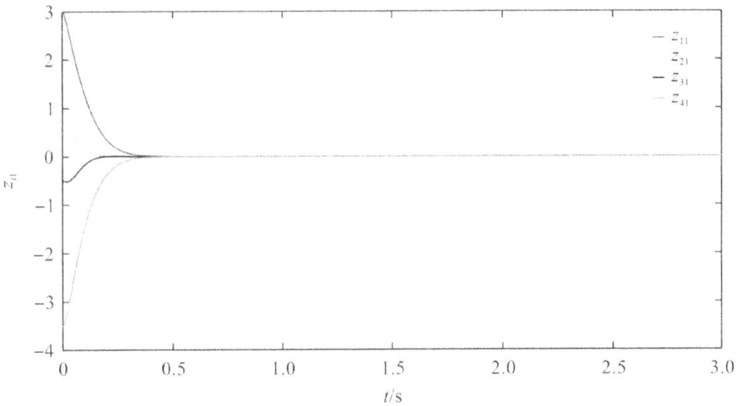

图 5.10　邻域误差 $z_{i1}(t)$

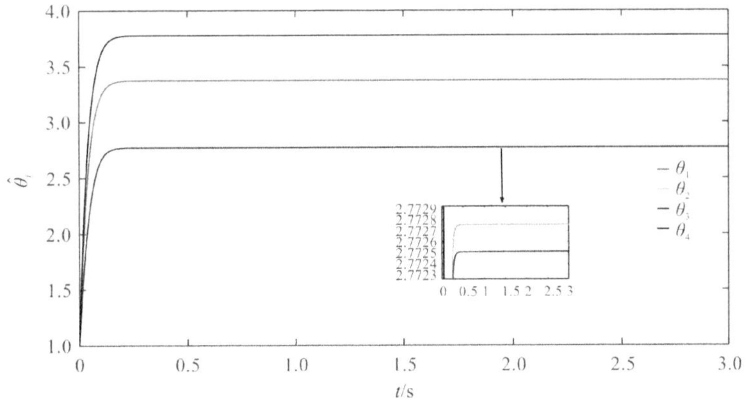

图 5.11　未知参数估计器$\hat{\theta}_i(t)$

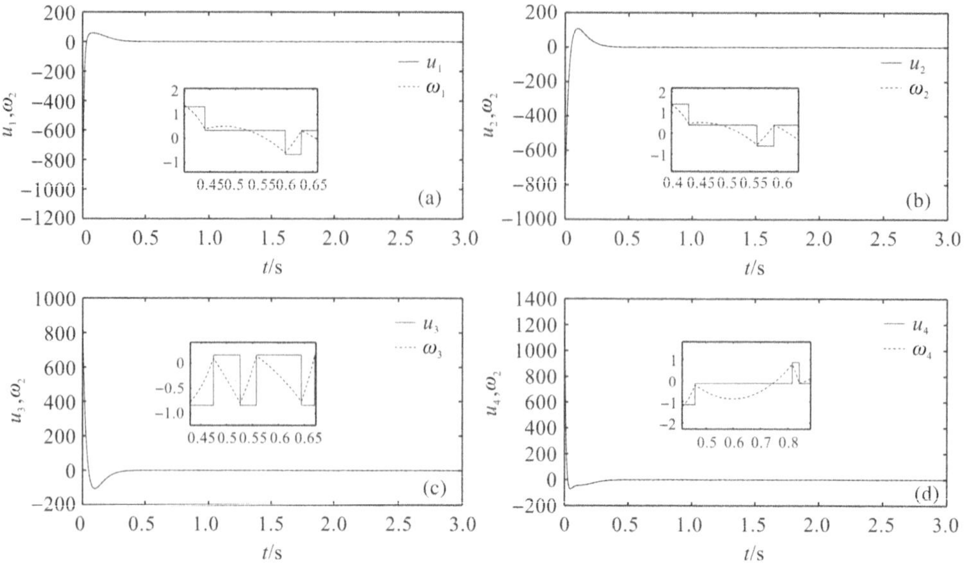

图 5.12　事件触发控制器 $u_i(t)$ 和连续控制器 $\omega_i(t)$

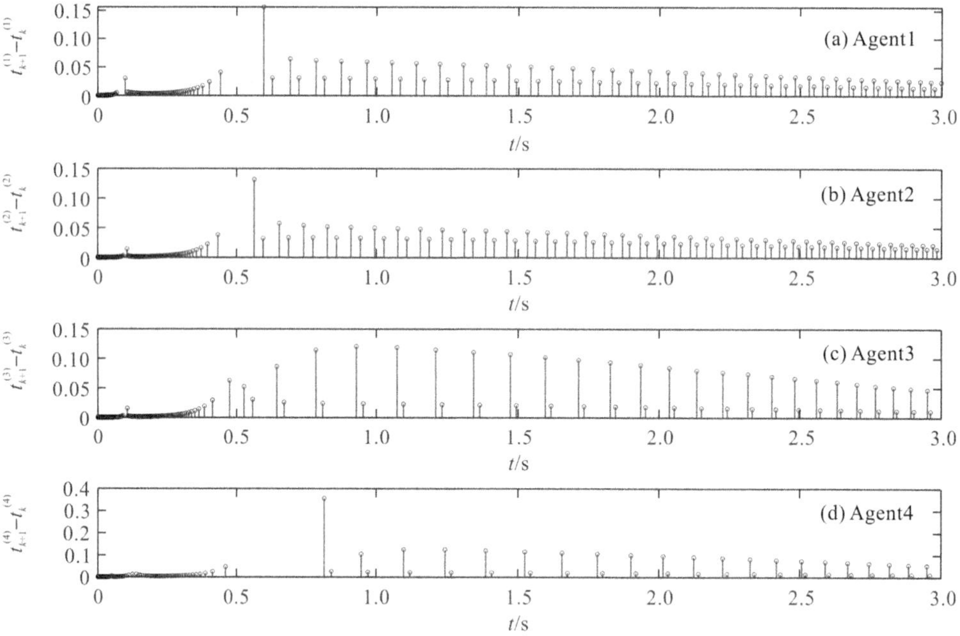

图 5.13　触发时刻

5.4　考虑扰动和未知控制系数的无人系统事件触发控制器设计

以往大多数关于事件触发机制的研究，无论是否与规定的性能控制相结合，都少有能实现精确输出同步的，特别是在包含预设性能控制的事件触发无人系统中。本节将研究具有未知参数、未知干扰和完全未知控制系数的非线性无人系统，结合事件触发和范围预设的性能控制两种方法，使系统输出实现精确同步，而不是局限于残差。

系统模型如式(5-1)所示，由假设 5.1 可知扰动 $\Delta_{iq}(t)(q=1,\cdots,n)$ 为具有上界的扰动项，进而控制系数 $g_{iq}(q=1,\cdots,n)$ 也是有界值。分布式自适应控制器、估计器和中间变量如表 5.1 所示。

表 5.1　分布式自适应控制器、估计器和中间变量$(q=1,\cdots,n-1)$

控制器	$u(t)=\omega(t_k),\quad \forall t\in[t_k,t_{k+1})$
虚拟控制器	$\alpha_{i1}=N(\zeta_{i1})\eta_{i1}$ $\alpha_{iq}=N(\zeta_{iq})\eta_{iq}$ $\omega(t)=N(\zeta_{in})\eta_{in}$
估计器	$\dot{\hat{\boldsymbol{\theta}}}_{i1}=x_{i1}\boldsymbol{\phi}_{i1}$　　$\dot{\hat{D}}_{in}=z_{in}\tanh\left(\frac{z_{in}}{\varepsilon}\right)$ $\dot{\hat{\boldsymbol{\theta}}}_{iq}=z_{iq}\boldsymbol{\phi}_{iq}$　　$\dot{\hat{b}}_{i1}=x_{i1}\tanh\left(\frac{x_{i1}}{\varepsilon}\right)$ $\dot{\hat{\boldsymbol{\theta}}}_{in}=z_{in}\boldsymbol{\phi}_{in}$ $\dot{\hat{D}}_{i1}=x_{i1}\tanh\left(\frac{x_{i1}}{\varepsilon}\right)$　　$\dot{\hat{b}}_{iq}=z_{iq}\tanh\left(\frac{z_{iq}}{\varepsilon}\right)$ $\dot{\hat{D}}_{iq}=z_{iq}\tanh\left(\frac{z_{iq}}{\varepsilon}\right)$　　$\dot{\hat{G}}_{in}=z_{in}\bar{m}_i\tanh\left(\frac{z_{in}}{\varepsilon}\right)$
中间变量	$\eta_{i1}=\left(c_{i1}+\frac{1}{2}\right)x_{i1}+c_{i2}x_{i1}\xi_{i1}^2+\hat{\boldsymbol{\theta}}_{i1}^{\mathrm{T}}\boldsymbol{\varphi}_{i1}+\hat{D}_{i1}\tanh\left(\frac{x_{i1}}{\varepsilon}\right)-\hat{b}_{i1}\tanh\left(\frac{z_{iq}}{\varepsilon}\right)$ $\eta_{iq}=\left(c_{iq}+\frac{1}{2}\right)z_{iq}+\hat{\boldsymbol{\theta}}_{iq}^{\mathrm{T}}\boldsymbol{\varphi}_{iq}+\hat{D}_{iq}\tanh\left(\frac{z_{iq}}{\varepsilon}\right)-\dot{\pi}_{iq}-\hat{b}_{i1}\tanh\left(\frac{z_{iq}}{\varepsilon}\right)$ $\eta_{in}=c_{n1}z_{in}+\hat{\boldsymbol{\theta}}_{in}^{\mathrm{T}}\boldsymbol{\varphi}_{in}+\hat{D}_{in}\tanh\left(\frac{z_{in}}{\varepsilon}\right)-\dot{\pi}_{in}+\hat{G}_{in}\bar{m}_i\tanh\left(\frac{z_{in}}{\varepsilon}\right)$

第 1 步：定义智能体 i 的邻域误差为

$$z_{i1}=\sum_{j=1}^{N}a_{ij}(x_{i1}-x_{j1}) \tag{5-38}$$

其中，a_{ij} 为邻接矩阵 $\boldsymbol{A}$ 中的元素。定义 Lyapunov 函数

$$V_{i1}=\frac{1}{2}x_{i1}^2+\frac{1}{2}\tilde{\boldsymbol{\theta}}_{i1}^{\mathrm{T}}\tilde{\boldsymbol{\theta}}_{i1}+\frac{1}{2}\tilde{D}_{i1}^2+\frac{1}{2}\tilde{b}_{i1}^2 \tag{5-39}$$

其中，$\widetilde{\boldsymbol{\theta}}_{i1}=\boldsymbol{\theta}_{i1}-\hat{\boldsymbol{\theta}}_{i1}$，$\hat{\boldsymbol{\theta}}_{i1}$ 为 $\boldsymbol{\theta}_{i1}$ 的估计值，$\hat{D}_{i1}$ 和 $\hat{b}_{i1}$ 分别为未知常数 D_{i1} 和 b_{i1} 的估计值。式(5-39)对时间求导，可得

$$\begin{aligned}\dot{V}_{i1}&=x_{i1}(g_{i1}x_{i2}+\boldsymbol{\theta}_{i1}^{\mathrm{T}}\boldsymbol{\varphi}_{i1}+\Delta_{i1})-\widetilde{\boldsymbol{\theta}}_{i1}^{\mathrm{T}}\dot{\hat{\boldsymbol{\theta}}}_{i1}-\widetilde{D}_{i1}\dot{\hat{D}}_{i1}-\widetilde{b}_{i1}\dot{\hat{b}}_{i1}\\&=g_{i1}x_{i1}z_{i2}+g_{i1}x_{i1}\alpha_{i1}+g_{i1}x_{i1}(\pi_{i2}-\alpha_{i1})+x_{i1}(\boldsymbol{\theta}_{i1}^{\mathrm{T}}\boldsymbol{\varphi}_{i1}+\Delta_{i1})\\&\quad-\widetilde{\boldsymbol{\theta}}_{i1}^{\mathrm{T}}\dot{\hat{\boldsymbol{\theta}}}_{i1}-\widetilde{D}_{i1}\dot{\hat{D}}_{i1}-\widetilde{b}_{i1}\dot{\hat{b}}_{i1}\end{aligned}\tag{5-40}$$

令 $\alpha_{i1}=N(\zeta_{i1})\eta_{i1}$，$\dot{\zeta}_{i1}=x_{i1}\eta_{i1}$。根据假设 5.2，存在一个未知常数 D_{i1} 满足 $|\Delta_{i1}|\leqslant D_{i1}$，则有

$$\begin{aligned}\dot{V}_{i1}\leqslant&\frac{1}{2}x_{i1}^{2}+\frac{1}{2}g_{i1}^{2}z_{i2}^{2}+g_{i1}N(\zeta_{i1})\dot{\zeta}_{i1}+\dot{\zeta}_{i1}-x_{i1}\eta_{i1}+g_{i1}x_{i1}(\pi_{i2}-\alpha_{i1})\\&+x_{i1}\boldsymbol{\theta}_{i1}^{\mathrm{T}}\boldsymbol{\varphi}_{i1}+D_{i1}|x_{i1}|-\widetilde{\boldsymbol{\theta}}_{i1}^{\mathrm{T}}\dot{\hat{\boldsymbol{\theta}}}_{i1}-\widetilde{D}_{i1}\dot{\hat{D}}_{i1}-\widetilde{b}_{i1}\dot{\hat{b}}_{i1}\end{aligned}\tag{5-41}$$

根据假设 5.1，式(5-41)可以改写为

$$\begin{aligned}\dot{V}_{i1}\leqslant&\frac{1}{2}x_{i1}^{2}+\frac{1}{2}g_{i1}^{2}z_{i2}^{2}+g_{i1}N(\zeta_{i1})\dot{\zeta}_{i1}+\dot{\zeta}_{i1}-x_{i1}\eta_{i1}+G_{i1}|x_{i1}|o_{i1}\\&+x_{i1}\boldsymbol{\theta}_{i1}^{\mathrm{T}}\boldsymbol{\varphi}_{i1}+D_{i1}|x_{i1}|-\boldsymbol{\theta}_{i1}^{\mathrm{T}}\dot{\hat{\boldsymbol{\theta}}}_{i1}-\widetilde{D}_{i1}\dot{\hat{D}}_{i1}-\widetilde{b}_{i1}\dot{\hat{b}}_{i1}\end{aligned}\tag{5-42}$$

通过将表 5.1 中的参数更新率插入式(5-42)，我们可以得到

$$\begin{aligned}\dot{V}_{i1}\leqslant&-c_{i1}x_{i1}^{2}-c_{i2}x_{i1}^{2}\xi_{i1}^{2}+g_{i1}N(\zeta_{i1})\dot{\zeta}_{i1}+\dot{\zeta}_{i1}+b_{i1}|x_{i1}|+x_{i1}\widetilde{\boldsymbol{\theta}}_{i1}^{\mathrm{T}}\boldsymbol{\varphi}_{i1}\\&-\hat{b}_{i1}x_{i1}\tanh\left(\frac{x_{i1}}{\varepsilon}\right)-x_{i1}\hat{D}_{i1}\tanh\left(\frac{x_{i1}}{\varepsilon}\right)+D_{i1}|x_{i1}|-\widetilde{\boldsymbol{\theta}}_{i1}^{\mathrm{T}}\hat{\boldsymbol{\theta}}_{i1}\\&+\frac{1}{2}G_{i1}^{2}z_{i2}^{2}-\widetilde{D}_{i1}x_{i1}\tanh\left(\frac{x_{i1}}{\varepsilon}\right)-\widetilde{b}_{i1}x_{i1}\tanh\left(\frac{x_{i1}}{\varepsilon}\right)\end{aligned}\tag{5-43}$$

其中，c_{i1} 和 c_{i2} 为正常数，且正函数 $\varepsilon(t)$ 满足 $0<\int_0^t\varepsilon(\tau)\mathrm{d}\tau<\infty$。根据引理 5.2，有

$$\begin{aligned}\dot{V}_{i1}&\leqslant g_{i1}N(\zeta_{i1})\dot{\zeta}_{i1}+\dot{\zeta}_{i1}-c_{i2}x_{i1}^{2}\xi_{i1}^{2}+\frac{1}{2}G_{i1}^{2}z_{i2}^{2}+0.2785D_{i1}\varepsilon+0.2785b_{i1}\varepsilon\\&\leqslant g_{i1}N(\zeta_{i1})\dot{\zeta}_{i1}+\dot{\zeta}_{i1}+\frac{1}{2}G_{i1}^{2}z_{i2}^{2}+0.2785D_{i1}\varepsilon+0.2785b_{i1}\varepsilon\end{aligned}\tag{5-44}$$

其中，正函数 $\varepsilon(t)$ 满足 $0<\int_0^t\varepsilon(\tau)\mathrm{d}\tau<\infty$，所以，我们可以得到 $\forall t\geqslant0$，$\int_0^t0.2785\varepsilon(\tau)(D_{i1}+b_{i1})\mathrm{d}\tau<\infty$。在式(5-44)中，若 $z_{i2}\in L_2$，则$\int_0^t\frac{1}{2}G_{i1}^{2}z_{i2}^{2}\mathrm{d}\tau$ 有界，即$\int_0^t\frac{1}{2}G_{i1}^{2}z_{i2}^{2}\mathrm{d}\tau<\infty$。此时根据引理 5.1，可以知道$\int_0^tc_{i2}x_{i1}^{2}\xi_{i1}^{2}\mathrm{d}\tau$ 是有界的，也就是

说，z_{i1} 在规定的范围内收敛。因此，我们下一步将分析 $z_{i2}\in L_2$。

第 q 步($2\leqslant q\leqslant n-1$)：定义 $z_{iq}=x_{iq}-\pi_{iq}$，选取 Lyapunov 函数

$$V_{iq}=\frac{1}{2}z_{iq}^2+\frac{1}{2}\tilde{\boldsymbol{\theta}}_{iq}^{\mathrm{T}}\tilde{\boldsymbol{\theta}}_{iq}+\frac{1}{2}\tilde{D}_{iq}^2+\frac{1}{2}\tilde{b}_{iq}^2 \tag{5-45}$$

其中，$\tilde{\boldsymbol{\theta}}_{iq}=\boldsymbol{\theta}_{iq}-\hat{\boldsymbol{\theta}}_{iq}$，$\hat{\boldsymbol{\theta}}_{iq}$ 为 $\boldsymbol{\theta}_{iq}$ 的估计值，$\hat{D}_{iq}$ 和 $\hat{b}_{iq}$ 分别为未知常数 D_{iq} 和 b_{iq} 的估计值。式(5-45)对时间求导，可得

$$\begin{aligned}\dot{V}_{iq}&=z_{iq}(g_{iq}x_{i,q+1}+\boldsymbol{\theta}_{iq}^{\mathrm{T}}\boldsymbol{\varphi}_{iq}+\Delta_{iq}-\dot{\pi}_{iq})-\tilde{\boldsymbol{\theta}}_{iq}^{\mathrm{T}}\dot{\hat{\boldsymbol{\theta}}}_{iq}-\tilde{D}_{iq}\dot{\hat{D}}_{iq}-\tilde{b}_{iq}\dot{\hat{b}}_{iq}\\&=g_{iq}z_{iq}z_{i,q+1}+g_{iq}z_{iq}\alpha_{iq}+g_{iq}z_{iq}(\pi_{i,q+1}-\alpha_{iq})+z_{iq}(\boldsymbol{\theta}_{iq}^{\mathrm{T}}\boldsymbol{\varphi}_{iq}+\Delta_{iq}\dot{\pi}_{iq})\\&\quad-\tilde{\boldsymbol{\theta}}_{iq}^{\mathrm{T}}\dot{\hat{\boldsymbol{\theta}}}_{iq}-\tilde{D}_{iq}\dot{\hat{D}}_{iq}-\tilde{b}_{iq}\dot{\hat{b}}_{iq}\end{aligned} \tag{5-46}$$

令 $\alpha_{iq}=N(\zeta_{iq})\eta_{iq}$，$\dot{\zeta}_{iq}=z_{iq}\eta_{iq}$。根据假设 5.2，存在一个未知常数 D_{i2} 满足 $|\Delta_{i2}|\leqslant D_{i2}$，则有

$$\begin{aligned}\dot{V}_{iq}\leqslant{}&g_{iq}N(\zeta_i q)\dot{\zeta}_{iq}+\dot{\zeta}_{iq}+\frac{1}{2}z_{iq}^2+\frac{1}{2}G_{iq}^2z_{i,q+1}^2-z_{iq}\eta_{iq}+D_{iq}|z_{iq}|\\&+g_{iq}z_{iq}(\pi_{i,q+1}-\alpha_{iq})-\tilde{\boldsymbol{\theta}}_{iq}^{\mathrm{T}}\dot{\hat{\boldsymbol{\theta}}}_{iq}+z_{iq}(\boldsymbol{\theta}_{iq}^{\mathrm{T}}\boldsymbol{\varphi}_{iq}-\dot{\pi}_{iq})-\tilde{D}_{iq}\dot{\hat{D}}_{iq}-\tilde{b}_{iq}\dot{\hat{b}}_{iq}\end{aligned} \tag{5-47}$$

根据假设 5.2，式(5-47)可以改写为

$$\begin{aligned}\dot{V}_{iq}\leqslant{}&g_{iq}N(\zeta_{iq})\dot{\zeta}_{iq}+\dot{\zeta}_{iq}+\frac{1}{2}z_{iq}^2+\frac{1}{2}G_{iq}^2z_{i,q+1}^2-z_{iq}\eta_{iq}+D_{iq}|z_{iq}|\\&+G_{iq}|z_{iq}|o_{iq}-\tilde{\boldsymbol{\theta}}_{iq}^{\mathrm{T}}\dot{\hat{\boldsymbol{\theta}}}_{iq}+z_{iq}(\boldsymbol{\theta}_{iq}^{\mathrm{T}}\boldsymbol{\varphi}_{iq}-\dot{\pi}_{iq})-\tilde{D}_{iq}\dot{\hat{D}}_{iq}-\tilde{b}_{iq}\dot{\hat{b}}_{iq}\end{aligned} \tag{5-48}$$

通过将表 5.1 中的参数更新率插入式(5-48)，我们可以得到

$$\begin{aligned}\dot{V}_{iq}\leqslant{}&g_{iq}N(\zeta_{iq})\dot{\zeta}_{iq}+\dot{\zeta}_{iq}+\frac{1}{2}G_{iq}^2z_{i,q+1}^2-c_{iq}z_{iq}^2+D_{iq}|z_{iq}|-D_{iq}z_{iq}\tanh\left(\frac{z_{iq}}{\varepsilon}\right)\\&-\tilde{D}_{iq}z_{iq}\tanh\left(\frac{z_{iq}}{\varepsilon}\right)+b_{iq}|z_{iq}|-\tilde{b}_{iq}z_{iq}\tanh\left(\frac{z_{iq}}{\varepsilon}\right)-\tilde{b}_{iq}z_{iq}\tanh\left(\frac{z_{iq}}{\varepsilon}\right)\end{aligned} \tag{5-49}$$

当 c_{iq} 为正常数且正函数 $\varepsilon_q(t)$ 满足 $\int_0^\infty\varepsilon_q(t)\mathrm{d}t\leqslant\infty$ 时，根据引理 5.2，有

$$\begin{aligned}\dot{V}_{iq}&\leqslant g_{iq}N(\zeta_{iq})\dot{\zeta}_{iq}+\dot{\zeta}_{iq}+\frac{1}{2}G_{iq}^2z_{i,q+1}^2-c_{iq}z_{iq}^2+0.2785D_{iq}\varepsilon+0.2785b_{iq}\varepsilon\\&\leqslant g_{iq}N(\zeta_{iq})\dot{\zeta}_{iq}+\dot{\zeta}_{iq}+\frac{1}{2}G_{iq}^2z_{i,q+1}^2+0.2785D_{iq}\varepsilon+0.2785b_{iq}\varepsilon\end{aligned} \tag{5-50}$$

其中，$\varepsilon>0$，$\int_0^t0.2785(b_{iq}+D_{iq})\varepsilon\mathrm{d}\tau<\infty$，$\forall t\geqslant0$。在式(5-50)中，若 $z_{i,q+1}\in L_2$，则 $\int_0^\infty\frac{1}{2}G_{iq}^2z_{i,q+1}^2\mathrm{d}\tau$ 有界，即 $\int_0^\infty\frac{1}{2}G_{iq}^2z_{i,q+1}^2\mathrm{d}\tau<\infty$。由此可知式(5-50)是可积的。那么根

据引理 5.1，可以知道 $z_{iq}\in L_2$。因此，我们下一步将分析 $z_{i,q+1}\in L_2$。

第 n 步：定义 $z_{in}=x_{in}-\pi_{in}$，选取 Lyapunov 函数

$$V_{in}=\frac{1}{2}z_{in}^2+\frac{1}{2}\tilde{\boldsymbol{\theta}}_{in}^{\mathrm{T}}\tilde{\boldsymbol{\theta}}_{in}+\frac{1}{2}\tilde{D}_{iq}^2+\frac{1}{2}\tilde{G}_{in}^2 \tag{5-51}$$

其中，$\tilde{\boldsymbol{\theta}}_{in}=\boldsymbol{\theta}_{in}-\hat{\boldsymbol{\theta}}_{in}$，$\hat{\boldsymbol{\theta}}_{in}$ 为 $\boldsymbol{\theta}_{in}$ 的一个估计量，$\hat{D}_{in}$ 和 $\hat{G}_{in}$ 分别为未知正常数 D_{in} 和 G_{in} 的估计量。式(5-51)对时间求导，可得

$$\begin{aligned}\dot{V}_{in}&=z_{in}(g_{in}u_i+\boldsymbol{\theta}_{in}^{\mathrm{T}}\boldsymbol{\varphi}_{in}+\Delta_{in}-\dot{\pi}_{in})-\tilde{\boldsymbol{\theta}}_{in}^{\mathrm{T}}\dot{\hat{\boldsymbol{\theta}}}_{in}-\tilde{D}_{in}\dot{\hat{D}}_{in}-\tilde{G}_{in}\dot{\hat{G}}_{in}\\&=g_{in}z_{in}u_i+z_{in}(\boldsymbol{\theta}_{in}^{\mathrm{T}}\boldsymbol{\varphi}_{in}+\Delta_{in}-\dot{\pi}_{in})-\tilde{\boldsymbol{\theta}}_{in}^{\mathrm{T}}\dot{\hat{\boldsymbol{\theta}}}_{in}-\tilde{D}_{in}\dot{\hat{D}}_{in}-\tilde{G}_{in}\dot{\hat{G}}_{in}\end{aligned} \tag{5-52}$$

根据假设 5.2，存在一个未知常数 D_{in} 满足 $|\Delta_{in}|\leqslant D_{in}$，则有

$$\dot{V}_{in}\leqslant g_{in}z_{in}u_i+z_{in}(\boldsymbol{\theta}_{in}^{\mathrm{T}}\boldsymbol{\varphi}_{in}-\dot{\pi}_{in})+D_{in}|z_{in}|-\tilde{\boldsymbol{\theta}}_{in}^{\mathrm{T}}\dot{\hat{\boldsymbol{\theta}}}_{in}-\tilde{D}_{in}\dot{\hat{D}}_{in}-\tilde{G}_{in}\dot{\hat{G}}_{in} \tag{5-53}$$

下面介绍一种名为切换阈值的事件触发机制[21]，这种机制结合了固定阈值和动态阈值的优点。

将切换阈值事件触发机制定义为

$$u_i(t)=\omega_i(t_k^{(i)}),\quad \forall t\in[t_k^{(i)},t_{k+1}^{(i)}) \tag{5-54}$$

$$t_{k+1}^{(i)}=\begin{cases}\inf\{t\in\mathbf{R}\mid\ |e_i(t)|\geqslant\gamma_{i,1}|u_i(t)|+m_{i1}\}, & |u_i(t)|\leqslant H_i\\ \inf\{t\in\mathbf{R}\mid\ |e_i(t)|\geqslant m_{i2}\}, & |u_i(t)|\leqslant H_i\end{cases} \tag{5-55}$$

定义参数

$$\gamma_i=\begin{cases}\gamma_{i1}, & |u_i|\leqslant H_i\\ 0, & |u_i|>H_i\end{cases}\qquad m_i=\begin{cases}m_{i1}, & |u_i|\leqslant H_i\\ m_{i2}, & |u_i|>H_i\end{cases} \tag{5-56}$$

其中，$e_i(t)=\omega_i(t)-u_i(t)$ 表示连续控制器和实际输入控制器的差值；$0<\gamma_{i1}<1$，$m_{i1}>0$，$m_{i2}>0$，$\bar{m}_i>\dfrac{m_i}{1-\gamma_i}$ 都是待设计的正常数；$t_k^{(i)}$，$k\in\mathbf{Z}^+$ 为控制器更新时间，即当触发条件(5-55)成立时，将该时刻标记为 $t_{k+1}^{(i)}$，并将更新后的实际控制器信号 $u_i(t_{k+1}^{(i)})$ 输入系统。因此在区间 $t\in[t_k^{(i)},t_{k+1}^{(i)})$ 内，控制器信号保持不变，即 $u_i(t)=\omega_i(t_k)$。

在区间 $[t_k^{(i)},t_{k+1}^{(i)})$ 内，结合式(5-54)至式(5-56)，有 $|\omega_i(t)-u_i(t)|\leqslant\gamma_iu_i+m_i$。因此，存在连续时变参数 $\lambda_1(t)$ 和 $\lambda_2(t)$，满足 $|\lambda_1(t)|\leqslant1$ 且 $|\lambda_2(t)|\leqslant1$，使得 $\omega_i=(1+\lambda_1\gamma_i)u_i+\lambda_2m_i$，故有

$$\begin{aligned}\dot{V}_{in}\leqslant&\frac{g_{in}}{1+\lambda_1\gamma_i}z_{in}\omega_i+G_{in}|z_{in}|\bar{m}_i+z_{in}(\boldsymbol{\theta}_{in}^{\mathrm{T}}\boldsymbol{\varphi}_{in}-\dot{\pi}_{in})+D_{in}|z_{in}|\\&-\tilde{\boldsymbol{\theta}}_{in}^{\mathrm{T}}\dot{\hat{\boldsymbol{\theta}}}_{in}-\tilde{D}_{in}\dot{\hat{D}}_{in}-\tilde{G}_{in}\dot{\hat{G}}_{in}\end{aligned} \tag{5-57}$$

注：引入的辅助时变变量 $\lambda_1(t)$ 和 $\lambda_2(t)$ 仅用于系统的稳定性分析，不用于控制

器设计。因此，在稳定性分析中不需要知道$|\lambda_1(t)|\leqslant 1$和$|\lambda_2(t)|\leqslant 1$这两个时变函数的具体形式。

根据引理5.2、式(5-57)和表5.1，可以得到

$$\dot{V}_{in}\leqslant h_{in}N(\zeta_{in})\dot{\zeta}_{in}+\dot{\zeta}_{in}-c_{in}z_{in}^2+0.2785D_{in}\varepsilon+0.2785G_{in}\varepsilon \tag{5-58}$$

对上述方程(5-58)进行缩放，可得

$$\dot{V}_{in}\leqslant h_{in}N(\zeta_{in})\dot{\zeta}_{in}+\dot{\zeta}_{in}+0.2785(D_{in}+G_{in})\varepsilon \tag{5-59}$$

其中，$h_{in}=\dfrac{g_{in}}{1+\lambda_1\gamma_i}$，$\varepsilon(t)>0$，$\int_0^t\varepsilon(s)\mathrm{d}s<\infty$，$\forall t\geqslant 0$。

式(5-59)两边同时对时间积分，可以得到

$$V_{in}(t)\leqslant\int_0^t[h_{in}N(\zeta_{in})+1]\dot{\zeta}_{in}\mathrm{d}\tau+C \tag{5-60}$$

其中，$C=V_{in}(0)+0.2785(D_{in}+G_{in})C_0$，$C$为合适的常数。根据引理5.1，$V_{in}(t)$，$\zeta_{in}(t)$和$\int_0^t[h_{in}N(\zeta_{in})+1]\dot{\zeta}_{in}\mathrm{d}\tau$在$[0,t_f)$内是有界的。

注：由于$|\lambda_1(t)|\leqslant 1$且$0<\gamma_i<1$，因此$1+\lambda_1\gamma_i>0$，进一步我们可以得到$g_{in}$和$h_{in}$有相同的符号。

式(5-60)两边同时对时间积分，可得

$$V_{in}(t)+\int_0^t c_{in}z_{in}^2\mathrm{d}\tau\leqslant\int_0^t[h_{in}N(\zeta_{in})+1]\dot{\zeta}_{in}\mathrm{d}\tau+C \tag{5-61}$$

因为$V_{in}(t)$，$\zeta_{in}(t)$和$\int_0^t[h_{in}N(\zeta_{in})+1]\dot{\zeta}_{in}\mathrm{d}\tau$在$[0,t_f)$上有界，所以可以推出$\int_0^t c_{in}z_{in}^2\mathrm{d}\tau$是有界的。同时根据Barbalat引理，可知$\lim\limits_{t\to\infty}c_{in}z_{in}^2=0$。以此类推，可以知道最后的邻域误差最终收敛到0，即$\lim\limits_{t\to\infty}z_{i1}=\lim\limits_{t\to\infty}\sum\limits_{j\in N_i}(x_{i1}-x_{j1})=0$。

定理5.1 在由N个智能体组成的无人系统中，智能体模型如式(5-1)所示。切换阈值的策略可以在表5.1中找到。在假设5.1和假设5.2的条件成立，且网络处于控制器u_i的控制之中时，可以得到以下结论：①智能体的输出是精确同步的，即$\lim\limits_{t\to\infty}[x_{i1}(t)-x_{j1}(t)]=0$；②闭环系统中的所有信号都是有界的。

证明：

$$\begin{aligned}\dot{V}_{i1}&\leqslant -c_{i2}x_{i1}^2\xi_{i1}^2+g_{i1}N(\zeta_{i1})\dot{s}_{i1}+\dot{s}_{i1}+\frac{1}{2}G_{i1}^2z_{i2}^2+0.2875(b_{i1}+D_{i1})\varepsilon\\&\leqslant g_{i1}N(\zeta_{i1})\dot{s}_{i1}+\dot{s}_{i1}+0.2875(b_{i1}+D_{i1})\varepsilon+\frac{1}{2}G_{i1}^2z_{i2}^2\end{aligned} \tag{5-62}$$

对式(5-62)的两边同时积分，根据引理5.1和引理5.2，我们可以得到$V_{i1}(t)$，

$\zeta_{i1}(t)$ 和$\int_0^t[g_{i1}N(\zeta_{i1})+1]\dot{\zeta}_{i1}\mathrm{d}\tau$ 有界。对式(5-62)移项后两边同时积分，可得

$$\int_0^t c_{i2}x_{i1}^2\xi_{i1}^2\mathrm{d}\tau=-V_{i1}+\int_0^t[g_{in}N(\zeta_{in})+1]\dot{\zeta}_{in}\mathrm{d}\tau+\int_0^t 0.2875(b_{i1}+D_{i1})\varepsilon\mathrm{d}\tau$$
$$+\int_0^t\frac{1}{2}G_{i1}^2z_{i2}^2\mathrm{d}\tau+V_{i1}(0) \tag{5-63}$$

利用引理 5.1 和引理 5.2 的上述分析结果，我们可以得到 $V_{i1}(t)$，$\zeta_{i1}(t)$ 和 $\int_0^t[g_{i1}N(\zeta_{i1})+1]\dot{\zeta}_{i1}\mathrm{d}\tau$有界，因此由式(5-63)可以得到$\int_0^t c_{i2}x_{i1}^2\xi_{i1}^2\mathrm{d}\tau$是有界的。根据 Barbalat 引理，有$\lim\limits_{t\to\infty}\xi_{i1}=0$。又因为 $\xi_{i1}=\dfrac{1}{2}\ln\dfrac{l_i(t)+z_{i1}/\omega_i(t)}{l_i(t)-z_{i1}/\omega_i(t)}$，可以得到$\lim\limits_{t\to\infty}z_{i1}=0$。当极限$\lim\limits_{t\to\infty}z_{i1}=0$ 时，可以得到$\lim\limits_{t\to\infty}[x_{i1}(t)-x_{j1}(t)]=0$，即系统实现了输出同步。

现在我们证明存在一个最小更新间隔 $t_i^*>0$，使得 $\forall k\in\mathbf{Z}^+$，$\{t_{k+1}^{(i)}-t_k^{(i)}\}\geqslant t_i^*$。为此，通过回顾 $e_i(t)=\omega_i(t)-u_i(t)$，$\forall t\in\{t_k^{(i)},t_{k+1}^{(i)}\}$，我们可知

$$\frac{\mathrm{d}}{\mathrm{d}t}|e_i|=\frac{\mathrm{d}}{\mathrm{d}t}(e_i\cdot e_i)^{\frac{1}{2}}=\mathrm{sign}(e_i)\dot{e}_i\leqslant|\dot{\omega}_i| \tag{5-64}$$

结合表 5.1，我们可以得到

$$\dot{\omega}_i=\frac{\mathrm{d}N(\zeta_{in})}{\mathrm{d}\zeta_{in}}\dot{\zeta}_{in}\eta_{in}+N(\zeta_{in})\dot{\eta}_{in} \tag{5-65}$$

由于$\dot{\omega}_i$ 是信号 x 和$\hat{\theta}$的函数，且所有这些闭环信号都是有界的，因此必然存在一个常数 $\kappa>0$，使得$|\dot{\omega}_i|<\kappa$。由$\lim\limits_{t\to t_{k+1}}e_i(t)=m$，我们得到执行间隔 t_i^* 的下界必须满足 $t_i^*\geqslant\dfrac{m}{\kappa}$，即成功避免了 Zeno 行为的发生[15]。证明完成。

5.4.1 仿真实例

现在对上述具有扰动和未知控制方向的无人系统进行仿真，通信拓扑如图 5.1 所示。我们考虑一个类似于文献[31]的理论模型，将智能体的模型设置为

$$\begin{cases}\dot{x}_{i1}=g_{i1}x_{i,2}+\theta_{i1}\varphi_{i1}(\bar{x}_{i1})+\Delta_{i1}(t)\\ \dot{x}_{i2}=g_{i2}u_i+\theta_{i2}\varphi_{i2}(\bar{x}_{i2})+\Delta_{i2}(t)\\ y_i=x_{i1}\end{cases} \tag{5-66}$$

在本例中，系统的未知参数为 $\theta_{11}=\theta_{12}=0.5$，$\theta_{21}=\theta_{32}=1$，$\theta_{31}=\theta_{32}=1.5$，$\theta_{41}=\theta_{42}=2$；未知控制系数为 $g_{11}=g_{12}=5$，$g_{21}=g_{22}=3$，$g_{31}=g_{32}=-1$，$g_{41}=g_{42}=3$；已知光滑函数为 $\varphi_{i1}=\sin x_{i1}$，$\varphi_{i2}=\sin x_{i2}$；未知扰动为 $\Delta_{i1}=\Delta_{i2}=0.2\cos t$；系统初始状态为 $x_{i2}(0)=0$，$[x_{11}(0),x_{31}(0),x_{31}(0),x_{41}(0)]=[1.5,2,-2,-1.5]$；光滑函数

为 $\dot{l}(t)=-l(t)+1, l_1(t)=l_2(t)=l_3(t)=l_4(t)=l(t), l(0)=5$；切换的阈值参数为 $H_i=10, m_{i1}=0.1, m_{i2}=1, \gamma_{i1}=0.5$。

仿真结果如图 5.14 至图 5.21 所示。由图 5.14 可以看出多智能体的输出最终达到了精确同步。由图 5.15 可以看出智能体的邻域误差在我们预先设定的性能曲线范围内收敛，并最终收敛到 0。图 5.16 至图 5.19 是我们整个稳定性分析过程中设计的参数估计器，可以看出它们都是有界的。图 5.20 为智能体的连续控制器和实际控制器，从中我们可以看出实际送到控制器中的输入是有界的，形如阶梯波的信号进一步印证了我们的事件触发策略。各智能体的触发时刻如图 5.21 所示，控制器的信号是不连续更新的，从而减少了系统的计算负担。

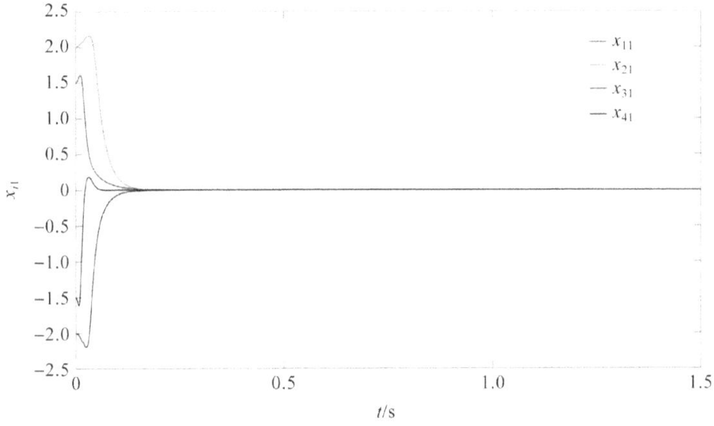

图 5.14　智能体的输出 $y_i=x_{i1}(t)$

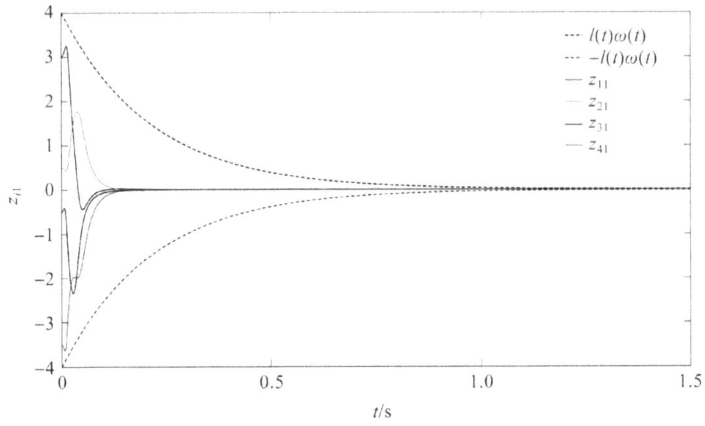

图 5.15　邻域误差 $z_{i1}(t)$

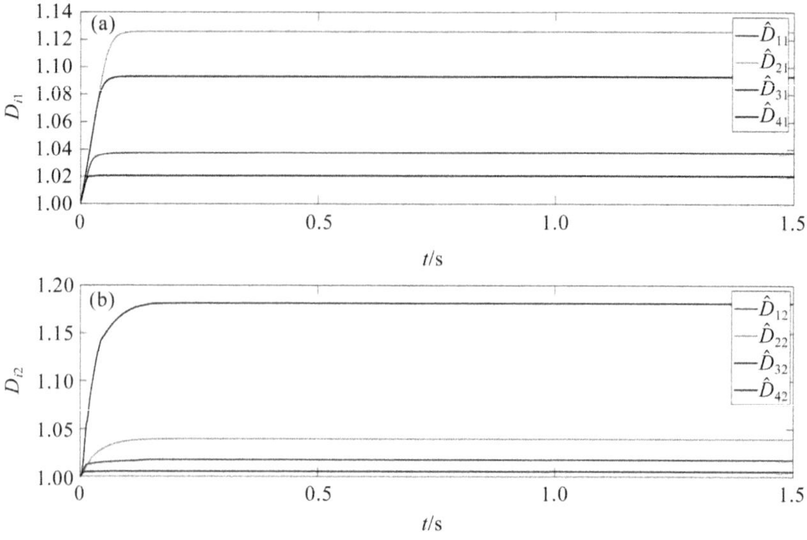

图 5.16　参数估计器$\hat{D}_{i1}(t)$和$\hat{D}_{i2}(t)$

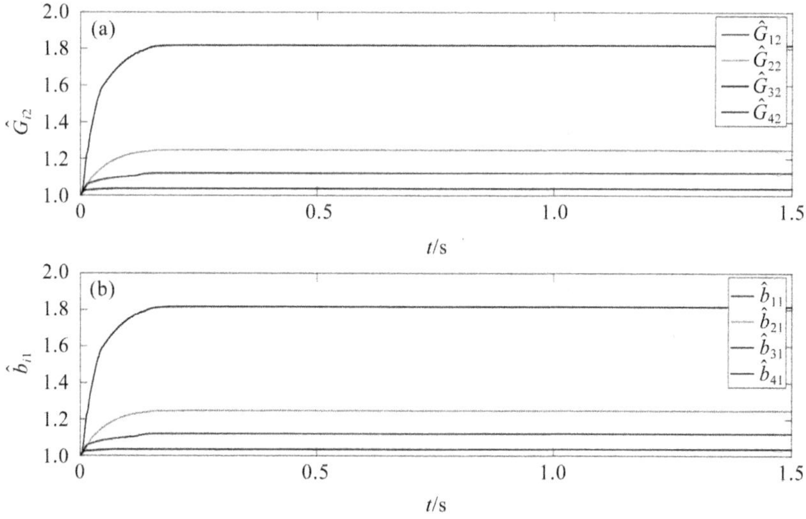

图 5.17　参数估计器$\hat{G}_{i1}(t)$和$\hat{b}_{i1}(t)$

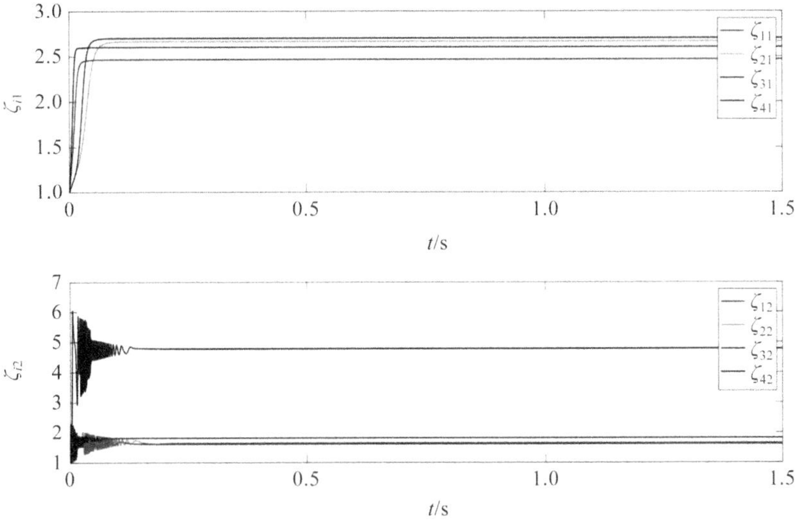

图 5.18 Nussbaum 函数 $N(\zeta)$中的变量 $\zeta_{i1}(t)$和 $\zeta_{i2}(t)$

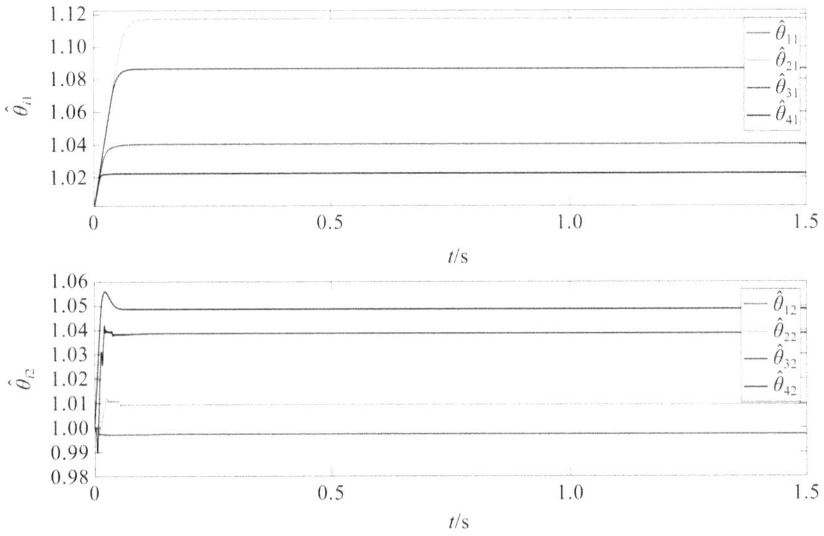

图 5.19 参数估计器$\hat{\theta}_{i1}(t)$和$\hat{\theta}_{i2}(t)$

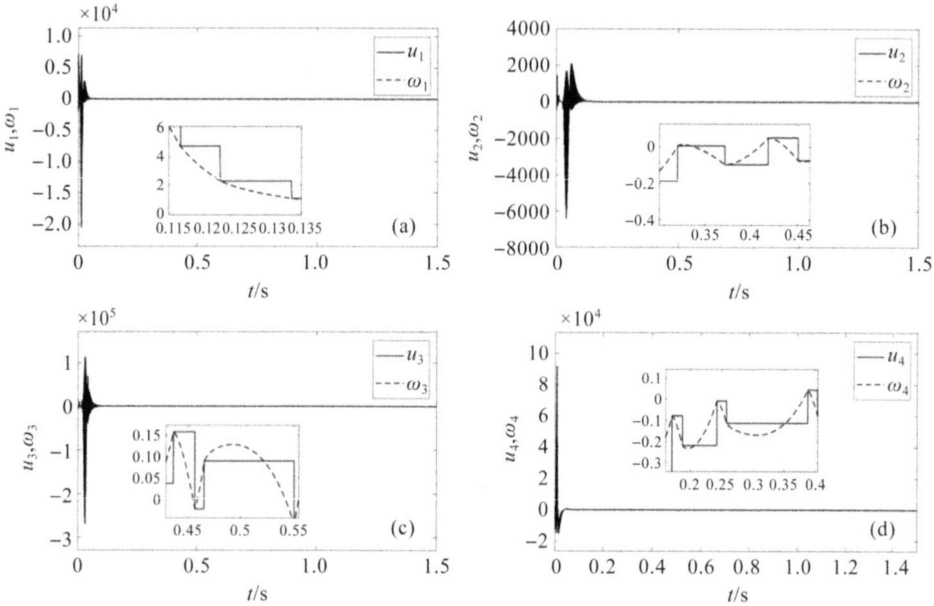

图 5.20 连续控制器 $\omega_i(t)$ 和实际控制器 $u_i(t)$

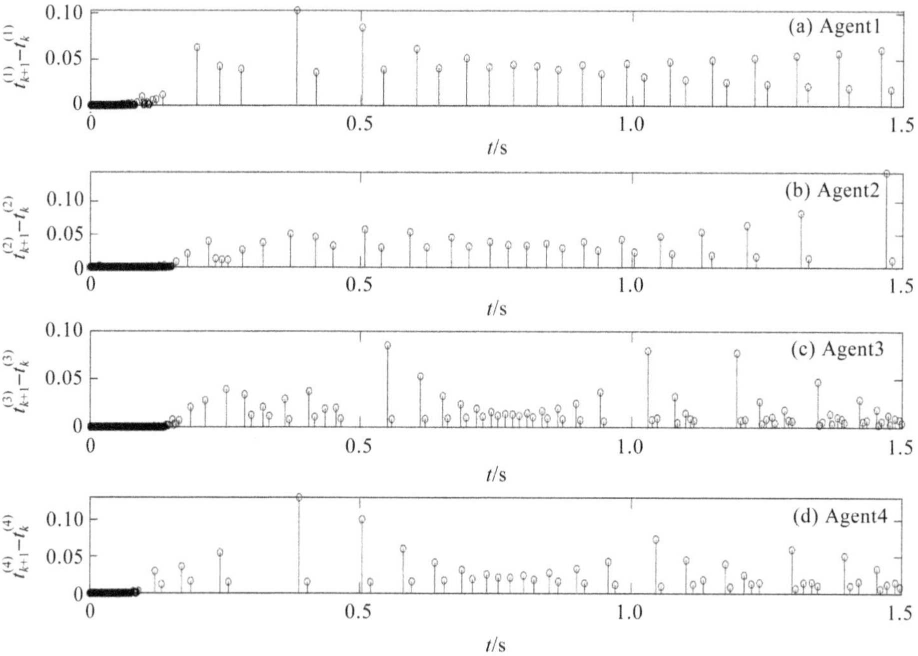

图 5.21 触发时刻

5.5　本章小结

本章对基于事件触发机制的非线性无人系统输出同步问题进行了研究，通过在通信拓扑为有向图且无领航者的情况下构造 Lyapunov 函数实现了系统的精确输出同步，并且成功避免了固定阈值和动态阈值两种不同事件触发方式下 Zeno 行为的发生，同时保证了系统里所有信号全局有界。

事件触发机制的应用有效地减轻了系统控制器的计算负担，降低控制器的更新频率。然而，在这种情况下，系统仍然需要与周围智能体持续通信。基于事件触发衍生的自触发机制可以避免对事件触发条件的持续监测，下一次触发时刻可以根据智能体当前的状态以及邻居节点最近一次触发的时刻进行计算，从而有效地规避了频繁通信所带来的问题，同时也减少了对硬件监测条件的要求。因此，在以后的工作中，可将自触发同事件触发结合起来，以最大程度减轻系统通信负担，降低控制器更新频率。

参考文献

[1] Valianti P, Papaioannou S, Kolios P, et al. Multi-agent coordinated close-in jamming for disabling a rogue drone[J]. IEEE Transactions on Mobile Computing, 2021, 21(10): 3700-3717.

[2] Valianti P, Papaioannou S, Kolios P, et al. Multi-agent coordinated interception of multiple rogue drones[C]//GLOBECOM 2020-2020 IEEE Global Communications Conference. IEEE, 2020: 1-6.

[3] Dai S L, Lu K, Fu J. Adaptive finite-time tracking control of nonholonomic multirobot formation systems with limited field-of-view sensors[J]. IEEE Transactions on Cybernetics, 2021, 52(10): 10695-10708.

[4] Yang Y, Xiao Y, Li T. Attacks on formation control for multiagent systems[J]. IEEE Transactions on Cybernetics, 2021, 52(12): 12805-12817.

[5] Jia X C. Resource-efficient and secure distributed state estimation over wireless sensor networks: A survey[J]. International Journal of Systems Science, 2021, 52(16): 3368-3389.

[6] Zhang D, Feng G, Shi Y, et al. Physical safety and cyber security analysis of multi-agent systems: A survey of recent advances[J]. IEEE/CAA Journal of Automatica Sinica, 2021, 8(2): 319-333.

[7] Ge X, Yang F, Han Q L. Distributed networked control systems: A brief overview[J]. Information Sciences, 2017, 380: 117-131.

[8] Zhang Y, Mou Z, Gao F, et al. UAV-enabled secure communications by multi-agent deep rein-

forcement learning[J]. IEEE Transactions on Vehicular Technology, 2020, 69 (10): 11599-11611.

[9] Heemels W P M H, Donkers M C F, Teel A R. Periodic event-triggered control for linear systems[J]. IEEE Transactions on Automatic Control,2012,58(4):847-861.

[10] Yao D, Dou C, Yue D, et al. Event-triggered adaptive consensus tracking control for nonlinear switching multi-agent systems[J]. Neurocomputing,2020,415:157-164.

[11] Dimarogonas D V, Frazzoli E, Johansson K H. Distributed event-triggered control for multi-agent systems[J]. IEEE Transactions on Automatic Control,2011,57(5):1291-1297.

[12] Postoyan R, Tabuada P, Nešić D, et al. A framework for the event-triggered stabilization of nonlinear systems[J]. IEEE Transactions on Automatic Control,2014,60(4):982-996.

[13] Liu K, Ji Z. Dynamic event-triggered consensus of general linear multi-agent systems with adaptive strategy[J]. IEEE Transactions on Circuits and Systems Ⅱ: Express Briefs,2022, 69(8):3440-3444.

[14] Girard A. Dynamic triggering mechanisms for event-triggered control[J]. IEEE Transactions on Automatic Control,2014,60(7):1992-1997.

[15] Xing L, Wen C, Liu Z, et al. Event-triggered adaptive control for a class of uncertain nonlinear systems[J]. IEEE Transactions on Automatic Control,2016,62(4):2071-2076.

[16] Yi X, Liu K, Dimarogonas D V, et al. Technical notes and correspondence[J]. IEEE Transactions on Automatic Control,2019,64(8):3301.

[17] Chen C, Lewis F L, Li X. Event-triggered coordination of multi-agent systems via a Lyapunov-based approach for leaderless consensus[J]. Automatica,2022,136:109936.

[18] Fan Y, Feng G, Wang Y, et al. Distributed event-triggered control of multi-agent systems with combinational measurements[J]. Automatica,2013,49(2):671-675.

[19] Li X, Tang Y, Karimi H R. Consensus of multi-agent systems via fully distributed event-triggered control[J]. Automatica,2020,116:108898.

[20] Guo X, Yan W, Cui R. Event-triggered reinforcement learning-based adaptive tracking control for completely unknown continuous-time nonlinear systems[J]. IEEE Transactions on Cybernetics,2019,50(7):3231-3242.

[21] Wang C, Wen C, Hu Q. Event-triggered adaptive control for a class of nonlinear systems with unknown control direction and sensor faults[J]. IEEE Transactions on Automatic Control, 2019,65(2):763-770.

[22] Xia J, Lian Y, Su S F, et al. Observer-based event-triggered adaptive fuzzy control for unmeasured stochastic nonlinear systems with unknown control directions[J]. IEEE Transactions on Cybernetics,2021,52(10):10655-10666.

[23] Hao R, Wang H, Zheng W. Adaptive neural time-varying full-state constraints quantized consensus control for nonlinear multiagent networks systems without feasibility conditions[J]. Neural Computing and Applications,2023,35:16457-16472.

[24] Tran T D, Dao V H, Ahn K K. Adaptive synchronization sliding mode control for an uncertain dual-arm robot with unknown control direction[J]. Applied Sciences, 2023, 13(13): 7423.

[25] Peng K, Yang Y. Leader-following consensus problem with a varying-velocity leader and time-varying delays[J]. Physica A: Statistical Mechanics and Its Applications, 2009, 388(2-3): 193-208.

[26] Zhao N N, Ouyang X Y, Wu L B, et al. Event-triggered adaptive prescribed performance control of uncertain nonlinear systems with unknown control directions[J]. ISA Transactions, 2021, 108: 121-130.

[27] Zhang L, Che W W, Deng C, et al. Prescribed performance control for multiagent systems via fuzzy adaptive event-triggered strategy[J]. IEEE Transactions on Fuzzy Systems, 2022, 30(12): 5078-5090.

[28] Kurtoglu D, Bidikli B, Tatlicioglu E, et al. Adaptive robust control of marine vehicles with periodic disturbance compensation: An observer-based output feedback approach[J]. Journal of Marine Science and Technology, 2022, 27(2): 935-947.

[29] Jamsheed F, Iqbal S J. Simplified artificial neural network based online adaptive control scheme for nonlinear systems[J]. Neural Computing and Applications, 2023, 35: 663-679.

[30] Wu J, Zhao J, Wu D. Indirect adaptive robust control of nonlinear systems with time-varying parameters in a strict feedback form[J]. International Journal of Robust and Nonlinear Control, 2018, 28(13): 3835-3851.

[31] Hu Y, Yan H, Zhang Y, et al. Event-triggered prescribed performance fuzzy fault-tolerant control for unknown Euler-Lagrange systems with any bounded initial values[J]. IEEE Transactions on Fuzzy Systems, 2022, 31(6): 2065-2075.

第6章　非线性无人系统分布式优化

本章主要研究基于多步次梯度的分布式优化算法及其在协同制导问题中的应用。现有的分布式优化算法对整个优化过程的收敛速度分析上尚未有清晰且准确的结论,并且,与多智能系统的其余网络化控制算法相较而言,已知的分布式优化算法收敛性分析略显保守和欠缺。基于此,本章提出了基于多步次梯度的分布式优化算法,该算法能实现有限时间一致性,具有更快的收敛速度。为了证明该算法的稳定性和收敛性,本章首先证明了任意有向平衡图的邻接矩阵的一致性收敛速度与其对应的矩阵直径和半径呈指数关系,随后建立了系统性能和一致性收敛时间的量化关系,同时证明了该算法的收敛性且该算法能准确收敛到最优值。

6.1　预备知识

本节主要介绍本章所研究的分布式优化问题中所需的理论知识,主要包括图论、矩阵理论、凸优化理论和相关引理,方便读者阅读后续的章节。

6.1.1　图　论

本章需要用到图论的下列引理[1]。

图的基本类型相关定义见第2章相关内容,其相应示例见图6.1。

引理6.1[2]　图 $\mathcal{G}$ 的 Laplacian 矩阵 $\boldsymbol{L}$ 的特征值具有非负实部,且至少有一个零特征值。特别地,当且仅当图 $\mathcal{G}$ 包含一棵生成树时,$\boldsymbol{L}$ 仅有一个零特征值。

引理6.2[2]　无向图 $\mathcal{G}$ 的邻接矩阵 $\boldsymbol{A}$ 和 Laplacian 矩阵 $\boldsymbol{L}$ 是对称矩阵,且 $\boldsymbol{L}$ 是一个半正定矩阵。

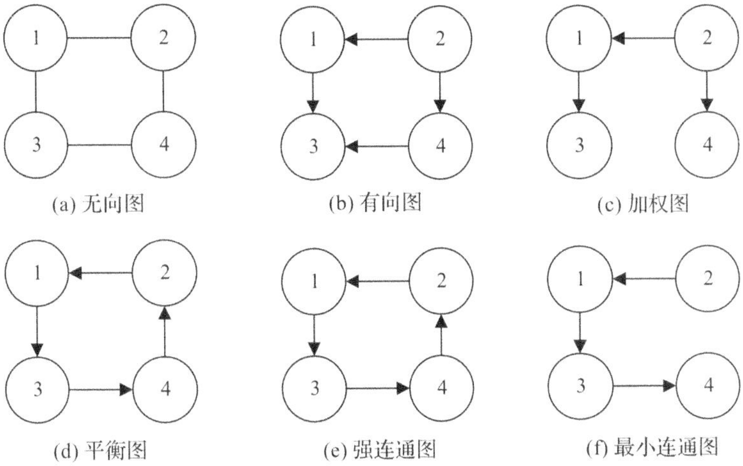

图 6.1 图的基本类型示例

6.1.2 矩阵理论

本章需要用到矩阵论的下列定理、定义和引理。

定理 6.1[Gershgorin(格尔什戈林)圆盘定理[3]] 矩阵 $\boldsymbol{A}=[a_{ij}]\in\mathbf{R}^{N\times N}$ 的所有特征值位于下列 N 个圆盘的集合内:

$$\bigcup_{i=1}^{N}\{\lambda\in\mathbf{C}:\ |\lambda-a_{ii}|\leqslant\sum_{j\neq i}|a_{ij}|\}$$

进一步,若存在 k 个圆盘组成与其他 $N-k$ 个圆盘都不连接的连通域,那么在该连通域内有且仅有 $\boldsymbol{A}$ 的 k 个特征值。

若矩阵 $\boldsymbol{A}$ 或向量 $\boldsymbol{x}$ 的所有元素均非负(或正),则该矩阵或向量是非负(或正)的,表示为 $\boldsymbol{x}\geqslant 0$(或 $\boldsymbol{x}>0$)和 $\boldsymbol{A}\geqslant 0$(或 $\boldsymbol{A}>0$)。

定义 6.1[3] 设矩阵 $\boldsymbol{A}=[a_{ij}]\in\mathbf{R}^{N\times N}$ 是非负矩阵,若 $\boldsymbol{A}$ 满足

$$\sum_{j=1}^{N}a_{ij}=1\quad(i=1,2,\cdots,N)\tag{6-1}$$

则称 $\boldsymbol{A}$ 为行随机矩阵,若 $\boldsymbol{A}$ 还满足

$$\sum_{i=1}^{N}a_{ij}=1\quad(j=1,2,\cdots,N)\tag{6-2}$$

则称 $\boldsymbol{A}$ 为双随机矩阵。

由定义 6.1 可知,行随机矩阵具有特征值 1,且其对应的特征向量为 $\mathbf{1}_N$。由定理 6.1 可知,行随机矩阵的谱半径为 1。若有 $\lim\limits_{k\to\infty}\boldsymbol{A}^k=\mathbf{1}_N\boldsymbol{v}^{\mathrm{T}}$(其中 $\boldsymbol{v}$ 是适维的列向量),那么矩阵 $\boldsymbol{A}$ 是不可分解且非周期的(indecomposable and aperiodic, SIA)矩

阵[4]。对于图 $\mathcal{G}$ 的邻接矩阵，有如下引理。

引理 6.3[5] 若有向图 $\mathcal{G}$ 至少包含一棵有向生成树或无向图 $\mathcal{G}$ 为连通图，它们对应的归一化加权邻接矩阵 $\mathbf{A}[\mathcal{G}]$是 SIA 矩阵。

定义 6.2[6] 设矩阵 $\boldsymbol{A}=[a_{ij}]\in\mathbf{R}^{N\times N}$是行随机矩阵，那么其半径 $\Delta_r(\boldsymbol{A})$和直径 $\delta_d(\boldsymbol{A})$定义如下：

$$\Delta_r(\boldsymbol{A})=\frac{1}{2}\max_{i,j}\|\boldsymbol{A}_i-\boldsymbol{A}_j\|_1,\quad \delta_d(\boldsymbol{A})=\max_{i,j}\|\boldsymbol{A}_i-\boldsymbol{A}_j\|_\infty \tag{6-3}$$

当且仅当 $\delta_d(\boldsymbol{A})=0$ 时 $\Delta_r(\boldsymbol{A})=0$，反之亦然。其中，$\boldsymbol{A}_i$ 或$[\boldsymbol{A}]_i$ 表示矩阵 $\boldsymbol{A}$ 的第 i 个行向量。

由定义 6.2 可得 $0\leqslant\Delta_r,\delta_d\leqslant 1$。半径 Δ_r 可表示矩阵 $\boldsymbol{A}$ 任意两列之间的最大距离，直径 δ_d 可表示任意两行之间的最大距离。

引理 6.4[6] 考虑 $\boldsymbol{A}$,$\boldsymbol{B}$ 和 $\boldsymbol{C}$ 三个适维的行随机矩阵，且有 $\boldsymbol{C}=\boldsymbol{AB}$，那么下式成立：

$$\delta_d(\boldsymbol{C})\leqslant\Delta_r(\boldsymbol{B})\delta_d(\boldsymbol{A}),\quad \Delta_r(\boldsymbol{C})\leqslant\Delta_r(\boldsymbol{B})\Delta_r(\boldsymbol{A}) \tag{6-4}$$

引理 6.5[4] 设矩阵 $\boldsymbol{A}=[a_{ij}]\in\mathbf{R}^{N\times N}$是双随机矩阵，那么其幂序列能实现全局指数收敛，即存在一个有界常数 m^*，使得下式成立：

$$\boldsymbol{A}^k=\bar{\boldsymbol{A}},\quad \boldsymbol{A}_{ij}^k=\frac{1}{N}\quad(\forall k\geqslant m^*)$$

其中，$\bar{\boldsymbol{A}}=\frac{1}{N}\mathbf{1}\mathbf{1}^{\mathrm{T}}$，$\mathbf{1}$为适维列向量，$\boldsymbol{A}_{ij}^k$ 或$[\boldsymbol{A}^k]_{ij}$ 为矩阵 $\boldsymbol{A}^k$ 的第 ij 个元素。

定义 6.3 设 $\boldsymbol{A}=[a_{ij}]\in\mathbf{R}^{m\times n}$，$\boldsymbol{B}=[b_{ij}]\in\mathbf{R}^{p\times q}$，它们的 Kronecker(克罗内克)积定义如下：

$$\boldsymbol{A}\otimes\boldsymbol{B}=\begin{bmatrix} a_{11}\boldsymbol{B} & a_{12}\boldsymbol{B} & \cdots & a_{1n}\boldsymbol{B} \\ a_{21}\boldsymbol{B} & a_{22}\boldsymbol{B} & \cdots & a_{2n}\boldsymbol{B} \\ \vdots & \vdots & \ddots & \vdots \\ a_{m1}\boldsymbol{B} & a_{m2}\boldsymbol{B} & \cdots & a_{mn}\boldsymbol{B}\end{bmatrix}\in\mathbf{R}^{mp\times nq}$$

引理 6.6[7] 矩阵的 Kronecker 积具有如下性质：

1) 对任意标量 k，$(k\boldsymbol{A}\otimes\boldsymbol{B})=\boldsymbol{A}\otimes(k\boldsymbol{B})=k(\boldsymbol{A}\otimes\boldsymbol{B})$；

2) $\boldsymbol{A}\otimes(\boldsymbol{B}+\boldsymbol{C})=\boldsymbol{A}\otimes\boldsymbol{B}+\boldsymbol{A}\otimes\boldsymbol{C}$；

3) $(\boldsymbol{A}\otimes\boldsymbol{B})^{\mathrm{T}}=\boldsymbol{A}^{\mathrm{T}}\otimes\boldsymbol{B}^{\mathrm{T}}$；

4) $(\boldsymbol{A}\otimes\boldsymbol{B})^{-1}=\boldsymbol{A}^{-1}\otimes\boldsymbol{B}^{-1}$；

5) 若 $\boldsymbol{A}$,$\boldsymbol{B}$,$\boldsymbol{C}$,$\boldsymbol{D}$ 是适维矩阵，则$(\boldsymbol{A}\otimes\boldsymbol{B})(\boldsymbol{C}\otimes\boldsymbol{D})=(\boldsymbol{AC})\otimes(\boldsymbol{BD})$。

6.1.3 凸优化理论

在工程或经济领域，为了实现最大效率或效益，往往借助数学工具对量化得到的模型进行处理。这类优化问题可以写为下列形式：

$$\begin{aligned} \min \quad & f_0(\boldsymbol{x}) \\ \text{s.t.} \quad & f_i(\boldsymbol{x}) \leqslant b_i \quad (i=1,\cdots,m) \end{aligned}$$

其中，$\boldsymbol{x}=[x_1,x_2,\cdots,x_n]$表示优化问题中的变量，若目标函数 $f_0:\mathbf{R}^n \to \mathbf{R}$ 和约束函数 $f_i:\mathbf{R}^n \to \mathbf{R}(i=1,\cdots,m)$对于任意 $\boldsymbol{x},\boldsymbol{y} \in \mathbf{R}^n$ 和任意 $\alpha,\beta \in \mathbf{R}^+$ 都满足

$$f_i(\alpha\boldsymbol{x}+\beta\boldsymbol{y}) \leqslant \alpha f_i(\boldsymbol{x})+\beta f_i(\boldsymbol{y})$$

其中，$\alpha+\beta=1$，则优化问题被称为**凸优化(convex optimization)**问题。

定义 6.4[6] 考虑集合 C，如果对于任意 $x_1,x_2 \in C$ 和任意 $\theta \in \mathbf{R}$ 都存在

$$\theta x_1+(1-\theta)x_2 \in C$$

则集合 C 被称为**仿射集合(affine set)**。

定义 6.5[6] 考虑集合 C，如果对于任意 $x_1,x_2 \in C$ 和任意 $0 \leqslant \theta \leqslant 1$ 都存在

$$\theta x_1+(1-\theta)x_2 \in C$$

则集合 C 被称为**凸集(convex set)**。

定义 6.6[6] 集合 C 中所有点的凸组合的集合为集合 C 的**凸包**，记为 $\mathbf{conv}C$：

$$\mathbf{conv}C=\{\theta_1 x_1+\cdots+\theta_n x_n \mid x_i \in C,\theta_i \geqslant 0,i=1,\cdots,n,\theta_1+\cdots+\theta_n=1\}$$

图 6.2 给出了 $\mathbf{R}^2$ 和 $\mathbf{R}$ 上集合的凸包。其中上图描述了四个点集合构成的凸包是一个正方形，下图由两个点集合构成的凸包是一条线段。

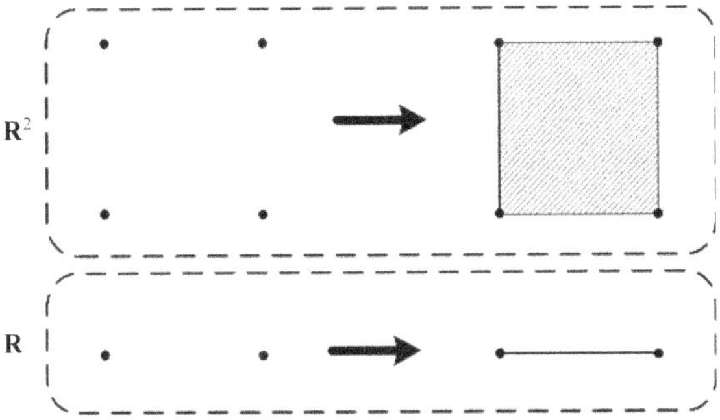

图 6.2 凸包

定义 6.7[6] 函数 $f:\mathbf{R}^n \to \mathbf{R}$ 是**凸函数(convex function)**，如果 $\mathbf{dom}f$ 是凸集，且对于任意 $\boldsymbol{x},\boldsymbol{y} \in \mathbf{dom}f$ 和任意 $0 \leqslant \theta \leqslant 1$，有

$$f(\theta\boldsymbol{x}+(1-\theta)\boldsymbol{y}) \leqslant \theta f(\boldsymbol{x})+(1-\theta)f(\boldsymbol{y})$$

则称函数 $f:\mathbf{R}^n \to \mathbf{R}$ 为**严格凸**的。上述不等式当 $\boldsymbol{x} \neq \boldsymbol{y}$ 且 $0<\theta<1$ 时严格成立。

定义 6.8[6] 函数 $f:\mathbf{R}^n \to \mathbf{R}$ 是**利普西茨连续(Lipschitz continuous)**的，如果对于任意 $\boldsymbol{x},\boldsymbol{y} \in \mathbf{dom}f$，都有

$$|f(\boldsymbol{x})-f(\boldsymbol{y})|\leqslant\theta\|\boldsymbol{x}-\boldsymbol{y}\|$$

使得上述不等式成立的最小常数 θ 被称为 Lipschitz 常数。θ 的大小描绘了自变量相同的情况下因变量的欧氏距离变化速度，θ 越大，函数 f 的变化越大。

定义 6.9[8] 如果存在 $\theta>0$，使得对于任意 $\boldsymbol{x},\boldsymbol{y}\in\mathbf{dom}f$，都有

$$(\boldsymbol{y}-\boldsymbol{x})^{\mathrm{T}}[\nabla f(\boldsymbol{y})-\nabla f(\boldsymbol{x})]\geqslant\theta\|\boldsymbol{y}-\boldsymbol{x}\|^2$$

或

$$f(\boldsymbol{x})+\nabla f(\boldsymbol{x})^{\mathrm{T}}(\boldsymbol{y}-\boldsymbol{x})+\frac{\theta}{2}\|\boldsymbol{y}-\boldsymbol{x}\|_2^2\leqslant f(\boldsymbol{y})$$

成立，则称函数 f 在 $\mathbf{dom}f$ 上是**强凸(strongly convex)**的。其中，强凸系数 θ 描绘了函数 f 的凸性，θ 越大，函数 f 的凸性越强。

6.2 分布式优化问题描述

6.2.1 分布式优化相关基础理论

考虑由 n 个智能体组成的多智能体系统的协同优化问题，该问题是凸优化问题的分布式实现，带约束的分布式优化问题可用下式表示：

$$\min_{x\in\chi}f(x)=\sum_{i=1}^{n}f_i(\boldsymbol{x})$$

其中，$\boldsymbol{\chi}\subset\mathbf{R}^m$ 为非空闭凸集，$f_i(\boldsymbol{x})$ 为智能体 i 的本地目标函数。此外，凸函数 f：$\mathbf{R}^m\rightarrow\mathbf{R}$ 在点 $\boldsymbol{x}\in\mathbf{dom}f=\{\boldsymbol{x}\in\mathbf{R}^m\mid f(\boldsymbol{x})<\infty\}$ 的次梯度为向量 $\boldsymbol{d}_f(\boldsymbol{x})\in\mathbf{R}^m$，定义如下：

$$f(\boldsymbol{y})\geqslant f(\boldsymbol{x})+\boldsymbol{d}_f^{\mathrm{T}}(\boldsymbol{x})(\boldsymbol{y}-\boldsymbol{x})\quad(\forall\,\boldsymbol{y}\in\mathbf{dom}f)\tag{6-5}$$

令 $\boldsymbol{\pi}_{\chi}[\boldsymbol{z}]$ 为向量 $\boldsymbol{z}\in\mathbf{R}^m$ 在集合 $\boldsymbol{\chi}$ 上的映射，即满足

$$\boldsymbol{\pi}_{\chi}[\boldsymbol{z}]=\underset{x\in\chi}{\operatorname{argmin}}\|\boldsymbol{z}-\boldsymbol{x}\|_p$$

其中，$\|\boldsymbol{x}\|_p$ 表示向量 $\|\boldsymbol{x}\|_p$ 的 p 范数，$p=\{1,2,\cdots,\infty\}$，$\|\boldsymbol{x}\|$ 表示标准 Euler 范数。对任意的 $\boldsymbol{x}\in\mathbf{R}^m$，映射 $\boldsymbol{\pi}_{\chi}:\mathbf{R}^m\rightarrow\boldsymbol{\chi}$ 具有如下性质：

$$\|\boldsymbol{\pi}_{\chi}[\boldsymbol{x}]-\boldsymbol{y}\|^2\leqslant\|\boldsymbol{x}-\boldsymbol{y}\|^2-\|\boldsymbol{\pi}_{\chi}[\boldsymbol{x}]-\boldsymbol{x}\|^2\quad(\forall\,\boldsymbol{y}\in\boldsymbol{\chi})\tag{6-6}$$

用有向图 $\mathcal{G}(V,\xi)$ 表示智能体之间的通信拓扑，其中 $V=\{1,2,\cdots,n\}$ 表示顶点集，ξ 表示有向边。特别地，智能体 i 的邻居的集合定义为 $N_i\subseteq V$ 且对于任意 $j\in N_i$ 有 $(j,i)\in\varepsilon$。那么，该有向图的加权归一化邻接矩阵 $\mathbf{A}(\mathcal{G})$ 如下[9-10]：

$$[\boldsymbol{A}(\mathcal{G})]_{ij}=\begin{cases}\boldsymbol{A}_{ij}>0, & j\in N_i\\ 1-\sum\limits_{j\in N_i}\boldsymbol{A}_{ij}, & j=i\\ 0, & \text{其他}\end{cases} \tag{6-7}$$

其中，$\forall j\in N_i$ 有 $0<\boldsymbol{A}_{ij}\leqslant 1$，$[\boldsymbol{A}]_{ij}$ 或 $\boldsymbol{A}_{ij}$ 表示矩阵 $\boldsymbol{A}$ 的第 ij 个元素。当 $\boldsymbol{A}(\mathcal{G})$ 是双随机矩阵时，有向图 $\mathcal{G}$ 是平衡图。

在给出分布式优化算法之前，需要下列关于凸集 $\boldsymbol{\chi}$、网络连通性以及优化步长等的相关假设，这些假设是优化算法设计的基础。

假设 6.1　凸集 $\boldsymbol{\chi}$ 是闭合且有界的，即存在正的常数 C_b 和 C_g 满足下式：

$$\|\boldsymbol{x}\|\leqslant C_b,\quad \|\boldsymbol{d}_i(\boldsymbol{x})\|\leqslant C_g\quad (\forall \boldsymbol{x}\in\boldsymbol{\chi},\forall i\in V)$$

假设 6.2　最优策略集 $\boldsymbol{\chi}^*=\{\boldsymbol{x}\in\boldsymbol{\chi}\mid f(\boldsymbol{x})\leqslant f(\boldsymbol{y}),\forall \boldsymbol{y}\in\boldsymbol{\chi}\}$ 非空。

假设 6.3　有向图 $\mathcal{G}$ 是平衡图且在每一间隔内是连通的。

假设 6.4　对所有的 $k\geqslant 0$，优化步长 $s(k)$ 满足 $s(k+1)\leqslant s(k)\leqslant 1$ 且

$$\lim_{k\to\infty}s(k)=0,\quad \sum_{k=0}^{\infty}s(k)=\infty,\quad \sum_{k=0}^{\infty}s^2(k)<\infty$$

特别地，可以采用满足假设 6.4 的优化步长[11]

$$s(k)=\frac{c}{(k+a)^b} \tag{6-8}$$

其中，$a>0$，$c>0$，$b\in\left(\frac{1}{2},1\right]$，且 $a^b\geqslant c$。定义 $s(k)$ 的连续形式为 $s(t)=\frac{c}{(t+a)^b}$，那么对于所有的 $k\geqslant 1$，下式始终成立：

$$\int_0^{k+1}s(t)\,\mathrm{d}t\leqslant\sum_{r=0}^{k}s(r)\leqslant 1+\int_0^{k}s(t)\,\mathrm{d}t \tag{6-9}$$

下列引理总结了与优化步长相关的标量数列的一致性收敛结果。其相应的证明详见文献[12-13]，读者可自行查阅，本节仅对其进行简单介绍。

引理 6.7[13]　假设 $0<p<1$，$\{\gamma(k)\}$ 为正的标量数列且 $\lim\limits_{k\to\infty}\gamma(k)=0$。那么有

$$\lim_{k\to\infty}\sum_{l=0}^{k}p^{k-l}\gamma(l)=0$$

此外，如果 $\sum\limits_{k}\gamma(k)<\infty$，那么有

$$\sum_{k}\sum_{l=0}^{k}p^{k-l}\gamma(l)<\infty \tag{6-10}$$

引理 6.8[13]　令 $\{\alpha(k)\}$ 为非负标量数列且满足

$$\alpha(k+1)\leqslant[1+\beta(k)]\alpha(k)-\theta(k)+\pi(k)\quad(\forall k\geqslant 0)$$

其中，对于所有的 $k \geqslant 0$，有

$$\beta(k) \geqslant 0, \quad \theta(k) \geqslant 0, \quad \pi(k) \geqslant 0$$

且

$$\sum_{k=0}^{\infty} \beta(k) < \infty, \quad \sum_{k=0}^{\infty} \pi(k) < \infty$$

那么，数列 $\{\alpha(k)\}$ 收敛至 $\alpha \geqslant 0$ 且 $\sum_{k=0}^{\infty} \theta(k) < \infty$。

引理 6.8 介绍了行随机矩阵的一致收敛特性，是后续进行分布式优化算法收敛性分析的基础。为了便于阅读，重写如下。

引理 6.9[14] 考虑式(6-7)所定义的行随机矩阵 $\mathbf{A}$，在假设 6.3 的条件下，矩阵 $\mathbf{A}$ 能实现全局收敛，即存在一个有界常数 m^*，使得下式成立：

$$\mathbf{A}^k = \bar{\mathbf{A}}, \quad \mathbf{A}_{ij}^k = \frac{1}{n} \quad (\forall k \geqslant m^*)$$

其中，$\bar{\mathbf{A}} = \frac{1}{n}\mathbf{1}\mathbf{1}^{\mathrm{T}}$，$\mathbf{1} \in \mathbf{R}^n$ 为全为 1 的向量。

引理 6.9 指出，邻接矩阵本质上具有收敛特性，同时可以实现有限时间收敛。至于如何以更为直接的方式准确描述其收敛速度，则需要进一步研究，本章将在后续章节对其进行完善。

6.2.2 行随机矩阵收敛性分析

行随机矩阵的收敛性决定了分布式优化算法的最终的收敛效果，对其收敛性的精确描述是评估分布式算法的重要方式。式(6-7)中的邻接矩阵 $\mathbf{A}(\mathcal{G})$ 是一个行随机矩阵，本节对该邻接矩阵的收敛性进行分析，重点分析收敛速度与矩阵 $\mathbf{A}(\mathcal{G})$ 的半径和直径之间的关系。矩阵 $\mathbf{A}(\mathcal{G})$ 的半径和直径的定义如式(6-3)所示。当且仅当 $\delta_d(\mathbf{A}) = 0$ 时 $\Delta_r(\mathbf{A}) = 0$，反之亦然。

下列引理概括了 Δ_r 和 δ_d 之间的归一性，其证明详见文献[15]，读者可自行查阅。

引理 6.10[16] 考虑 $\boldsymbol{A}, \boldsymbol{B}, \boldsymbol{C}$ 由式(6-7)定义的三个行随机矩阵，且有 $\boldsymbol{C} = \boldsymbol{AB}$。那么，在假设 6.3 的条件下，

$$\delta_d(\boldsymbol{C}) \leqslant \Delta_r(\boldsymbol{B})\delta_d(\mathbf{A}), \quad \Delta_r(\mathbf{C}) \leqslant \Delta_r(\boldsymbol{B})\Delta_r(\mathbf{A}) \tag{6-11}$$

其中，δ_d 和 Δ_r 如式(6-3)定义。

基于引理 6.10，可以用行随机矩阵的直径和半径描述其收敛速度，具体结论和证明由以下引理给出。

引理 6.11 考虑式(6-7)所定义的行随机矩阵 $\mathbf{A}(\mathcal{G})$。那么，在假设 6.3 的条件下，下列命题成立：

1) 由式(6-3)定义的直径和半径一致非增，同时满足

$$\Delta_r(\boldsymbol{A}^k)\leqslant\Delta_r^k(\boldsymbol{A}),\quad \delta_d(\boldsymbol{A}^{k+1})\leqslant\delta_d(\boldsymbol{A}^k)\leqslant\delta_d(\boldsymbol{A})$$

2) $\boldsymbol{A}^k$ 几何收敛至 $\bar{\boldsymbol{A}}$，即对于所有的 $k\geqslant 1$，

$$\|\boldsymbol{A}^k-\bar{\boldsymbol{A}}\|_1\leqslant 2\Delta_r^k(\boldsymbol{A})$$

特别地，$\forall(i,j)\in\xi$，当 $k\rightarrow m^*$ 时，$\boldsymbol{A}_{ij}^k$ 收敛至 $\frac{1}{n}$，且有

$$\left|\boldsymbol{A}_{ij}^k-\frac{1}{n}\right|\leqslant 2\Delta_r^k(\boldsymbol{A})$$

证明：根据式(6-11)，命题 1)的结论易证，即

$$\delta_d(\boldsymbol{A}^{k+1})\leqslant\Delta_r(\boldsymbol{A})\delta_d(\boldsymbol{A}^k)\leqslant\delta_d(\boldsymbol{A}^k)\leqslant\delta_d(\boldsymbol{A})$$

$$\Delta_r(\boldsymbol{A}^k)\leqslant\Delta_r(\boldsymbol{A})\Delta_r(\boldsymbol{A}^{k-1})\leqslant\cdots\leqslant\Delta_r^k(\boldsymbol{A})$$

此外，$\delta_d(\boldsymbol{A})$和 $\Delta_r(\boldsymbol{A})$均是一致非增的，且 $\Delta_r(\boldsymbol{A})$以几何收敛的速度构成一个压缩映射。进一步，通过代入假设 6.3 和引理 6.9，有

$$\begin{aligned}\|\boldsymbol{A}^k-\bar{\boldsymbol{A}}\|_1 &= \max_{1\leqslant j\leqslant n}\left\|\sum_{i=1}^{n}\boldsymbol{A}_{ij}^{m^*-k}[\boldsymbol{A}^k]_i-[\boldsymbol{A}^k]_j\right\|_1\\ &\leqslant \max_{1\leqslant j\leqslant n}\max_{1\leqslant i\leqslant n}\|[\boldsymbol{A}^k]_i-[\boldsymbol{A}^k]_j\|_1\leqslant 2\Delta_r^k(\boldsymbol{A})\end{aligned}\tag{6-12}$$

上式意味着$\|\boldsymbol{A}^k-\bar{\boldsymbol{A}}\|\leqslant 2\Delta_r^k(\boldsymbol{A})$和$\left|\boldsymbol{A}_{ij}^k-\frac{1}{n}\right|\leqslant 2\Delta_r^k(\boldsymbol{A})$成立，那么命题 2)也成立。证明完成。

6.3　分布式优化策略制定

6.3.1　多步次梯度分布式优化算法

本节主要介绍多步次梯度分布式优化算法，同时对该算法进行理论分析，证明该算法能实现有限时间一致性并能保证对最优解的估计误差会逐渐趋于 0。首先，令时刻 k 智能体 i 的估计状态和动量项分别为 $\boldsymbol{x}_i(k)\in\mathbf{R}^m$ 和$\boldsymbol{v}_i(k)\in\mathbf{R}^m$，对所有的 $i\in\{1,\cdots,n\}$，其估计器按照下式更新：

$$\begin{aligned}\boldsymbol{v}_i(k+1) &= \sum_{j=1}^{n}\boldsymbol{A}_{ij}\boldsymbol{v}_j(k)+s(k)\sum_{j=1}^{n}\boldsymbol{A}_{ij}\boldsymbol{d}_j(k)\\ \boldsymbol{u}_i(k+1) &= \tau(k)[\boldsymbol{v}_i(k+1)-\boldsymbol{v}_i(k)]\\ \boldsymbol{y}_i(k+1) &= \sum_{j=1}^{n}\boldsymbol{A}_{ij}\boldsymbol{x}_j(k)-\boldsymbol{u}_i(k+1)\\ \boldsymbol{x}_i(k+1) &= \boldsymbol{\pi}_{\chi}[\boldsymbol{y}_i(k+1)]\end{aligned}\tag{6-13}$$

其中，$\boldsymbol{x}_i(0)\in\boldsymbol{\chi}$，$\boldsymbol{v}_i(0)=\boldsymbol{0}_m$，且$\boldsymbol{0}_m\in\mathbf{R}^m$ 是全为 0 的向量。$\boldsymbol{d}_i(k)$是目标函数 $f_i(\boldsymbol{x})$在点$\boldsymbol{x}=\boldsymbol{x}_i(k)$的次梯度，$s(k)$和 $\tau(k)$分别为优化步长和加速参数，满足假设 6.4。

式(6-13)是完整的分布式优化算法，其中前两式构成两步估计器，通过估计整个系统次梯度的均值以获取优化方向，后两式是标准的分布式优化步骤，用于从约束集中获取最优解。

6.3.2 一致性分析

为了便于描述，令 $q=\Delta_r(\boldsymbol{A})$，那么对于所有的 $k>0$，有 $\|\boldsymbol{A}^k-\bar{\boldsymbol{A}}\|\leqslant 2q^k$ 和 $\left|\boldsymbol{A}_{ij}^k-\dfrac{1}{n}\right|\leqslant 2q^k$。因此，由式(6-13)前两式得

$$\boldsymbol{v}_i(k+1)=\sum_{r=0}^{k}\sum_{j=1}^{n}\boldsymbol{A}_{ij}^{k+1-r}s(r)\boldsymbol{d}_j(r) \tag{6-14}$$

$$\boldsymbol{u}_i(k+1)=\tau(k)\sum_{r=0}^{k-1}\sum_{j=1}^{n}(\boldsymbol{A}_{ij}^{k+1-r}-\boldsymbol{A}_{ij}^{k-r})s(r)\boldsymbol{d}_j(r)+\tau(k)\sum_{j=1}^{n}\boldsymbol{A}_{ij}s(k)\boldsymbol{d}_j(k) \tag{6-15}$$

根据引理 6.11 可得，对于所有的 $k\geqslant 0$，有

$$\|\boldsymbol{u}_i(k+1)\|\leqslant 2\sqrt{n}C_1\tau(k)\sum_{r=0}^{k}q^{k-r}s(r) \tag{6-16}$$

其中，$C_1=(1+q)C_g$。

易得 $\boldsymbol{u}_i(k+1)$有界，令 $\boldsymbol{e}_i(k)$表示时刻 k 的映射误差，则

$$\boldsymbol{e}_i(k+1)=\boldsymbol{x}_i(k+1)-\boldsymbol{y}_i(k+1) \tag{6-17}$$

那么 $\boldsymbol{e}_i(k+1)$的收敛性可由如下引理概括。

引理 6.12 考虑式(6-17)定义的映射误差 $\boldsymbol{e}_i(k)$，在假设 6.3 的条件下，有

$$\boldsymbol{e}_i(k+1)=\boldsymbol{x}_i(k+1)-\boldsymbol{y}_i(k+1) \tag{6-18}$$

证明：对于所有的 $i\in V$，都有 $\boldsymbol{x}_i(k+1)\in\boldsymbol{\chi}$，且 $\boldsymbol{A}$ 是双随机矩阵，则有

$$\sum_{j=1}^{n}\boldsymbol{A}_{ij}\boldsymbol{x}_j(k)\in\boldsymbol{\chi}$$

因此，根据式(6-6)和式(6-13)中的 3 式可得

$$\begin{aligned}\left\|\boldsymbol{x}_i(k+1)-\sum_{j=1}^{n}\boldsymbol{A}_{ij}\boldsymbol{x}_j(\boldsymbol{k})\right\|^2 &\leqslant \left\|\boldsymbol{y}_i(k+1)-\sum_{j=1}^{n}\boldsymbol{A}_{ij}\boldsymbol{x}_j(k)\right\|^2-\|\boldsymbol{e}_i(k+1)\|^2\\ &\leqslant \|\boldsymbol{u}_i(k+1)\|^2-\|\boldsymbol{e}_i(k+1)\|^2\end{aligned}$$

易得式(6-18)成立。证明完成。

将式(6-13)中的 3 式和式(6-17)代入式(6-13)中的 4 式，得

$$\boldsymbol{x}_i(k+1)=\sum_{j=1}^{n}\boldsymbol{A}_{ij}\boldsymbol{x}_j(k)-\boldsymbol{u}_i(k+1)+\boldsymbol{e}_i(k+1)$$

对上式进行迭代计算,可得下一时刻的估计状态,即

$$\boldsymbol{x}_i(k+1)=\sum_{j=1}^{n}\boldsymbol{A}_{ij}^{k+1}\boldsymbol{x}_j(0)-\sum_{r=1}^{k+1}\sum_{j=1}^{n}\boldsymbol{A}_{ij}^{k+1-r}\boldsymbol{u}_j(r)+\sum_{r=1}^{k+1}\sum_{j=1}^{n}\boldsymbol{A}_{ij}^{k+1-r}\boldsymbol{e}_j(r) \tag{6-19}$$

定义时刻 k 所有估计状态的均值为

$$\bar{\boldsymbol{x}}(k)=\frac{1}{n}\sum_{i=1}^{n}\boldsymbol{x}_i(k)$$

由式(6-19)得

$$\begin{aligned}\bar{\boldsymbol{x}}(k+1)=\frac{1}{n}\Big[&\sum_{i=1}^{n}\sum_{j=1}^{n}\boldsymbol{A}_{ij}^{k+1}\boldsymbol{x}_j(0)-\sum_{r=1}^{k+1}\sum_{i=1}^{n}\sum_{j=1}^{n}\boldsymbol{A}_{ij}^{k+1-r}\boldsymbol{u}_j(r)\\&+\sum_{r=1}^{k+1}\sum_{i=1}^{n}\sum_{j=1}^{n}\boldsymbol{A}_{ij}^{k+1-r}\boldsymbol{e}_j(r)\Big]\end{aligned}$$

由于 $\boldsymbol{A}$ 是双随机矩阵,通过一系列代数计算,可得

$$\bar{\boldsymbol{x}}(k+1)=\frac{1}{n}\Big[\sum_{j=1}^{n}\boldsymbol{x}_j(0)-\sum_{r=1}^{k+1}\sum_{j=1}^{n}\boldsymbol{u}_j(r)+\sum_{r=1}^{k+1}\sum_{j=1}^{n}\boldsymbol{e}_j(r)\Big] \tag{6-20}$$

那么,对于所有的 $i\in\{1,\cdots,n\}$,最优值的估计状态 $\boldsymbol{x}_i$ 将会在有限时间内收敛至$\bar{\boldsymbol{x}}$,即基于分布式优化算法(6-13)的多智能体系统会实现状态一致性。该结果可概括为如下定理。

定理 6.2　考虑式(6-13)定义的分布式优化算法与式(6-20)定义的平均估计状态$\bar{\boldsymbol{x}}(k)$,那么在假设 6.1 至假设 6.4 的条件下,对于所有的 $i\in\{1,\cdots,n\}$,$\boldsymbol{x}_i(k)$ 在有限时间内收敛至 $\boldsymbol{x}(k)$。也就是说,对任意小的常数 $\varepsilon>0$,存在一个时刻

$$k^*=\left\lceil\underset{k}{\operatorname{argmin}}\left|s(k)-\frac{(1-q)\varepsilon}{2nC_1\tau}\right|\right\rceil+m^* \tag{6-21}$$

使得下式成立:

$$\|\boldsymbol{x}_i(k)-\bar{\boldsymbol{x}}(k)\|\leqslant\varepsilon\quad(\forall\, i\in\{1,\cdots,n\},\forall\, k\geqslant k^*)$$

其中,m^* 在引理 6.9 中已有定义。

证明:动量项 $\boldsymbol{u}_i(k+1)$满足

$$\begin{aligned}&\left\|\boldsymbol{u}_i(k+1)-\frac{1}{n}\sum_{j=1}^{n}\tau(k)s(k)\boldsymbol{d}_j(k)\right\|\\&\quad\leqslant\tau(k)\Big[\Big\|\sum_{j=1}^{n}(\boldsymbol{A}_{ij}^{k+1}-\boldsymbol{A}_{ij}^{k})s(0)\boldsymbol{d}_j(0)\Big\|+\Big\|\sum_{i=1}^{n}(\boldsymbol{A}_{ij}^{k}-\boldsymbol{A}_{ij}^{k-1})s(1)\boldsymbol{d}_j(1)\Big\|+\cdots\\&\qquad+\Big\|\sum_{j=1}^{n}(\boldsymbol{A}_{ij}^{2}-\boldsymbol{A}_{ij})s(k-1)\boldsymbol{d}_j(k-1)\Big\|+\Big\|\sum_{j=1}^{n}\Big(\boldsymbol{A}_{ij}-\frac{1}{n}\Big)s(k)\boldsymbol{d}_j(k)\Big\|\Big]\end{aligned}$$

对于所有的 $k \geqslant m^*$，有 $\boldsymbol{A}_{ij}^k = \frac{1}{n}$，$s(k)$ 单调递减且 $\|\boldsymbol{d}_j(k)\| \leqslant C_g$。因此，随着 k 的增加，下式成立：

$$\begin{aligned}
&\lim_{k \geqslant m^*} \left\| \boldsymbol{u}_i(k+1) - \frac{1}{n} \sum_{j=1}^{n} \tau(k) s(k) \boldsymbol{d}_j(k) \right\| \\
&\leqslant \tau(k) \left[\left\| \sum_{i=1}^{n} (\boldsymbol{A}_{ij}^k - \boldsymbol{A}_{ij}^{k-1}) s(1) \boldsymbol{d}_j(1) \right\| + \cdots + \left\| \sum_{j=1}^{n} (\boldsymbol{A}_{ij}^2 - \boldsymbol{A}_{ij}) s(k-1) \boldsymbol{d}_j(k-1) \right\| \right. \\
&\quad \left. + \left\| \sum_{j=1}^{n} \left(\boldsymbol{A}_{ij} - \frac{1}{n} \right) s(k) \boldsymbol{d}_j(k) \right\| \right]
\end{aligned} \tag{6-22}$$

由式(6-22)可得，仅最新的 m^* 项梯度对最终的误差产生影响。因此，根据引理 6.11，可将式(6-22)重写为

$$\lim_{k \geqslant m^*} \left\| \boldsymbol{u}_i(k+1) - \frac{1}{n} \sum_{j=1}^{n} \tau(k) s(k) \boldsymbol{d}_j(k) \right\| \leqslant 2\sqrt{n}\, \frac{1-q^{m^*}}{1-q} \tau(k-m^*) s(k-m^*) C_1 \tag{6-23}$$

根据式(6-23)，下式成立[14]：

$$\boldsymbol{u}_i(k+1) = \frac{1}{n} \sum_{j=1}^{n} \tau(k) s(k) \boldsymbol{d}_j(k) \quad (\forall\, i \in V, k \geqslant m^*) \tag{6-24}$$

且其误差上限由 $\frac{2C_1\sqrt{n}}{1-q}\tau(k-m^*)s(k-m^*)$ 约束。

式(6-24)意味着 $\boldsymbol{u}_i(k+1)$ 随着 k 的递增，将会实现一致性收敛。接下来分析 $\boldsymbol{x}_i(k+1)$ 的一致性结果。由于 $\|\boldsymbol{e}_i(k+1)\| \leqslant \|\boldsymbol{u}_i(k+1)\|$，那么有

$$\begin{aligned}
&\|\boldsymbol{x}_i(k+1) - \bar{\boldsymbol{x}}(k+1)\| \\
&\quad \leqslant \left\| \sum_{j=1}^{n} \left(\boldsymbol{A}_{ij}^{k+1} - \frac{1}{n} \right) \boldsymbol{x}_j(0) \right\| + \left\| 2 \sum_{j=1}^{n} \left(\boldsymbol{A}_{ij}^{k} - \frac{1}{n} \right) \boldsymbol{u}_j(1) \right\| \\
&\qquad + \left\| 2 \sum_{j=1}^{n} \left(\boldsymbol{A}_{ij}^{k-1} - \frac{1}{n} \right) \boldsymbol{u}_j(2) \right\| + \cdots + \left\| 2 \sum_{j=1}^{n} \left(\boldsymbol{A}_{ij}^{0} - \frac{1}{n} \right) \boldsymbol{u}_j(k+1) \right\|
\end{aligned}$$

根据引理 6.9，可得

$$\begin{aligned}
&\lim_{k \geqslant m^*} \|\boldsymbol{x}_i(k+1) - \bar{\boldsymbol{x}}(k+1)\| \\
&\quad \leqslant \left\| 2 \sum_{j=1}^{n} \left(\boldsymbol{A}_{ij}^{k-1} - \frac{1}{n} \right) \boldsymbol{u}_j(2) \right\| + \cdots + \left\| 2 \sum_{j=1}^{n} \left(\boldsymbol{A}_{ij}^{0} - \frac{1}{n} \right) \boldsymbol{u}_j(k+1) \right\|
\end{aligned}$$

式(6-24)表明 $\boldsymbol{u}_i(k)$ 随着 k 的增加而逐渐减小。那么上述不等式右边的项也会随时间逐渐减小，即

$$\lim_{k \geqslant m^*} \|\boldsymbol{x}_i(k+1) - \bar{\boldsymbol{x}}(k+1)\| \leqslant 2n \frac{1-q^{m^*}}{1-q} \tau(k-m^*) s(k-m^*) C_1 \tag{6-25}$$

由假设 6.4 易得 $\boldsymbol{x}_i(k)$将会在有限时间内达到一致，其收敛时间上界由式(6-21)给定的 k^* 约束。证明完成。

注： 由式(6-21)可知，$\tau(k)$和 $s(k)$的选择对整个过程的收敛速度具有至关重要的作用。特别地，当 $\tau(k)=1$，$s(k)$依据式(6-8)选取时，式(6-21)可简写为

$$k^*=\left\lceil\left\lceil\frac{2nc(1+q)C_g}{(1-q)\varepsilon}\right\rceil\frac{1}{b}\right\rceil-a+m^*$$

显然，矩阵的半径和直径给出了一个直接且保守的收敛速度计算方法，由一致性分析结果可知，上述多步分布式优化算法不会损害平衡拓扑的平均一致性过程。

6.3.3　收敛性分析

加权优化步长的数列性质可由以下引理概括，其结果是证明分布式优化算法收敛性的重要支撑。

引理 6.13　在假设 6.1、假设 6.3 和假设 6.4 的前提下，以下命题为真。

1）数列$\{[\sum_{r=0}^{k}q^{k-r}s(r)]^2\}$是可求和的，即

$$\sum_{k=0}^{\infty}[\sum_{r=0}^{k}q^{k-r}s(r)]^2<\infty$$

2）数列$\{s(k)\|\boldsymbol{x}_i(k+1)-\bar{\boldsymbol{x}}(k+1)\|\}$是可求和的，即

$$\sum_{k=0}^{\infty}s(k)\|\boldsymbol{x}_i(k+1)-\bar{\boldsymbol{x}}(k+1)\|<\infty$$

另外，由 $\sum_{k=0}^{\infty}s(k)\|\boldsymbol{x}_i(k+1)-\bar{\boldsymbol{x}}(k+1)\|<\infty$ 可得当 $\sum_{k=0}^{\infty}s(k)=\infty$ 时，能实现一致性，即$\lim_{k\to\infty}\|\boldsymbol{x}_i(k+1)-\bar{\boldsymbol{x}}(k+1)\|=0$。

证明： 重写引理 6.13 的命题 1)如下：

$$\begin{aligned}\sum_{k=0}^{\infty}[\sum_{r=0}^{k}q^{k-r}s(r)]^2 &= s^2(0)+[qs(0)+s(1)]^2+\cdots\\&\quad+[q^ks(0)+q^{k-1}s(1)+\cdots+s(k)]^2\end{aligned}$$

定义数列 $w(n)=qw(n-1)+s(n-1)$ 且 $w(1)=s(0)$，那么上式的前 n 项和可表示为 $S_n=\sum_{i=1}^{n}w^2(i)$，即

$$\sum_{k=0}^{\infty}[\sum_{r=0}^{k}q^{k-r}s(r)]^2=\lim_{n\to\infty}S_n=\sum_{r=0}^{n-1}s^2(r)+2q\sum_{r=1}^{n-1}w(r)s(r)+q^2S_{n-1}$$

对上式进行迭代计算，得

$$S_n=\sum_{k=1}^{n-1}\sum_{r=0}^{n-k}q^{2(k-1)}s^2(r)+2q[\sum_{k=1}^{n-1}q^{2(k-1)}\sum_{r=1}^{n-k}\sum_{l=0}^{r-1}q^{r+l-1}s(r)s(l)]+q^{2(n-1)}$$

根据 q 的定义(矩阵 $\boldsymbol{A}$ 的半径)以及假设 6.3 和假设 6.4,有

$$\sum_{r=1}^{n-k}\sum_{l=0}^{r-1}q^{r+l-1}s(r)s(l)<\frac{1-q^{n-k}}{1-q}\sum_{r=0}^{n-k}s^2(r)$$

因此有

$$S_n<\frac{1-q^{2(n-1)}}{1-q^2}\sum_{r=0}^{n-1}s^2(r)+2q\left(\sum_{k=1}^{n-1}q^{2(k-1)}\frac{1-q^{n-k}}{1-q}\right)\sum_{r=0}^{n-1}s^2(r)+q^{2(n-1)}$$

由于 $\sum_{k=0}^{\infty}s^2(k)<\infty$ 成立,故有

$$\sum_{k=0}^{\infty}[\sum_{r=0}^{k}q^{k-r}s(r)]^2=\lim_{n\to\infty}S_n<\frac{1}{(1-q)^2}\sum_{k=0}^{\infty}s^2(k)<\infty \tag{6-26}$$

上式证明了引理 6.13 的命题 1)成立,接下来证明命题 2)。由假设 6.1、式(6-19)、式(6-20)和引理 6.11 可得

$$\|\boldsymbol{x}_i(k+1)-\bar{\boldsymbol{x}}(k+1)\|\leqslant 2nC_bq^{k+1}+8nC_1\sum_{r=0}^{k}(k+1-r)q^{k-r}s(r)$$

那么有

$$\sum_{k=0}^{\infty}s(k)\|\boldsymbol{x}_i(k)-\bar{\boldsymbol{x}}(k)\|\leqslant 2nC_b\sum_{k=0}^{\infty}q^{k+1}s(k)+8nC_1\sum_{k=0}^{\infty}s(k)\sum_{r=0}^{k}\sum_{l=r}^{k}q^{k-r}s(r)\tau(l) \tag{6-27}$$

由于 $q<1$,$s(k)\leqslant 1$ 且 $\tau(k)\leqslant 1$,式(6-27)的第一项可求和,其余项可重写为

$$\begin{aligned}\sum_{k=0}^{\infty}s(k)\sum_{r=0}^{k}\sum_{l=r}^{k}q^{k-r}s(r)\tau(l)&<[1+\sum_{k=0}^{\infty}(k+1)q^k]\sum_{k=0}^{\infty}s^2(k)\\&<\frac{2-2q+q^2}{1-2q+q^2}\sum_{k=0}^{\infty}s^2(k)\end{aligned}$$

由此可得

$$\sum_{k=0}^{\infty}s(k)\|\boldsymbol{x}_i(k)-\bar{\boldsymbol{x}}(k)\|<2nC_b\sum_{k=0}^{\infty}q^{k+1}s(k)+8nC_1\frac{2-2q+q^2}{1-2q+q^2}\sum_{k=0}^{\infty}s^2(k) \tag{6-28}$$

由假设 6.4 可得 $\sum_{k=0}^{\infty}s^2(k)<\infty$。因此,$\sum_{k=0}^{\infty}s(k)\|\boldsymbol{x}_i(k)-\bar{\boldsymbol{x}}(k)\|<\infty$ 成立,命题 2)得证。证明完成。

基于一致性分析以及引理 6.13 的结论,本节对分布式优化算法的收敛性进行分析,其主要结果可由如下定理概括。

定理 6.3 考虑如式(6-13)所示的分布式优化算法，令 $f(x)$ 的最优解为 $\boldsymbol{x}^* \in \boldsymbol{\chi}^*$，那么在假设 6.1 至假设 6.4 的条件下，有

$$\lim_{k\to\infty}\|\boldsymbol{x}_i(k+1)-\boldsymbol{x}^*\|=0 \quad (\forall\, i\in V)$$

证明:估计状态 $\boldsymbol{x}_i(k+1)$ 和最优值 $\boldsymbol{x}^*$ 之间的误差满足

$$\begin{aligned}\|\boldsymbol{x}_i(k+1)-\boldsymbol{x}^*\|^2 \leqslant & \sum_{j=1}^{n}\|\boldsymbol{A}_{ij}\boldsymbol{x}_j(k)-\boldsymbol{x}^*\|^2+\|\boldsymbol{u}_i(k+1)\|^2 \\ & -2\boldsymbol{u}_i^{\mathrm{T}}(k+1)\Big[\sum_{j=1}^{n}\boldsymbol{A}_{ij}\boldsymbol{x}_j(k)-\boldsymbol{x}^*\Big]\end{aligned}$$

因此有

$$\begin{aligned}\sum_{i=1}^{n}\|\boldsymbol{x}_i(k+1)-\boldsymbol{x}^*\|^2 \leqslant & \sum_{i=1}^{n}\sum_{j=1}^{n}\|\boldsymbol{A}_{ij}\boldsymbol{x}_j(k)-\boldsymbol{x}^*\|^2+\sum_{i=1}^{n}\|\boldsymbol{u}_i(k+1)\|^2 \\ & -2\sum_{i=1}^{n}\boldsymbol{u}_i^{\mathrm{T}}(k+1)\Big[\sum_{j=1}^{n}\boldsymbol{A}_{ij}\boldsymbol{x}_j(k)-\boldsymbol{x}^*\Big]\end{aligned} \tag{6-29}$$

由于邻接矩阵 **A** 是双随机矩阵，因此有

$$\sum_{i=1}^{n}\sum_{j=1}^{n}\|\boldsymbol{A}_{ij}\boldsymbol{x}_j(k)-\boldsymbol{x}^*\|^2 \leqslant \sum_{i=1}^{n}\sum_{j=1}^{n}\boldsymbol{A}_{ij}\|\boldsymbol{x}_j(k)-\boldsymbol{x}^*\|^2=\sum_{j=1}^{n}\|\boldsymbol{x}_j(k)-\boldsymbol{x}^*\|^2 \tag{6-30}$$

根据式(6-15)和式(6-16)以及 $\|\boldsymbol{x}_i(k)\|\leqslant C_b$，式(6-29)的最后一项可重写为

$$\begin{aligned}&-2\sum_{i=1}^{n}\boldsymbol{u}_i^{\mathrm{T}}(k+1)\Big[\sum_{j=1}^{n}\boldsymbol{A}_{ij}\boldsymbol{x}_j(k)-\boldsymbol{x}^*\Big] \\ &=-2\sum_{i=1}^{n}\Big[\tau(k)\sum_{r=0}^{k-1}\sum_{j=1}^{n}(\boldsymbol{A}_{ij}^{k+1-r}-\boldsymbol{A}_{ij}^{k-r})s(r)\boldsymbol{d}_j(r)+\tau(k)\sum_{j=1}^{n}\boldsymbol{A}_{ij}s(k)\boldsymbol{d}_j(k) \\ &\quad -s(k)\boldsymbol{d}_i(k)\Big]^{\mathrm{T}}\Big[\sum_{j=1}^{n}\boldsymbol{A}_{ij}\boldsymbol{x}_j(k)-\boldsymbol{x}^*\Big]-\sum_{i=1}^{n}2s(k)\boldsymbol{d}_i^{\mathrm{T}}(k)\Big[\sum_{j=1}^{n}\boldsymbol{A}_{ij}\boldsymbol{x}_j(k)-\boldsymbol{x}^*\Big] \\ &\leqslant -2s(k)\sum_{i=1}^{n}\boldsymbol{d}_i^{\mathrm{T}}(k)\Big[\sum_{j=1}^{n}\boldsymbol{A}_{ij}\boldsymbol{x}_j(k)-\boldsymbol{x}^*\Big]+4nC_1C_b\tau(k)\sum_{r=0}^{k}q^{k-r}s(r)\end{aligned} \tag{6-31}$$

根据式(6-5)，有

$$\begin{aligned}&-\boldsymbol{d}_i^{\mathrm{T}}(k)\Big[\sum_{j=1}^{n}\boldsymbol{A}_{ij}\boldsymbol{x}_j(k)-\boldsymbol{x}^*\Big] \\ &\quad=\boldsymbol{d}_i^{\mathrm{T}}(k)\Big[\boldsymbol{x}^*-\boldsymbol{x}_i(k)+\boldsymbol{x}_i(k)-\sum_{j=1}^{n}\boldsymbol{A}_{ij}\boldsymbol{x}_j(k)\Big] \\ &\quad\leqslant -[f_i(\bar{\boldsymbol{x}}(k))-f_i(\boldsymbol{x}^*)]+[f_i(\bar{\boldsymbol{x}}(k))-f_i(\boldsymbol{x}_i(k))] \\ &\qquad +C_g\Big\|\boldsymbol{x}_i(k)-\sum_{j=1}^{n}\boldsymbol{A}_{ij}\boldsymbol{x}_j(k)\Big\|\end{aligned} \tag{6-32}$$

因此有

$$C_g\left\|\boldsymbol{x}_i(k)-\sum_{j=1}^{n}\boldsymbol{A}_{ij}\boldsymbol{x}_j(k)\right\|\leqslant C_g\sum_{j=1}^{n}\boldsymbol{A}_{ij}\|\boldsymbol{x}_i(k)-\boldsymbol{x}_j(k)\|\leqslant 2C_g\max_{i\in V}\|\boldsymbol{x}_i(k)-\bar{\boldsymbol{x}}(k)\| \tag{6-33}$$

又$\|\boldsymbol{d}_i(k)\|\leqslant C_g$成立，那么有

$$[f_i(\bar{\boldsymbol{x}}(k))-f_i(\boldsymbol{x}_i(k))]\leqslant\bar{\boldsymbol{d}}_i^{\mathrm{T}}[\bar{\boldsymbol{x}}(k)-\boldsymbol{x}_i(k)]\leqslant C_g\max_{i\in V}\|\boldsymbol{x}_i(k)-\bar{\boldsymbol{x}}(k)\| \tag{6-34}$$

其中，$\bar{\boldsymbol{d}}_i$为f_i在点$\boldsymbol{x}=\bar{\boldsymbol{x}}(k)$处的次梯度。将式(6-33)和式(6-34)代入式(6-32)，可得

$$-\boldsymbol{d}_i^{\mathrm{T}}(k)\Big[\sum_{j=1}^{n}\boldsymbol{A}_{ij}\boldsymbol{x}_j(k)-\boldsymbol{x}^*\Big]\leqslant-[f_i(\bar{\boldsymbol{x}}(k))-f_i(\boldsymbol{x}^*)]+3C_g\max_{i\in V}\|\boldsymbol{x}_i(k)-\bar{\boldsymbol{x}}(k)\| \tag{6-35}$$

将式(6-35)代入式(6-31)，可得

$$\begin{aligned}&-2\sum_{i=1}^{n}\boldsymbol{u}_i^{\mathrm{T}}(k+1)\Big[\sum_{j=1}^{n}\boldsymbol{A}_{ij}\boldsymbol{x}_j(k)-\boldsymbol{x}^*\Big]\\&\quad\leqslant-2s(k)\sum_{i=1}^{n}[f_i(\bar{\boldsymbol{x}}(k))-f_i(\boldsymbol{x}^*)]+6nC_gs(k)\max_{i\in V}\|\boldsymbol{x}_i(k)-\bar{\boldsymbol{x}}(k)\|\\&\qquad+4nC_1C_b\tau(k)\sum_{r=0}^{k}q^{k-r}s(r)\end{aligned} \tag{6-36}$$

然后将式(6-36)和式(6-30)代入式(6-29)，可得

$$\begin{aligned}&\sum_{i=1}^{n}\|\boldsymbol{x}_i(k+1)-\boldsymbol{x}^*\|^2\\&\quad\leqslant\sum_{i=1}^{n}\|\boldsymbol{x}_i(k)-\boldsymbol{x}^*\|^2-2s(k)[f(\bar{\boldsymbol{x}}(k))-f(\boldsymbol{x}^*)]+4n^2C_1^2\Big[\sum_{r=0}^{k}q^{k-r}s(r)\Big]^2\\&\qquad+6nC_gs(k)\max_{i\in V}\|\boldsymbol{x}_i(k)-\bar{\boldsymbol{x}}(k)\|+4nC_1C_b\Big\{\tau^2(k)+\Big[\sum_{r=0}^{k}q^{k-r}s(r)\Big]^2\Big\}\end{aligned} \tag{6-37}$$

根据假设6.4和引理6.13，有

$$\sum_{k=0}^{\infty}\Big[\sum_{r=0}^{k}q^{k-r}s(r)\Big]^2<\infty,\quad\sum_{k=0}^{\infty}s(k)\max_{i\in V}\|\boldsymbol{x}_i(k)-\bar{\boldsymbol{x}}(k)\|<\infty,\quad\sum_{k=0}^{\infty}\tau^2(k)<\infty$$

那么下式成立：

$$\begin{aligned}&4n^2C_1^2\sum_{k=0}^{\infty}\Big[\sum_{r=0}^{k}q^{k-r}s(r)\Big]^2+6nC_g\sum_{k=0}^{\infty}s(k)\max_{i\in V}\|\boldsymbol{x}_i(k)-\bar{\boldsymbol{x}}(k)\|\\&\quad+4nC_1C_b\sum_{k=0}^{\infty}\Big\{\tau^2(k)+\Big[\sum_{r=0}^{k}q^{k-r}s(r)\Big]^2\Big\}<\infty\end{aligned}$$

$f(\bar{\boldsymbol{x}}(k))-f(\boldsymbol{x}^*)\geqslant 0$对于所有的$k$都成立，由引理6.2可得

$$\sum_{k=0}^{\infty} s(k)[f(\bar{\boldsymbol{x}}(k)-f(\boldsymbol{x}^*)]<\infty$$

且对于任意 $\boldsymbol{x}^* \in \boldsymbol{\chi}^*$，数列$\{\sum_{i=1}^{n}\|\boldsymbol{x}_i(k+1)-\boldsymbol{x}^*\|^2\}$是收敛的。进一步，代入假设 6.4，有$\sum_{k=0}^{\infty}s(k)=\infty$，进而可得

$$\lim_{k\to\infty}\inf f(\bar{\boldsymbol{x}}(k))=f(\boldsymbol{x}^*) \tag{6-38}$$

定理 6.1 表明$\lim\limits_{k\to\infty}\|\boldsymbol{x}_i(k)-\bar{\boldsymbol{x}}(k)\|=0$ 成立，因此对于任意 $\boldsymbol{x}^*\in\boldsymbol{\chi}^*$，$\{\|\bar{\boldsymbol{x}}(k)-\boldsymbol{x}^*\|^2\}$都是收敛的且$\bar{\boldsymbol{x}}(k)$是有界的。由于目标函数 f 是连续凸函数，因此由式(6-38)易得$\bar{\boldsymbol{x}}(k)$能收敛至 $\boldsymbol{x}^*\in\boldsymbol{\chi}^*$。这也说明数列$\{\|\bar{\boldsymbol{x}}(k)-\boldsymbol{x}^*\|^2\}$是收敛的，$\bar{\boldsymbol{x}}(k)$具有唯一有限解，即$\lim\limits_{k\to\infty}\|\bar{\boldsymbol{x}}(k)-\boldsymbol{x}^*\|=0$，这也表明$\lim\limits_{k\to\infty}\|\boldsymbol{x}_i(k)-\boldsymbol{x}^*\|=0$ 成立。证明完成。

定理 6.1 表明本章提出的分布式优化算法能实现对最优值的有效估计，其收敛速度的结果可由如下引理概括。

引理 6.14　对于如式(6-13)所示的分布式优化算法，令 $\sigma_k=\min\limits_{k} f(\bar{\boldsymbol{x}}(k))-f(\boldsymbol{x}^*)$表示第 k 步的最优估计误差。那么在假设 6.1 至假设 6.4 的条件下，σ_k 的收敛速度由下式决定：

$$\sigma_k=O\left[\int_0^{k+1}s(t)\mathrm{d}t\right]^{-1} \tag{6-39}$$

证明：对式(6-37)进行求和，结合条件$\left\|\sum_{i=1}^{n}\boldsymbol{x}_i(k+1)-\boldsymbol{x}^*\right\|^2\geqslant 0$，可得

$$\begin{aligned}
&2\sum_{r=0}^{k}s(r)[f(\bar{\boldsymbol{x}}(r))-f(\boldsymbol{x}^*)]\\
&\quad\leqslant\sum_{i=1}^{n}\|\boldsymbol{x}_i(0)-\boldsymbol{x}^*\|^2+4n^2C_1^2\sum_{r=0}^{k}[\sum_{l=0}^{r}q^{r-l}s(l)]^2\\
&\qquad+6nC_g\sum_{r=0}^{k}s(r)\max_{i\in V}\|\boldsymbol{x}_i(r)-\bar{\boldsymbol{x}}(r)\|+4nC_1C_b\sum_{r=0}^{k}\{\tau^2(r)+[\sum_{l=0}^{r}q^{r-l}s(l)]^2\}
\end{aligned}$$

将式(6-26)和式(6-27)代入上式，由假设 6.1 可得

$$\begin{aligned}
2\sum_{r=0}^{k}s(r)\sigma_k&<2nC_b^2+12n^2C_bC_g\sum_{r=0}^{k}q^{r+1}s(r)+4nC_1C_b\sum_{r=0}^{k}\tau^2(r)\\
&\quad+\frac{4nC_1}{(1-q)^2}[nC_1+C_b+12nC_g(2-2q+q^2)]\sum_{r=0}^{k}s^2(r)
\end{aligned}$$

因此有

$$\sigma_k < \frac{\widetilde{C}_1 + \widetilde{C}_2 \sum_{r=0}^{k} \tau^2(r) + \widetilde{C}_3 \sum_{r=0}^{k} s^2(r)}{\sum_{r=0}^{k} s(r)}$$

其中，

$$\widetilde{C}_1 = nC_b^2 + \frac{6n^2 C_b C_g}{1-q}, \quad \widetilde{C}_2 = 2nC_1 C_b$$

$$\widetilde{C}_3 = \frac{2nC_1}{(1-q)^2}[nC_1 + C_b + 12nC_g(2-2q+q^2)]$$

根据假设 6.4,有

$$s(k+1) \leqslant s(k) \leqslant 1, \quad \tau(k+1) \leqslant \tau(k) \leqslant 1$$

$$\sum_{k=0}^{\infty} s^2(k) < \infty, \quad \sum_{k=0}^{\infty} \tau^2(k) < \infty, \quad \sum_{k=0}^{\infty} s(k) = \infty$$

因此,分布式优化算法的收敛速度主要由 $\sum_{r=0}^{k} s(r)$ 决定。那么,由式(6-9) 可得 σ_k 的收敛速度由式(6-39) 决定。证明完成。

特别地,当 $s(k)$取式(6-8)中的值时,式(6-39)可简化为

$$\sigma_k = \begin{cases} O\left(\frac{1}{k^{1-b}}\right), & b \in \left(\frac{1}{2}, 1\right) \\ O\left(\frac{1}{\lg k}\right), & b = 1 \end{cases}$$

由上式可知,当 $b \in \left(\frac{1}{2}, 1\right)$时,算法收敛速度为 $O\left(\frac{1}{k^{1-b}}\right)$;当 $b=1$ 时,算法收敛速度为 $O\left(\frac{1}{\lg k}\right)$。

6.4 仿真实例

为方便读者对分布式优化算法形成直观理解,本节主要分为两部分:对多步次梯度分布式优化算法的仿真验证;对分布式优化算法在资源配置中的应用进行仿真验证。

6.4.1 多步次梯度分布式优化算法算例

为了直观地展示算法的收敛效果,本节采用带约束的分布式次梯度算法

(distributed subgradient method, DSM)进行对比仿真,同时为了方便描述,用 MSSM 表示本章提出的多步次梯度分布式优化算法。DSM 仅由梯度搜索、一致性优化和投影映射组成,其主要计算步骤如下:

$$\begin{aligned}\boldsymbol{y}_i(k+1) &= \sum_{j=1}^{n}\boldsymbol{A}_{ij}\boldsymbol{x}_j(k) - s(k)\boldsymbol{d}_i(k)\\ \boldsymbol{x}_i(k+1) &= \boldsymbol{\pi}_{\chi}[\boldsymbol{y}_i(k+1)]\end{aligned}$$

考虑五个智能体的分布式优化问题,分布式优化算法通信拓扑如图 6.3 所示,其对应的邻接矩阵如下:

$$\boldsymbol{A}=\frac{1}{12}\begin{bmatrix}3 & 0 & 3 & 3 & 3\\ 4 & 8 & 0 & 0 & 0\\ 4 & 4 & 4 & 0 & 0\\ 1 & 0 & 5 & 6 & 0\\ 0 & 0 & 0 & 3 & 9\end{bmatrix}$$

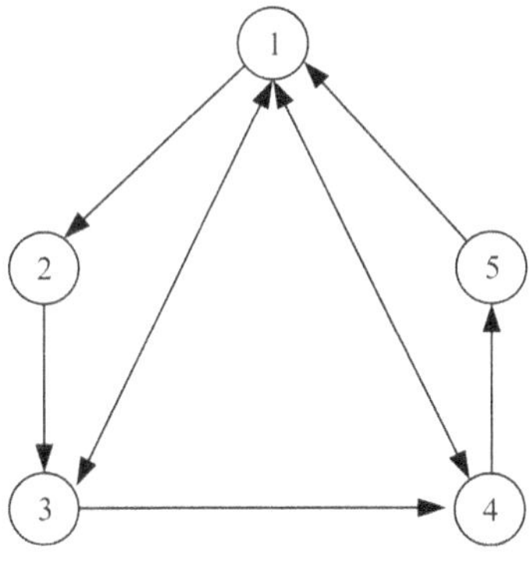

图 6.3　分布式优化算法通信拓扑

智能体 i 的目标函数为

$$f_i(\boldsymbol{x}_i)=\frac{1}{2}\|\boldsymbol{P}_i\boldsymbol{x}_i-\boldsymbol{Q}_i\|^2+0.2\|\boldsymbol{x}_i\|_1 \quad (\forall i\in V)$$

其中,$\boldsymbol{\chi}=\{\boldsymbol{x}_i\in\mathbf{R}^2 \mid \|\boldsymbol{x}_i\|\leqslant 10\}$,$\boldsymbol{P}_i\in\mathbf{R}^{2\times 2}$ 为正定矩阵,$\boldsymbol{Q}_i\in\mathbf{R}$。$\boldsymbol{P}_i$ 和 $\boldsymbol{Q}_i$ 的元素通过均值为 0、标准差为 1 的高斯分布随机生成,$\boldsymbol{x}_i$ 的初值在约束集中随机生成。加速参数为 $\tau(k)=\dfrac{1000}{k+1000}$,优化步长为 $s(k)=\dfrac{c}{k+10}$,其中 $c=\{1,2,5\}$,用于分析不同步长下算法的收敛速度。

仿真结果如图 6.4 和图 6.5 所示。图 6.4 对比了两类算法的优化收敛速度,可见在较大的初始化步长的情况下,MSSM 的优化收敛速度明显快于 DSM,反之两者则比较接近。图 6.5 对比了两类算法的一致性收敛速度，可见 MSSM 的一致性收敛速度明显快于 DSM，但随着初始步长的增加，收敛速度会略微下降。

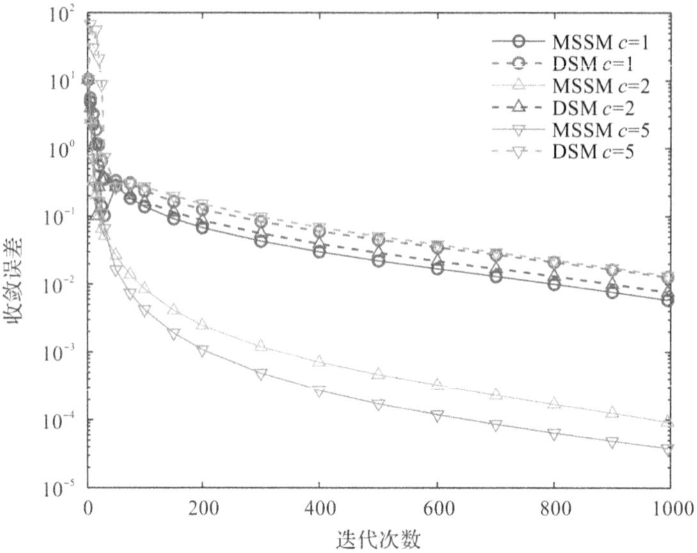

图 6.4 MSSM 和 DSM 的优化收敛速度对比

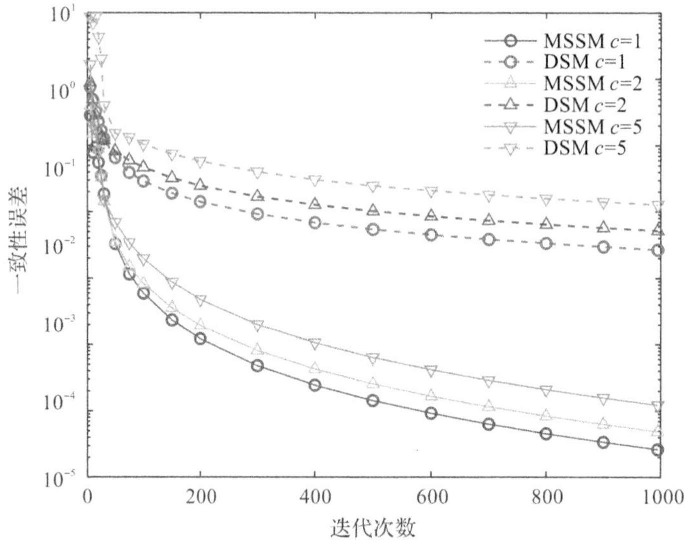

图 6.5 MSSM 和 DSM 的一致性收敛速度对比

6.4.2 分布式优化算法在资源配置中的应用

分布式优化算法可用于资源配置，如通信设备安装位置优化、微电网分布式能源配置等[15-17]。以通信设备安装位置优化为例，考虑二维平面15个设备的安装，其中10个设备已固定，5个设备待安装，如图6.6所示。基于分布式优化的通信设备安装位置优化就是寻找一个合理的配置来优化总通信距离。

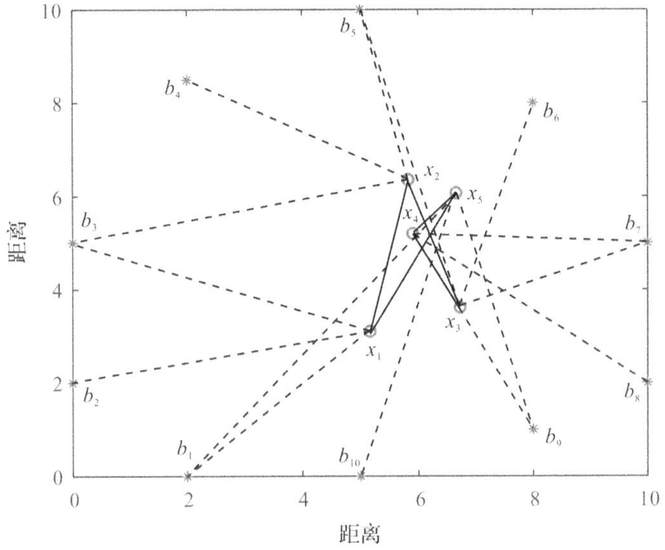

图6.6 初始位置示意

用 $\boldsymbol{b}_l \in \mathbf{R}^2 (l \in \{1,2,\cdots,10\})$ 表示固定设备的位置，用 $\boldsymbol{p}_i \in \mathbf{R}^2 (i \in \{1,2,\cdots,5\})$ 表示待安装设备的位置，$\boldsymbol{p}_i = [x_i \quad y_i]^{\mathrm{T}}$。根据Euler范数的意义，分布式通信设备安装位置优化问题可表示为

$$\min_{x \in \boldsymbol{\chi}} f(\boldsymbol{p}) = \sum_{i=1}^{n} f_i(\boldsymbol{p})$$

$$f_i(\boldsymbol{p}) = \frac{1}{2}\Big(\sum_{j \in N_i} \|\boldsymbol{p}_i - \boldsymbol{p}_j\|^2 + \sum_{l \in N_{li}} \|\boldsymbol{p}_i - \boldsymbol{b}_l\|^2\Big)$$

其中，$\boldsymbol{p} = [\boldsymbol{p}_1^{\mathrm{T}},\cdots,\boldsymbol{p}_5^{\mathrm{T}}]^{\mathrm{T}}$ 为总的位置变量，N_i 和 N_{li} 分别表示设备 i 的待安装邻近设备和固定邻近设备，约束集 $\boldsymbol{\chi}$ 为当前安装环境约束的集合，设备间的通信拓扑用无向图表示，如图6.6中实线所示，此时邻接矩阵的各项权重为1/3。

应用分布式次梯度优化算法求解上述问题即可得到最优的安装配置，结果如图6.7至图6.9所示。图6.7显示了最终的优化安装位置，每个待安装的设备最终都靠近其邻接的固定设备,同时保证与其他待安装邻接设备的通信距离。图 6.8 显示了分布式优化过程中待安装设备的优化位置变化。图 6.9 显示了优化目标函数值变化,可以看出,在执行 100 次后,总体系统趋于稳定,此时函数指标为 118.76。

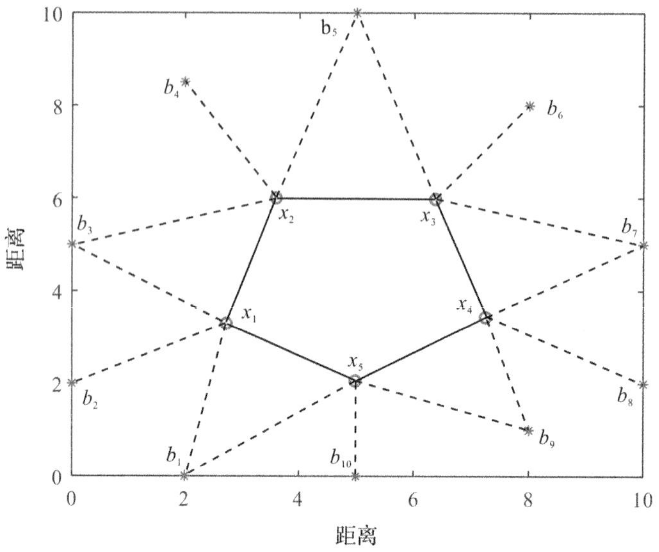

图 6.7 优化安装位置

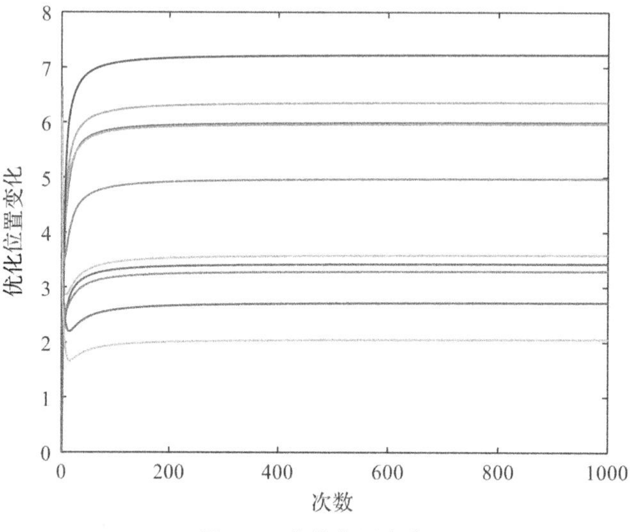

图 6.8 优化位置变化

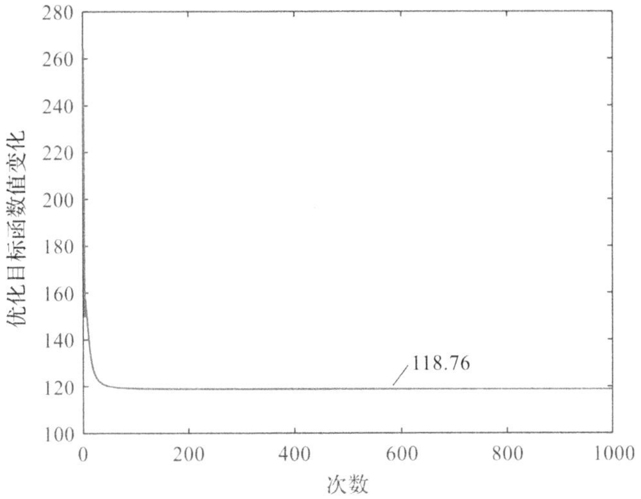

图 6.9　优化目标函数值变化

分布式优化算法在资源配置中能得到一个理想的配置结果，除了本章提出的多步次梯度分布式优化算法之外，分布式次梯度算法、增量次梯度算法和 Push-Sum 次梯度算法等也适用于研究此类问题，这里不做赘述，读者可自行验证。

6.5　本章小结

本章研究了基于多步次梯度的分布式优化算法，首先提出了一个基于多步次梯度的分布式优化算法，在矩阵直径与半径的基础上对该算法进行了收敛性分析，在理论上验证了该算法具有有限时间一致性并且能渐近收敛至最优值。仿真结果表明，较经典的分布式次梯度优化算法具有较快的一致性收敛速度。

参考文献

[1] Bondy J A, Murty U S R. Graph Theory with Applications[M]. London: Macmillan, 1976.

[2] Ren W, Beard R W. Distributed Consensus in Multi-vehicle Cooperative Control[M]. London: Springer, 2008.

[3] Horn R A, Johnson C R. Matrix Analysis[M]. Cambridge: Cambridge University Press, 2012.

[4] Li C, Xin H, Wang J, et al. Dynamic average consensus with topology balancing under a directed graph[J]. International Journal of Robust and Nonlinear Control, 2019, 29(10): 3014-3026.

[5] Wolfowitz J. Products of indecomposable, aperiodic, stochastic matrices[J]. Proceedings of the

American Mathematical Society,1963,14(5):733-737.

[6] Boyd S, Vandenberghe L. Convex Optimization[M]. Cambridge: Cambridge University Press, 2004.

[7] Yu R, Chen Y H, Han B. Cooperative game approach to robust control design for fuzzy dynamical systems[J]. IEEE Transactions on Cybernetics,2020,52(7):7151-7163.

[8] Ye M, Hu G. Distributed Nash equilibrium seeking by a consensus based approach[J]. IEEE Transactions on Automatic Control,2017,62(9):4811-4818.

[9] Li C, Qu Z. Distributed finite-time consensus of nonlinear systems under switching topologies [J]. Automatica,2014,50(6):1626-1631.

[10] Peng J, Li C, Ye X. Cooperative control of high-order nonlinear systems with unknown control directions[J]. Systems & Control Letters,2018,113:101-108.

[11] An W, Zhao P, Liu H, et al. Distributed multi-step subgradient projection algorithm with adaptive event-triggering protocols: A framework of multiagent systems[J]. International Journal of Systems Science,2022,53(13):2758-2772.

[12] Wang D, Ren H, Shao F. Distributed Newton methods for strictly convex consensus optimization problems in multi-agent networks[J]. Symmetry,2017,9(8):163.

[13] Xiong M, Zhang B, Yuan D, et al. Distributed quantized mirror descent for strongly convex optimization over time-varying directed graph[J]. Science China Information Sciences, 2022, 65(10):202202.

[14] Yang Y, Wang X, Wu Y, et al. Dynamic average consensus control based on event-triggered cloud access[J]. Applied Mathematics and Computation,2023,453:128054.

[15] He X, Huang T, Yu J, et al. A continuous-time algorithm for distributed optimization based on multiagent networks[J]. IEEE Transactions on Systems, Man, and Cybernetics: Systems, 2019,49(12):2700-2709.

[16] Li C, Chen Y H, Sun H, et al. Optimal design of high-order control for fuzzy dynamical systems based on the cooperative game theory[J]. IEEE Transactions on Cybernetics,2020,52(1): 423-432.

[17] Nedic A, Liu J. Distributed optimization for control[J]. Annual Review of Control, Robotics, and Autonomous Systems,2018,1:77-103.

第7章　无人系统在航空航天领域的应用

随着信息技术和空间科学的快速发展，无人系统相关研究在航空航天领域的应用越来越广泛，从最简单的无人机编队、卫星编队到复杂的任务规划以及集群博弈，都可以找到无人系统相关理论的典型应用场景。就航天领域来说，在轨航天器所承担的空间任务越来越多样化和复杂化，对航天器控制技术提出了新的挑战。由于单个大型航天器受到质量重、体积大、研究周期长及成本高等方面的制约，由单个大型航天器独自完成任务的工作模式已经难以满足一些航天任务的实际工程需求，因此，分布式航天器成为当前航天任务的主要工作模式，去中心化的分布式控制与优化技术成为必需。下面将详细介绍其中几项典型应用。

首先，最典型的应用是编队控制，将无人系统在有向图或无向图下的分布式控制理论泛化，通过协同动力学建模将多个飞行器看成一个集群系统，应用分布式控制理论，设计满足任务需求的编队控制指令，从而提高飞行器的自主性和鲁棒性。例如，无人机的编队飞行可以提高飞行效率和任务完成度。此外，无人系统还可以实现自主避障，通过多台传感器和通信系统，实现飞行器之间的信息共享和远程通信，从而提高飞行控制的安全性和可靠性。采用大规模的小型航天器编队协同作业，可以突破结构与空间的限制，例如在天基测量和长基线探测中，将探测器和成像设备分别置于不同的航天器，使得测量和探测基线不受限制，从而扩大观测范围，提高观测精度。

其次，在星群的任务规划与决策中，分布式控制与优化技术也扮演着重要角色。例如，在对地观测卫星任务规划中，随着成像任务序列的需求膨胀，亟须提高卫星应对不同类型任务的能力。不同类型的任务具有不同的处理逻辑与特性，进而造成复杂性叠加，而单星独自运作模式与系统控制独立性显然无法满足日益多变与复杂的观测需求。分布式任务规划与决策可以实现多星协同观测、数据共享和任务分配等功能。例如，多颗卫星可以通过合作完成更大范围的观测任务，获得更高的数据采集效率。

再次，在航空航天领域的监测与诊断中，无人系统相关理论的应用也非常广泛。航天器是一个复杂的物理系统，直接反映其在轨运行状态的遥测数据往往难以用简单的物理公式描述且包含大量噪声，这使得航天器异常检测面临难以得到精确的遥测数据模型的困难。通过传感器网络进行遥测数据，是表征航天器在轨运行状态的唯一依据。例如，在航天器各关键节点安装传感设备，实时采集航天器运行状态，经天地通信链路传输至地面管理中心，供地面管理人员对航天器运行状态进行监视，从而实现对航空航天器件和系统的实时监测、诊断和预防性维护。此外，无人系统相关研究还可以实现对卫星通信链路的监测和诊断，协助地面管理人员及时发现和纠正通信故障，从而保障通信连续性和可靠性。

随着技术的不断进步，无人系统在航空航天领域的应用前景将会更加广阔，为航空航天行业带来更多的创新和发展机会。本章以前述分布式优化理论为基础，重点介绍其在空间分布式频谱感知与频谱制图领域的典型应用实例，以认知无线电技术和频谱制图技术实现对空间未知发射源信号的检测与定位，便于读者对分布式控制与优化理论在航空航天领域的应用形成直观理解。

7.1 频谱制图基础

本节主要介绍认知无线电基础、信号的稀疏性以及频谱制图问题描述，便于后续阅读和理解。

7.1.1 认知无线电基础

7.1.1.1 认知无线电技术

随着现代社会通信技术与通信业务的发展，人们对通信的需求日益增长，对频谱资源的利用问题日益突出。频谱资源是一种有限且不可再生的资源，但目前的无线频谱管理存在一些突出的矛盾和问题，而认知无线电是用于缓解这一现状的一项新技术[1-3]。认知无线电技术(cognitive radio，CR)由 Joseph Mitola 博士于 1999 年提出，是一项基于软件定义无线电(software defined radio，SDR)的用于提高无线电频谱资源利用率的具有智能自适应的无线通信系统技术[1]。随后认知无线电技术快速发展，其中美国联邦通信委员会(Federal Communications Commission，FCC)和 Simon Haykin 教授对认知无线电技术的定义与概念得到了普遍认同及关注[4-5]。

认知无线电系统的核心为发现并利用空闲的频谱资源，进而实现频谱资源的动态分配，这个过程可被视为一个认知循环(cognitive cycle)，如图 7.1 所示。认知无线电系统的基本环节为认知和重构。认知无线电系统的基本工作原理如下：认知用户感知外部频谱环境，对感知结果进行分析、决策，自适应调整参数；认知无线电系统对感知结果进行综合分析、决策，实现对频谱的管理和分配，从而实现资源共享，提高频带的利用率。值得注意的是，认知无线电技术的基本原理意味着可以将空间中的未知干扰源作为发射源考虑，从而利用频谱感知实现对其的检测。

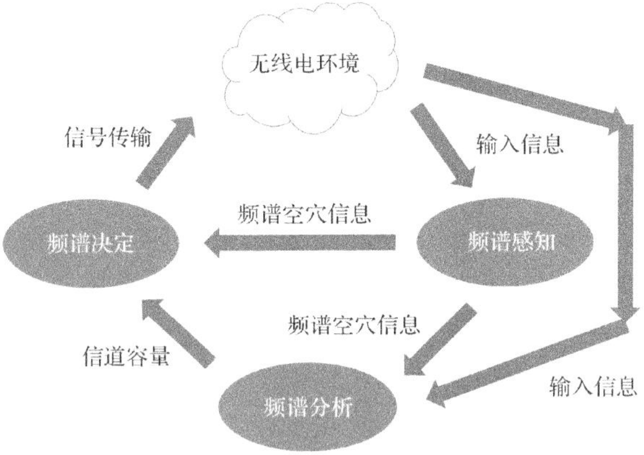

图 7.1　认知无线电系统的认知循环

根据认知无线电系统中认知节点之间的通信交流关系，可将认知无线电网络分为集中式、分布式和混合式三种结构，如图 7.2 所示。本章重点介绍分布式结构下的认知无线电系统网络频谱制图问题。该问题属于认知无线电的感知环节，是指通过网络节点接收到的信号信息，对整片区域内空间信号场进行估计。

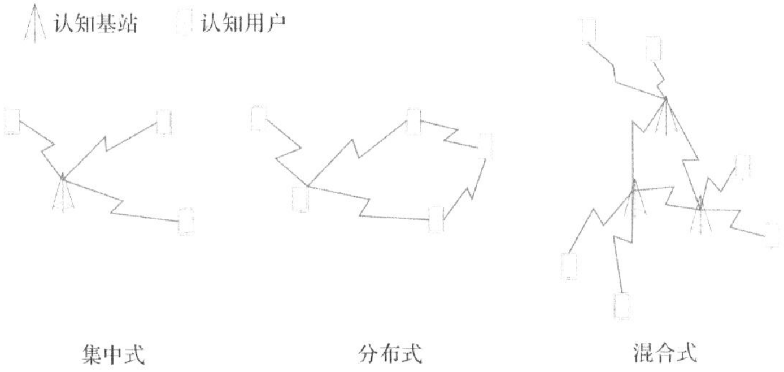

图 7.2　认知无线电系统网络结构

7.1.1.2　频谱制图技术

认知环节是认知无线电的基础环节，也是后续重构环节的基础。在该环节中,认知无线电对外部无线电环境进行频谱感知,也即对主用户(primary user,PU)进行信号检测。对主用户的未知位置信息进行估算的问题被称为频谱制图问题,又称频谱制图技术,包含对主用户信号的检测、估计以及对位置的估计。若不需要确定信号的波形、功率幅值等信息,频谱制图问题可以简化为传统的频谱感知问题。基于信号检测的频谱感知技术的发展已较为完善,而基于信号位置估计的频谱制图技术的研究尚处于起步阶段,这也是本章的关注重点。

频谱制图技术分为无模型方法和基于模型方法,研究较为成熟的是无模型方法。无模型方法不对信号传播模型进行假设,只关注空间维度的假设,此类估计问题最终通常转化为核回归问题(kernel regression problem),然后可通过各类插值方法来求解,如 Kriging(克里金)法[6]、薄板样条法[7]、高斯径向基函数法[8]等。基于模型的方法通常将无线电频谱图设为发射机功率谱密度(power spectrum density,PSD)和空间损耗场(space loss field,SLF)相乘的叠加模型,同时从空间和频率维度进行估计[9]。基于模型方法的估计参数具有明确的物理意义,如发射器的位置和功率,可用于简化制图工作[10]。

频谱制图技术可用于估计发射机位置、射频功率和信道状态等信息[11-12],较传统的频谱感知技术能额外获取空间位置信息,因此适用场景更广泛,且可视化性更强。目前针对频谱制图问题的研究还相对较少,各种方法均有研究成果,如凸优化方法[9]、张量建模方法[10]、概率论法[13]、机器学习等[14],但是针对实际场景的建模与分析应用相对不成熟,目前理论研究层面的成果更为突出。本章重点关注分布式控制方法在频谱制图中的应用。

7.1.2 信号的稀疏性

信号的稀疏性是压缩感知的前提。压缩感知是用于替代 Shannon(香农)定理的一种采样理论,基于对信号的稀疏特性进行开发,即便在远小于 Nyquist(奈奎斯)采样率的条件下,也可以通过随机采样获取信号的离散样本,然后利用非线性的重建算法进行完美的信号重建。对于最小二乘问题,如果未知量满足稀疏性,可以引入 L_1 范数项作为惩罚项进行数据压缩感知,即最小绝对收缩和选择算子(least absolute shrinkage and selection operator,LASSO)方法。信号的稀疏性介绍如下。

稀疏性(sparse):模型的参数中非零元素数量很少或远大于 0 的元素数量很少的性质。

严格 K 稀疏:对于 N 维向量(如 N 维离散信号),若它只有 K 个元素是非零的,且 $K \ll N$,则称此向量是严格 K 稀疏的。例如 $\boldsymbol{a}=[0\quad 0\quad 0\quad 0\quad 1\quad 0\quad 0\quad 0\quad 0]$是一个严格稀疏向量。

K 稀疏:严格 K 稀疏在实际中难以实现,可适当对其条件进行放松,当 K 个非零值以外的项远小于这些值,且数量级相差很大时,将此向量视作稀疏的,如 $\boldsymbol{b}=[10^{-30}\quad 10^{-27}\quad 10^{-22}\quad 10^{-12}\quad 1\quad 10^{-12}\quad 10^{-22}\quad 10^{-27}\quad 10^{-30}]$被视作一个稀疏向量。区别于严格 K 稀疏,称向量 $\boldsymbol{b}$ 为 K 稀疏的。

稀疏信号(图 7.3)表示其有许多零元素,这意味着该信号可以被压缩,只需找到非零元素即可。但实际的信号本身并不是稀疏的,需经过变换,方可实现在一组基上的稀疏,即信号的稀疏表示。

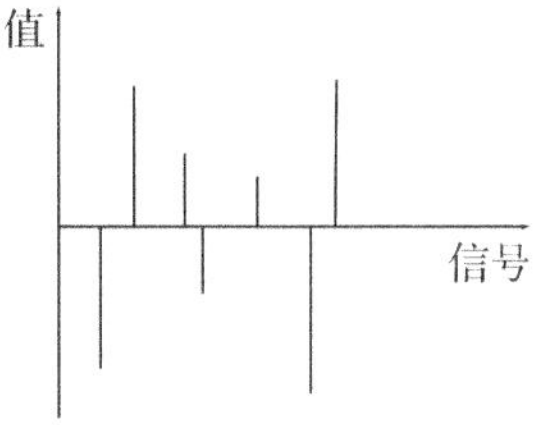

图 7.3　信号的稀疏性

设信号 $\boldsymbol{x}$ 是 $\mathbf{R}^N$ 的有限维子空间向量,即 $\boldsymbol{x}=[x_1, x_2,\cdots,x_N]$,且 $\boldsymbol{x}$ 的绝大多数元素都为 0,则 $\boldsymbol{x}$ 是严格稀疏的。当信号 $\boldsymbol{x}$ 不稀疏时,如果其在某种变换域中稀疏,可以用该变换域的 T 个基本波形的线性组合来表示 $\boldsymbol{x}$,即

$$\boldsymbol{x}=\boldsymbol{\varphi a}=\sum_{i=1}^{T} a_i \boldsymbol{\varphi}_i \tag{7-1}$$

其中,$\boldsymbol{\varphi}$ 被称为基,a_i 被称为在基 $\boldsymbol{\varphi}$ 中信号 $\boldsymbol{x}$ 的表示系数。

7.1.3　频谱制图问题描述

7.1.3.1　频谱制图流程

频谱制图流程如图 7.4 所示,其流程为接收端认知无线电对特定频段进行扫描采样,通过对接收信号进行处理来获得相应的频域信息,根据信号传输模型建立估计求解方程,求解发射源的信息,同时绘制关注区域内的频谱图。

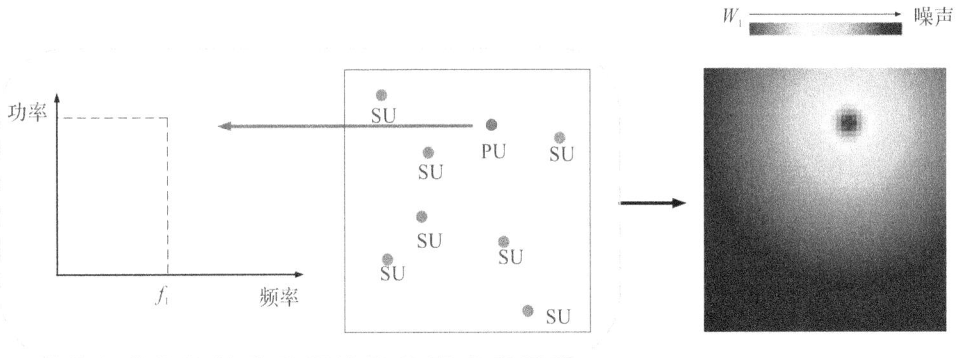

图 7.4　频谱制图流程

频谱制图问题是指基于信号传输模型建立估计求解方程，将接收端的位置和信号信息作为已知量来求解发射源的位置和频域信息，涉及位置和频域功率谱密度两个维度的信息估计，这意味着可以将频谱制图视为一个参数估计问题。

依据认知无线电系统工作方式的不同，频谱制图可以分为集中式和分布式两种。集中式频谱制图要求所有接收端将接收信号和自身位置信息传给数据融合中心(fusion center,FC)进行处理，而分布式频谱制图中的接收端仅与自身通信节点上的邻居接收端交换信息，不需要数据中心求解。分布式频谱制图流程如图 7.5 所示，具体过程如下：

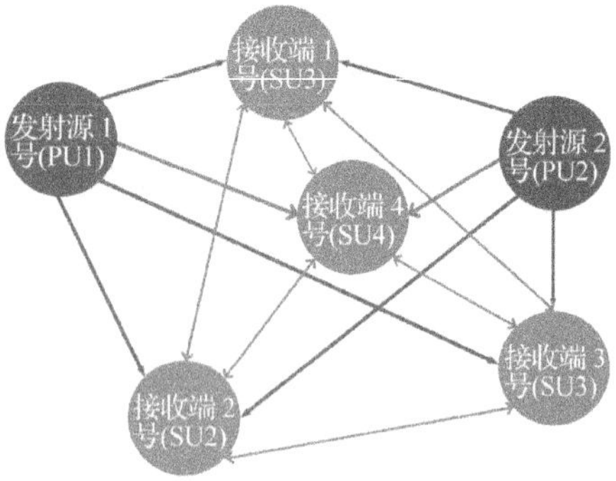

图 7.5　分布式频谱制图流程

1）接收 CR 节点或次用户(secondary user,SU)完成本地数据采集或检测；

2）在完成本地感知后，接收 CR 节点与邻居节点交换 PSD 信息；

3）接收 CR 节点根据自己与邻居的 PSD 信息，利用分布式优化算法求解未知发射源的信息，并判断是否达到全局一致性。

7.1.3.2　认知无线电场景

认知无线电场景一般为主用户(PU)和次用户(SU)共同工作的场景，模型(空间位置)如图 7.6 所示，主次用户分布在某一区域内。

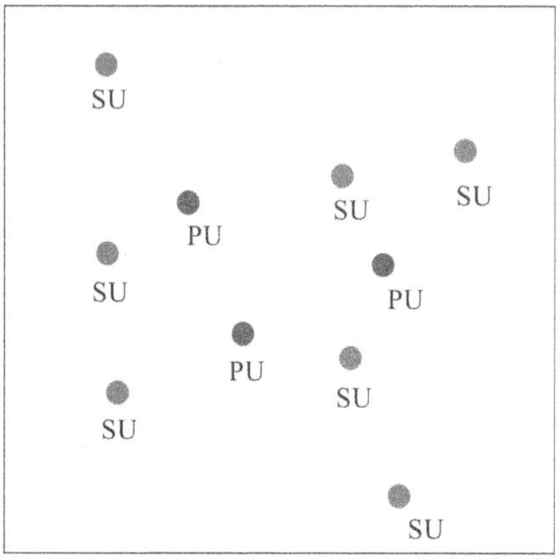

图 7.6　认知无线电场景模型(空间位置)

主次用户对频段的使用存在优先级，模型(频域)如图 7.7 所示，主用户拥有特定授权频段的特定授权信道的专属使用权，次用户无特定频谱资源使用权，只有在对主用户传输不造成严重干扰的前提下允许动态接入授权信道[15]。

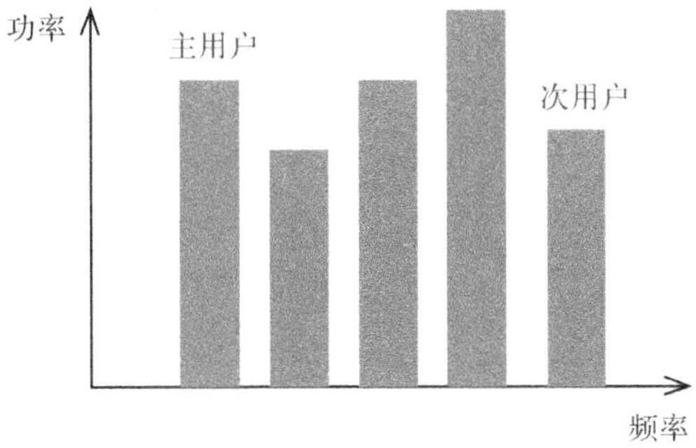

图 7.7　认知无线电场景模型(频域)

次用户通过各种检测或感知技术，寻找频带内的频谱空穴，然后占用该频谱空穴。如果次用户使用的频谱空穴频段随后被主用户恢复占用，那么就需要主动停止占用该频带，并选择占用另一个可供使用的频谱空穴，进而实现动态频谱接入[15]，如图 7.8 所示。

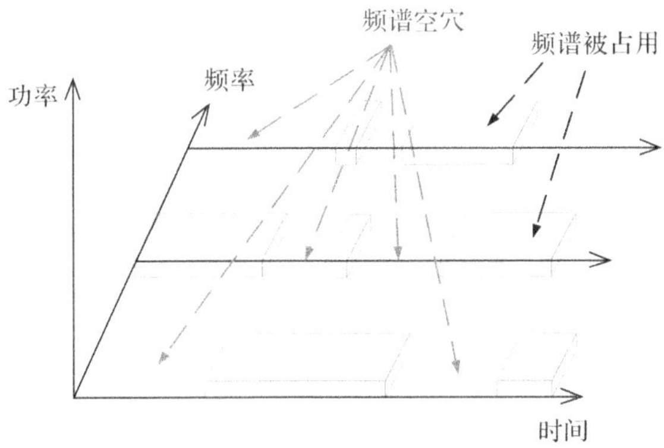

图 7.8　频谱空穴与动态频谱接入

频谱感知问题是根据次用户接收到的信息来感知主用户的频谱占用信息的问题。频谱空穴的存在直观表现为主用户存在很多的零元素，具备稀疏性，因此认知无线电频谱制图问题可以转化为压缩感知问题(图 7.9)。该问题涉及空间位置、频域和时域三个维度，其中空间位置被离散成网格点，频域维度为特定采样频率点，时域维度为特定离散时间点，主用户只在特定位置和特定时刻占用特定频段。

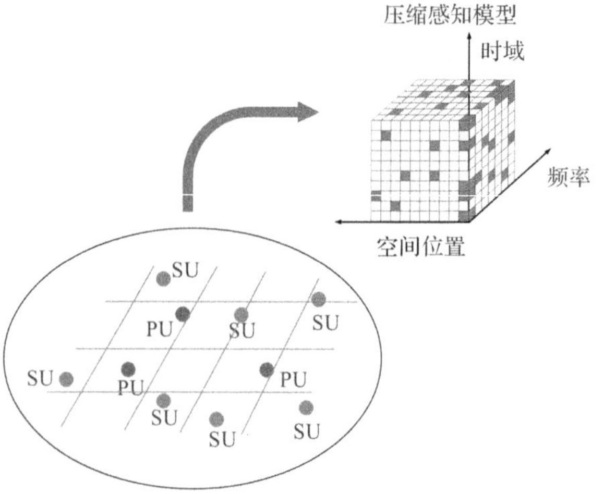

图 7.9 认知无线电场景的压缩感知

本章考虑的问题则暂不涉及时域，只针对空间位置和频域两个维度开展研究，即静态频谱感知问题。

7.1.3.3 信号传输模型

频谱制图问题可被视作信号传输模型的逆问题，即根据接收信号逆推发射源的信息。

信号传输模型(图 7.10)包括发射源、信道、接收端三部分。其中发射源发出信号的实际过程包含将信号数据源转化为实际物理信号的发射器物理载体(称为链路层)，大致包含网络连接设备、信道编码器、调制器，以及将物理信号以电磁波的形式发射出去的发射天线。接收端的结构与发射源类似，只是过程相反，由发射转为接收。

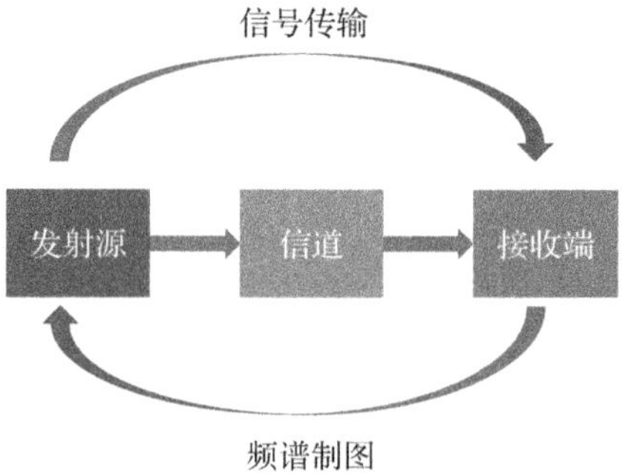

图 7.10 信号传输模型

信号传输过程是指信号在空间中的传播过程，被表征为无线信道模型。信道的影响主要包含衰落和干扰两部分。信号衰落是指功率或能量在空间中的损失，如空间大尺度衰落和路径损耗，信号通过不同传播方式（如直射、折射、反射）产生的小尺度衰落，以及多径损耗、障碍物影响造成的阴影效应，窄带宽传输造成的平坦衰落等。信号干扰包含其他同频段的设备干扰和背景噪声等（主要考虑热噪声造成的高斯白噪声影响）。无线电射频通信的信道影响主要考虑自由空间路径损耗、同频段设备干扰和高斯白噪声。

设发射源的时域信号为 $s(n)$，信道为 h，接收器的噪声为 $v(n)$，则接收器接收到的信号为

$$r(n)=hs(n)+v(n) \tag{7-2}$$

当存在多对发射源和接收器时，有

$$r_j(n)=h_{ji}s_i(n)+v(n) \tag{7-3}$$

其中，h_{ji} 的第一个下标 j 表示接收器天线对应的编号，第二个下标 i 表示发射源天线对应的编号。

式(7-2)和式(7-3)表征了信号传输数学模型，如图 7.11 所示。频域下的信号传输模型为

$$\Phi_r(f)=H\Phi_s(f)+\Phi_v(f) \tag{7-4}$$

其中，$\Phi_r(f)$ 为接收端信号的功率谱密度，$\Phi_s(f)$ 为发射源信号的功率谱密度，H 为信道矩阵，$\Phi_v(f)$ 为噪声的功率谱密度。

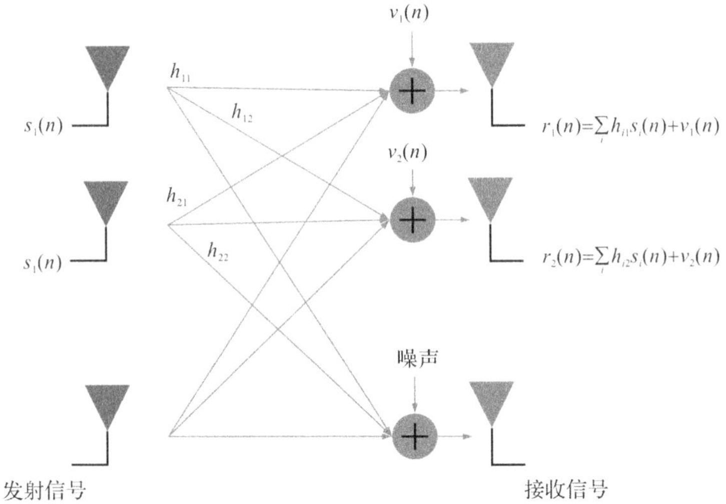

图 7.11　信号传输数学模型

假设噪声为高斯白噪声，其功率谱密度为常值，即 $\Phi_v(f)=\sigma_r^2$，则有

$$\Phi_r(f)=H\Phi_s(f)+\sigma_r^2 \tag{7-5}$$

定义信噪比

$$SNR=\frac{S}{N}=\frac{\Phi_r(f)}{\sigma_r^2} \tag{7-6}$$

则可根据信噪比和接收器接收到的信号功率谱密度来计算白噪声数值大小，即

$$\sigma_r^2=\frac{\Phi_r(f)}{\mathrm{SNR}}$$

对于频谱制图场景而言，接收端信号功率谱密度和噪声功率谱密度为已知量，发射源功率谱密度未知，为求解量。求解该问题还需要对信道模型做一定假设。需根据通信场景的变化对信道模型做相应假设，如真空中超远距离通信只需要考虑大尺度的空间信道自由衰落所产生的路径损耗，因此可将信道模型假设为路径损耗模型，即

$$H_{sr}=\gamma_{sr}=\gamma(\boldsymbol{x}_s-\boldsymbol{x}_r)=\min\left\{1,\left(\frac{d}{d_0}\right)^{-\eta}\right\} \tag{7-7}$$

其中，$d=\|\boldsymbol{x}_s-\boldsymbol{x}_r\|$，$\boldsymbol{x}_s$ 为发射源的位置，$\boldsymbol{x}_r$ 为接收端的位置；d_0 和 η 分别为参考距离和路径损耗系数，为传播环境常数。η 的取值范围通常为 $2\leqslant\eta\leqslant 8$，$d_0$ 在地面无线电中通常设定为 5～30m。

路径损耗模型(7-7)意味着在以发射源点为中心、d_0 为半径的圆形区域或球形区域内信号不发生衰减，在该区域外，信号的功率谱密度以指数形式衰减。

7.2 基于分布式优化的频谱制图

7.2.1 频谱制图问题先决条件

由信号传输模型(7-5)和信道假设(7-7)可知，发射源的位置和频域信息都是未知连续变量，仅通过接收端的位置和频谱信息以及路径损耗模型求解频谱制图问题十分困难。因此，需对发射源频谱信息和发射源位置分别进行假设，即基函数假设和虚拟网格假设，将未知连续变量转化为离散变量，从而将频谱制图问题转化为矩阵向量优化问题。

7.2.1.1 基函数假设

基函数假设主要针对发射源频谱信息，假设发射源信号的功率谱密度曲线由

一簇基函数的加权和构成,那么未知量求解可转化为基函数的系数变量求解。若该频段上存在基函数分量,则其对应系数变量为一个正常数;若不存在基函数分量,则系数变量为0。

设发射信号的功率谱密度为 $\Phi_s(f)$,其在基函数分解下的表达式为

$$\Phi_s(f)=\sum_{v=1}^{N_b}\theta_{sv}b_v(f) \tag{7-8}$$

基函数的选取与发射源类型有关,通常选用高斯(钟形)函数、方波函数和升余弦脉冲函数等[9](图7.12)。基函数簇的带宽必须覆盖所计算的频带带宽 B,由功率谱密度的实际物理意义可知 $\theta_{sv}\geqslant 0$。

(a) 方波函数

(b) 升余弦脉冲函数

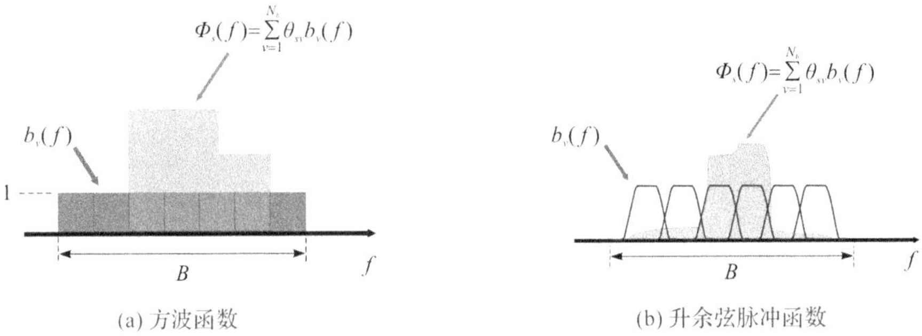

图7.12　常见基函数类型

基函数需根据发射源的PSD的函数形式选取,或根据经验判断发射源的PSD的函数形式。若用某一基函数对由另一基函数组成 $\Phi_s(f)$ 进行估计求解,将会产生较大的估计误差。

发射源的信号采用方波函数和升余弦脉冲函数,其中方波函数是升余弦函数的特例。升余弦脉冲函数频谱形状为升余弦,时域波形与sinc函数相像,但尾部衰减很快(图7.13),其对应的表达式为

$$P(f)=\begin{cases}\dfrac{1}{2W}, & 0<|f|\leqslant f_1\\ \dfrac{1}{4W}\left(1-\sin\dfrac{\pi(|f|-W)}{2W-f_1}\right), & f_1<|f|\leqslant 2W-f\\ 0, & |f|>2W-f_1\end{cases} \tag{7-9}$$

中心率 f_1 和带宽 W 的关系为

$$\beta=1-\frac{f_1}{W} \tag{7-10}$$

其中,β 为滚动因子,它决定着升余弦脉冲函数的形状。

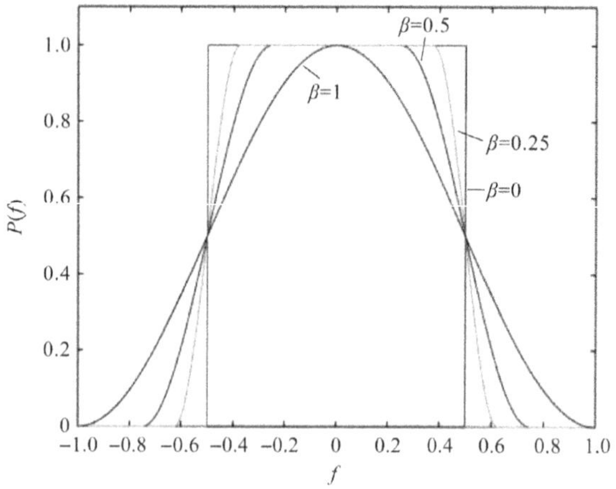

图 7.13 升余弦脉冲函数

当 $\beta=0$ 时，$f_1=W$，升余弦脉冲函数退化为方波函数，相应表达式为

$$P(f)=\begin{cases}\dfrac{1}{2W}, & 0<|f|\leqslant W\\ 0, & |f|>W\end{cases} \tag{7-11}$$

当 $\beta=1$ 时，$f_1=0$，相应表达式为

$$P(f)=\begin{cases}\dfrac{1}{4W}\left(1+\cos\dfrac{\pi f}{2W}\right), & 0<|f|\leqslant 2W\\ 0, & |f|>2W\end{cases} \tag{7-12}$$

此时的时域响应为 $p(t)=\dfrac{\operatorname{sinc}(4Wt)}{1-16W^2t^2}$。

升余弦脉冲函数满足

$$P(f)+P(f-2W)+P(f+2W)=\frac{1}{W}\quad(-W\leqslant f\leqslant W) \tag{7-13}$$

采用升余弦脉冲函数的基函数表达式为

$$b_v(f)=\begin{cases}\dfrac{1}{2W_v}, & 0<|f|\leqslant f_{1v}\\ \dfrac{1}{4W_v}\left(1-\sin\dfrac{\pi|f|-W_v}{2W_v-f_{1v}}\right), & f_{1v}<|f|\leqslant 2W_v-f_{1v}\\ 0, & |f|>2W_v-f_{1v}\end{cases} \tag{7-14}$$

其中，f_{1v} 为第 v 个基函数的中心频率，W_v 为第 v 个基函数的带宽。

7.2.1.2 虚拟网格假设

虚拟网格假设主要针对发射源的位置信息，假设发射源落在网格内的预定位置上，若通过方程求解所得结果恰好落在该虚拟网格点上，则保留该点并将其对应的系数设为 1，否则去除该点并将对应系数置零[9]。在实际应用中，应根据区域的类型和计算需求做出虚拟网格假设。本节采用正方形区域对应的均布虚拟网格假设，正方形虚拟网格模型如图 7.14 所示。

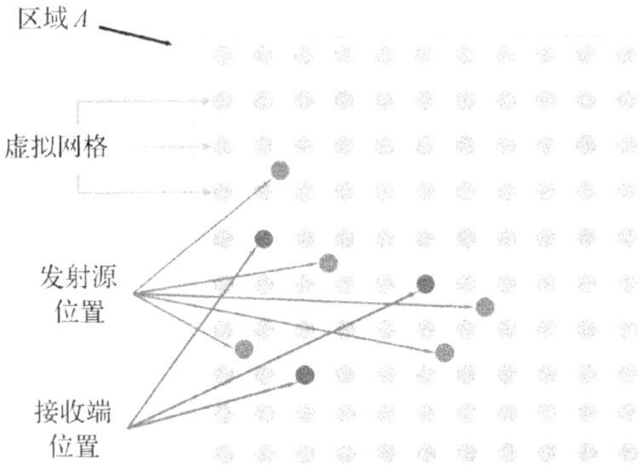

图 7.14　正方形虚拟网格模型

将网格数量 N_{VS} 取为平方数，在均布虚拟网格假设下，位置坐标可表示为

$$\boldsymbol{x}_{VS}=\left\{\left(\sqrt{S}\frac{i-0.5}{\sqrt{N_{VS}}},\sqrt{S}\frac{j-0.5}{\sqrt{N_{VS}}}\right)\right\}_{i,j=1,\cdots,\sqrt{N_{VS}}} \tag{7-15}$$

其中，S 为网格区域 A 的面积。

7.2.2　频谱制图优化问题模型

7.2.2.1　估计模型

在实际认知无线电系统中，接收端接收的信号是所有发射源的发射信号经过信道传输后叠加的连续时域信号 $r_k(t)(k=1,2,\cdots,N_r)$。基于分布式优化的频谱制图问题采用频域功率谱密度作为待估计量，故需要将时域信号转换为频域上的功率谱密度函数 $\Phi_r(\boldsymbol{x}_r,f)$，该函数是关于频率的连续函数。时域转频域采用的变换方法有傅里叶变换和周期图法等。

通过几个特定的采样频率 $f_n(n=1,2,\cdots,N)$ 对频域上的连续功率谱密度函数进行离散点采样，得到离散的功率谱密度函数 $\Phi_r(\boldsymbol{x}_r,f_n)(r=1,2,\cdots,N_r;n=1,2,\cdots,N)$。离散后采集得到的数据为所有 N_r 个接收器接收到的 N 个离散频率下的功率谱密度测量值，此时获取的功率谱密度测量值满足稀疏性条件。

得到频域功率谱密度函数和其离散测量值后，估计问题可表示如下。

问题：在假定的区域 A 内存在 N_s 个发射源，分别位于位置 $\{\boldsymbol{x}_s\in A\}_{s=1}^{N_s}$ 处，发

射信号的功率谱密度记为 $\Phi_s(f)$，位置和功率谱密度均未知；N_r 个接收认知无线电分别位于位置 $\{\boldsymbol{x}_r \in A\}_{r=1}^{N_r}$ 处，接收到信号的功率谱密度为 $\Phi_r(f)$，为已知信息。接收器求解估计 $\Phi_s(f)$，并估计全局功率谱密度函数 $\Phi_{\text{global}}(f)$。

目标：估计发射源的功率谱密度 $\Phi_s(f)$，并绘制区域 A 内的全局功率谱密度图 $\hat{\Phi}(\boldsymbol{x}, f_n)$，$\forall\, \boldsymbol{x} \in A$，$\forall\, f_n$。

假设接收器存在方差为 $\{\sigma_r^2\}_{r=1}^{N_r}$ 的白噪声。若只存在一个发射源，则 $\{\boldsymbol{x}_r\}_{r=1}^{N_r}$ 处的接收节点测量的功率谱密度 $\Phi_r(f)$ 可表示为发射源的功率谱密度乘以路径损耗函数的积与测量噪声的和，即

$$\Phi_r(f) = \gamma_{sr}\Phi_s(f) + \sigma_r^2 \tag{7-16}$$

其中，γ_{sr} 是链路 $\boldsymbol{x}_s \to \boldsymbol{x}_r$ 的平均信道增益，即路径损耗。若存在多个发射源，则 $\Phi_r(f)$ 可表示为

$$\Phi_r(f) = \sum_{s=1}^{N_s} \gamma_{sr}\Phi_s(f) + \sigma_r^2 \tag{7-17}$$

将上式代入基函数假设(7-8)，得

$$\Phi_r(f) = \sum_{s=1}^{N_s} \gamma_{sr}\Phi_s(f) + \sigma_r^2 = \sum_{s=1}^{N_s} \gamma_{sr} \sum_{v=1}^{N_b} \theta_{sv} b_v(f) + \sigma_r^2 \tag{7-18}$$

上式可重写为

$$\begin{aligned}\Phi_r(f) = {} & \gamma_{1r}[\theta_{11}b_1(f) + \theta_{12}b_2(f) + \cdots + \theta_{1N_b}b_{N_b}(f)] + \gamma_{2r}[\theta_{21}b_1(f) + \theta_{22}b_2(f) + \cdots \\ & + \theta_{2N_b}b_{N_b}(f)] + \gamma_{3r}[\theta_{31}b_1(f) + \theta_{32}b_2(f) + \cdots + \theta_{3N_b}b_{N_b}(f)] + \cdots \\ & + \gamma_{N_sr}[\theta_{N_s1}b_1(f) + \theta_{N_s2}b_2(f) + \cdots + \theta_{N_sN_b}b_{N_b}(f)] + \sigma_r^2\end{aligned} \tag{7-19}$$

将式(7-19)重写为矩阵形式：

$$\Phi_r(f) = \begin{bmatrix} \gamma_{1r}b_1(f) \\ \gamma_{1r}b_2(f) \\ \vdots \\ \gamma_{1r}b_{N_b}(f) \\ \gamma_{2r}b_1(f) \\ \gamma_{2r}b_2(f) \\ \vdots \\ \gamma_{2r}b_{N_b}(f) \\ \vdots \\ \gamma_{N_sr}b_1(f) \\ \gamma_{N_sr}b_2(f) \\ \vdots \\ \gamma_{N_sr}b_{N_b}(f) \end{bmatrix}^{\mathrm{T}} \begin{bmatrix} \theta_{11} \\ \theta_{12} \\ \vdots \\ \theta_{1N_b} \\ \theta_{21} \\ \theta_{22} \\ \vdots \\ \theta_{2N_b} \\ \vdots \\ \theta_{N_s1} \\ \theta_{N_s2} \\ \vdots \\ \theta_{N_sN_b} \end{bmatrix} + \sigma_r^2 = \boldsymbol{b}_r^{\mathrm{T}}(f)\boldsymbol{\theta} + \sigma_r^2 \tag{7-20}$$

设估计功率谱密度为$\{\hat{\Phi}_r(\boldsymbol{x}_r, f_n)\}_{n=1}^{N}$，估计值与真实值之间的估计误差为$\{e_{rn}\}_{n=1}^{N}$，则有

$$\hat{\Phi}_r(\boldsymbol{x}_r, f_n) = \Phi_r(\boldsymbol{x}_r, f_n) + e_{rn} \tag{7-21}$$

记$\boldsymbol{\varphi}_r = \{\hat{\Phi}_r(\boldsymbol{x}_r, f_n)\}_{n=1}^{N}$为$N$维向量，估计误差向量$\boldsymbol{e}_r = \{e_{rn}\}_{n=1}^{N}$，可以得到第$r$个接收器的局部功率谱密度估计值的向量-矩阵模型如下：

$$\begin{aligned}\boldsymbol{\varphi}_r &= \{\hat{\Phi}_r(\boldsymbol{x}_r, f_n)\}_{n=1}^{N} = \begin{bmatrix} \Phi_r(\boldsymbol{x}_r, f_1) + e_{r1} \\ \Phi_r(\boldsymbol{x}_r, f_2) + e_{r2} \\ \vdots \\ \Phi_r(\boldsymbol{x}_r, f_N) + e_{rN} \end{bmatrix} = \begin{bmatrix} \boldsymbol{b}_r^{\mathrm{T}}(f_1)\boldsymbol{\theta} + \sigma_r^2 + e_{r1} \\ \boldsymbol{b}_r^{\mathrm{T}}(f_2)\boldsymbol{\theta} + \sigma_r^2 + e_{r2} \\ \vdots \\ \boldsymbol{b}_r^{\mathrm{T}}(f_N)\boldsymbol{\theta} + \sigma_r^2 + e_{rN} \end{bmatrix} \\ &= \boldsymbol{B}_r\boldsymbol{\theta} + \sigma_r^2 \mathbf{1}_{N\times 1} + \boldsymbol{e}_r \quad (\boldsymbol{r} = 1, 2, \cdots, N_r)\end{aligned} \tag{7-22}$$

其中，$\boldsymbol{\theta}$为待求解的系数向量，矩阵$\boldsymbol{B}_r$的行为$\boldsymbol{b}_r^{\mathrm{T}}(f_k)$是基函数与路径损耗的复合项，$\sigma_r^2$为第$r$个接收器的白噪声，$\mathbf{1}_{N\times 1}$表示全部元素为1的$N$维向量。

根据虚拟网格假设，可用坐标已知的网格点位置向量$\boldsymbol{x}_{\text{VirtualSource}} =: \boldsymbol{x}_{\text{VS}}$替换坐标未知的发射源位置向量$\boldsymbol{x}_s$，同时将$\Phi_s$，$\boldsymbol{\theta}$，$\boldsymbol{B}_r$，$N_s$替换为$\Phi_{\text{VS}s}$，$\boldsymbol{\theta}_{\text{VS}}$，$\boldsymbol{B}_{\text{VS}r}$，$N_{\text{VS}}$。则方程在虚拟网格假设下可重写为

$$\boldsymbol{\varphi}_r = \boldsymbol{B}_{\text{VS}r}\boldsymbol{\theta}_{\text{VS}} + \sigma_r^2 \mathbf{1}_{N\times 1} + \boldsymbol{e}_r \quad (\boldsymbol{r} = 1, 2, \cdots, N_r) \tag{7-23}$$

上式即为频谱制图问题的估计方程。

在估计方程中，每个节点接收的数据$\boldsymbol{\varphi}_r$是关于空间和频率的向量，为空间与频率维度的系数矩阵$\boldsymbol{B}_{\text{VS}r}$和离散假设的变量$\boldsymbol{\theta}_{\text{VS}}$的乘积，如图7.15所示。

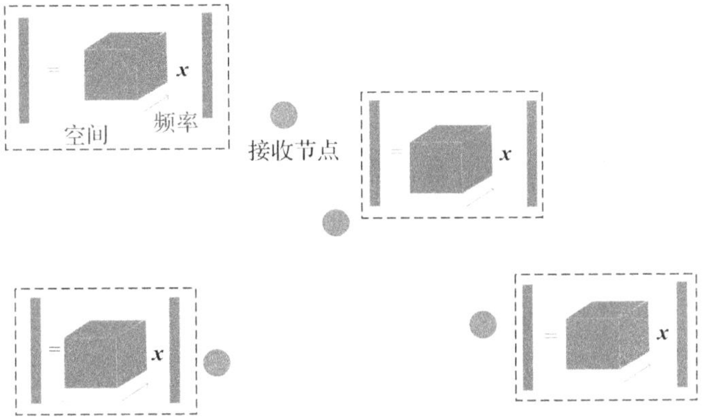

图7.15　认知无线电网络的接收信息

系数矩阵$\boldsymbol{B}_r$是一个关于空间维度和频率维度的二维矩阵，通过将空间维度堆叠成行向量的形式得到，如图7.16所示。

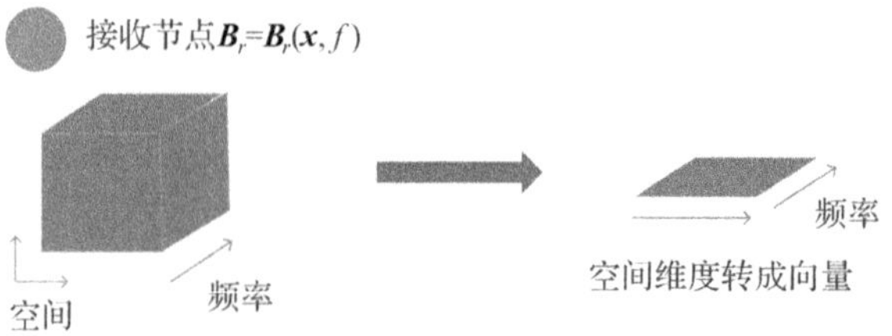

图 7.16 认知无线电网络系数矩阵

虚拟网格假设使得方程的未知量减少了一项，由于真实的发射源只存在于特定的几个位置，虚拟网格中仅有几个特定点的功率谱密度 Φ_{VS} 不为 0，其对应的 $\boldsymbol{\theta}_{VS}$ 不为 0，$\boldsymbol{\theta}_{VS}$ 中的大多数项都为 0，$\boldsymbol{\theta}_{VS}$ 具有稀疏性。

7.2.2.2 优化问题模型

求解估计方程(7-23)的最直接方法是最小二乘法，使得估计误差向量的方差最小，即

$$\min \sum_{r=1}^{N_r} |\boldsymbol{e}_r|^2 \tag{7-24}$$

由于 $\boldsymbol{\theta}_{VS}$ 具有稀疏性，可以采用 LASSO 方法通过稀疏度调整参数 λ 对 θ_{VS} 的 L_1 范数加权(即加权最小二乘法)，可得

$$\min \sum_{r=1}^{N_r} |\boldsymbol{e}_r|^2 + \lambda \|\boldsymbol{\theta}_{VS}\|_1 \tag{7-25}$$

其中，$\|\boldsymbol{\theta}_{VS}\|_1 := \sum_{s=1}^{N_{VS}} \sum_{v=1}^{N_b} |\boldsymbol{\theta}_{VSsv}|$。

将式(7-23)代入上式，得到估计优化方程

$$\begin{aligned}\hat{\boldsymbol{\theta}}_{VS} &= \underset{\theta_{VS}\geqslant 0,\sigma_r^2\geqslant 0}{\operatorname{argmin}}\left(\sum_{r=1}^{N_r} \|\boldsymbol{\varphi}_r - \boldsymbol{B}_{VSr}\boldsymbol{\theta}_{VS} - \sigma_r^2 \mathbf{1}_{N\times 1}\|^2 + \lambda \|\boldsymbol{\theta}_{VS}\|_1\right) \\ &= \underset{\theta_{VS}\geqslant 0,\sigma_r^2\geqslant 0}{\operatorname{argmin}}\left(\sum_{r=1}^{N_r} \|\boldsymbol{\varphi}_r - \boldsymbol{B}_{VSr}\boldsymbol{\theta}_{VS} - \sigma_r^2 \mathbf{1}_{N\times 1}\|^2 + \lambda \mathbf{1}^{\mathrm{T}}\boldsymbol{\theta}_{VS}\right)\end{aligned} \tag{7-26}$$

其中，

$$\begin{gathered}\lambda = \max_{r=1,2,\cdots,N_r} \lambda_r \\ \lambda_r^2 = 3(1-\beta)\|\boldsymbol{\varphi}_r\|^2 \frac{\pi\alpha d_0^2 N_r \lg(N_s N_b)}{(\eta-1)SN_b}\end{gathered} \tag{7-27}$$

上述方程适用于集中式求解。针对分布式的场景，设节点 r 估计的 $\boldsymbol{\theta}_{VS}$ 为 $\boldsymbol{\theta}_{VSr}$ $(r=1,2,\cdots,N_r)$，则优化方程转为

$$
\begin{aligned}
&\min \quad \sum_{r=1}^{N_r} f_r \\
&f_r = \|\boldsymbol{\varphi}_r - \boldsymbol{B}_{VSr}\boldsymbol{\theta}_{VSr} - \sigma_r^2 \mathbf{1}_{N\times 1}\|^2 + \frac{\lambda}{N_r}\|\boldsymbol{\theta}_{VSr}\|_1 \quad (r = 1,2,\cdots,N_r) \\
&\text{s. t.} \quad \boldsymbol{\theta}_{VSr} \geqslant 0, \sigma_r^2 \geqslant 0
\end{aligned}
\tag{7-28}
$$

式(7-28)是频谱制图问题的分布式优化模型，利用前述分布式优化算法可求得 $\boldsymbol{\theta}_{VS}$ 或 $\boldsymbol{\theta}_{VSr}$ 的估计值。采用分布式次梯度优化算法进行频谱制图问题求解时，对于节点 r，其优化方程和约束集可重写如下：

$$
\begin{aligned}
&\min \quad f_r \\
&f_r = \left\| [\boldsymbol{B}_{VSr} \quad \mathbf{1}_{N\times 1}] \begin{bmatrix} \boldsymbol{\theta}_{VSr} \\ \sigma_r^2 \end{bmatrix} - \boldsymbol{\varphi}_r \right\|^2 + \frac{\lambda}{N_r}\|\boldsymbol{\theta}_{VSr}\|_1 \quad (r=1,2,\cdots,N_r) \\
&\text{s. t.} \quad \begin{bmatrix} \boldsymbol{\theta}_{VSr} \\ \sigma_r^2 \end{bmatrix} \geqslant 0
\end{aligned}
\tag{7-29}
$$

优化问题(7-29)是一个含约束条件的多认知节点优化方程组，优化变量为 $\boldsymbol{x}_r = \begin{bmatrix} \boldsymbol{\theta}_{VSr} \\ \sigma_r^2 \end{bmatrix}$。利用分布式次梯度优化算法求解方程(7-29)时用到的计算过程如下。

函数 $f_r(\boldsymbol{x}_r)$ 对变量 $\boldsymbol{x}_r$ 的次梯度为

$$
\partial f_r(\boldsymbol{x}_r) = [\boldsymbol{B}_{VSr} \quad \mathbf{1}_{N\times 1}]^{\mathrm{T}} \left([\boldsymbol{B}_{VSr} \quad \mathbf{1}_{N\times 1}] \begin{bmatrix} \boldsymbol{\theta}_{VSr} \\ \sigma_r^2 \end{bmatrix} - \boldsymbol{\varphi}_r \right) + \frac{\lambda}{N_r} \begin{bmatrix} \mathrm{sign}(\boldsymbol{\theta}_{VSr}) \\ 0 \end{bmatrix}
\tag{7-30}
$$

约束条件为非负象限 $C = \mathbf{R}_+^n$，对应的投影算子为

$$
P_C(\boldsymbol{x}) = \boldsymbol{x}_+ = (\max\{0, x_1\}, \max\{0, x_2\}, \cdots, \max\{0, x_n\})
\tag{7-31}
$$

由以上方程和算子可得 $\boldsymbol{\theta}_{VS}$ 的解

$$
\begin{aligned}
\boldsymbol{\theta}_{VSr}(k) &= P_{\theta_{VSr} \geqslant 0, \sigma_r^2 \geqslant 0}\left\{ \sum_{j=1}^{N_r} a_{rj}(k)\boldsymbol{\theta}_{VSr}(k) - \alpha_k \partial f_r\left[\sum_{j=1}^{N_r} a_{rj}(k)\boldsymbol{\theta}_{VSr}(k)\right]\right\} \\
&= \left\{ \sum_{j=1}^{N_r} a_{rj}(k)\boldsymbol{\theta}_{VSr}(k) - \alpha_k \partial f_r\left[\sum_{j=1}^{N_r} a_{rj}(k)\boldsymbol{\theta}_{VSr}(k)\right]\right\}_+
\end{aligned}
\tag{7-32}
$$

$$
\hat{\boldsymbol{\theta}}_{VS} = \lim_{k \to k_\infty} \boldsymbol{\theta}_{VSr}(k)
\tag{7-33}
$$

其中，k_∞ 为计算结果收敛一致时的 k。

针对频谱制图问题，还需要进行全局频谱图的绘制，掌握空间区域上每一点的功率谱密度函数分布。所有假定的虚拟网格点的功率谱密度估计值为

$$\hat{\Phi}_{VSs}(f_n) = \sum_{v=1}^{N_b} \hat{\boldsymbol{\theta}}_{VSsv} \boldsymbol{b}_v(f_n) \tag{7-34}$$

空间区域 A 内任意一点 $\boldsymbol{x} \in A$ 的功率谱密度估计值 $\hat{\Phi}_x(f_n)$ 为

$$\hat{\Phi}_x(f_n) = \sum_{s=1}^{N_{VS}} \gamma_{sx} \hat{\Phi}_{VSs}(f_n) + \sigma_x^2 \quad (\forall \boldsymbol{x} \in A) \tag{7-35}$$

根据实际频谱制图需求，可以选取不同采样频率 f_n 单独绘制空间功率谱密度图 $\Phi_x(f_n)(\forall \boldsymbol{x} \in A)$，分析该频率下发射源信号的存在性，判断该频率是否被占用，获取发射源的数量和位置信息，$\Phi_x(f_n)$ 的极值点对应发射源的位置坐标。根据能量叠加原理，可以绘制所有频段的功率谱密度分布 $\sum_{n=1}^{N} \Phi_x(f_n)(\forall \boldsymbol{x} \in A)$，从而判断某一频段是否被占用，以确认发射源的数量和位置信息。同时可获得空间某一点的频域功率谱密度函数 $\Phi_{x_0}(f_n)(n = 1,2,\cdots,N)$，从而判断该点的频谱使用情况。

7.3 仿真实例

7.3.1 仿真场景与参数设置

仿真实例包含不同位置、频段和曲线类型的未知发射源，包括认知无线电网络频谱制图问题中的空间、时间维度，以及基函数的选取对估计结果的影响。

实例：两个位置上的不同频段不同曲线类型的发射源。

参数：选取区域面积为 1000m×1000m。存在 $N_S=2$ 个未知发射源：1 号发射源是方波函数，中心频率 140MHz，半带宽 15MHz；2 号发射源是升余弦脉冲函数，中心频率 180MHz，半带宽 5MHz。归一化的位置坐标分别为[0.25,0.53]，[0.81,0.19]。发射源的功率谱密度(PSD)曲线如图 7.17(a)所示。

虚拟网格数 $N_{VS}=10^2$，基函数数量 $N_b=32$，均为升余弦脉冲函数，中心频率为 100MHz～250MHz 上等距点，即 $f_c=100+\frac{250-100}{N_b}k\ (k=1,2,\cdots,N_b)$，带宽均为 $W=2\frac{250-100}{N_b}$。基函数的 PSD 曲线如图 7.17(b)所示。

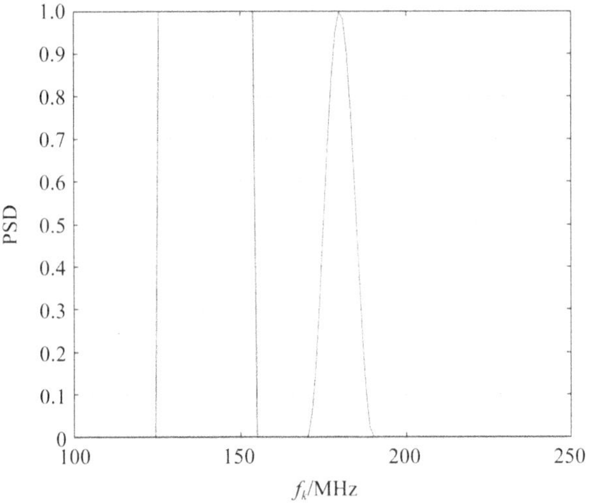

(a) 发射源

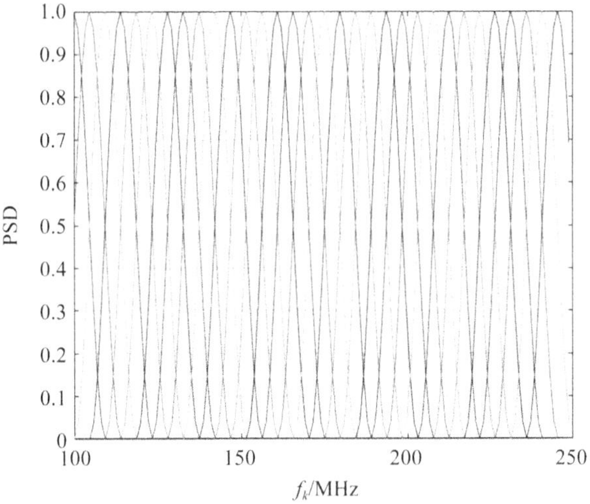

(b) 基函数

图 7.17　发射源和基函数的 PSD 曲线

接收器数量 $N_r=16$，在扫描采样 100MHz～250MHz 下，有 $N=128$ 个离散频率点。接收器位置坐标分别为[0.22,0.5]，[0.68,0.46]，[0.40,0.50]，[0.68,0.86]，[0.31,0.51]，[0.11,0.79]，[0.67,0.33]，[0.11,0.12]，[0.71,0.18]，[0.71,0.18]，[0.91,0.20]，[0.81,0.19]，[0.41,0.15]，[0.31,0.14]，[0.16,0.74]。参考距离 $d_0=50$m，路径损耗系数 $\eta=2$。

发射源与接收器、虚拟网格的位置分布如图 7.18 所示。

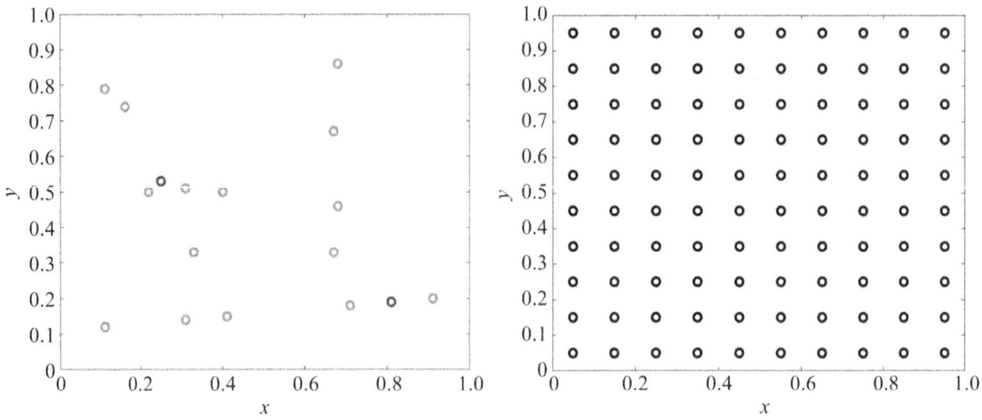

(a) 发射源与接收器　　(b) 虚拟网格

图 7.18　发射源与接收器、虚拟网格的位置分布

绘制 PSD 图的网格数 $N_{\text{global}}=100^2$。分布式优化步长 $\alpha_k=\dfrac{20}{k+100}$，迭代次数为 2000 次。

考虑两种通信拓扑情况：第一种是完全拓扑，每个节点均与其他所有节点进行信息交换，每个节点均有 N_r-1 个邻居节点；第二种情况是强稀疏拓扑，每个节点只有两个邻居节点。对应双随机矩阵时的权重系数定义为

$$a_{ij}=\begin{cases}\dfrac{1}{|N_i|+1}, & j\in N_i\\ 0, & j\notin N_i\end{cases}$$

7.3.2　优化仿真结果

本节展示利用分布式优化算法求解上述实例的仿真结果的收敛性。收敛性主要通过收敛误差指标来判断，一般选用平均绝对误差（mean absolute error，MAE）、均方差（mean square error，MSE）、归一化均方差（normalized MSE，NMSE）、根均方差（root MSE，RMSE）作为评估频谱制图估计误差的指标。其中，

$$\text{MAE}=\frac{1}{N_r}\sum_{r=1}^{N_r}|\varphi_r-\hat{\varphi}_r|$$

$$\text{MSE}=\frac{1}{N_r}\sum_{r=1}^{N_r}(\varphi_r-\hat{\varphi}_r)^2$$

其中，φ_r 和 $\hat{\varphi}_r$ 分别为接收端接收信号 PSD 函数的真实值和估计值。

先对算法的收敛性进行验证，以判断是否求解出了频谱制图问题。选取 MAE 和函数值 $y=f(\boldsymbol{x})$ 作为收敛性计算的指标。

各拓扑下收敛性仿真结果如图 7.19 和图 7.20 所示。可以看出，MAE 最终稳定在 5.5 附近，实现了对最优解的估计。因此，MAE 能用于频谱制图，从而判断空间信号分布情况。

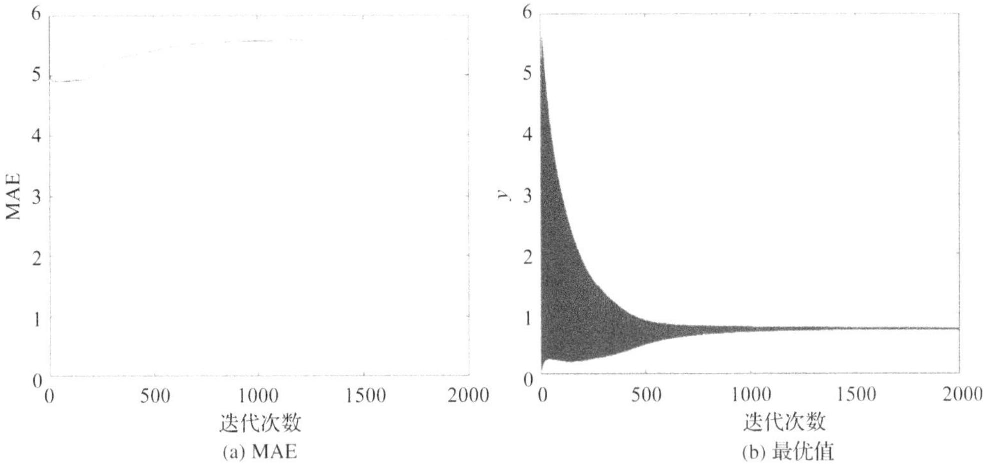

图 7.19　邻居节点为 15 时 MAE 与最优值的收敛性

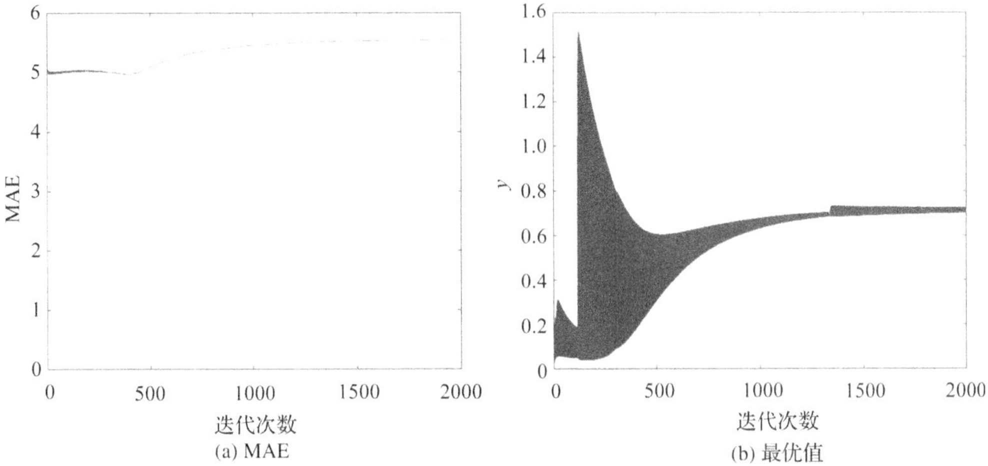

图 7.20　邻居节点为 2 时 MAE 与最优值的收敛性

7.3.3 频谱制图仿真结果

根据前述最优值估计结果，本节探讨所有频率叠加下和单频率下的频谱制图结果，给出整个区域内的 PSD 图，分析所有信号在空间上的信息。

A. 全频率叠加的 PSD 图

空间 PSD 图真实值如图 7.21 所示。

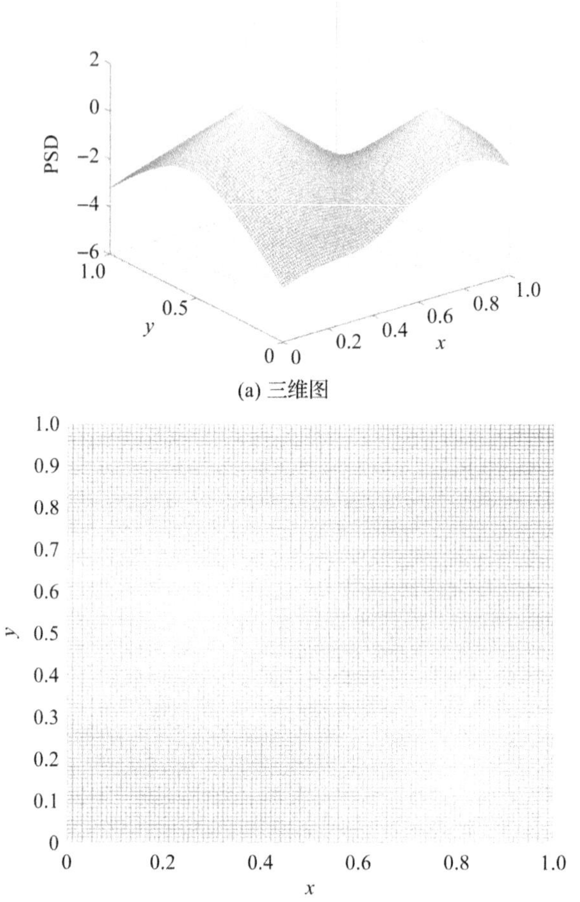

(a) 三维图

(b) 俯视图

图 7.21　空间 PSD 图真实值

基于分布式优化算法的仿真结果如图 7.22 至图 7.24 所示。

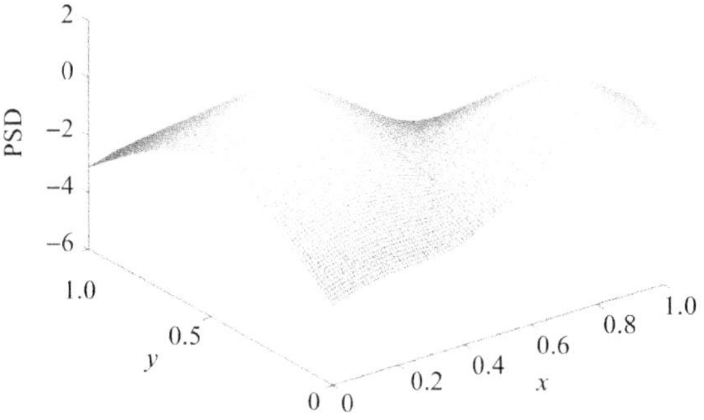

(a) 三维图

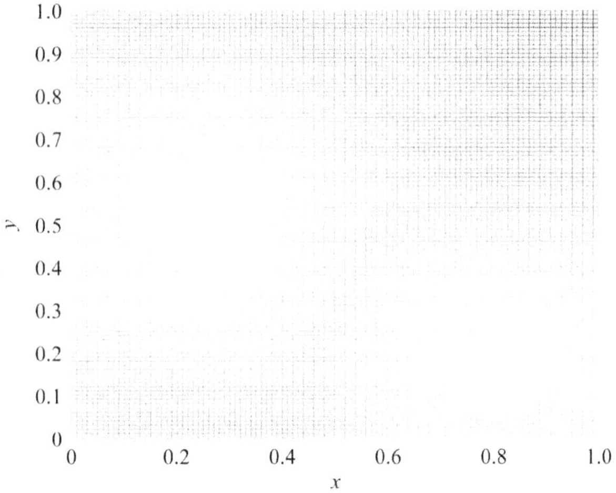

(b) 俯视图

图 7.22 邻居节点为 15 时 PSD 图估计值

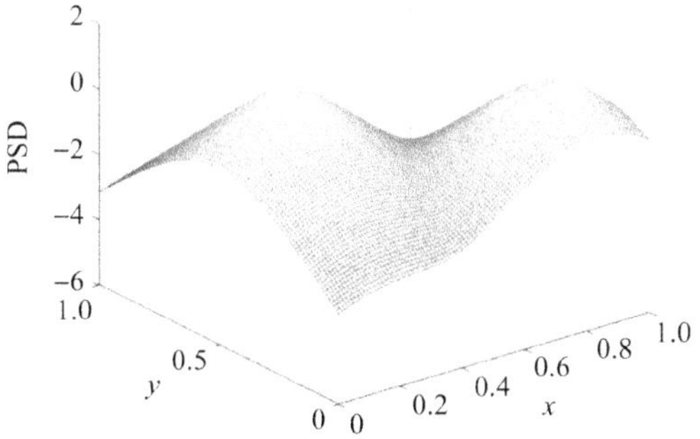

(a) 三维图

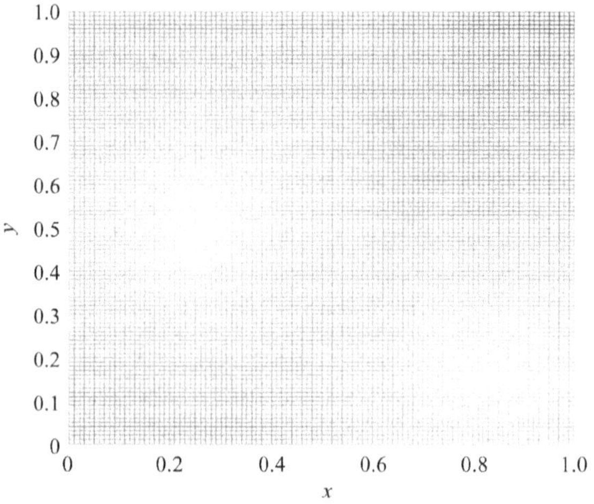

(b) 俯视图

图 7.23 邻居节点为 2 时 PSD 图估计值

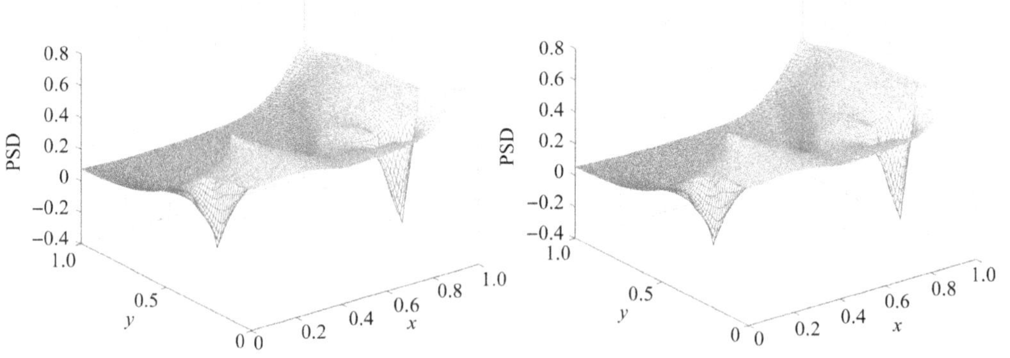

(a) 三维图　　(b) 俯视图

图 7.24 PSD 图估计值误差

上述结果表明，分布式优化算法能成功估计出目标信号场，可以得到发射源的空间位置信息，但存在估计误差和局部犄角现象，且通信邻居节点的数量变化对估计结果影响较小。

B. 指定频率点下的 PSD 图

考虑某一频率下的全局 PSD 图，选取采样频率靠近两个发射源的中心频率进行分析，频率分别为 $f_1=139.84\text{MHz}$ 和 $f_2=180.86\text{MHz}$。

指定频率下的 PSD 图真实值如图 7.25 所示，两个频率点上均只存在一个发射源。

基于分布式优化算法的仿真结果如图 7.26 和图 7.27 所示。

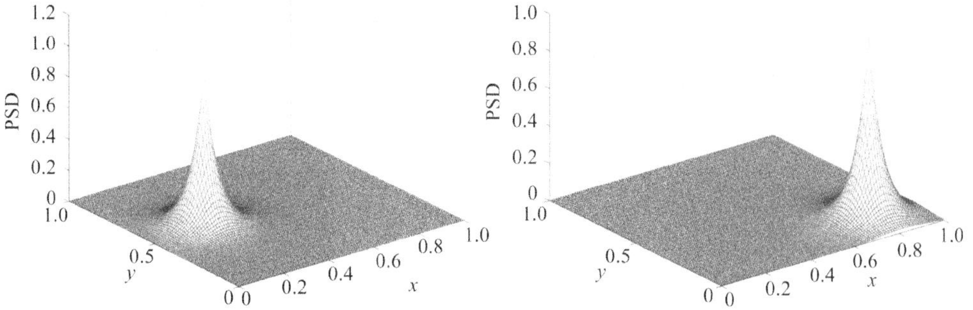

(a) 频率点1　　(b) 频率点2

图 7.25　指定频率下的 PSD 图真实值

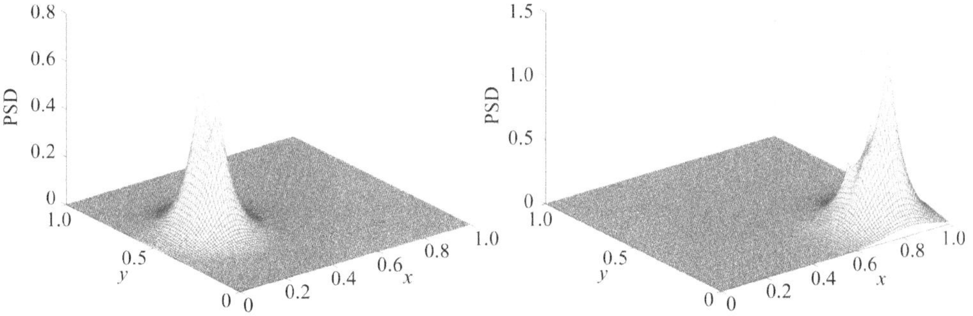

(a) 频率点1　　(b) 频率点2

图 7.26　邻居节点为 15 时指定频率下的 PSD 图估计值

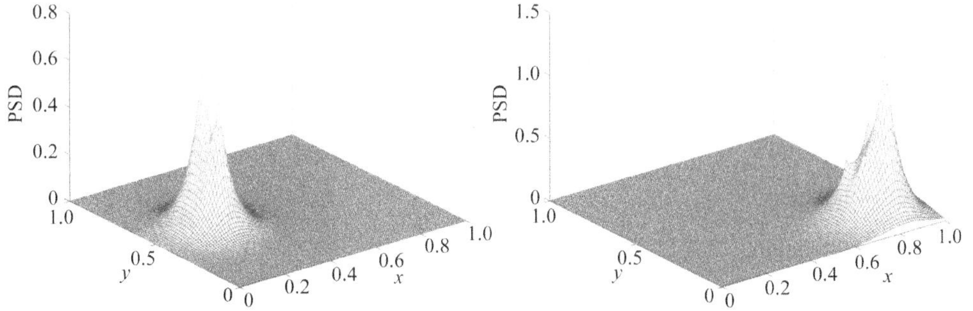

(a) 频率点1　　(b) 频率点2

图 7.27　邻居节点为 2 时指定频率下的 PSD 图估计值

仿真结果表明，分布式优化算法在发射源 1(频率点 1)处存在双峰现象，在发射源 2(频率点 2)处存在局部犄角现象，需要进一步处理才能确认其具体位置分布。上述结果也表明通信节点数量对局部估计的影响不大，与全局 PSD 图的情况一致。

C. 发射源信号估计

选取发射源所在的两个位置点(落在本例的虚拟网格点中，若不在，则选取最近点)，并以该位置点上的信号曲线作为信号估计的评价指标。发射源上的 PSD 图估计值如图 7.28 所示。

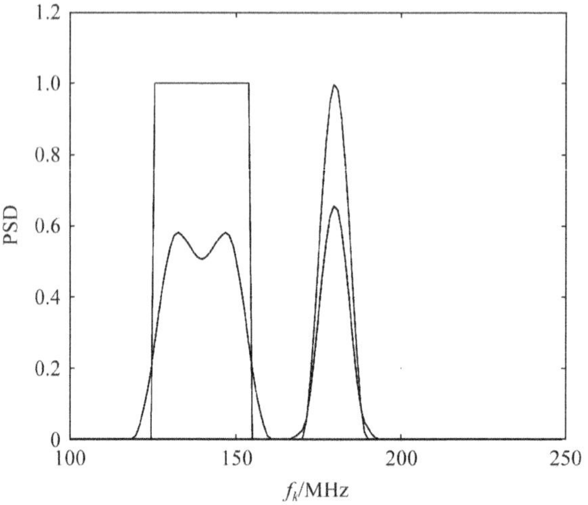

(a) 邻居节点为15

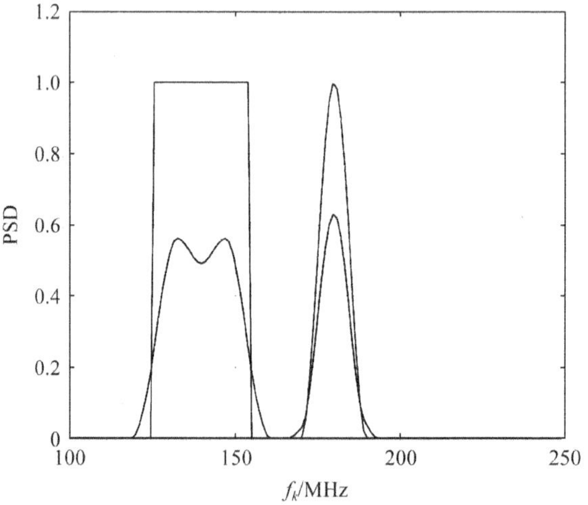

(b) 邻居节点为2

图 7.28 发射源上的 PSD 图估计值

仿真结果表明，分布式优化算法能正确估计出发射源上信号的PSD曲线，两个发射源的功率谱密度曲线的波形均与升余弦脉冲函数的形状类似，但发射源1的方波函数特性未被表征出来，这是基函数只选取了升余弦而未选取方波函数造成的。

7.4 本章小结

本章针对无人系统的分布式优化算法在空间态势感知领域中的应用进行了介绍，重点关注其在未知干扰源和故障检测中的应用实例，以认知无线电技术和频谱制图技术为基础，简要介绍了认知无线电系统的组成和信号发射接收机制，将频谱制图问题定义为信号场估计问题。根据信号传输模型，通过基函数假设和虚拟网格假设，将未知量转化为频域和空间上的离散形式，得到频谱制图问题的估计方程，然后利用分布式优化算法完成了该问题的求解。

无人系统及其相关研究在航空航天领域中的应用关键在于飞行器集群的协同动力学建模和控制指标泛化，主要挑战在于空天通信链路的精确表述，传统的基于Laplacian矩阵的描述可能有失普遍性，从而导致所设计的控制与优化算法应用受限。因此，学者需要熟悉多学科专业知识，掌握具体应用场景的运行机理和无人系统控制理论。值得注意的是，随着计算机科学、信息技术和装备智能化程度的发展，无人系统及其相关研究在航空航天领域的应用将会得到进一步提升，为相关行业的发展注入新的活力。

参考文献

[1] Mitola J, Maguire G Q. Cognitive radio: Making software radios more personal[J]. IEEE Personal Communications, 1999, 6(4): 13-18.

[2] Mitola J. Cognitive Radio: An Integrated Agent Architecture for Software Defined Radio[D]. Stockholm: Royal Institute of Technology, 2000.

[3] Federal Communications Commission. Notice of proposed rule making and order[Z]. ET Docket no. 03-222, 2003.

[4] Haykin S. Cognitive radio: Brain-empowered wireless communications[J]. IEEE Journal on Selected Areas in Communications, 2005, 23(2): 201-220.

[5] 黄威. 基于认知无线电的协作频谱感知技术研究[D]. 武汉：武汉理工大学，2010.

[6] Kim S J, Dall'Anese E, Giannakis G B. Cooperative spectrum sensing for cognitive radios using Kriged Kalman filtering[J]. IEEE Journal of Selected Topics in Signal Processing, 2010, 5(1):

24-36.
[7] Üreten S, Yongaçoğlu A, Petriu E. A comparison of interference cartography generation techniques in cognitive radio networks[C]//2012 IEEE International Conference on Communications (ICC). IEEE,2012:1879-1883.
[8] Hamid M, Beferull-Lozano B. Non-parametric spectrum cartography using adaptive radial basis functions[C]//2017 IEEE International Conference on Acoustics, Speech and Signal Processing (ICASSP). IEEE,2017:3599-3603.
[9] Bazerque J A, Mateos G, Giannakis G B. Group-Lasso on splines for spectrum cartography[J]. IEEE Transactions on Signal Processing,2011,59(10):4648-4663.
[10] Zhang G, Fu X, Wang J, et al. Spectrum cartography via coupled block-term tensor decomposition[J]. IEEE Transactions on Signal Processing,2020,68:3660-3675.
[11] Reddy Y S, Kumar A, Pandey O J, et al. Spectrum cartography techniques, challenges, opportunities, and applications: A survey[J]. Pervasive and Mobile Computing, 2022, 79: 101511.
[12] Zhao Q, Sadler B M. A survey of dynamic spectrum access[J]. IEEE Signal Processing Magazine,2007,24(3):79-89.
[13] Zhang G, Wang J, Chen X, et al. Spectrum cartography using the variational Bayesian EM algorithm[C]//2020 International Conference on Wireless Communications and Signal Processing (WCSP). IEEE,2020:614-619.
[14] Shrestha S, Fu X, Hong M. Deep spectrum cartography: Completing radio map tensors using learned neural models[J]. IEEE Transactions on Signal Processing,2022,70:1170-1184.
[15] 曾莉.认知无线电关键频谱感知技术及应用分析[J].通信与信息技术,2017(1):59-62.